国家重点研发计划（National Key R&D Program of China）项目
——“目标和效果导向的绿色建筑设计新方法及工具”资助
项目编号2016YFC0700200

建筑全生命周期的碳足迹

李岳岩　陈　静　著

中国建筑工业出版社

图书在版编目（CIP）数据

建筑全生命周期的碳足迹／李岳岩，陈静著．—北京：中国建筑工业出版社，2020.9（2022.9重印）
ISBN 978-7-112-25228-2

Ⅰ.①建… Ⅱ.①李… ②陈… Ⅲ.①建筑设计-节能设计-研究 Ⅳ.①TU201.5

中国版本图书馆CIP数据核字（2020）第097635号

责任编辑：李　东　陈夕涛　徐昌强
责任校对：张　颖

建筑全生命周期的碳足迹
李岳岩　陈　静　著
*
中国建筑工业出版社出版、发行（北京海淀三里河路9号）
各地新华书店、建筑书店经销
北京鸿文瀚海文化传媒有限公司制版
北京建筑工业印刷厂印刷
*
开本：787毫米×1092毫米　1/16　印张：18¾　插页：1　字数：465千字
2020年12月第一版　2022年9月第三次印刷
定价：**78.00**元
ISBN 978-7-112-25228-2
（36003）

目　录

第1章　研究背景 ………… 001

1.1　人类活动与气候变化 ………… 002

1.1.1　人类活动对气候变化的影响 ………… 002

1.1.2　气候变暖对人类生存环境的影响 ………… 005

1.2　人类对气候变化的觉醒与行动 ………… 006

1.2.1　觉醒 ………… 006

1.2.2　行动——全球气候治理体系的历史演进 ………… 007

1.3　全球气候治理的里程碑——《京都议定书》与《巴黎协定》 ………… 009

1.3.1　《京都议定书》与《巴黎协定》的诞生 ………… 009

1.3.2　《巴黎协定》与《京都议定书》的联系与对比 ………… 010

1.3.3　我国应对气候变化的政策 ………… 011

1.4　我国减排的新挑战 ………… 012

1.4.1　我国能源需求增长 ………… 012

1.4.2　我国能源结构调整压力增大 ………… 012

1.4.3　我国碳减排压力增大 ………… 014

1.5　我国建筑行业的节能减排现状 ………… 015

1.5.1　我国建筑发展现状 ………… 015

1.5.2　我国建筑能耗现状及中外对比 ………… 017

1.5.3　我国建筑业节能减排现状 ………… 021

第2章　建筑全生命周期碳足迹及相关概念 ………… 025

2.1　碳足迹 ………… 026

2.1.1　碳足迹的概念 ………… 026

2.1.2　碳足迹的分类与度量 ………… 026

2.1.3　与碳足迹相关的其他概念 ………… 027

2.1.4　碳足迹相关标准 ………… 028

2.1.5　碳足迹的应用 ………… 030

2.2　建筑碳足迹 ………… 032

2.2.1　建筑碳足迹的概念与定义 ………… 032

2.2.2　相关概念界定 ………… 033

2.2.3　国内外建筑碳足迹相关研究与实践 ………… 035

2.3 建筑全生命周期 …… 043
2.3.1 全生命周期评价 …… 043
2.3.2 建筑全生命周期 …… 046
2.3.3 建筑全生命周期阶段划分 …… 046

第3章 建筑全生命周期碳排放计算方法 …… 053

3.1 碳排放计算方法概述 …… 054
3.1.1 实测法 …… 054
3.1.2 投入产出法 …… 054
3.1.3 清单分析法 …… 055
3.1.4 排放系数法 …… 055
3.1.5 计算方法对比及相关应用 …… 056
3.2 其他行业碳排放计算研究启示 …… 058
3.2.1 高速铁路碳排放计算 …… 058
3.2.2 中国土地碳排放计算 …… 059
3.2.3 物流企业碳排放计算 …… 060
3.2.4 钢铁行业碳排放计算 …… 060
3.3 建筑全生命周期碳排放计算模型 …… 061
3.3.1 国家碳排放计算标准解析 …… 061
3.3.2 建筑全生命周期碳排放计算方法的选取及计算过程 …… 061
3.3.3 建筑全生命周期碳排放计算公式来源及界定 …… 062
3.3.4 碳排放因子的获取 …… 062
3.3.5 建筑全生命周期各阶段碳排放计算模型 …… 067
3.4 现有碳排放计算工具整理 …… 076
3.4.1 建材类工具 …… 076
3.4.2 建筑整体决策工具 …… 077

第4章 对标建筑全生命周期碳排放计算 …… 081

4.1 对标建筑选取 …… 082
4.1.1 对标建筑类型选取 …… 082
4.1.2 住宅建筑类型选取 …… 082
4.1.3 办公建筑类型选取 …… 085
4.2 对标建筑——高层钢筋混凝土住宅建筑全生命周期碳排放计算 …… 085
4.2.1 工程简介 …… 085
4.2.2 建筑全生命周期碳排放计算 …… 086
4.3 对标建筑——多层钢筋混凝土办公建筑全生命周期碳排放计算 …… 104
4.3.1 工程简介 …… 104

4.3.2 建筑全生命周期碳排放计算 …… 105

第5章 建筑全生命周期碳排放构成分析 …… 119

5.1 建筑全生命周期总体碳排放构成分析 …… 120
5.1.1 住宅类建筑 …… 120
5.1.2 办公类建筑 …… 122
5.2 物化阶段碳排放构成 …… 124
5.2.1 案例住宅建筑 …… 124
5.2.2 案例办公建筑 …… 129
5.2.3 建筑物化阶段碳排放分析 …… 134
5.3 使用维护阶段碳排放构成分析 …… 135
5.3.1 案例住宅建筑 …… 136
5.3.2 案例办公建筑 …… 138
5.4 拆解回收阶段碳排放构成分析 …… 141
5.4.1 拆除与拆解 …… 141
5.4.2 案例住宅建筑 …… 142
5.4.3 案例办公建筑 …… 145
5.5 与相关研究的对比分析 …… 149
5.5.1 全生命周期碳排放量及构成分析 …… 149
5.5.2 全生命周期碳排放构成差异原因分析 …… 149
5.5.3 物化阶段碳排放量对比及分析 …… 151
5.5.4 使用维护阶段碳排放量对比及分析 …… 152
5.5.5 拆除清理阶段碳排放量对比及分析 …… 154
5.5.6 小结 …… 156

第6章 建筑全生命周期减碳策略 …… 157

6.1 物化阶段减碳策略 …… 158
6.1.1 建筑材料的选择与使用 …… 158
6.1.2 施工阶段减碳策略 …… 166
6.1.3 物化阶段减碳策略小结 …… 167
6.2 使用阶段减碳策略 …… 168
6.2.1 “节流”——建筑节能 …… 168
6.2.2 “开源”——建筑产能 …… 208
6.2.3 “延寿”——延长建筑使用周期 …… 217
6.2.4 小结 …… 223
6.3 拆解阶段减碳策略 …… 223
6.3.1 拆除方式优化 …… 224

6.3.2 建材回收及利用 …… 224
6.3.3 设计初始考虑 …… 225
6.4 实际案例分析 …… 227
6.4.1 “Treet”木结构公寓 …… 227
6.4.2 Tamedia 新办公楼 …… 238
6.4.3 “栖居 2.0”住宅建筑设计 …… 249
6.4.4 西建大热力中心改造 …… 269

第 7 章 总结与展望 …… 285

7.1 研究总结 …… 286
7.2 研究局限与展望 …… 287

附录 …… 289

附录 1 办公建筑与住宅建筑全生命周期碳排放量对比 …… 290
附录 2 建筑全生命周期减碳策略示意图

后记 …… 292

第1章 研究背景

Chapter 1

工业革命以来，由于人类大量使用化石燃料，造成二氧化碳（CO_2）、甲烷（CH_4）、氧化亚氮（N_2O）、氟氯碳化物（CFCs）、六氟化硫（SF_6）、全氟碳化物（PFCs）和氢氟碳化物（HFCs）等易吸收长波辐射的气体（温室气体）大幅增加，形成地球暖化现象，即“温室效应”。化石燃料燃烧所产生的二氧化碳是温室气体中所占比例最大的，约占整个温室气体排放的82.9%。温室气体排放引起全球气候变暖，现在备受国际社会广泛关注，并已经认识到了温室气体减排的重要性。目前，已经有很多国家参与全球温室气体治理并形成公约，努力为减缓全球温度上升及保护生态环境作出贡献。而建筑产业对环境的破坏超乎想象，根据欧洲建筑师协会的估计，全球的建筑相关产业消耗了地球能源的50%、水资源的50%、原材料的40%、农地损失的80%，同时产生了50%的空气污染、42%的温室气体、50%的水污染、48%的固体废弃物、50%的氟氯化合物，可以说建筑产业是造成地球环境危机的主角之一①。可见，综合研究建筑的节能减排，不仅能降低温室气体的排放，减缓全球变暖，对有效缓解能源耗竭的危机也有巨大的作用。

1.1 人类活动与气候变化

1.1.1 人类活动对气候变化的影响

地球已有46亿年左右的历史，而地质考古发现生命在35亿年前就出现了，人类文明出现距今不过1万年，工业革命距今仅两百余年。在工业革命前的人类历史上，地球大气二氧化碳浓度从未超过300ppm，图1-1所示是由冰芯记录测定和直接观测的二氧化碳浓度对比图，从图中可以看出此前的40万年中二氧化碳浓度都在300ppm以下。自1950年开始二氧化碳浓度开始激增，在2013年人类首次观测到了大气中日均二氧化碳浓度突破400×10^{-6}。

自从工业革命以来，随着人类大规模机械化的生产活动对能源的使用日益增加，大气中的温室气体浓度迅速上升。自1750年以来，大气中的二氧化碳浓度增加到31%，到了20世纪90年代，年增加率在0.9ppm和2.8ppm之间（IPCC，2001）。如图1-2所示，在工业化开始后的150年内，二氧化碳浓度已经由280ppm上升到379ppm，使得过

① 林宪德. 绿色建筑［M］. 北京：中国建筑工业出版社，2007.

去一个世纪内地球表面温度上升了约 0.6℃[①]。尽管气候变化缓减政策的数量不断增加，2000~2010 年期间的温室气体绝对增加量仍在增长。

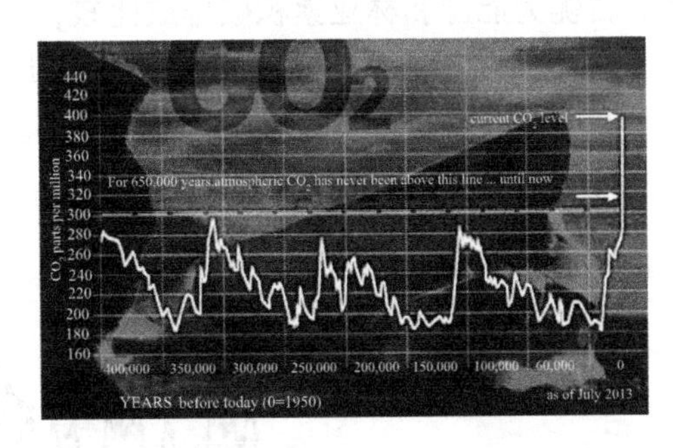

图 1-1　冰芯记录测定和直接观测的二氧化碳浓度对比图

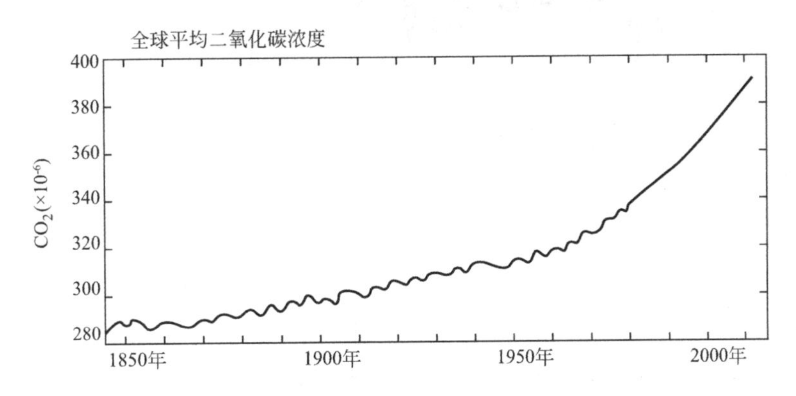

图 1-2　大气二氧化碳浓度变化趋势图

（资料来源：IPCC 第五次评估报告综合报告，2014 年）

自 1850 年以来的近 150 年里，每 10 年的地球表面温度都依次比前一个 10 年的温度更高，从 1880 年至 2012 年温度升高了 0.85℃。2003~2012 年平均温度比 1850~1900 年平均温度上升了 0.78℃[②]。图 1-3 反映了自 1860 年至 2000 年全球平均温度的变化趋势：1860~1900 年期间温度增长较平缓，自 20 世纪初，温度逐年呈上升趋势，1900~2000 年的一百年里温度上升了 0.6℃。根据相关研究显示，这一百年来二氧化碳浓度增加主要是由于人类活动致使化石能源大量燃烧产生二氧化碳。

人类活动一方面造成温室气体的排放增加，另一方面对能源消耗量持续增加，根据《BP 世界能源统计年鉴》，2010 年，全球一次能源消耗量增加了 5.6%，是 1973 年以来增长最快的一年[③]。能源的消耗大多转换为碳排放，其中贡献最大的是化石能源。如图 1-4 所示，水电、核能及可再生能源的消耗量仅占总能源消耗的 15%，而煤、石油、天然气等化石能源消耗约占总能源消耗的 85%，人类对化石能源的大量使用导致二氧化碳排放量的无限增长。

---

① 顾和军，曹杰. 人类活动影响二氧化碳排放研究进展［J］. 阅江学刊，2010，2（1）：48-54.

② IPCC. 气候变化 2014：综合报告［R］. 哥本哈根：IPCC，2014.

③ BP 世界能源统计年鉴［M］. 北京：中国统计出版社，2011.

1850~1950 年期间化石燃料、水泥消耗及林业、土地使用产生的碳排放增长较为缓慢，自 20 世纪中叶第三次工业革命起，碳排放量每年急剧增加，其中化石能源的燃烧是主要原因（图 1-5）。图 1-5 右侧为能源和林业累积碳排放比较，1750~1970 年能源累积碳排未超 1000Gt，而到 2011 年是 1970 年的两倍多。从中可以看出 1970~2011 年这四十年间，是由于化石燃料的大量使用而导致了二氧化碳排放增长迅速。

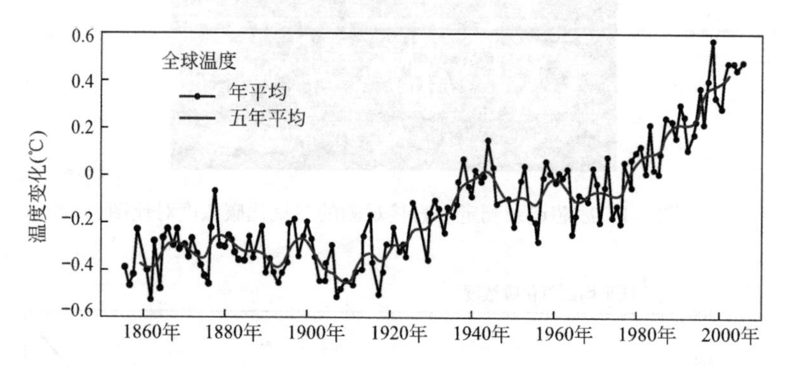

图 1-3　全球温度变化趋势图

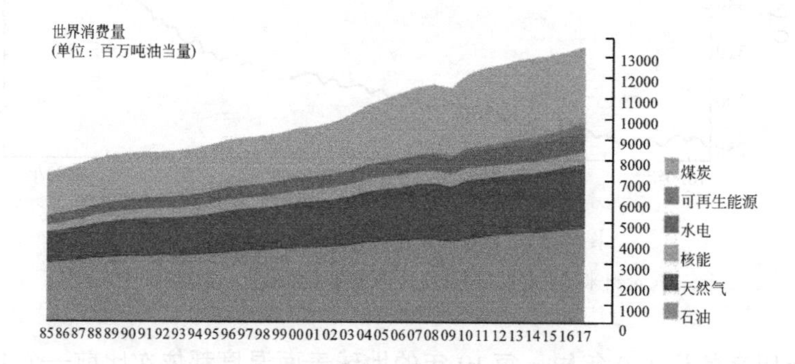

图 1-4　世界不同能源消耗量趋势图

（资料来源：《BP 世界能源统计年鉴》）

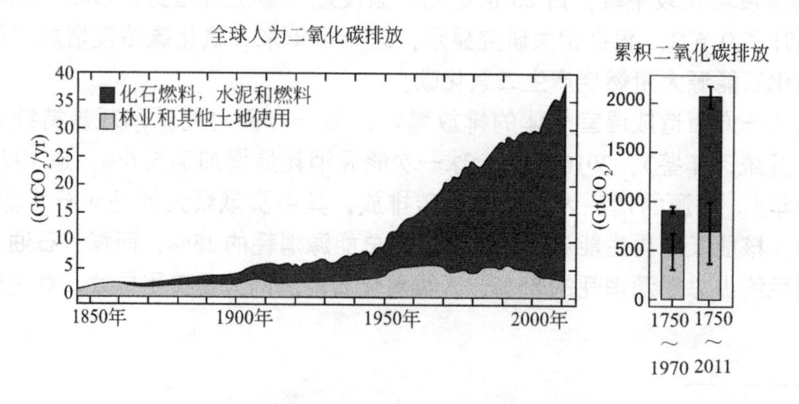

图 1-5　能源消耗及林业产生的碳排放趋势图

（资料来源：IPCC 第五次评估报告综合报告，2014 年）

1.1.2 气候变暖对人类生存环境的影响

气候变暖对人类生存的影响是显而易见的，海平面上升、生态系统破坏等都会威胁到人类的生存。而近年来人为活动造成的温室气体排放达到了历史最高值，气候变化已经对所有大陆上和海洋中的自然系统和人类系统产生了广泛的影响。

1. 海平面上升，人类可聚居的环境减少

随着气温的升高，高山冰川融化，极地冰架消融，海水增温膨胀，导致了海平面逐年上升。联合国气候变化政府间专家委员会（IPCC）的评估报告《气候变化 2013：自然科学基础》指出，1880~2012 年，全球海陆表面平均温度升高了 0.85℃，全球的海平面已经上升了 19cm，其中在 1993~2010 年间，海平面上升的速度是 1901~2010 年间的两倍。

根据 IPCC 的评估报告（1996），如果 21 世纪二氧化碳不受限制照常排放，则到 2100 年时，地表温度较 1990 年增加 2℃（介于 1~3.5℃），将造成北极地区冰川大面积融化，海冰面锐减，海平面还会上升 21~105cm。但若采取能源供应转向低碳燃烧，可再生能源与核能取代矿物燃料，2050 年二氧化碳排放量降到 1985 年的一半等相关措施，预测到 2050 年全球海平面上升 20~31cm（图 1-6）。

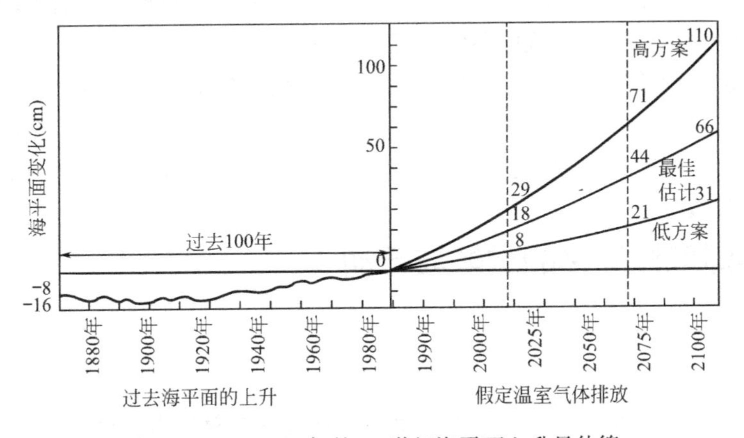

图 1-6　IPCC1990 年的 21 世纪海平面上升量估算

根据统计，全球约有 1/3 的人口居住在距海岸 60km 的海岸地区，海平面上升将可能使沿海低洼的地区（包括农田、港口、城市等）遭受淹没或海水入侵、海滩和海岸遭受侵蚀、土地恶化，也会造成原先的居民流离失所，造成严重的社会、经济问题。一些沿海低洼的国家如孟加拉、荷兰等正在受到海平面上升的严重威胁，除了面临巨额的财产损失外，地形低洼的岛国更是有消失的危险。

2. 对全球生态系统的影响

全球变暖对许多地区生态系统已产生了影响，目前科学家已经确定了一些由气候变暖带来明显改变的地区，典型的代表有“生态系统分界线”（ecosystem boundaries），降水和温度的改变使这些分界线发生移动，某些生态系统扩展到新地区，而其他生态系统则因气候变得不再适宜原有物种生存而缩小范围。

相关研究指出，随着全球气温的进一步上升，南美亚马孙雨林、加拉巴戈斯群岛、澳大利亚西南部和马达加斯加等 30 多个多样性高且野生动物丰富的地区将因为巨变的气候而受到重创，大量动植物或将在未来数十年内绝种。按照科学家的预计，如果人类对于温室效应的排放不作任何限制，地球气温快速升高 4.5℃，69%的亚马孙区域的植物物种都有局部灭绝风险。在非洲南部的米扬博林地，或将有 90%的两栖动物、86%的鸟类和 80%的哺乳动物灭绝。

目前，气候系统变化的速度远远超过物种能够适应的速度，自然界的动植物，可能因无法适应全球变暖的速度而作适应性的转移，从而惨遭厄运。虽然温度升高会有部分动植物加快繁殖，而如果食物链中的上层和顶层生物不作出相应的改变就会严重威胁到种群的繁殖和发展，整个生物多样性会受到威胁，许多物种会加速灭绝的步伐。

3. 极端天气与气候极端事件加剧

极端天气气候事件（厄尔尼诺、干旱、洪涝、雷暴、冰雹、风暴、高温天气和沙尘暴等）出现的频率与强度增加，全球气候变暖使大陆地区，尤其是中高纬度地区降水增加，非洲等一些地区降水减少。

自 1950 年前后以来，人们已观测到了许多极端天气和气候事件的发生，其中包括低温极端事件的减少、高温极端事件的增多、极高海平面的增多以及很多地区强降水事件的增多。目前，与气候相关的极端事件如热浪、干旱、洪水、气旋和野火的发生频率越来越高，干旱、洪涝、风暴等极端气候事件除直接使死亡率、伤残率上升外，还可以间接使传染病发病率增加，影响生态稳定，破坏公共卫生设施，增加社会心理压力。

在 2018 年，全球约有 6000 万人的生活受到了极端天气的影响，另有 1 万多人死在了自然灾害之下，科学家们预测，到 2030 年，约 1 亿人会因气候问题而陷入极度贫困。

1.2 人类对气候变化的觉醒与行动

1.2.1 觉醒

自工业革命以来，由于工业生产大规模地高速消耗自然资源，使得它的产物和副产物大多以自然界生态系统不能纳入再循环的形式污染着整个环境。工业时代的经济，人们为追逐利润而竞争，为积累金钱而生产，无节制地挖掘不可再生资源，破坏可再生资源，从而导致了资源浪费、环境污染和全球性气候变迁等一系列问题。

在 20 世纪早期，人类开始意识到自身的生产活动，尤其是工业化快速发展过程中大量废气和污染粒子的排放，会引起环境污染问题。许多发达国家在工业化快速发展的初期也都曾经历过严重的生态环境污染阶段，并且爆发了震惊世界的灾难性环境污染事件①：1930 年的比利时马斯河谷烟雾事件，是 20 世纪最早记录下的大气污染惨案；1943 年的美国洛杉矶光化学烟雾污染事件；1948 年的美国多诺拉烟雾事件；1952 年的英国伦敦烟雾事件；以及日本 1956 年的水俣病事件和 1961 年的四日市哮喘事件。这些事件均造成了恶劣的后果，同时也使人类清醒地认识到环境污染在很大程度上是由人类活动造成的，并会对人类自身的生存和发展产生一定的威胁。

---

① 秦悦. 气候难民的前世今生：盘点世界重大环境灾害事件［J］. 协商论坛，2013（12）：58-59.

在全球环境逐渐恶化的同时，气候系统也观测到了许多极端天气和气候事件的变化，而这些变化在过去几十年甚至几千年以来都是前所未有的。同时，也观测到大气和海洋温度开始升高、雪量和冰量开始下降、海平面已出现上升等现象，这使人类意识到了气候变化的问题，以及气候变化将对大陆上和海洋中的自然系统和人类系统造成影响。

1962年，美国著名科普作家蕾切尔·卡森完成了《寂静的春天》一书。作者极力呼吁保护生态平衡、拯救地球，激起了全世界环境保护的意识。她关于农药危害人类环境的预言，强烈震撼了社会广大民众，她所坚持的思想也为人类环境保护意识的启蒙点燃了一盏明灯。1972年，罗马俱乐部在《增长的极限》中就提出要解决世界资源、能源、环境等问题就要实现可持续性的发展，并提出了“生态足迹”的概念，给人类社会的传统发展模式敲响了第一声警钟，从而掀起了世界性的环境保护热潮。

1.2.2 行动——全球气候治理体系的历史演进

20世纪70年代末，在西方轰轰烈烈的现代环保主义运动的推动下，有关气候变化的研究开始走出实验室成为国际环保事业的议题之一。在1972年的联合国人类环境会议上，国际科学界发起了对气候变化问题进行联合研究的诸多倡议。这直接推动了1979年第一届世界气候大会的召开。① 在大会上，科学家提出空气中温室气体浓度升高会导致全球气候变暖的警告。自此之后，人们对全球气候变化的认知从单纯的科学问题转变为涉及各国经济、能源、外交以及安全利益的重大政治问题。并且，随着对气候问题的深入认识，全球气候治理也开始兴起。从气候变化的科学探讨，到国际社会应对气候变化政治共识的初步形成，再到可持续发展框架下解决气候变化问题的政策选择，气候治理成为涉及人类可持续发展的全球性议题②。

自20世纪80年代末气候变化议题进入国际政治议程，联合国框架下的全球气候治理体系经过30多年的演变，到2016年全球各国相继签署《巴黎协定》并作出减排承诺，大致经历了四个发展阶段③。

第一阶段，1988~1994年，确立《联合国气候变化框架公约》（以下简称“《公约》”）。1988年联合国政府间气候变化专门委员会（IPCC）成立，气候变化议题正式纳入国际政治议程。1991年联合国正式开始关于《公约》的谈判，在1992年5月9日通过。《公约》通过之后，经过了两年时间的开放签署，截至1994年3月，以166个国家在这项公约上签字而生效，它成为人类社会第一个应对气候变化的国际公约。由于多种原因，1992年的《公约》虽然对全球气候治理的原则、长期目标和发达国家与发展中国家的不同义务等内容进行了规范，但并没有提出明确的量化减排目标，对于全球气候变化问题的解决仅仅迈出了第一步。

第二阶段，1995~2009年，使《公约》确立的基本治理原则具体化，形成以《京都议定书》为核心的治理模式。1995年各缔约方在第一次缔约方会议上通过了“柏林授权”精神，其中心思想就是通过一项新的法律文件，按照公约所体现的精神，对发达国家2000年之后的减排任务作出细致的安排，其中要包括减排的时间和具体目标。1997年，各缔约

---

① 李盛. 全球气候治理与中国的战略选择［D］. 长春：吉林大学，2012.

② 李飞. 全球气候治理存在的问题及对策研究［D］. 济南：山东师范大学，2018.

③ 李慧明.《巴黎协定》与全球气候治理体系的转型［J］. 国际展望，2016，8（2）：1-20，151-152.

方在日本京都举行了第三次缔约大会，这次大会根据柏林会议上通过的“柏林授权”，并在以往会议的基础之上，达成了《京都议定书》。但由于美国的反对和2001年的退出，《京都议定书》经历了艰难的生效谈判，历时近8年于2005年才正式生效。2007年《公约》第十三次缔约方大会于2007年12月在印尼巴厘岛举行，通过了备受瞩目的“巴厘岛路线图”。它秉承了《公约》中所确立的原则，在《京都议定书》所取得成果的基础之上，各缔约方之间又达成了13项内容和一个附录，其中包含了三大亮点：一是强调了国际合作；二是把美国纳入进来；三是“巴厘岛路线图”还强调了在以往气候谈判中被忽视的三个问题，分别是技术开发和转让问题、资金问题以及适应能力建设问题。

第三阶段，2009~2015年，从《京都议定书》向《巴黎协定》的过渡时期，主要是将《京都议定书》中“共同但有区别的责任”原则逐渐弱化，使“自上而下”的量化减排模式逐渐过渡到自愿减排模式。2009年哥本哈根气候峰会是《京都议定书》后期气候谈判的转折点，正是经过哥本哈根会议，“京都模式”所坚持的“自上而下”减排模式开始弱化，发达国家与发展中国家承担不同责任的“二分法”也开始弱化和坍塌，气候治理向所有缔约方提供自愿减排的模式过渡。经过2011年的南非德班气候会议和2012年的多哈气候会议，欧盟等部分发达国家同意《京都议定书》第二承诺期（2013~2020年），部分发展中国家采取自愿减排行动，但美国、加拿大、俄罗斯和日本都没有接受第二承诺期。自此，形成了《京都议定书》后期全球气候治理体系的核心内容。

多哈会议所确立的《京都议定书》第二承诺期与第一承诺期存在重大不同，第二承诺期在提高减排力度、灵活机制及其适用资格、排放许可分配方式等方面作出了更为严格的规定，有利于确保减排的质量。但是，第二承诺期在法律效力上的不确定性，也可能导致其发展成为以国内法律保障为基础的国际自愿减排体系，进而为后续谈判和机制安排带来了重大的不确定性①。

第四阶段，2015年后，《巴黎协定》确立了以“自下而上”和“国家自主贡献”为核心特征的全球气候治理新体系。《公约》第二十一次缔约方大会，即巴黎气候大会于2015年11月30日在巴黎召开，这次大会的目的是为2020年以后国际社会应对气候变化的行动规划出新道路。《巴黎协定》是在巴黎气候大会上通过的具有里程碑意义的文件，它在遵循《公约》所确立的基本原则的基础之上，对所有国家在减缓、适应、资金、技术以及能力建设等方面作了新的规定，为2020年之后国际社会应对气候变化的行动指明了方向，可以说是全球应对气候变化的新起点。在此基础之上，2016年，170多个国家领导人齐聚纽约联合国总部，共同签署《巴黎协定》，承诺将全球气温升高幅度控制在2℃的范围之内（表1-1）。

全球应对气候变化过程中重要事件的时间及主旨 **表1-1**

时间	地点	主旨
1992年	纽约	联合国政府间谈判委员会就气候变化问题达成《联合国气候变化框架公约》，第一次对应对气候变化的目标、缔约方所做的承诺、缔约方大会的相关机构以及基本原则等进行了规定与记述

① 高翔，王文涛.《京都议定书》第二承诺期与第一承诺期的差异辨析 [J]. 国际展望，2013（4）：27-41，139-140.

续表

时间	地点	主旨
1995 年	柏林	《联合国气候变化框架公约》第一次缔约方大会召开，设立柏林授权特设工作组，开始了《京都议定书》的谈判
1997 年	京都	《联合国气候变化框架公约》第三次缔约方大会召开，通过了《京都议定书》
2007 年	巴厘岛	《联合国气候变化框架公约》第十三次缔约方大会召开，会议着重讨论了《京都议定书》第一承诺期在 2012 年到期后如何进一步降低温室气体的排放，并通过了“巴厘岛路线图”
2015 年	巴黎	《联合国气候变化框架公约》第二十一次缔约方大会召开，195 个国家的代表就共同应对气候变化通过了《巴黎协定》
2016 年	纽约	170 多个国家领导人于纽约联合国总部，共同签署气候变化问题《巴黎协定》，承诺将全球气温升高幅度控制在 2℃ 的范围之内①

1.3 全球气候治理的里程碑——《京都议定书》与《巴黎协定》

1.3.1 《京都议定书》与《巴黎协定》的诞生

1.《京都议定书》

在全球气候治理过程中，有两个具有里程碑意义的协定：《京都议定书》与《巴黎协定》。1992 年国际社会在巴西里约热内卢针对全球气候变暖挑战的峰会上制定了《联合国气候变化框架公约》（以下简称“《公约》”），并于 1997 年 12 月在日本京都召开的《公约》第三次缔约方大会上达成了《京都议定书》，促使了《公约》正式成为具有约束力的国际文件，其宗旨在于遏止会影响地球气候变化的温室气体的排放。2004 年俄罗斯通过批准《京都议定书》，使《京都议定书》得以跨越生效所需门槛，于 2005 年 2 月 16 日正式生效，并对 128 个签署国具有法律约束力。《京都议定书》是人类历史上第一个具有法律效力的多边气候法律文本，在国际气候治理进程中发挥着重要作用。

但是由于在《京都议定书》的执行上，发达国家和发展中国家对于节能减排的义务等问题上相互推诿、争执不下，再加上相关国家履约不当，使得《京都议定书》在后期趋向于失败。2001 年美国的退出，使得《京都议定书》濒临夭折边缘。在 2012 年举行的《京都议定书》多哈会议中，由于俄罗斯等国拒绝加入《京都议定书》的第二承诺期，《京都议定书》实际上已不再具备继续生效的条件，因此也失去了法律效力。国际社会需要一个新的法律文本来对于碳排放和气候治理进行规范。

2.《巴黎协定》

2015 年 12 月《公约》第二十一次缔约方大会暨《京都议定书》第十一次缔约方大会（简称“巴黎气候大会”）在巴黎举行，来自 195 个国家的代表就共同应对气候变化通过了《巴黎协定》。2016 年 4 月 22 日在纽约签署的气候变化协定，为 2020 年后全球应对气候变化行动作出了安排。《巴黎协定》的主要目标是将 21 世纪全球平均气温上升幅度控制

① http://news.163.com/photoview/00AO0001/116605.html? baike#p=BLAR310O00AO0001.

在 2℃以内，并将全球气温上升控制在前工业化时期水平之上 1.5℃以内。《巴黎协定》是继 1992 年《联合国气候变化框架公约》、1997 年《京都议定书》之后，人类历史上应对气候变化的第三个里程碑式的国际法律文本，形成 2020 年后的全球气候治理格局。

截至 2016 年 6 月 29 日，共有 178 个缔约方签署了《巴黎协定》，共有 19 个缔约方完成了这一程序。

2018 年 4 月 30 日，《公约》（UNFCCC）框架下的新一轮气候谈判在德国波恩开幕。缔约方代表将就进一步制定实施《巴黎协定》的相关准则展开谈判。

2018 年 12 月 15 日，联合国气候变化卡托维兹大会顺利闭幕。大会如期完成了《巴黎协定》实施细则的谈判，通过了一揽子全面、平衡、有力度的成果，全面落实了《巴黎协定》的各项条款要求，体现了公平、“共同但有区别的责任”、各自能力原则，考虑到不同国情，符合“国家自主决定”安排，体现了行动和支持相匹配，为协定实施奠定了制度和规则基础。

1.3.2 《巴黎协定》与《京都议定书》的联系与对比

《巴黎协定》和《京都议定书》都是《联合国气候变化框架公约》与时俱进、结合现实的新成果，都是世界各国运用法律手段共同维护气候环境、进行全球气候治理合作的规范性文件。《巴黎协定》坚持了《联合国气候变化框架公约》以来的“共同但有区别的责任”原则，继续强调发达国家在气候治理中承担主要责任，奠定了未来气候治理的原则基础。

《巴黎协定》重申了“共同但有区别原则”，承认了发达国家与发展中国家之间的差距，体现了缔约方责任、义务的区别，为发展中国家公平、积极地参与全球气候治理奠定了基础①。各国家和地区承诺见表 1-2。

《巴黎协定》下的部分国家和地区承诺 表 1-2

国家(地区)	减排承诺
日本	到 2030 年度比 2013 年度减排 26%，争取在 2050 年之前使温室气体减少 80%
美国	到 2020 年，将在 2005 年的基础上减排 17%，到 2025 年进一步减排 26%~28%，并努力实现较高减排目标。 于 2017 年 8 月正式表达退出《巴黎协定》
欧盟	截至 2030 年把温室气体排放量减少至少 40% 至 1990 年排放水平；设定 27% 的清洁能源目标。2018 年 6 月 14 日，将 2030 年清洁能源目标提高到 32%
新加坡	2030 年温室气体排放强度比 2005 年减少 36%，在 2030 年左右达到峰值
中国	2030 年单位国内生产总值二氧化碳排放比 2005 年下降 60%~65%，非化石能源占一次能源消费比重达到 20% 左右，森林蓄积量比 2005 年增加 45 亿 m^3 左右；二氧化碳排放在 2030 年左右达到峰值
印度	2030 年之前 40% 的电力将来自绿色能源；同意投资 60 亿美元在其 12% 的土地上重新造林
俄罗斯	到 2030 年与 1990 年相比减排 25%~33%
巴西	在 2030 年，使可再生能源在能源结构中占比 45%

① 慈晓慧.《巴黎协定》的特点与影响［D］. 青岛：青岛大学，2018.

续表

国家(地区)	减排承诺
印度尼西亚	2030年比常规发展情景(BAU)无条件减少排放29%的温室气体。 国际合作的条件下可以减少温室气体排放的41%
泰国	2030年温室气体排放较2005年以来减少20%,如果获得足够的技术转让、资金和能力建设帮助,2030年可减排25%
马来西亚	2030年国内生产总值温室气体排放强度比2005年降低45%,其中10%的减低比例取决于发达国家提供的气候资金、技术转让和能力建设
缅甸	其减少排放的行动将以国际支持为条件
越南	自主减排贡献目标是2030年比常规发展情景(BAU)无条件减少其温室气体排放的8%;森林覆盖率增加到45%。在获得新的和额外的国际社会支持的条件下可以增加到25%的减排量
帕劳	在2025年能源部门碳排放比2005年降低22%,可再生能源的比例达到45%,能源效率提高35%

(资料来源:联合国气候变化框架公约网站资料数据

http//www4. unfccc. int/submissions/indc/Submission%20Pages/submissions. aspx.)

作为人类历史上两个具有重要意义和法律约束力的气候治理文本，将《京都议定书》和《巴黎协定》的内容和特点进行对比，用来总结这两者的优越性和不足，会对今后国际气候治理带来启示（表1-3）。

《京都议定书》与《巴黎协定》对比分析　　表1-3

对比项目	《京都议定书》	《巴黎协定》
减排目标	仅把制约碳排放量的义务局限于发达国家,对排放的限制也比较笼统	涉及的缔约国范围更广、提出的目标更具有可行性
减排方式	强调部分发达国家承担量化减排指标或者承担可比的减排承诺,对于广大发展中国家来说,可以自愿进行减排	各国都采取自愿的方式进行减排,对各协议方的减排量没有硬性安排,强调了国际社会对于减排的共同参与
实施机制	"自上而下"的统一机制	采用"自下而上"的国家自主贡献机制来进行气候治理
承担责任和履行义务	气候变化的主要责任应由发达国家来承担	各国共同但有区别的责任和各自能力的原则
法律约束力	只对发达国家具有约束力,发展中国家在气候治理上不承担责任	缔约国都要实施其自主减排义务

1.3.3 我国应对气候变化的政策

在《巴黎协定》制定过程中，中国起到了至关重要的作用。作为世界上碳排放量最大的国家，如何执行好《巴黎协定》中所规定的中国国家自主贡献方案，是中国当今的压力所在。由于中国目前的碳排放量已占全球总量的28%，所以中国的减排行动必将引起全世界的高度重视。中国全国人大常委会于2016年9月3日批准中国加入《巴黎协定》，中国成为第23个完成批准协定的缔约方。

在《巴黎协定》的框架下，我国提出四大承诺：

（1）到2030年中国单位GDP的二氧化碳排放，要比2005下降60%~65%。

（2）到2030年非化石能源在总的能源当中的比例，要提升到20%左右。

（3）到2030年左右，中国的二氧化碳的排放要达到峰值，并且争取尽早地达到峰值。

（4）增加森林蓄积量和增加碳汇，到2030年中国的森林蓄积量要比2005年增加45亿m^3。

1.4 我国减排的新挑战

1.4.1 我国能源需求增长

我国当前处于工业化和城镇化快速发展阶段，以不断扩大投资和增加制造业产品出口作为GDP快速增长的主要驱动力，带动了对水泥、钢铁等高耗能产品的需求，从而使高耗能原材料产业比重增加，促使能源消费较快增长。

同时，目前我国的人均能源消耗量仍较低，能源消费尚属于生存型消费，2017年，中国一次能源消费量为3.23t标准煤/人，刚刚超过2.61t标准煤/人的全球平均水平，仅为经合组织①国家6.3t标准煤/人的一半。随着人民生活水平的提高，今后几十年能源消费必然增长。

2010年，我国超越了美国成为世界上最大的能源生产和消费国，根据国家统计局数据，2018年，全年能源消费总量46.4亿t标准煤，比上年增长3.3%。同时，根据中国能源研究会发布的《中国能源展望2030》报告预测，中国未来能源需求总量增速虽然放缓，但总量仍在增加，预计2020年、2030年总量分别达到48亿t标准煤和53亿t标准煤，2016~2030年均增长1.4%，2030年人均能源消费量达到3.9t标准煤，接近2014年英国水平。

1.4.2 我国能源结构调整压力增大

我国当前能源构成以煤炭为主，长期（1978~2009年）占70%左右，远高于美国、加拿大、韩国等发达国家（表1-4），单位能源消费的二氧化碳排放强度比世界平均水平高20%以上，比发达国家平均高出1/3左右。党的十九大报告指出，我国要“推进能源生产和消费革命，构建清洁低碳、安全高效的能源体系”，因此进行能源结构调整，加速能源构成的低碳化不仅是未来我国能源发展的必然趋势，也是促进二氧化碳排放达到峰值的重要措施。

2016年不同国家一次能源消费结构 **表1-4**

国家	原油（%）	天然气（%）	原煤（%）	核能（%）	水力发电（%）	再生能源（%）	合计	清洁能源（%）
中国	19	6.2	61.8	1.6	8.6	2.8	3053.0	13.0
美国	38	31.5	15.8	8.4	2.6	3.7	2272.7	14.7

① 经济合作与发展组织（英语：Organization for Economic Co-operation and Development；法语：Organisation de coopération et de développement économiques），简称经合组织（OECD），是由36个市场经济国家组成的政府间国际经济组织，旨在共同应对全球化带来的经济、社会和政府治理等方面的挑战，并把握全球化带来的机遇，成立于1961年，目前成员国总数36个，总部设在巴黎。

续表

国家	原油(%)	天然气(%)	原煤(%)	核能(%)	水力发电(%)	再生能源(%)	合计	清洁能源(%)
加拿大	30.6	27.3	5.7	7.0	26.6	2.8	329.7	36.4
韩国	42.7	14.3	28.5	12.8	0.2	1.5	286.2	14.5

（资料来源：BP Statistical Review of World Energy June 2017。）

近年来，我国能源产业快速发展，新能源和可再生能源每年的投资额、新增容量和增长速度均居世界前列。根据国家统计局数据，2018 年，全年能源消费总量 46.4 亿 t 标准煤，其中煤炭消费量占能源消费总量的 59.0%；天然气、水电、核电、风电等清洁能源消费量占能源消费总量的 22.1%，可再生能源发电装机量达到 7.28 亿 kW，同比增长 12%；但“富煤、贫油、少气”的资源禀赋特点使我国长期以来形成了以煤为主的能源消费结构，虽然我国在加快调整能源结构，建设高效、清洁、低碳的能源供应体系，但以煤炭为主的消费结构短期内无法改变，而这在碳排放强度方面尤为不利。

目前，在二次能源中，无论是消费结构还是生产结构，基本以燃煤为主的火力发电为主，目前我国依赖火力发电的比例大于 80%，使用 1kWh 电就相当于排放了 0.723kg 的二氧化碳（2009 年的情况）（表 1-5）。

2005~2009 年中国电力构成 **表 1-5**

项目	2005 年	2006 年	2007 年	2008 年	2009 年
发电量(亿 kWh)	25002.60	28657.26	32815.50	34510.13	36811.86
火电(亿 kWh)	20473.40	23696.03	27229.30	28029.97	30116.87
水电(亿 kWh)	3970.20	4357.86	48522.60	5655.48	5716.82
核电(亿 kWh)	530.90	548.43	621.30	682.19	700.50
风电(亿 kWh)	—	—	—	130.79	276.15
地热、潮汐、太阳能等(亿 kWh)	—	—	—	—	1.52
火电比例(%)	81.89	82.69	82.98	81.22	81.81
火电发电煤耗(kgce/kWh)	0.347	0.341	0.333	0.322	0.320

一些发达国家或地区的火力发电比例较我国大陆低很多，且可再生能源，特别是核电的发电比例比我国大陆高出 10 余倍。例如挪威，由于 99%的电力是依赖水力发电产生的，使用电能几乎不会排放二氧化碳（图 1-7）。

目前，我国正在努力建设可再生能源的发电容量，从国家统计局数据来看，2018 年我国总发电量为 67914.2 亿 kWh，其中火力发电量占比 73.32%，水力发电占比 16.24%，风力发电占比 4.79%，核能发电占比 4.33%，火力发电依旧是我国主要的发电形式，我国能源结构调整仍然有很长的路要走。

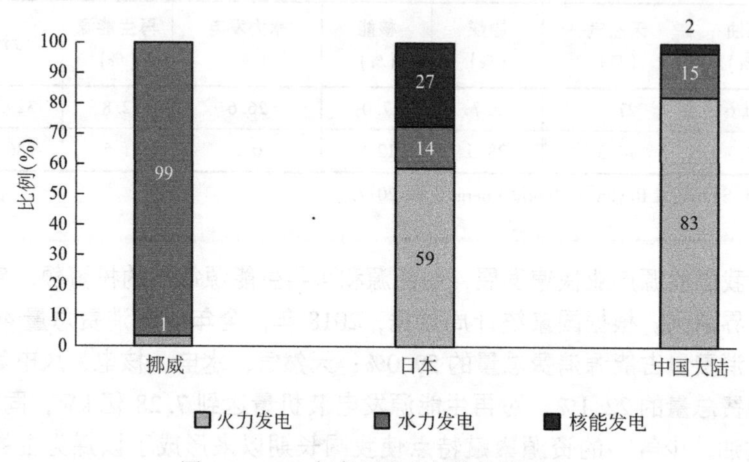

图 1-7　2006 年各国发电结构能源对比

1.4.3　我国碳减排压力增大

据二氧化碳信息分析中心 CDIAC（Carbon Dioxide Information Analysis Center）报告（图 1-8），世界各国碳排放情况虽不尽相同，但总的态势都是呈现持续增长。

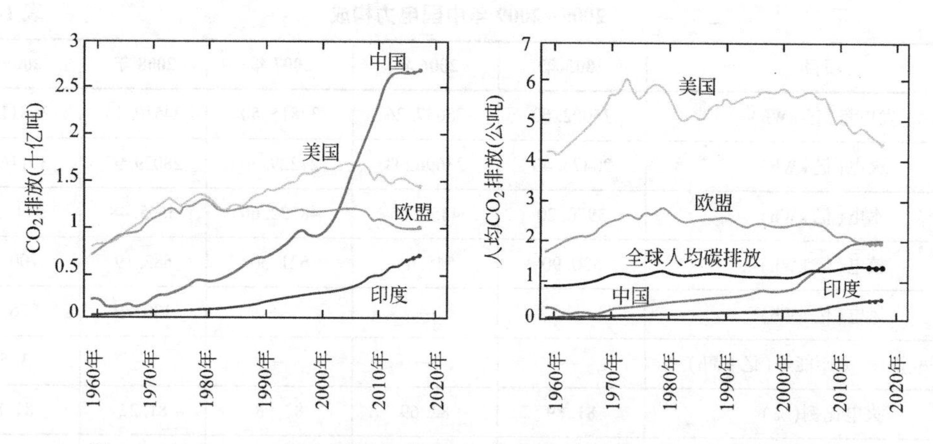

图 1-8　1960~2020 年主要国家和地区二氧化碳总量和人均二氧化碳排放量

（资料来源：CDIAC）

中国工业化、城市化起步晚，2006 年之前中国的碳排放量明显低于美国，但快速发展的城镇化进程产生了大量的能源需求，导致碳排放量急剧上升（见图 1-8）。根据 CDIAC 和美国能源信息署新一期的数据，2014 年中国碳排放总量达 976108 万 t，已经超越美国，跃居全球碳排放量之首位。同时，尽管中国人均碳排放量明显低于发达国家，但却持续快速增长：1978 年人均二氧化碳排放量为 1.47t，仅相当于美国人均碳排放量的 7%；2006 年人均二氧化碳排放量与世界平均水平相当，约达 4.27t，相当于同年美国人均碳排放的 35%。

随着中国经济的发展，人民生活水平的提升，未来中国人均碳排放量还会大幅持续增加，同时由于人口基数大，中国的排放总量显著。这无疑给我们的节能减排工作带来了巨大的挑战①（图 1-9）。

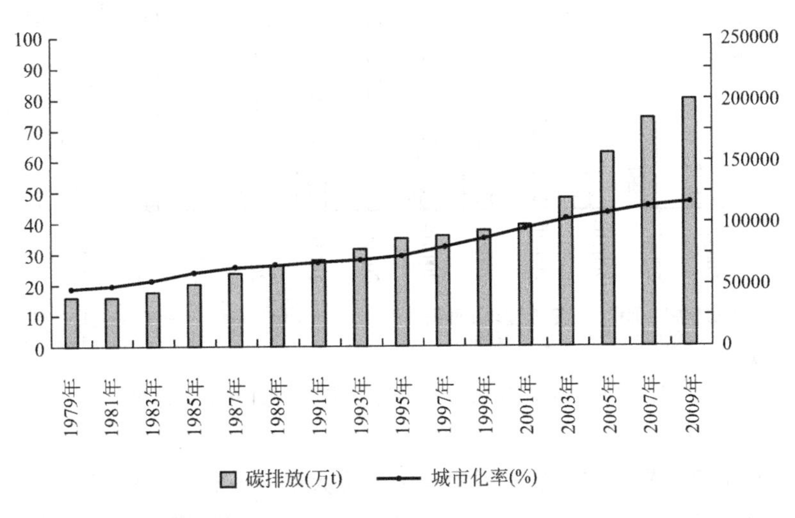

图 1-9　我国城市化率与碳排放总量表（1998～2009 年）

1.5　我国建筑行业的节能减排现状

建筑与工业、交通并列成为温室气体排放的三大重点领域。根据联合国环境署计算，建筑行业消耗了全球大约 50% 的能源，并排放了几乎占全球 42% 的温室气体，如果不提高建筑能效，降低建筑用能和碳排放，到 2050 年建筑行业温室气体排放将占总排放量的 50% 以上。我国建筑业发展不断扩大，温室气体排放持续增长，减碳压力巨大。

1.5.1　我国建筑发展现状

近年来，我国城镇化高速发展，大量的人口从农村进入城市。根据 2015 年中国大陆人口抽样调查数据，我国城镇人口达到 7.71 亿，城镇居民户数从 2001 年的 1.47 亿户增长到约 2.72 亿户；农村人口 6.03 亿，农村居民户数从 2000 年的 1.92 亿户降低到约 1.58 亿户，城镇化率从 2000 年的 37.7%增长到 2014 年的 56%。快速城镇化带动建筑业持续发展，我国城市建筑业规模不断扩大。

现阶段，我国正处在建筑业高速发展的时期，《中国统计年鉴》2005～2016 年数据显示，我国建筑施工面积、竣工面积的增速虽然放缓，但面积却逐年增加（图 1-10）。根据《中国建筑能耗研究报告（2017 年）》，2015 年全国建筑总面积达到 613 亿 m^2，其中城镇居住建筑面积 248 亿 m^2。

① 刘菁. 碳足迹视角下中国建筑全产业链碳排放测算方法及减排政策研究［D］. 北京：北京交通大学，2018.

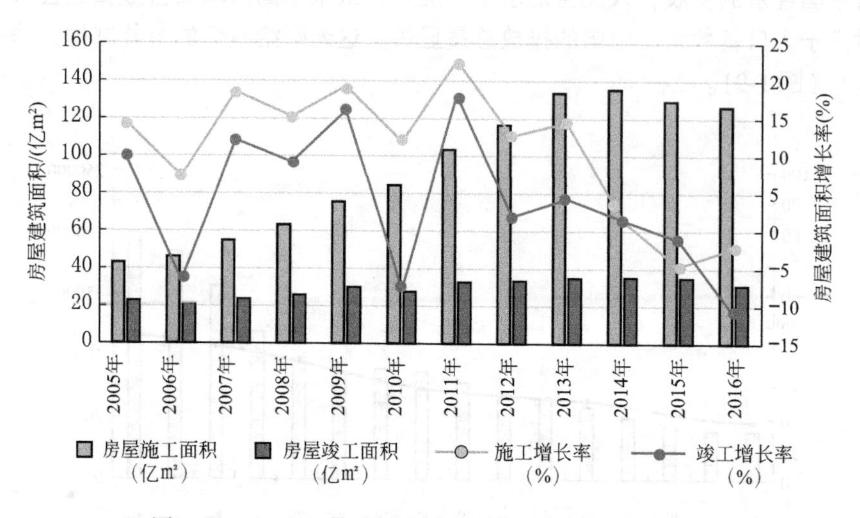

图 1-10　2005~2016 年我国房屋施工/竣工面积及增速

对比发达国家建设量，我国建筑规模是十分庞大的。“十五”期间，几乎每年新增竣工面积都在 15 亿 m^2 以上，比美、日、德、英、法、意 6 国新增建筑面积的总和还多。按建设部统计数据，2005 年全国既有建筑面积约为 420 亿 m^2，居世界第一。此后更增长迅速，基本每年竣工面积都超过 20 亿 m^2。在建筑工程建设中，住宅建设量占很大的比重，因此此处主要以住宅面积来对比我国和美国、日本等发达国家之间的建设量差距。

我国因人口众多，住宅建设量巨大，2015 年新建建筑的竣工面积达到 27.9 亿 m^2，竣工面积中住宅建筑约占 64%，公共建筑约占 36%（图 1-11）。逐年增长的竣工面积使得我国建筑面积的存量不断高速增长，2015 年我国建筑面积总量约 573 亿 m^2，其中：城镇住宅建筑面积达到 219 亿 m^2，农村住宅建筑面积 238 亿 m^2，公共建筑面积 116 亿 m^2（图 1-12）。

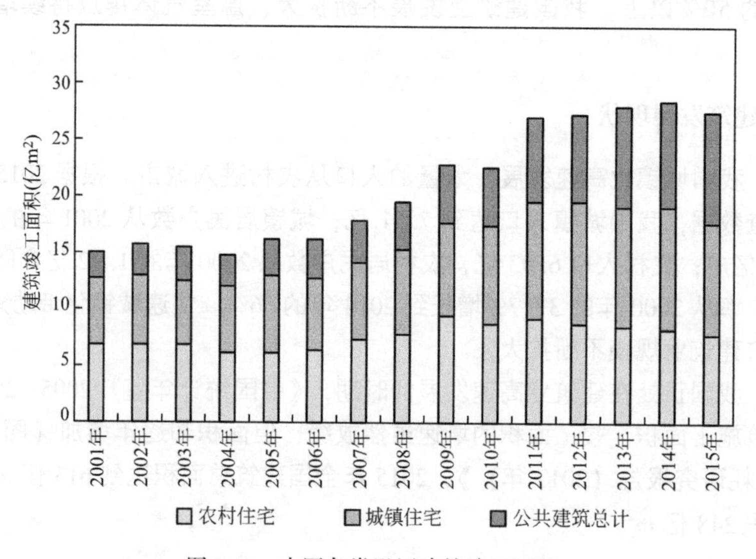

图 1-11　中国各类民用建筑竣工面积

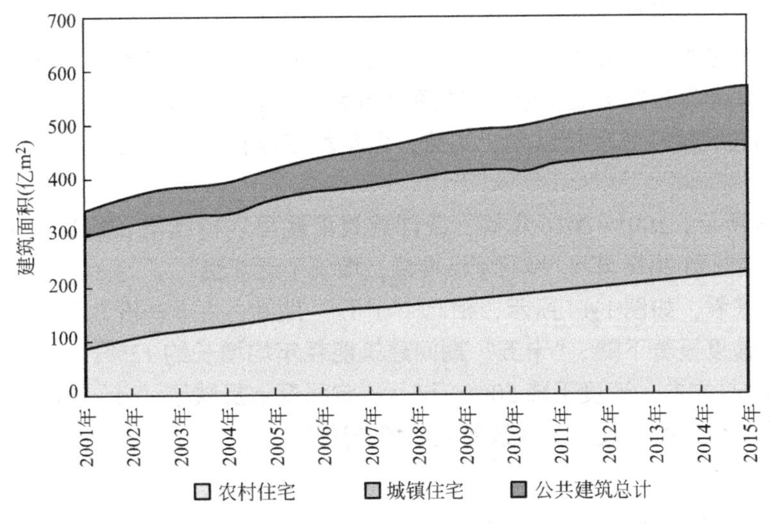

图 1-12　中国各类民用建筑总面积

将我国与美国、日本住宅整体情况汇总至表 1-6 中，从表中可以看出，中国人口在三国中最多，是美国的 4 倍，日本的 10 倍。而中国住宅总建筑面积也为最大，是美国的 1.4 倍，日本的 8 倍。基于人口对比结果与住宅建筑面积对比结果可知，在我国建筑行业内推行节能减排迫在眉睫。

中、美、日三国人口及住宅总面积比较（2010 年）　　**表 1-6**

国家	人口(亿人)	家庭数(亿户)	住宅总面积(亿 m^2)
中国	13.4(大陆)	4	410
美国	3.1	1.14	286
日本	1.3	0.5	50

1.5.2　我国建筑能耗现状及中外对比

目前，温室气体、能源紧张、全球气候变暖等问题已成为世界的热门话题，同时也成为影响我国经济社会发展的重大战略问题。气候变化产生的最主要原因是人类活动引起的大气中温室气体浓度的增加。温室气体的排放来自于国民经济各产业部门，而其中建筑行业中的耗能是温室气体的主要来源之一①。

2017 年，国务院《“十三五”节能减排综合工作方案》明确提出强化建筑节能②。同时，建筑领域能耗高、能耗比例大且长期增长趋势明显，具有较大的节能潜力，而且减排成本相对较低。因此，研究建筑能耗对指导我国建筑节能减排工作具有重要意义③。

① 周峰. 气候变化对建筑工程的影响研究 [D]. 北京交通大学，2009.

② 国务院. 国务院关于印发“十三五”节能减排综合工作方案的通知 [Z]. 2016

③ 王霞，任宏，蔡伟光，武涌，陈明曼. 中国建筑能耗时间序列变化趋势及其影响因素 [J]. 暖通空调，2017，47 (11)：21-26+93.

1. 我国建筑能耗现状

由于缺乏权威的统计数据发布，不同机构或学者对中国建筑能耗数据的测算差异较大，本书以清华大学建筑节能中心发布的系列能耗研究报告为研究基础。

（1）我国建筑能耗呈现持续增长趋势，但年均增速在“十一五”和“十二五”期间明显放缓。

如图 1-13 所示，2001~2016 年间，我国建筑能耗呈现持续增长趋势。从 2001 年约 3 亿 t 标准煤，增长到 2016 年 8.99 亿 t 标准煤，增长了近 3 倍。

分时间段来看，如图 1-14 所示，相比“十五”期间，“十一五”和“十二五”期间建筑能耗增长速度显著下降。“十五”期间建筑能耗年均增长约 12%，而此后的两个五年计划增速均为 6%左右，速度下降 50%。这从一定程度上反映了“十一五”以来中国大力推进建筑节能工作，有效缓解了建筑能耗的增长速度。

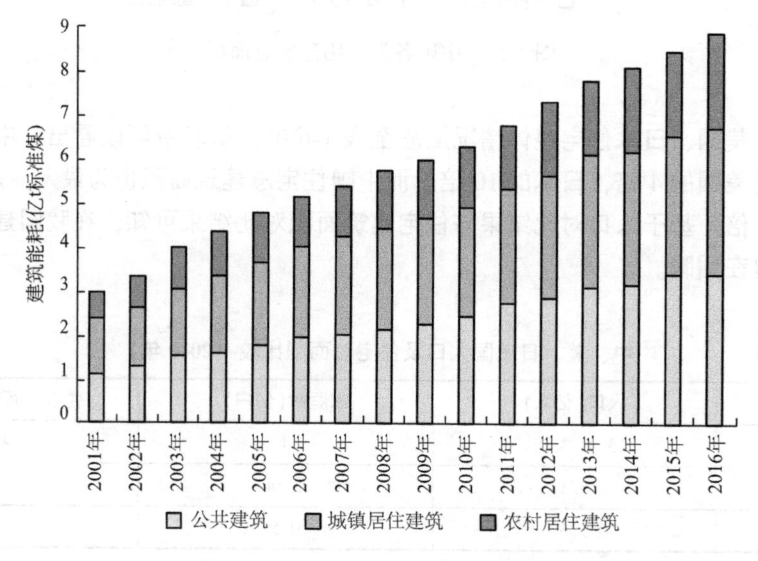

图 1-13 2000~2016 年中国建筑能耗

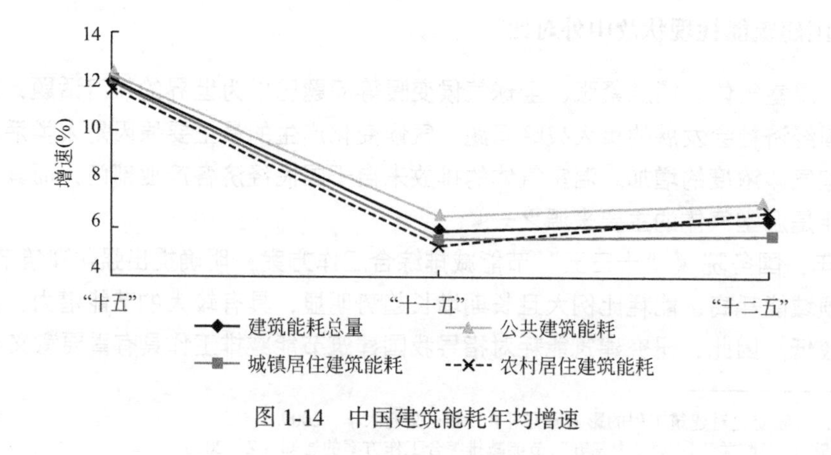

图 1-14 中国建筑能耗年均增速

（2）建筑能耗占全国能源消费总量的比例在 17%~21%区间内波动，与 GDP 增速的波动呈现反向相关。

根据《中国建筑能耗研究报告（2018 年）》，2016 年，中国建筑能源消费总量为 8.99 亿 t 标准煤，占全国能源消费总量的 20.62%。纵观 2000~2016 年，建筑能耗占全国能源消费总量的比重在 17%~21%区间内波动，与 GDP 增速的波动呈现反向关系，如图 1-15 所示。

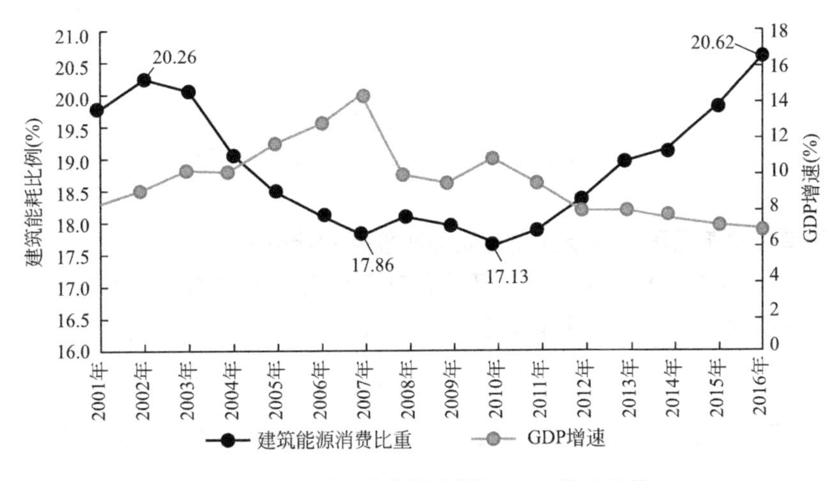

图 1-15　中国建筑能耗比例与 GDP 增速比较

由图 1-15 可知，建筑能耗占全国能源消费总量的比重波动与经济波动总体上呈现反向关系，经济发展越快 GDP 增速变大，建筑能源消费比重则变小，反之亦然。2002~2007 年间，GDP 增速逐年增大，达到 2007 年的顶峰 14.23%，而建筑能耗比重则从 2002 年的最高峰 20.15%，下降到 2007 年的最低谷 17.68%；2007~2010 年，GDP 增速存在一定波动，建筑能耗比重则相应发生反向波动。2010 年后 GDP 增速逐年下降，建筑能耗比重则逐年上升。

通过上述分析可知，当前我国建筑能源消耗虽增长放缓但是仍呈现持续增长趋势，且随着经济的发展放缓，建筑能耗呈现反向增长趋势，因此研究减少建筑能耗的切实措施对于促进建筑节能和经济的可持续发展尤为重要。

2. 中外建筑能耗对比分析

1）中外建筑能耗总量对比分析

世界各国的建筑能耗组成具有一定的差异性，图 1-16 列出了全世界超过一百个国家的建筑能耗总量值，灰色区域为没有数据的地区。从地区分布上来看，2014 年南美洲和非洲各个国家的建筑能耗总量都较低，亚洲和北美洲的建筑能耗较高，欧洲部分国家的建筑能耗总量也相对较高。其中，美国的建筑能耗总量达到了 4.9 亿 t 油当量，中国的建筑能耗总量达到了 4.8 亿 t 油当量，印度的建筑能耗总量为 2.1 亿 t 油当量，俄罗斯的建筑能耗总量为 1.5 亿 t 油当量①。

① 油当量（oil equivalent）指按标准油的热值计算各种能源量的换算指标，中国又称标准油。邹瑜. 国际建筑能耗差异性及影响因素研究［D］. 重庆：重庆大学，2017.

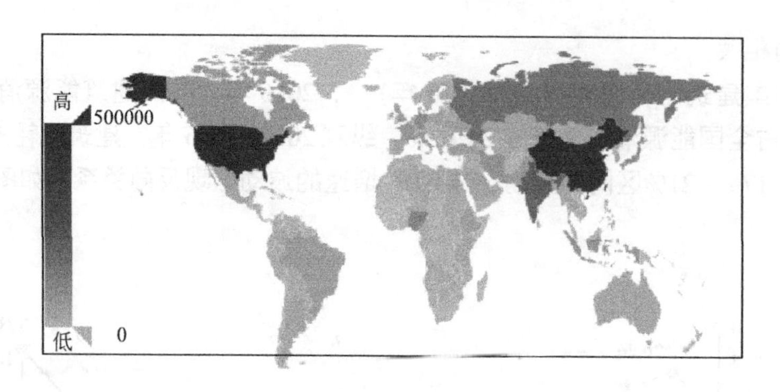

图 1-16　2014 年全球建筑能耗总量

（资料来源：http：//www. iea. org/statistics/）

2）中外单位建筑面积能耗及人均建筑面积能耗对比分析

我国目前的建筑能耗相对于我国的历史能耗已经有了大幅增长，但与发达国家相比，单位建筑面积能耗和人均建筑面积能耗仍然处于较低的数值（图 1-17）。

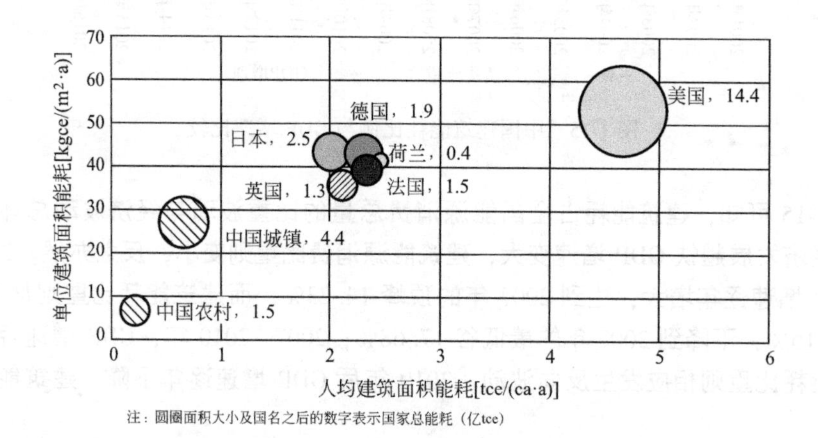

图 1-17　中外单位建筑面积及人均建筑面积能耗对比

从图中可以看出，美国单位建筑面积和人均建筑能耗都处于较高数值，国家总能耗也相对较高。中国，尤其是中国农村的单位建筑面积和人均建筑面积能耗与发达国家相比有较大差距。究其原因，发达国家随着其经济水平的提高，人们对建筑的需求不断增大。同时，对建筑的环境品质和标准要求也较高，于是便促进了国家单位建筑面积能耗和人均建筑面积能耗的提高。而现阶段的中国，正处于发展不平衡、不充分的阶段，所以我国城镇建筑与农村建筑的能耗自身就会存在一定的差异。与发达国家相比，我国对建筑品质和服务要求较低，所以单位建筑面积能耗和人均建筑面积能耗较低。但由于人口数量较多，对建筑面积的需求量大，导致我国总建筑能耗较高。

如今，我国的经济、社会正处于高速增长期，随着我国城镇化进程的加快，建筑节能面临着巨大的挑战。一方面，人口增长带来对各类型建筑需求的不断增长，会促使建筑面积的进一步增长；另一方面，随着生活水平的提高，对于不同建筑形式、面积的需求也会不断提升，同时也越来越注重建筑的环境质量与服务水平，对于需求层次的提高会增加建筑的能耗强度①。从这两个方面考虑，急需我们去探索如何实现建筑的可持续发展和节能目标，从而控制建筑业的碳排放量。

1.5.3 我国建筑业节能减排现状

中国正处在工业化、城镇化快速发展阶段，建筑建设迅速，建设量惊人。在全球倡导节能减排，推行“绿色先行”的形势下，建筑作为耗能约占社会总能耗三分之一的高能耗行业，其节能减排势在必行。对此，我国建筑业在发展过程中也作出了一系列努力。

1. 我国建筑节能现状

自20世纪80年代起，我国开始关注建筑节能工作，且重视度持续增加，取得了显著成效。工信部发布的《2016年我国绿色建筑发展情况》显示，2016年，全国省会以上城市保障性住房、政府投资公益性建筑以及大型公共建筑开始全面执行绿色建筑标准。截至2016年年底，全国累计绿色建筑面积超过8亿m^2，其中2016年新增绿色建筑面积超过3亿m^2；截至2016年年底全国累计竣工强制执行绿色建筑标准项目超过2万个，面积超过5亿m^2（图1-18）。

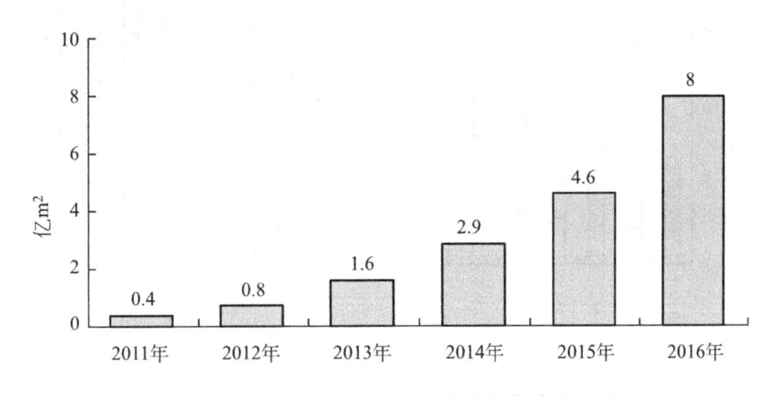

图1-18 2011~2016年全国累计绿色建筑面积

我国自2006年形成绿色建筑认证体系——“中国绿色建筑三星认证标准”，并从2008年正式开展标识评价。尽管初期发展较为缓慢，但近年来，随着各地绿色建筑标识评价陆续展开，获得绿色建筑评价标识的项目增长迅速。数据显示，截至2016年年底，全国累计有7235个建筑项目获得绿色建筑评价标识，其中2016年获得绿色建筑评价标识的建筑项目3256个，占总绿色建筑评价标识项目的比例达到了45%（图1-19）。

2. 我国建筑减排现状

自党的十八大以来全国建筑碳排放增速、城镇建筑碳排放强度均出现下降趋势。虽然从2000~2016年建筑碳排放总量呈现持续增长趋势，从2000年的6.68亿t增长到2016年近20亿t的规模，增长了约3倍（图1-20），但增速呈现快速下降趋势，相比“十五”期间，全国建筑能耗及碳排放增速在“十一五”和“十二五”期间显著下降。建筑碳排放年均增速由“十五”时期的11%降低到“十一五”时期的6%和“十二五”时期的4%左右，尤其是2012年以来建筑碳排放增速进一步下降到3%，且建筑碳排放年均增速相比建

① 胡姗. 中国城镇住宅建筑能耗及与发达国家的对比研究［D］. 北京：清华大学，2013.

筑能耗又进一步放缓，“十八大”以来较“十五”期间增速下降74%[①]（图1-21）。

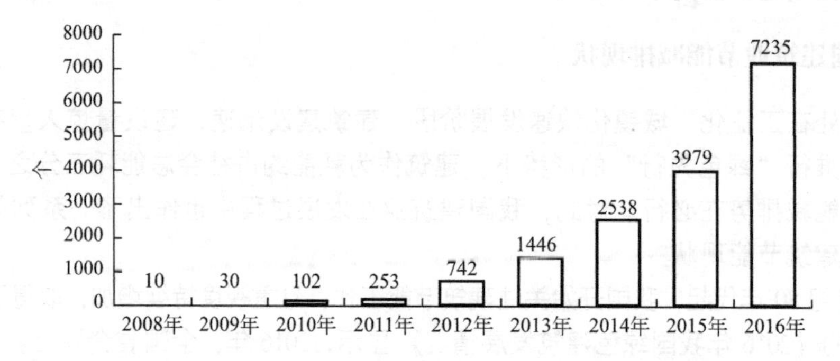

图1-19　2008~2016年全国累计绿色建筑评价标识项目情况

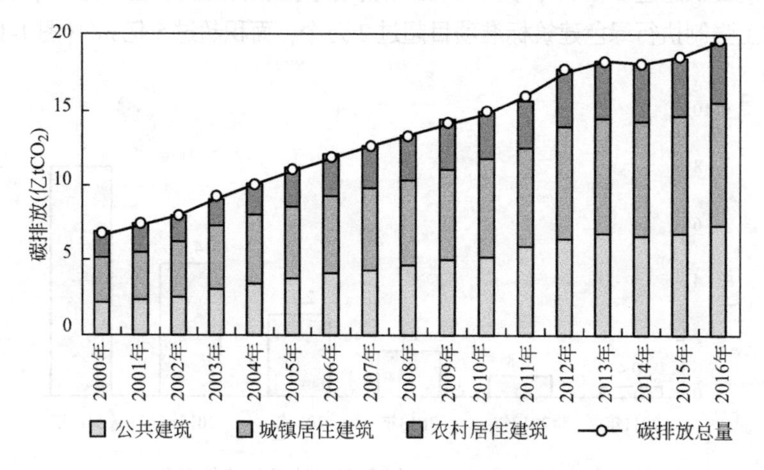

图1-20　2000~2016年全国建筑碳排放状况

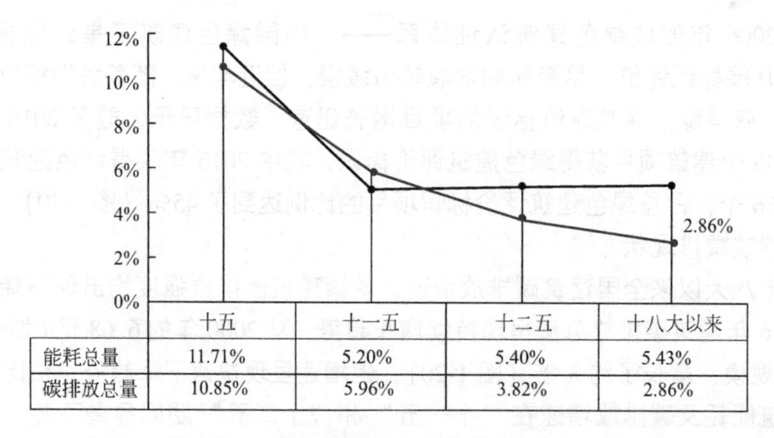

	十五	十一五	十二五	十八大以来
能耗总量	11.71%	5.20%	5.40%	5.43%
碳排放总量	10.85%	5.96%	3.82%	2.86%

图1-21　全国建筑能耗及碳排放年均增速

（资料来源：中国建筑能耗研究报告，2018年）

① 能耗统计专业委员会. 中国建筑能耗研究报告［R］. 上海：中国建筑节能协会，2018.

城镇居住建筑和公共建筑单位面积碳排放均于 2012 年达到峰值，分别为 35kgCO_2/m^2 和 74kgCO_2/m^2，此后逐年下降到 2016 年的 29 kgCO_2/m^2 和 64kgCO_2/m^2，分别下降了 20% 和 13.5%。单位建筑能耗碳排放也由 2012 年的 2.41kgCO_2/kgce，下降到 2016 年的 2.18kgCO_2/kgce，下降 9.5%。这表明“十一五”以来，尤其是“十八大”以来，我国建筑节能减排工作成效显著，有力地促进了城镇建筑碳排放强度下降，有效缓解了建筑碳排放的增长。

从能源燃烧或使用过程中单位能源所产生的碳排放数量角度分析，即碳排放因子。2000~2012 年全国建筑综合碳排放因子较为稳定，在 2012 年出现拐点，为 2.41kgCO_2/kgce。此后出现明显下降趋势，2016 年综合碳排放因子比 2012 年下降 9.5%（图 1-22）。

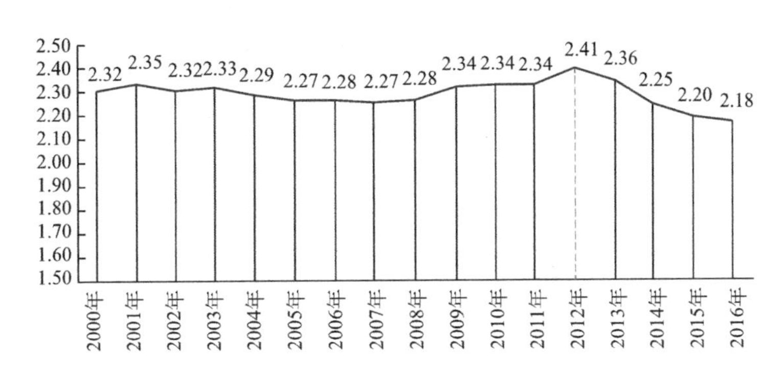

图 1-22 全国建筑碳排放综合因子分析（单位：kgCO_2/kgce）

（资料来源：中国建筑能耗研究报告，2018 年）

我国建筑能耗强度、碳排放因子等指标在 2012 年开始均出现下降趋势，由于这二者下降实现二氧化碳减排量合计 2.41 亿 t，其中碳排放因子下降带来 1.53 亿 t 碳减排量，能耗强度下降带来 0.88 亿 t 碳减排量，这表明我国建筑节能减排工作成效显著。但建筑节能减排作为一项系统性、长期性的工程，我国还有很长的一段路要走。因此，我国建筑业在发展中，要及时转变自身发展理念，积极引入先进技术与工艺，发展绿色节能低碳建筑。同时，政府要明确各个部门职责，从制度、政策及税收等层面上予以支持和激励，将建筑节能减排工作落到实处，重视对可再生能源的利用和推广，不断提高建筑生态、低碳、装配化水平，从而推动我国建筑领域持续发展。

第2章 Chapter 2 建筑全生命周期碳足迹及相关概念

随着全球人口和经济规模不断增长，人类活动产生的温室气体的排放加速了全球气候变化及环境影响。可持续发展、节能减排已成为每个地球公民的责任。人类活动产生的碳排放对于全球气候变化有重大的影响，为了保持全球气候的稳定，越来越多的组织、机构和政府部门开始采用“碳足迹（carbon footprint）”来衡量产品、服务、组织、城市及国家的温室气体排放量，并以此为依据制定减少碳排放的政策。

2.1 碳足迹

2.1.1 碳足迹的概念

“碳足迹”来源于英语单词“Carbon Footprint”，是指某一产品或服务系统在其全生命周期内的碳排放总量，或活动主体（包括个人、组织、部门等）通过交通运输、食品生产和消费以及各类生产过程等引起的温室气体（GHG）排放的集合，以二氧化碳当量表示。世界碳排放组织将其定义为“用来测度人类活动对环境（尤其是气候变化）影响的一种度量手段[①]。”

大量研究表明[②~④]，甲烷、氮氧化合物等温室气体尽管排放量相对较小，但其对于气候变化有着不可忽视的影响。因此，在计量时以二氧化碳等价物来表示。

2.1.2 碳足迹的分类与度量

1. 碳足迹的分类

碳足迹的分类方式众多，按研究对象可分为企业碳足迹、项目碳足迹、产品碳足迹和个人碳足迹；按核算边界和范围不同可分为直接碳足迹和间接碳足迹；按对碳足迹的评价标准不同可分为基于终端消耗的碳足迹和基于生命周期评价的碳足迹；此外，也可按照联合国政府间气候变化专门委员会的分类方法，按照部门不同可分为能源部门碳足迹、工业

---

① Carbon Footprint. What Is a Carbon Footprint [EB/OL], [2008-05-10]. http://www.carbonfootprint.com/carbonfootprint.html.

② Carbon Trust. Carbon Footprint Measurement Methodology [R]. version 1.1, 2007.

③ Post. Carbon Footprint of Electricity Generation [J]. Parliamentary Office of Science and Technology, 2006: 268.

④ ETAP. The Carbon Trust Helps UK Businesses Reduce Their Environmental Impact [R], 2007.

过程和产品使用部门碳足迹、农林和土地利用变化部门碳足迹、废弃物部门碳足迹等；根据研究尺度的不同还可以将碳足迹划分为：宏观尺度、中观尺度和微观尺度。

宏观尺度：包括国家碳足迹、区域碳足迹、城市碳足迹；

中观尺度：包括企业（组织）碳足迹、项目碳足迹；

微观尺度：包括产品碳足迹、个人碳足迹、家庭碳足迹。

2. 碳足迹的度量

目前，碳足迹拥有面积和质量两种度量单位。因碳足迹的概念起源于“生态足迹”，后被用来描述人类生产消费活动造成的生态影响，以生态生产性土地面积表示。因此，Kitzes 等将碳足迹作为生态足迹的一部分，称为“化石能源足迹”或“二氧化碳用地”，以全球性公顷为单位。

继用面积表示碳足迹之后，出现了很多使用“碳足迹”概念进行温室气体排放计量和评价的工具，但大多都不再使用原始的概念，而将其简化为按等效二氧化碳质量计算，如 Wiedmann① 等采用二氧化碳的质量来表示碳足迹。

由于国际上的温室气体减排协议及研究报告均以温室气体的质量来衡量排放量，因此为了同已有的研究和实践相协调，本书采用二氧化碳的质量（或当量质量）作为碳足迹的单位。

2.1.3 与碳足迹相关的其他概念

1. 温室气体

温室气体指的是大气中能吸收地面反射的长波辐射，并重新发射辐射的一些气体，如水蒸气、二氧化碳、大部分制冷剂等，它们使地球表面变暖。《京都议定书》中规定了六种主要温室气体，分别为二氧化碳（CO_2）、甲烷（CH_4）、氧化亚氮（N_2O）、氢氟碳化物（HFCs）、全氟化碳（PFCs）和六氟化硫（SF_6）。因此，大多数有关温室气体核算的资料中，只核算这六种气体，如：《省级温室气体清单编制指南》《建筑碳排放计算标准》GB/T 51366—2019、《中国电网企业温室气体排放核算方法与报告指南》等。

2. 碳排放因子

“碳排放因子”是指生产或消耗单位质量物质伴随的温室气体的生成量，可以量化每单位活动的气体排放量或清除量，是表征某种物质温室气体排放特征的重要参数。“碳排放因子”概念来源于碳排放系数法中的“碳排放系数”。联合国政府间气候变化专门委员会将碳排放系数定义为：某一种能源燃烧或使用过程中单位能源所产生的碳排放数量。即碳排放量 T=能源 i 的消耗量×能源 i 的碳排放因子。一般在使用过程中，根据 IPCC 的假定，可以认为某种能源的碳排放系数是不变的。

3. 二氧化碳当量

不同温室气体对地球温室效应的贡献程度不同。联合国政府间气候变化专门委员会第四次评估报告指出，在温室气体的总增温效应中，二氧化碳（CO_2）贡献约占 63%，甲烷（CH_4）贡献约占 18%，氧化亚氮（N_2O）贡献约占 6%，其他贡献约占 13%。为统一度量整体温室效应的结果，需要一种能够比较不同温室气体排放的量度单位，由于二氧化碳增

① Wiedmann T., Minx J. A Definition of Carbon Footprint [J]. ISA Research Report, 2007: 1-7.

温效益的贡献最大，因此规定二氧化碳当量为度量温室效应的基本单位。二氧化碳当量是指在辐射强度上与某种温室气体质量相当的二氧化碳的量，用于比较不同温室气体对温室效应影响的度量单位①。部分气体的二氧化碳当量见表 2-1（例如甲烷是二氧化碳的 25 倍）。

主要温室气体的二氧化碳当量值　　表 2-1

温室气体名称	当量值	温室气体名称	当量值
二氧化碳（CO_2）	1	HCFCs 制冷剂	1700
甲烷（CH_4）	25	氧化亚氮（N_2O）	310
一氧化氮（NO）	296	氢氟碳化物（HFCs）	11700
二氟二氯甲烷（CFC-12）	8500	六氟化硫（SF_6）	22200

2.1.4 碳足迹相关标准

1. 国际标准法规

碳足迹的评价主要有两种类型：一种是基于终端消耗的碳排放量核算；另一种是基于全生命周期的碳排放量核算，在两种不同的方向上，国际上都有着一些比较典型的碳排放核算标准。目前，碳足迹的研究标准主要有 ISO 系列标准、PAS 2050 规范、《IPCC 国家温室气体清单指南》、TSQ 0010 以及《温室气体议定书》等，大多立足于全生命周期评价法，其中 ISO 系列标准、《IPCC 国家温室气体清单指南》及《温室气体议定书》是全球性的（表 2-2）。

国外碳足迹标准　　表 2-2

核算类型	标准或规范名称	发布时间	制定组织	适用范围	核算方法
终端消耗的碳排放	ISO 14064	2006 年	ISO	企业、项目	对企业或项目现有终端排放源的监测和审计
	GHG Protocol	2001 年	WBCSD/WRI	企业、项目	
	IPCC 国家温室气体清单指南	2006 年	WMO/UNEP	企业、项目	
生命周期碳足迹	PAS 2050 规范	2008 年	BIS/Defra 等	产品、服务	建立数据库和模型，对产品/服务全生命周期碳排放进行估算
	TSQ0010	2009 年	METI	产品、服务	
	BPX30-323 标准	2010 年	ADEME/AFNOR	产品、服务	
	GHG Protocol《产品标准》	2012 年	WBCSD/WRI	产品、服务	
	ISO/TS 14067	2013 年	ISO	产品、服务	
	IEC/TR 62725	2013 年	IEC	电子电气产品和系统	

1）ISO 系列标准

ISO 系列标准由世界资源研究所和世界可持续发展工商理事会（WBCSD）共同制定。

① 《第二次气候变化国家评估报告》。

关于碳足迹研究的部分包括 ISO 14040（2006）、ISO 14044（2006）、ISO 14065（2007）和 ISO 14067 四个标准。ISO 14040（2006）和 ISO 14044（2006）标准的主要内容是引导和规范企业形成统一的碳足迹计算方法和评价标准，ISO 14065（2007）标准是对前面两项标准的补充，指导企业如何去识别和验证产品或服务在其生命周期内的温室气体，ISO 14067 标准则是关于温室气体排放计算和评价的标准，提出了具体的温室气体计算和评价方法[①]。

2）温室气体核算体系

温室气体核算体系（GHG Protocol）是 1998 年由世界资源研究院和世界可持续性发展商业协会，协同世界各地的政府、企业共同发起的，是国际上使用最广泛的温室气体核算体系。GHG Protocol 是基于 ISO 14044 的生命周期评估标准制定的，帮助减少产品的碳排放，于 2001 年发布第一版《企业核算和报告准则》。目前，GHG Protocol 主要由《企业核算和报告标准》《项目核算议定书和指南》《企业价值链（Scope3）核算和报告标准》三个标准构成。

3）IPCC 国家温室气体清单指南

《IPCC 国家温室气体清单指南》实际上并不是一部标准，而是指导部门温室气体清单编制的指南。1994 年 IPCC 完成了《国家温室气体清单指南》，受到了广泛的国际认可，并于 1996 年被《京都议定书》指定为官方碳减排核算方法。经过不断完善，最终于 2006 年 IPCC 发布了最新版《2006 年 IPCC 国家温室气体清单指南》，提供了一套目前世界上最权威的碳足迹核算体系，各国以 IPCC2006 为基础制定了国家 GHG 清单[②]。

4）PAS2050 规范

PAS2050 规范全称《商品和服务在生命周期内的温室气体排放评价规范》，2008 年由英国标准协会联合碳基金会等部门制定，用于计算产品或服务全生命周期内的碳足迹。这是第一部基于 ISO 14040 和 ISO 14044，通过统一的方法评估产品生命周期内温室气体排放的标准，也是全球第一部面向公众的产品碳足迹标准。

5）BPX30-323 标准

BPX30-323 标准是法国的碳标签的认证标准，该标准比英国 PAS 2050 标准、ISO 系列标准更全面，包含了碳足迹、水足迹等其他环境因素在内的多指标，堪称世界上最复杂的碳足迹计算标准[③]。

6）TSQ0010 标准

日本在 ISO 14040/44 和 ISO 14025 等国际标准的基础上，于 2009 年颁布《PCR 规划草案注册及 PCR 认证规则》和《TSQ 0010 产品碳足迹评估和标识通则》，为产品碳足迹的量化与标注规定了一般原则，同年 8 月实施《日本碳足迹标识制度》，对 TSQ 0010 中关于碳标签的详细信息作进一步补充。

7）IEC 系列标准

IEC（国际电工委员会）在 2009 年 10 月的会议上决定在 TC111（电工电子产品与系

---

① 曹杰. 住宅建筑全生命周期的碳足迹研究［D］. 重庆：重庆大学，2017.

② 高源. 整合碳排放评价的中国绿色建筑评价体系研究［D］. 天津：天津大学，2014.

③ 住房和城乡建设部科技与产业发展中心，中国建材检验认证集团股份有限公司. 碳足迹与绿色建材［M］. 北京：中国建筑工业出版社，2017.

统的环境标准化技术委员会）中设立“温室气体工作组”（AD HOC Group“GHG”），由TC111主席（Dr. Yoshiaki Ichikawa，日本）亲自担任召集人，主要负责电工电子产品碳足迹和温室气体排放等相关研究工作[①]。IEC/TR 62725：2013是在生命周期思想的基础上，为用户提供电气产品和系统碳足迹量化方法和评价指导的标准。它是在现有方法或代表性国家、国际标准（包括ISO/TS14067：2013）的基础上，适用于任何类型电子产品的评估标准。IEC/TR62726的研究，由于目前实际状况是该项目缺少各国支持，相对难以有效开展[②]。

2. 国内标准法规

2008年，碳足迹评价标准ISO 14040/ISO 14044等同转化为国内标准，同年中国标准化研究院与英国标准协会展开合作以引入PAS2050碳足迹评价方法，于2009年发布PAS2050碳足迹评价方法中文版，碳标签制度在我国的试点工作迈向新台阶。

2013~2014年，为加强对温室气体排放的控制和管理、推动国内碳交易工作，国家发改委陆续发布《碳排放权交易管理暂行办法》以及涉及10个行业的《企业温室气体排放核算方法与报告指南（试行）》（以下简称《指南》）等文件，并在深圳、北京、天津、上海、广东、湖北、重庆7个省市先后启动了碳排放权交易试点。此后，经进一步的修订，上述《指南》上升为了国家标准，《工业企业温室气体排放核算和报告通则》以及涉及10个行业的《温室气体排放核算与报告要求》等11项国家标准于2015年11月正式发布[③]。

2.1.5 碳足迹的应用

碳足迹包括两部分：一是燃烧化石燃料（如家庭能源消费与交通）排放出二氧化碳等温室气体的直接碳足迹；二是人们所用产品从其制造到最终分解的整个生命周期排放出二氧化碳等温室气体的间接碳足迹。

目前，碳足迹的应用层面研究可分为个人碳足迹、家庭碳足迹、产品碳足迹、交通碳足迹等。

1. 个人碳足迹

个人碳足迹是针对每个人日常生活中的衣、食、住、行所导致的温室气体排放量加以估算的过程，为两部分的总和：直接足迹以及间接足迹[④]。直接足迹主要包括与家庭相关的温室气体排放（如加热、电力）以及与运输相关的温室气体排放（如私家车、航空旅行、公共汽车和铁路旅行）。间接足迹包括与个人消费的产品生命周期相关的温室气体排放（特别是食物和服务），以及与社会共同使用的基础设施相关的温室气体排放。

2007年6月20日，英国环境、食品及农村事务部（Defra）发布的二氧化碳排放量计算器可根据访问者的回答计算二氧化碳的排放量，并提供对应的节能降耗建议。美国加州环保署也委托加州大学伯克利分校设计了碳足迹计算器，该计算器应用了生命周期的评估方法，是目前涵盖层面较为完整的碳足迹计算器[⑤]。

---

① 中国标准化研究院. 应对气候变化国际标准化——工作简报（1）[R]. 北京，2010-01.

② 全国电工电子产品与系统的环境标准化技术委员会秘书处. 全国电工电子产品与系统的环境标准化技术委员会（TC297）RoHS、WEEE&ErP工作信息简报（第十八期）[R]. 北京，2012-12-30.

③ 碳足迹与绿色建材[M]. 北京：中国建筑工业出版社，2017.

④ Kenny T., Gray N. F., Comparative Performance of Six Carbon Footprint Models for Use in Ireland [J]. Environ. Impact Assess. Rev., 2009a, 29 (29): 1 - 6.

⑤ http://www.coolcalifornia.org/chinese/calculator.html.

2. 家庭碳足迹

学术界关于家庭碳足迹的理解较为统一，“家庭碳足迹”是指家庭生活消费所引起的温室气体排放量，一般分为直接碳排放和间接碳排放。对于家庭的碳足迹核算，是国外碳足迹研究中起步较早且相对较为成熟的内容。

Christopher 和 Weber 等分析了国际贸易对美国家庭碳足迹的影响①。在此基础上，Druckman 和 Jackson 将研究进一步扩展到多区域投入产出模型，得出生活方式是影响家庭碳排放量的主要因素。Wiedmann 等研究了社区家庭碳足迹的构成和其影响因素，结果表明家庭碳足迹的构成中运输碳足迹所占比例最大，且经济发展水平越高社区碳足迹也越多②。

3. 产品碳足迹

产品碳足迹用于计算产品和服务在整个生命周期内（从原材料的获取，到生产、分销、使用和废弃后的处理）的温室气体排放量③。

2006 年，法国著名的超市巨头卡西诺采用“食物里程”衡量温室气体的排放量，在其所属的 26 种商品上同时标注环境友好和排放量两个商标，其目标是要覆盖所有的 300 种产品④。来克莱超市（E. Leclerc）的碳标签方案于 2008 年 4 月在其两个分店开始实施，覆盖了 2 万种产品。2007 年 7 月，百事公司旗下某薯片产品首次应用此碳足迹计算方法进行了碳足迹分析，成为第一个被贴上“碳标签”的产品。Gamage 等基于生命周期方法比较了两种不同类型办公室座椅的碳足迹，研究发现，原料中含铝的座椅具有较高的温室效应系数⑤。

4. 交通碳足迹

交通碳足迹主要是由各种交通工具的尾气排放产生。据 IPCC 研究说明，交通尾气排放主要以二氧化碳的形式排出，燃料中部分碳会以一氧化碳、甲烷以及非甲烷等挥发性有机化合物排放，但最终会在大气中形成二氧化碳。

航空领域，Sgouris Sgouridis⑥ 等人提出未来航空对气候变化的影响相对于其他行业将增加，因此应降低航空运输温室气体排放量。公路运输领域，Piecyk⑦ 等建立了三种情景模式来评估 2020 年公路货物运输的碳排放。苏城元⑧等提出了以慢行交通、公共交通替代私家车出行的减排途径，为发展以公共交通为主导的交通模式以及节能减排的实施提供了理论依据。罗希⑨等通过实验表明：我国交通运输业能源消费碳足迹总量呈持续增长趋势，

---

① Christopher L.，Weber H. S. Quantifying the Global and Distributional Aspects of American Household Carbon Footprint [J]. Ecological Economics，2008，66：379-391.

② Thomas Wiedmann，et al. Examining the Global Environmental Impact of Regional Consumption Activities-Part 2：Review of Input-Output Models for Tile Assessment of Environmental Impacts Embodied in Trade [J]. Ecological Economics，2007（61）：15-26.

③ 王微，林剑艺，崔胜辉，齐涛. 碳足迹分析方法研究综述 [J]. 环境科学与技术，2010，33（7）：71-78.

④ 碳足迹与绿色建材 [M]. 北京：中国建筑工业出版社，2017.

⑤ Gamage G. B.，Boyle C.，McLaren S. J. Life Cycle Assessment of Commercial Furniture：A Case Study of Formway Life Chair [J]. Int J Life Cycle Assess，2008，13：401-411.

⑥ Sgouridis S.，Bonnefoy P. A.，Hansman R. J. Air Transportation in a Carbon Constrained World：Long-term Dynamics of Policies and Strategies for Mitigating the Carbon Footprint of Commercial Aviation [J]. Transportation Research Part A，2011，45（10）：1077-1091.

⑦ Piecyk M. I.，McKinnon A. C. Forecasting the Carbon Footprint of Road Freight Transport in 2020 [J]. International Journal of Production Economics，2010，128（1）：31-42.

⑧ 苏城元，陆键，徐萍. 城市交通碳排放分析及交通低碳发展模式：以上海为例 [J]. 公路交通科技，2012，29（3）：142-148.

⑨ 罗希，张绍良，卞晓红，等. 我国交通运输业碳足迹测算 [J]. 江苏大学学报（自然科学版），2012，33（1）：120-124.

不同能源消费碳足迹中柴油消费碳足迹所占比例最大，其次是汽油消费碳足迹。

5. 电力碳足迹

电力碳足迹旨在测度发电过程中所引起的生命周期二氧化碳排放水平，其研究的系统边界主要包括电站建设、燃料开采、发电运行、输电配送和废物处置等所有电力生产相关环节内的碳排放。

Post①研究了英国电力产业中不同能源模式下全生命周期的碳排放，其中化石燃料燃烧的碳足迹最大（最高达 $1000gCO_2e/kWh$），而低碳发电模式的碳足迹较低（$<100gCO_2e/kWh$），若低碳能源可以替代化石燃料，那么电力产业的碳足迹将会大大减少。方凯等②分类测算了全球平均电力碳足迹当量，结果表明：煤炭类火电、石油类火电、天然气类火电、水电和核电的全球平均碳足迹当量分别为 131.3×10^{-6}、95.8×10^{-6}、56.6×10^{-6}、38.8×10^{-6}、$1.9\times10^{-6}hm^2/kWh$。王烨③得出我国电力碳足迹及碳足迹生态压力与碳排放量变化趋势保持一致。

6. 钢铁行业碳足迹

钢铁碳足迹分为化石能源的燃烧、化学反应和电力消耗三部分。

C. Rynikiewicz④提出欧洲钢铁产业要走超低碳炼钢（ULCOS）的可持续发展道路，强调钢铁产业碳减排要从技术创新走向系统创新，钢铁的生产、销售、消费系统都要有革命性转变，才能适应未来低碳经济的需要。李岭⑤提出中国钢铁工业二氧化碳减排的对策。王克⑥等利用 LEAP China 模型模拟了三个不同情景下中国钢铁行业 2000~2030 年二氧化碳排放量及相应的减排潜力。韦保仁和八木田浩史⑦提出我国的钢铁产量还将继续增长，但应特别注意废钢的回收利用，以减少能源需求和二氧化碳的排放。

2.2 建筑碳足迹

2.2.1 建筑碳足迹的概念与定义

一般意义上的建筑碳足迹指的是建筑全生命周期的碳排放量。根据国际标准化组织（ISO）和英国 PAS2050 标准⑧，建筑全生命周期碳足迹是指每功能单位的建筑产品在从规划设计到拆除废弃整个生命周期内的温室气体排放总量，用二氧化碳当量表示。

我国对于建筑碳足迹的定义在中国工程建设协会标准《建筑碳排放计量标准》CECS

① Post. Carbon Footprint of Electricity Generation [J]. Parliamentary Office of Science and Technology，2006：268.

② 方恺，朱晓娟，高凯，沈万斌. 全球电力碳足迹及其当量因子测算 [J]. 生态学杂志，2012，31（12）：3160-3166.

③ 王烨，顾圣平. 2006—2015 年中国电力碳足迹及其生态压力分析 [J]. 环境科学学报，2018，38（12）：4873-4878.

④ C. Rynikiewicz. The Climate Change Challenge and Transitions for Radical Changes in the European Steel Industry [J]. Journal of Cleaner Production，2008，16：781-789.

⑤ 李岭. 基于系统动力学的我国钢铁工业碳足迹研究 [J]. 冶金自动化，2011，35（6）：7-10.

⑥ 王克，王灿，吕学都，等. 基于 LEAP 的中国钢铁行业 CO_2 减排潜力分析 [J]. 清华大学学报（自然科学版），2006，46（12）：1982-1986.

⑦ 韦保仁，八木田浩史. 中国钢铁生产量及其能源需求和 CO_2 排放量情景分析 [J]. 冶金能源，2005，24（6）：3-6.

⑧ "PAS2050 标准"中文全称为《PAS 2050：2008 商品和服务在生命周期内的温室气体排放评价规范》，是全球首个产品碳足迹方法标准。于 2008 年 10 月由英国标准协会发布。

374—2014 中有明确的说明，即在建筑全生命周期内产生的温室气体排放的总和，以二氧化碳当量表示。

2.2.2 相关概念界定

随着当今世界范围内环境和能源问题不断恶化，人类开始探索新的建筑理念去适应自然。20 世纪生态建筑理念被提出后，低碳建筑、生态建筑、节能建筑、可持续建筑和绿色建筑的概念也逐渐出现。虽然这些概念的侧重点有所不同，但其目的都是人与环境和谐共生。

1. 低碳建筑

低碳建筑，是指在建筑全生命周期过程中，从建筑材料与设备制造到施工建造、使用维护直至拆除回收的整个阶段，减少化石能源的使用，提高能效，最大限度地降低温室气体的排放量①。

低碳，意指较低的温室气体（二氧化碳为主）排放。“低碳”一词首先出现在英国白皮书《我们未来的能源——创建低碳经济》中的“低碳经济”概念中，低碳经济的核心思想是以更少的能源消耗获得更多的经济产出。

目前，低碳建筑已逐渐成为国际建筑界的主流趋势。

2. 生态建筑

生态建筑是指根据当地的自然生态环境，运用生态学、建筑技术科学的基本原理和现代科学技术手段等，合理安排并组织建筑与其他相关因素之间的关系，使建筑和环境之间成为一个有机的结合体，同时具有良好的室内气候条件和较强的生物气候调节能力，以满足人们居住生活所需的舒适环境，使人、建筑与自然生态环境之间形成一个良性循环系统②。

早在 20 世纪 60 年代，世界著名建筑师、“生态建筑之父”保罗·索莱里便将建筑和生态两词合二为一，提出了“生态建筑”的新理念。1969 年，美国建筑师伊安·麦克哈格著作的《设计结合自然》出版，标志着生态建筑学的正式诞生。

生态建筑没有明确的评价标准，但建筑师强调其设计、建造、维护与管理必须以强化内外生态服务功能为宗旨，达到经济、自然和人文三大生态目标。

3. 节能建筑

节能建筑主要是遵循气候设计和节能设计的基本方法，对建筑的规划、间距、空间布局等各方面进行研究，设计出低能耗建筑。其以建筑物的能耗水平为评价指标。

20 世纪 70 年代，石油危机使得太阳能、地热、风能等各种建筑节能技术应运而生，节能建筑成为建筑发展的先导。1980 年，世界自然保护组织首次提出“可持续发展”的口号，同时节能建筑体系逐渐完善，并在德、英、法、加等发达国家广泛应用。

4. 可持续建筑

可持续建筑的理念就是追求降低环境负荷，与环境相结合，且有利于居住者健康。其目的在于减少能耗、节约用水、减少污染、保护环境、保护生态、保护健康、提高生产力、有利于子孙后代③。

---

① 欧晓星. 低碳建筑设计评估与优化研究［D］. 南京：东南大学，2016.

② https：//baike. baidu. com/item/%E7%94%9F%E6%80%81%E5%BB%BA%E7%AD%91/7274837？fr=aladdin.

③ https：//baike. baidu. com/item/%E5%8F%AF%E6%8C%81%E7%BB%AD%E5%BB%BA%E7%AD%91/6868647？fr=aladdin.

世界经济合作与发展组织（OECD）给出了可持续建筑的四个原则和一个评定因素。一是资源的应用效率原则；二是能源的使用效率原则；三是污染的防止原则（室内空气质量，二氧化碳的排放量）；四是环境的和谐原则。评定因素是对以上四个原则方面内容进行研究评定，以评定结果来判断建筑是否为可持续建筑。

5. 绿色建筑

1990 年世界首个绿色建筑标准在英国发布。随后，1992 年“联合国环境与发展大会（UNCED）”使可持续发展思想得到推广，绿色建筑逐渐成为建筑行业未来的发展方向。1993 年美国创建绿色建筑协会，2000 年加拿大推出绿色建筑标准，2006 年，中国建设部正式颁布了《绿色建筑评价标准》GB/T 50378—2006。

我国在新版《绿色建筑评价标准》GB/T 50378—2019 中将绿色建筑进行了界定，指明它是“在全寿命期内，最大限度地节约资源（节能、节地、节水、节材）、保护环境、减少污染，为人们提供健康、适用、高效的使用空间，与自然和谐共生的建筑。”绿色建筑是发展比较成熟的建筑模式。

表 2-3 所示是将生态建筑、节能建筑、可持续建筑、绿色建筑和低碳建筑分别从侧重点及评价方式两方面进行对比分析。

相关概念侧重点及评价方式 **表 2-3**

概念名称	侧重点	评价方式
生态建筑	将建筑看成一个生态系统。运用生态学、建筑技术科学的基本原理和现代科学技术手段等，满足人们居住生活的环境舒适，使人、建筑与自然生态环境之间形成一个良性循环系统	无明确的评价标准
节能建筑	遵循气候设计和节能的基本方法设计出的低能耗建筑	以建筑物的能耗水平为评价指标
可持续建筑	着眼点比较宽泛，追求降低环境负荷，与环境相结合，强调建筑全生命周期的可持续性，有利于子孙后代	以四个原则方面内容进行研究评定
绿色建筑	在全寿命期内，最大限度地节约资源（节能、节地、节水、节材）、保护环境、减少污染，为人们提供健康、适用、高效的使用空间，与自然和谐共生的建筑	强调“四节一环保”，评价体系由7个指标组成，按总得分确定等级，分别为一星级、二星级、三星级
低碳建筑	对气候环境的应对，强调在建筑全生命周期内减少能源的消耗，最大限度地降低二氧化碳的排放量	以温室气体（二氧化碳为主）排放为根本的评价指标

从上述各个概念的具体定义我们可以看出，不同概念的侧重点存在一定的差异。生态建筑的侧重点是生态平衡，即协调好人与自然、发展与保护、建筑与环境等关系；节能建筑的侧重点是减少能源的使用，提高资源的利用率，保护环境；可持续建筑的侧重点是资源能源的循环使用，人、环境与自然形成良性循环系统；绿色建筑的侧重点是绿色环保，强调节约能源和减少废弃物排放；低碳建筑的侧重点是降低温室气体的排放量。相反，不同概念之间也存在着一些共性，它们都强调建筑在全生命周期内应降低资源能源的使用，强调建筑与环境和谐共生，并且最大限度地降低环境负荷。

2.2.3 国内外建筑碳足迹相关研究与实践

国外尤其是欧美和日本等国家对碳足迹的研究起步较早①。经过多年的发展，在建筑碳足迹相关政策法规、评价体系、项目实践等方面取得了一定的成果。而国内对碳足迹尤其建筑碳足迹的研究起步较晚，成果相对较少。下面分别对英国、德国、美国、日本和我国的建筑碳足迹相关研究作详细介绍。

1. 英国

1）相关政策法规

英国是最早开展建筑碳足迹研究的国家，制定了很多促进绿色建筑发展的标准法规。1995 年，英国颁布实施了《家庭节能法》；2006 年 4 月，英国再次出台建筑节能新标准，规定新建筑必须安装节能节水设施，使其能耗降低 40%②；2007 年 5 月英国政府公布了《英国能源白皮书》，为英国可再生能源的开发设定了具体目标。此外，英国政府还借助经济和政策手段对绿色建筑进行扶持，利用公共财政建立了长效而实际的节能激励机制。

2）评价体系

1990 年，英国制定了世界上第一个绿色建筑评估体系 BREEAM（Building Research Establishment Environmental Assessment Method），该体系包含丰富的碳排放量计算模型和数据，并将碳排放量作为评价绿色建筑节能的一项重要指标。BREEAM 鼓励建筑项目使用对环境影响度低的建材，从全生命周期的角度考虑选材策略，英国建筑研究院从 2001 年开始检测、评价和认证建筑产品、材料的环境影响，评价结果称为“产品环境声明”。此外，还进一步开发了绿色指南评价数据库，为建筑整体的碳排放提供了权威的建材碳排放数据库。同时，英国内政部还颁布了 SAP（Standard Assessment Procedure）来对住宅进行综合评价，提出了估算建筑使用阶段能耗和碳排放量的计算方法，并将碳排放率及其对环境影响级作为重要的评价指标。英国 2006 年 12 月发布了《可持续住宅法案》（CSH），由英国环境、食品及农村事务部以及工商部等机构制定，是对英国英格兰地区新建住宅强制性执行的官方评估体系。该法规于 2008 年 5 月 1 日执行，针对建筑设计和旧房改造，对建筑碳排放提出了具体的要求与目标，从建筑运行、建筑维护和能源利用等九个方面对建筑碳足迹进行了评价。

3）项目实践

英国在 20 世纪 60 年代提出“自维持住宅”。20 世纪 70 年代运用一系列被动式太阳能技术建设了一批节能社区。进入 21 世纪后，英国政府积极推广各项绿色建筑示范项目，如伦敦市政大楼、布莱顿朱布丽图书馆，并从 2004 年开始每年举办伦敦国际建筑节能展览会。

英国的贝丁顿生态社区是世界上第一个完整的低碳生态社区，同时也是英国最大的“零碳”生态社区，由世界著名低碳建筑设计师比尔·邓斯特（Bill Dunster）设计。全称为“贝丁顿零化石能源发展”社区，如今已成为世界低碳建筑领域的标杆。该社区的设计目标是强调对阳光、废弃物、木材、空气的循环利用，减少向空气释放二氧化碳的量。“零碳社区”并不是完全没有碳排放，而是利用太阳能和可再生材料等来代替煤和石油等

① 耿勇，董会娟，郗凤明. 应对气候变化的碳足迹研究综述［J］. 中国人口·资源与环境，2010，20（10）：6-11.

② 胡芳芳，王元丰. 中国绿色住宅评价标准和英国可持续住宅标准的比较［J］. 建筑科学，2011，27（2）：8-13.

传统化石能源的使用。社区所使用的能源主要来自两个方面：一是建筑楼顶和南面大面积安装的太阳能光伏板；二是社区里利用废木材等物质发电并提供热水的小型热电厂（图 2-1、图 2-2）。

图 2-1 社区外观效果图

（资料来源：《Energy Efficiency and Sustainable Consumption：The Rebound Effect》）

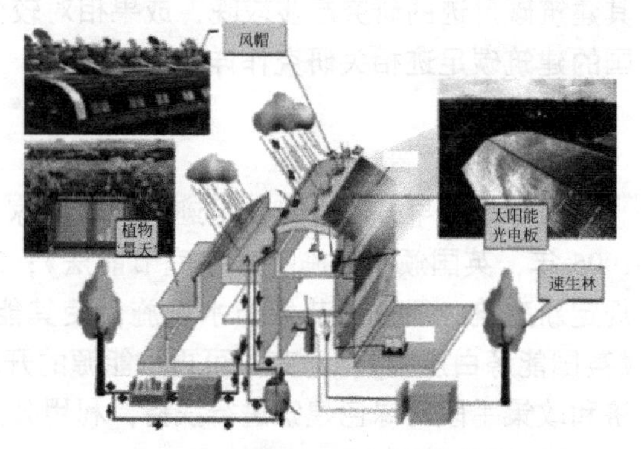

图 2-2 建筑低碳技术运行示意图

（资料来源：《Energy Efficiency and Sustainable Consumption：The Rebound Effect》）

2. 德国

德国是一个高度工业化的国家，同时在城市建设、建筑领域及公众生活中，也非常重视节约资源及环境保护，其节能理念是控制建筑的整体能耗。因此，倡导节能和环保是德国政府一直以来的做法。

1）相关政策法规

德国的法律法规体系向来较为完善，在建筑低碳节能立法方面也较为全面。1976 年德国颁布《建筑节能法》，对建筑保温、通风、采暖及热水供应的热效率及能耗标准作出了规定。2001 年 11 月德国出台了《建筑节能保温及节能设备技术规范》，并于 2002 年 2 月 1 日正式生效，规范规定所有新建筑均要达到低能耗房屋的标准。2004 年《德国国家可持续发展战略报告》发布，报告指出要减少不可再生能源的使用，降低二氧化碳的排放，节约资源。

政府除了制定相应的法律法规外，还成立了德国能源咨询中心，为建筑从业者提供网络、电话免费信息咨询服务。在税收制度方面也积极推进现代建筑的节能改造，政府提供财政补贴及各种低息贷款，支持企业进行低碳节能领域的发展。

2）评价体系

德国的绿色建筑评估体系 DGNB（德国建筑可持续品质）由德国可持续建筑委员会组织德国建筑行业的各专业人士共同开发。德国在绿色节能建筑方面秉承绿色建筑应该包括资源保护、可持续性和气候保护三个方面的理念。

DGNB 以每年单位建筑面积的碳排放为计算单位，在世界范围内率先对建筑的碳排放量提出完整、明确的计算方法，计算在建筑全生命周期中材料生产与建造、建筑的使用能耗、建筑的维护与更新、建筑的拆除和再利用四个阶段排放出的二氧化碳总量。DGNB 在建筑碳排放方面作了大量的研究与实践，建立了建材和建筑设备碳排放数据库。DGNB 为建筑的规划和运营提供整体的指导方案，同时进行质量认证和证书颁发。DGNB 整体评估体系包含六个方面：生态质量、经济质量、建筑功能和社会综合质量、技术质量、过程质量、场地质量，其中场地质量的评估是单独进行的。其目标不仅包含生态、环保，同时注重提高建筑的舒适度、建筑使用者在建筑内的工作效益和居住质量。

3）项目实践

目前，德国是欧洲太阳能利用最好的国家之一，已建造许多具有特色的生态建筑，如德国生态楼、德国的太阳能房屋、德国的植物生态建筑、零能量住房等。德国建筑师托马斯・赫尔佐格，关注技术、注重生态建筑设计，通过新材料、新构件、新系统的发展使得建筑设计更加自由，最终达到建筑与自然环境的协调统一、建筑可持续发展的目标。

“三升房”开发项目是世界著名环保建筑改造项目，由德国巴斯夫化学公司利用自己的技术优势和资源，使用低碳能源建筑技术和高效保温材料，对具有 70 年历史的老建筑进行改造。改造后的节能效果十分显著，其因采暖耗油量不超出 3L，由此得名。如果按照 100m^2 的建筑面积测算，三升房取暖费每年从改造前的 9000 元降到改造后的 1300 元，经济效益显而易见。二氧化碳排放量也减了 80%，其减排效益显著，超过了德国国家标准，现已成为了全球既有建筑低碳节能改造的经典案例（图 2-3、图 2-4）。

图 2-3“三升房”外观效果图
（资料来源：www. cphcweb. com）

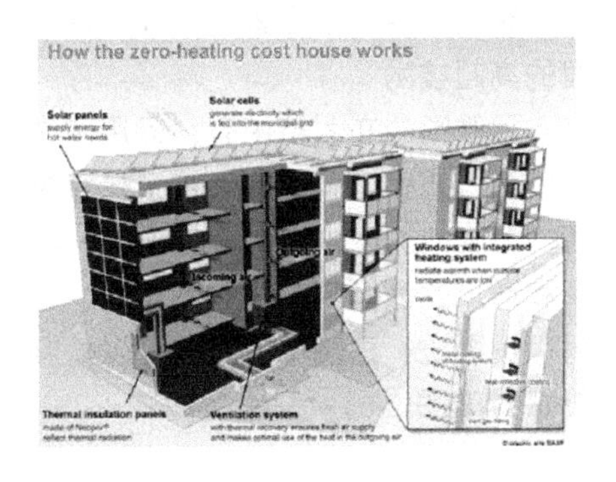

图 2-4“三升房”低碳技术运行示意图
（资料来源：www. jf258. com）

3. 美国

1）相关政策法规

20 世纪 70 年代末的能源危机促使美国政府开始制定能源政策并制定实施能源效率标准。1975 年美国政府颁布实施了《能源政策和节约法》；1992 年制定了《国家能源政策法》；1998 年公布了《国家能源综合战略》；2005 年出台了《能源政策法案》，对于提高能源利用效率、更有效地节约能源起到了至关重要的作用，标志着美国正式确立了面向 21 世纪的长期能源政策。2007 年出台了《建筑节能法案》和《低碳经济法案》；2009 制定了“美国复兴和再投资计划”、《美国复苏与再投资法案》和《2009 年美国绿色能源与安全保障法案》。

美国推行建筑能耗认证制度——“能源之星建筑标识”，制定“低碳化住宅建设标准”并且要求开发商严格实施。“能源之星”涵盖了31类耗能产品，包括建筑物及门窗、家用耗能器具、照明器具、办公设备等，“能源之星建筑标识”仅针对建筑的认证。此外，美国还对节能低碳型住宅实行税收上的经济扶持和政策优惠。

2）评价体系

1996年，美国绿色建筑委员会（USGBC）推出LEED（Leader in Energy and Environmental Design）认证体系，其目的是推广整体建筑设计流程，用可以识别的全国性认证来改变建筑市场走向，促进绿色竞争和绿色供应。LEED体系在其V4版本中，添加了与生命周期评价相关的计算条文，该体系强调建筑碳排放减少的相对值，即在计算建筑碳排放量时，需先计算基准建筑的碳排放量，再根据建筑实际的设计用材计算碳排放量，当碳排放削减值达到10%以上时，该条文则可得分。LEED中的碳排放计算通过与已经成熟的全生命周期评价体系成果进行结合，可进入实用阶段。

3）项目实践

美国非常重视在建筑领域的研究。美国伯克利实验室，在建筑节能相关技术方面是全世界首屈一指的研究机构。落基山研究所（RMI），致力于可持续发展领域的研究，在包括建筑在内的9个不同的领域开展业务。美国国家可再生能源实验室，主要关注可再生能源与能效相关技术研发，涉及建筑类技术在内的13个研究领域。

位于美国匹兹堡的菲普斯可持续景观中心（图2-5）获得了LEED铂金认证。这个建筑系统化地展示了在景观设计、水与能源效率、室内环境质量以及材料的保护与使用等方面的高超技术[①]。

西雅图的布利特中心，运用了许多尖端的可持续发展技术，如其地下蓄水池中安装了收集和过滤家庭废水的系统，绿色屋顶可以过滤雨水。另外，它还装有能通过有氧装置分解排泄物的厕所，可供整座建筑一年电量的楼顶太阳能电池阵，以及能够充分提供自然照明和通风的大型窗户。除此之外，还在布利特中心的混凝土楼板上装有太阳能热水循环辐射采暖系统，建筑中内置了可以检测光线强度、二氧化碳浓度、室内外温度和天气状况的传感器（图2-6）。

图2-5　菲普斯可持续景观中心
（资料来源：http：//www.sohu.com/a/211786003_414515）

图2-6　布利特中心
（资料来源：http：//www.sohu.com/a/211786003_414515）

① http：//www.sohu.com/a/207990643_774581.

4. 日本

1）相关政策法规

日本非常重视节能减排工作，为实现日本在国际社会上承诺的减排目标，日本一直不懈地通过法律法规、制度政策等引领社会全面参与建筑节能及生态保护工作。1979年《节能法》的颁布为节能管理工作奠定了基础，该项法律包括工厂企业节能、交通运输节能、住宅建筑节能、机械设备节能。《节能法》经历了8次修订，覆盖范围越来越广泛，要求更加具体、严格，为开展绿色低碳建筑提供了重要保证和支撑。

此外，日本将建筑废弃物视为"建筑副产品"，非常重视对建筑废弃物的循环利用。例如1970年的《有关废弃物处理和清扫的法律》、1977年的《再生骨料和再生混凝土使用规范》、2000年的《建设工程用材再资源化法》、同年制定的《建筑材料循环法》、2001年的《建筑废弃物处理法》、2002年的《建筑废弃物再利用法》以及将原《再生资源利用法》修订为《资源有效利用促进法》。

2）评价体系

1997年，日本建筑师学会为了呼吁建筑业控制全球变暖，建议采用绿色环保的建筑材料、降低维护耗能、延长使用年限等方法降低建筑全生命周期的碳排放。他们深入研究不同结构类型建筑的碳排放比例、性能与使用年限的关系，总结建筑全生命周期各阶段能耗和碳排放的现状。1999年，日本建筑师学会出版《建筑物的生命周期评价指南》及相关计算软件，对大量的建筑进行了全生命周期碳排放模拟计算，获得了丰富的基础数据。2002年，日本建筑师学会推出建筑物综合环境性能评价体系CASBEE（Comprehensive Assessment System for Building Environmental Efficiency）。CASBEE是一种评价和划分建筑环境性能等级的方法，它从两个角度来评价建筑，包括建筑的环境质量和性能Q（quality）及建筑外部环境负荷L（load）。

3）项目实践

日本住宅的节能减排设计一直位于世界前列，如日本积水公司设计的可持续发展实验住宅（图2-7*a*），位于东京都国立市的密集住宅区，占地面积99.79m^2，总建筑面积197.85m^2，是对未来住宅模式进行的探索和实践。其设计理念为：灵活利用新技术，把自然的风、光等融入住宅；发扬日本的传统风土文化，引进凝聚生活智慧的"生活方式"，实现地球友好型生活。

平面设计方面在住宅的南侧采用日本传统住宅的设计手法，设计了进深2m的"外廊"空间（图2-7*b*），"外廊"空间作为介于内外之间的缓冲空间，在冬季低日射角的阳光可以通过大面积的开口进入室内，提高室内温度，夏季打开推拉门可以增加通风效果，起到降温的作用。在能源的高效利用方面，国立市地下水温约为18℃，因此采用了利用地下水的高能效空调，不仅节能而且不向室外排热风，使用后的地下水还会被还原到地下；设计了与玻璃结合在一起的透光性太阳能发电板等（图2-7*c*）。在建材选用方面，采用实现零排废的工业化钢结构体系，木材采用国产材，外墙采用可呼吸光触媒表面涂层，地砖采用以废玻为原料的专利地砖产品，保温材料采用以废饮料瓶为原材料的PET等。另外，还采用了屋顶绿化，以提高其保温隔热性能。此座可持续发展住宅被日本建筑环境性能评价体系（CASBEE）评价为S级，综合得分5.6，为最高水平。

(a)

(b)

(c)

图 2-7　可持续发展实验住宅

(a) 建筑外观；(b) 外廊空间；(c) 与玻璃结合的太阳能发电板

（资料来源：《可持续发展实验住宅——日本积水住宅公司实验住宅案例介绍》）

5. 中国

1）大陆地区

中国大陆在建筑碳足迹方面的研究起步较晚，但发展很快。“十二五”规划纲要明确提出了节能减排降碳的目标，2012 年“建筑碳排放计算方法国际研讨会”在北京召开，各国专家就建筑碳排放计算方法、国际 ISO 碳计量标准、建筑能耗计算等方面进行了广泛讨论，促进了我国建筑行业碳排放计量标准的发展①②。目前，我国在借鉴国外先进的绿色建筑评价标准的基础上，推出了一系列适合我国国情的绿色建筑评价标准。

2001 年，我国推出了《中国生态住宅技术评估手册》，于第五版（2011 年版）中增加了低碳住区评价，并更名为《中国绿色低碳住区技术评估手册》，在该手册中我国第一次系统地提出了减碳技术评估框架体系，此评估框架体系试图为住宅区的减碳计算和评估提出一个可以实际应用的技术方法。2006 年先后发布实施了国家标准《住宅性能评定技术标准》GB/T 50362—2005 及《绿色建筑评价标准》GB/T 50378—2006。2007 年 6 月、8 月和 11 月分别发布了《绿色建筑评价细则》《绿色建筑评价标识管理方法》和《绿色建筑评价标识实施细则》，正式启动了绿色建筑的评价和标识工作。2014 年，我国在原标准基础上颁布《绿色建筑评价标准》GB/T 50378—2014，原标准废止。

除了国家标准，各个地方还制定了很多与绿色建筑相关的地方标准，如《重庆市低碳建筑评价标准》DBJ 50T-139—2012。该评价标准 2012 年 5 月 1 日正式实施，从建筑全生

① 郁锋. 绿色住宅碳排放计算研究［J］. 科技创新与应用，2016（1）：176-177.

② 鞠颖，陈易. 全生命周期理论下的建筑碳排放计算方法研究——基于 1997~2013 年间 CNKI 的国内文献统计分析［J］. 住宅科技，2014，34（5）：32-37.

命周期碳排放量角度对建筑性能进行评价，从规划、设计、施工、运营、拆除与回收利用这几个阶段进行碳排放量控制。《低碳建筑评价标准》的结构体系类似于国家标准《绿色建筑评价标准》，但是低碳建筑评价体系相对绿色建筑评价体系在建材生产、建材运输、施工运营等建筑生命周期的前期关注度较高。

2）香港特别行政区

1996 年，香港理工大学在借鉴英国 BREEAM 体系主要框架的基础上，制定了《香港建筑环境评估标准》（HK-BEAM），最新的 BEAMPlus1. 2 版本于 2012 年发布，同时也是目前香港试用的最新版本。主要针对新建和已使用的办公、住宅建筑。该标准用来评估建筑的整体环境性能，其中评估归纳为场地、材料、能源、水资源、室内环境质量、创新与性能改进六大项，其各项比重相较于其他体系有所不同，主要表现为能耗所占比例突出，节材和节水部分比重相对较小。

2008 年香港特别行政区政府出台了《香港建筑物（商业、住宅或公共用途）的温室气体排放及减除的计算和报告指引》。该指引主要借鉴了温室气体议定书和 ISO 14604 标准的定义和方法，针对商业或住宅及公共建筑物在使用阶段的碳足迹计量方法提供指导。

3）台湾地区

台湾是我国最早研究建筑碳排放的地区，在建筑全生命周期碳排放计算和评价方面积累了大量的基础数据。1999 年台湾地区颁布绿色建筑评估指标系统（EEWH 系统），其中包含了二氧化碳减量的指标。该指标主要是评估建筑物化阶段的二氧化碳排放量，通过建筑设计简约化、结构设计合理化、选择环境影响小的建构体系和绿色建材等策略减少建筑物化阶段的碳排放。

2014 年 10 月，台湾地区“低碳建筑联盟”（LCBA）创立了全球第一个“建筑碳足迹认证制度”，使用 BCF 法（建筑碳足迹评估法，Building Carbon Footprint Evaluation Method）评估建筑业碳排放量。BCF 是以一系列建材资料、建筑使用能源的统计资料与碳排放理论推估公式来模拟建筑碳足迹的计算工具。该工具分为规划评估系统、设计评估系统、住宅评估系统与公共建筑评估系统。

4）项目实践

清华大学超低能耗示范楼（图 2-8）是北京市科委科研项目，作为 2008 年奥运建筑的“前期示范工程”，旨在通过其体现奥运建筑的“高科技”“绿色”“人性化”。同时，超低能耗示范楼是国家“十五”科技攻关项目“绿色建筑关键技术研究”的技术集成平台，用于展示和实验各种低能耗、生态化、人性化的建筑形式及先进技术产品，并在此基础上陆续开展建筑技术科学领域的基础与应用性研究，示范并推广系列的节能、生态、智能技术在公共建筑和住宅上的应用①。

世博零碳馆，是中国第一座零碳排放的公共建筑。除了利用传统的太阳能、风能实现能源“自给自足”外，“零碳馆”还将取用黄浦江水，利用水源热泵作为房屋的天然“空调”；用餐后留下的剩饭剩菜，将被降解为生物质能，用于发电②（图 2-9、图 2-10）。

---

① https：//baike. baidu. com/item/%E6%B8%85%E5%8D%8E%E5%A4%A7%E5%AD%A6%E8%B6%85%E4%BD%8E%E8%83%BD%E8%80%97%E7%A4%BA%E8%8C%83%E6%A5%BC/675290? fr=aladdin.

② https：//baike. baidu. com/item/%E4%B8%96%E5%8D%9A%E9%9B%B6%E7%A2%B3%E9%A6%86/5710799? fr=aladdin.

图 2-8　清华大学超低能耗示范楼

（资料来源：http：//m. sohu. com/a/137835461_ 778837）

图 2-9　世博零碳馆效果图

（资料来源：http：//www. rcjyzx. jinedu. cn/wuli/wlbk/show. asp？id=1477&Page=1）

图 2-10　屋顶局部效果图

（资料来源：http：//www. rcjyzx. jinedu. cn/wuli/wlbk/show. asp？id=1477&Page=1）

通过对以上欧洲、美洲及亚洲几个国家建筑碳足迹相关研究的详细介绍，我们可以看出，各个国家都是结合自身社会及经济发展状况，制定符合本国国情的政策法规和建筑评价体系并付诸实践。所以，各个国家在相关研究中均会呈现出一定的差异性。表 2-4 总结对比了上述五个国家的建筑评价体系。

各国建筑评价体系对比表　　　　**表 2-4**

国家	评价体系	实施时间	评价对象	评价内容	评价等级	特点
英国	BREEAM	1990 年	新建建筑、既有建筑	健康与舒适、能源、运输、水、土地使用、地区生态、污染情况、管理等	Pass、Good、Very Good、Excellent Outstanding	定量、客观，且操作简单，但仅适用于英国
	CSH	2008 年	新建住宅	能源和二氧化碳排放、水、材料、陆表水径流、废弃物、污染、健康和需求、管理、生态需求九个方面	1~6 星	具有强制性，可操作性强
德国	DGNB	2008 年	覆盖建筑行业整个产业链	生态质量、经济质量、建筑功能和社会综合质量、技术质量、过程质量、场地质量，其中场地质量单独评估	金、银、铜级	以建筑性能评价为核心

续表

国家	评价体系	实施时间	评价对象	评价内容	评价等级	特点
美国	LEED	1998年	新建建筑、既有商业综合建筑	可持续的场地设计、有效利用水资源、能源与环境、材料与资源、室内环境质量、革新设计	认证级、银级、金级、铂金级	从整体评价，较为客观、全面，且操作简单
日本	CASBEE	2003年	新建建筑、既有建筑、短期使用建筑、改建翻新建筑	建筑环境性能与质量（室内环境、服务性能、室外环境）、建筑环境负荷（能源、资源材料、建筑用地外环境）	1~5星	引入建筑环境效率的概念，使得结果明确、简洁
中国	《绿色建筑评价标准》	2006年	新建建筑、既有建筑	节地与室外环境、节能与能源利用、节水与水资源利用、节材与材料资源、室内环境质量、施工与运营、提高与创新	1~3星	有侧重点，核心理念为“四节一环保”
	《重庆市低碳建筑评价标准》	2012年	公共建筑、住宅建筑	低碳规划、低碳设计、低碳施工、低碳运营、低碳资源化五类	银级、金级、铂金级	仅适用于重庆
	《香港建筑环境评估标准》	1996年	新建建筑、既有建筑	现场因素、材料因素、能源消耗、用水、室内环境质量、革新和加分	铂金级、金质级、银质级、铜质级	保证最初阶段对环境综合性考虑，避免以后的补救

2.3 建筑全生命周期

生命周期就是指一个对象的生老病死，生命周期（Life Cycle）的概念应用很广泛，特别是在政治、经济、环境、技术、社会等诸多领域经常出现，其基本含义可以通俗地理解为“从摇篮到坟墓”的整个过程。

生命周期评价（LCA）是目前国际上分析产品环境问题的主流工具之一，在工业生产企业的产品生产决策中应用超过了40年。随着可持续性建筑的发展，LCA自1990年被用于建筑部门后，也成为评估建筑对环境影响的重要方法。建筑碳足迹评价作为建筑LCA的重要组成部分，近年来国内外的相关研究也迅速增加，因此需要对LCA的相关研究进行系统的梳理和总结。

2.3.1 全生命周期评价

1. 全生命周期评价的概念

通常生命周期评价是指对一种产品的生命周期全过程（包括原料的采集、加工、生产、包装、运输、消费、回收以及最终处理等）进行资源和环境影响评价的一种思想和方法。目前，各个机构对于生命周期评价的定义略有不同：

（1）国际环境毒理学和化学学会（SETAC）：生命周期评估是一个衡量产品或人类活动所伴随产生之环境负荷的工具，不仅要知道整个生产过程的能量、原料需求量及环境的排放量，还要将这些能量、原料及排放量所造成的影响予以评估，并提出改善的机会及方法①。

① 杨磊. 农村住宅全生命周期二氧化碳排放量评估研究［D］. 沈阳：沈阳建筑大学，2013.

（2）国际标准化组织（ISO，ISO 14040总则）：生命周期评价是在产品的生命过程中，从原料的获取、制造、使用与废弃等阶段评估其产生的环境影响。整个架构分为四个阶段：①定义目的及范围；②生命周期清单分析；③生命周期影响评价；④生命周期阐释①。

（3）联合国环境规划署（UNEP）：生命周期评价是评价一个产品系统生命周期整个阶段——从原材料的提取和加工，到产品生产、包装、市场营销、使用、再使用和产品维护，直至再循环和最终废物处置——的环境影响的工具。

2. 全生命周期评价的发展

生命周期评价最早出现于20世纪60年代末，70年代初美国开展的一系列针对包装品的分析、评价，当时称为资源与环境状况分析（REPA）。生命周期评价研究开始的标志是在1969年由美国中西部资源研究所（MRI）所开展的针对可口可乐公司的饮料包装瓶进行评价的研究②。

随着区域性与全球性环境问题的日益严重，以及全球环境保护意识的加强，可持续发展思想的普及和可持续行动计划的兴起，1990年，由国际环境毒理学和化学学会（SETAC）主持召开的LCA国际研讨会首次提出了“LCA”（生命周期评价，Life Cycle Assessment）的概念，初步确定了LCA的技术框架。1992年，欧洲联合会开始执行“生态标签计划”，并把生命周期的概念作为产品选择的一个标准。1993年，SETAC据在葡萄牙的一次学术会议的主要结论出版《生命周期评价纲要——使用指南》，至此，生命周期评价体系基本成型，并逐步规范化，成为生命周期评价方法论研究起步的一个里程碑。此后，国际标准化组织（ISO）成立ISO/TC 207环境管理技术委员会，并于1997年正式颁布ISO 14040标准，阐述了生命周期评价的原则和框架。

我国国家技术监督局从1999年起将1997年版的ISO 14040s四项国际标准引进并转化为国家标准，最终形成了GB/T 24040系列标准③。目前，生命周期评价作为一种对环境负荷进行量化评价的方法，已广泛地应用于公共政策制定、建筑与施工领域以及企业的嵌入式管理模式之中，成为未来企业在可持续经营与环境保护评价上的重要工具。

3. 全生命周期评价的方法

ISO 14040中将生命周期评价分成相互联系、相互循环的四个步骤：目的和范围的确定；生命周期清单分析（Life Cycle Inventory Analysis，LCI）；生命周期影响评价（Life Cycle Impact Assessment，LCIA）；生命周期解释（Life Cycle Interpretation），具体见图2-11。

1）目的和范围

LCA的研究目的应明确说明研究的原因和应用意图。研究范围包括系统边界、功能单位、评价范围以及数据的输入输出。系统边界指一产品系统与环境或其他产品系统的界面；功能单位指在生命周期评估研究中，对产品系统环境绩效进行定量的参考性单位。

2）清单分析

清单分析的主要任务是基础数据的收集，并进行相关计算，得出产品的输入和输出量，作为评价的依据。其中，输入包括：原材料用量，各种能源用量；输出包括：产品，向环境的各种排放。清单分析的实质是对所评价对象在其生命周期内的输入和输出进行编

① 杨磊. 农村住宅全生命周期二氧化碳排放量评估研究［D］. 沈阳：沈阳建筑大学，2013.
② 杨建新，王如松. 生命周期评价的回顾与展望［J］. 环境科学进展，1998（2）：22-29.
③ 郭安. 基于终点破坏法的绿色建筑环境影响评价研究［D］. 武汉：华中科技大学，2009.

码和量化的过程。

3）影响评价

影响评价是根据清单分析的各种输出，对研究对象或活动全生命过程中的影响因素进行量化的研究。具体就是对清单阶段的数据进行分类、量化和评估，把清单数据与环境影响联系起来。ISO 将影响评价分为“三步”模型，分别是分类、特征化和量化。

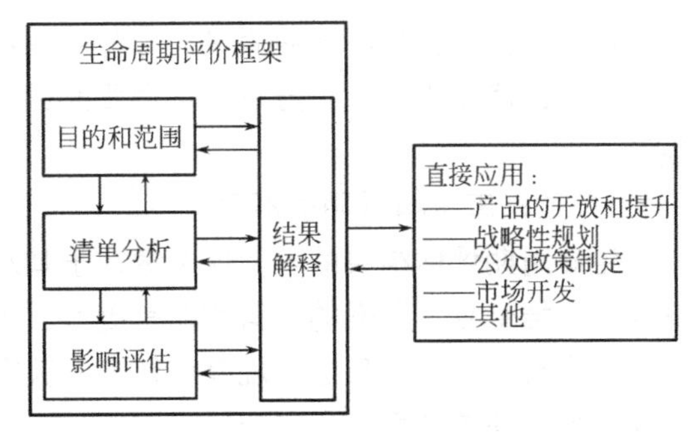

图 2-11　生命周期结构框架示意图

4）结果解释

结果解释是指对整个全生命周期内的能源消耗或废弃物排放进行分析，寻找减低能耗和排放的途径，对结果进行分析解释，提出改进的建议。

4. 全生命周期评价的应用

全生命周期评价作为目前国际上分析产品环境问题的主流工具，一直倍受关注，欧盟委员会于 2013 年出台了“建立统一的绿色产品市场”政策，提出采用基于全生命周期评价方法的、统一的绿色产品评价方法，即产品环境足迹（Product Environmental Footprint，PEF）评价方法。

与发达国家相比，国内关于生命周期评价方面的研究及应用相对起步较晚，但发展非常迅速，近年来全生命周期评价也逐渐受到政府部门的重视。

2013 年前后多个政府部门出台了多项与生命周期评价有关的政策文件，如工业和信息化部 2012、2013 年的“能效之星”产品评价实施方案，要求企业提供基于生命周期评价的产品生态报告等。2016 年 7 月工业和信息化部正式发布的《工业绿色发展规划（2016—2020 年）》中指出，强化产品全生命周期绿色管理，加快建设覆盖工业产品全生命周期资源、能源消耗、污染物及温室气体排放、人体健康影响等要素的生态影响基础数据库。

5. 生命周期评价的优势和问题

传统的环境评估多半把重点放在产品制造过程中产生的污染或产品使用废弃产生的环境影响上，这样的环境负荷评估不够周全，疏于考量生命周期其他阶段的污染条件。生命周期评估改善了以往对产品环境评估的概念，系统性地综合评估产品生命周期各阶段的环境负荷影响程度，其目的在于提供评估产品与环境之间更完整的互动信息并提供资讯以利于决策者改善环境。

由于目前生命周期评估尚属于一门发展中的技术，相关评估方法与资料库仍需要进一步研究与建构，因此该法虽然具有宏观的评估眼光，但在实际应用中仍有以下问题有待克服。

1）评估过程太过繁琐

进行生命周期评价不仅要知道整个产品生产过程中的能量、原料需求量及环境的排放量，还要将这些能量、原料、排放量所造成的影响予以评估，牵扯到许多相当复杂的细节，如上、中、下游产业间的关联模式与资料库的共用。其中，可能会碰到许多资料缺口，如资料的不可获得，某阶段的过程不在国内或数据取得的成本高无力负担等。

2）评估标准不统一

由于生命周期评估在国际的相关标准未达成一致的共识，不同研究单位所建立的评估系统可能存在有相当不同的假设条件与主观意识，所构建的资料库与环境影响存在相当的不一致性，使得不同评估方法其生命周期评估结果可能有相当大的差异而无法相互比较和参考。

3）数据库资料透明度不足

生命周期评估结果的可信度关键在于其基础数据库的正确性与可获得性。由于生命周期评价过程繁复，所需的资料库非常庞大，因此在相关资讯上仍有许多有待克服之处。如何选择适当数据、收集运用现有资料库、获得足够具有代表性的资料是相当重要的，目前国内相当欠缺这方面的研究资料。

虽然目前生命周期评价技术上仍未达到相当成熟的程度，但是由于目前社会环保意识的增加，绿色发展、绿色消费与绿色生产、绿色设计越来越受到人们的重视，未来产品的环保形象将成为厂商经营的重点，甚至国际也可能以环境保护来管控贸易产品。生命周期评估势必将成为未来最重要的环境保护评价工具。

2.3.2 建筑全生命周期

建筑是一种生命周期很长的产品，从原材料的开采、产品制造到建筑拆除，整个过程都会对环境产生影响。

对建筑而言，其生命周期通常是指从规划与设计、材料与构件生产（含原材料的开采）、建造与运输、运行与维护直到拆除与处理（废弃、再循环和再利用等）的全循环过程，即建筑的全生命周期，如图 2-12 所示。

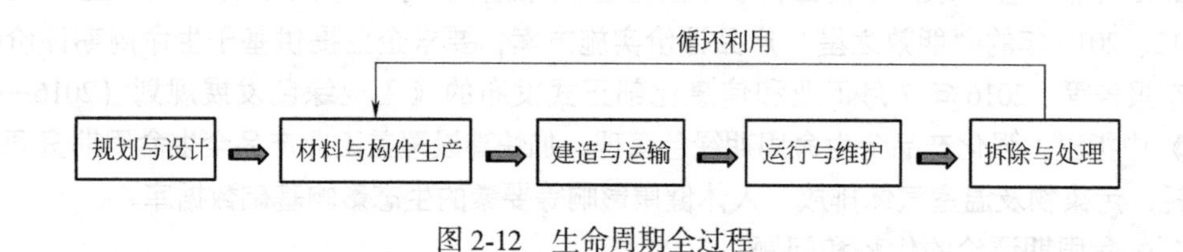

图 2-12 生命周期全过程

目前，我国对于建筑节能的研究，主要还是集中在建筑使用阶段，即狭义的建筑能耗和排放。在绿色建筑评价标准等国家的规范导则中，也都是考虑空调、采暖、照明灯等使用能耗。诚然，建筑使用周期长，在整个生命周期中使用阶段的能耗占的比例最大；但是，纵观整个生命周期，建筑材料生产运输和施工建造过程的能耗和排放也是不可忽视的部分。

充分了解建筑物生命周期各个阶段的主要目的在于，通过对建筑物整个生命周期各个阶段影响因素的解析，对建筑物在各阶段对于环境影响的大小进行定量分析，找出有可能减排减能耗的环节，辅助各个阶段工作人员有针对性地改善建筑系统的环境性能。因此，从建筑的全生命周期出发，全面研究建筑各阶段的能耗和排放，是极具重要意义的一项工作。

2.3.3 建筑全生命周期阶段划分

1. 国内外阶段划分现状

随着目前 LCA 理论的应用越来越广泛，国内外各个专家学者根据其自身特点从不同的角度对全生命周期进行了不同的阶段性划分。

关于建筑全生命周期阶段划分，国内外学者有不同的划分结果，有三个阶段、四个阶段、五个阶段、六个阶段、九个阶段等，以下为文献中出现的关于建筑全生命周期的划分结果。

（1）将建筑全生命周期划分为三个阶段的通常为：物化阶段、使用阶段、拆除阶段。《建筑碳排放计算标准》GB/T 51366—2019 和张孝存[①]，罗智星[②]，张智慧、尚春静、钱坤[③]及 Huberman[④] 等国内外学者也以此方式划分。其中，刘军明、陈易[⑤]的相关研究中心划分方式略有不同，他们将三个阶段划分为规划与设计阶段、建造与施工阶段、后期使用运营阶段。

（2）将建筑全生命周期划分为四个阶段的通常为：建材生产、建造施工、使用维护和拆除清理阶段。刘念雄、汪静、李嵘[⑥]，熊宝玉[⑦]，林波荣[⑧]，Leif[⑨]，Cole[⑩]，Bribian[⑪]，Gian[⑫]等国内外学者都支持此划分方式。但是中国台湾学者刘汉卿[⑬]则将建筑全生命周期划分为建材生产、运输、施工、日常使用四个阶段；李兵[⑭]将建筑全生命周期划分为规划设计阶段、施工安装阶段、使用维护阶段、拆除清理阶段；1999 年日本建筑学会将建筑全生命周期划分为建材生产、日常使用、维护修缮、日常更新四个阶段；德国可持续建筑协会（DGNB）将建筑全生命周期划分为建材生产与建筑建造、建筑使用、建筑维护与更新、建筑拆除与维护利用四个阶段。

（3）将建筑全生命周期划分为五个阶段的通常为：建材生产、建造施工、使用阶段、维护阶段、拆除清理阶段。陈莹、朱嬿[⑮]，于萍、陈效逑[⑯]，大成建设（日本，2001）[⑰]，Deepak[⑱] 等国内外学者也以此方式划分。但也有其他不同划分结果，《建筑碳排放计量标准》CECS 374—2014 中将建筑全生命周期划分为材料生产阶段、施工建造阶段、运行维护阶

---

① 张孝存. 绿色建筑结构体系碳排放计量方法与对比研究［D］. 哈尔滨：哈尔滨工业大学，2014.

② 罗智星. 建筑生命周期二氧化碳排放计算方法与减排策略研究［D］. 西安：西安建筑科技大学，2016.

③ 张智慧，尚春静，钱坤. 建筑生命周期碳排放评价［J］. 建筑经济，2010（2）：44-46.

④ N. Huberman，D. Pearlmutter. A Life-Cycle Energy Analysis of Building Materials in the Negev Desert.［J］Energy and Buildings，2008，40（5）：837-848.

⑤ 刘军明，陈易. 崇明东滩农业园低碳建筑评价体系初探［J］. 住宅科技，2010，30（9）：9-12.

⑥ 刘念雄，汪静，李嵘. 中国城市住区 CO_2 排放量计算方法［J］. 清华大学学报（自然科学版），2009，49（9）：1433-1436.

⑦ 熊宝玉. 住宅建筑全生命周期碳排放量测算研究［D］. 深圳：深圳大学，2015.

⑧ 张春晖，林波荣，彭渤. 我国寒冷地区住宅生命周期能耗和 CO_2 排放影响因素研究［J］. 建筑科学，2014，30（10）：76-83.

⑨ Leif Gustavsson，Anna Joelsson，Roger Sathre. Life Cycle Primary Energy Use and Carbon Emission of an Eight-Storey Wood-Framed Apartment Building［J］. Energy and Buildings，2010，42（2）：230-242.

⑩ Cole RJ. Energy and Greenhouse Gas Emissions Associated with the Construction of Alternative Structural Systems［J］. Building and Environment，1999，34（3）：335-348.

⑪ Bribian，Uson，Scarpellini. Life Cycle Assessment in Buildings：State-of-the-art and Simplified LCA Methodology as a Complement for Building Certification［J］. Building and Environment，2009，44（12）：2510-2520.

⑫ Tove Malmqvist，Mauritz Glaumann，Sabina Scarpellini，et al. Life，Cycle Assessment in Buildings：The ENSLIC Simplified Method and Guidelines［J］. Energy，2011，36（4）：1900-1907.

⑬ 刘汉卿. 建筑物生命周期能源消费分析与温室气体排放量估算［D］. 台南：成功大学，199

⑭ 李兵. 低碳建筑技术体系与碳排放测算方法研究［D］. 武汉：华中科技大学，2012.

⑮ 陈莹，朱嬿. 住宅建筑生命周期能耗及环境排放模型［J］. 清华大学学报（自然科学版），2010，50（3）：325-329.

⑯ 于萍，陈效逑，马禄义. 住宅建筑生命周期碳排放研究综述［J］. 建筑科学，2011，27（4）：9-12，35.

⑰ 大成建设. $LCCO_2$による事務所ビルの試算［M］. 大成建设，2001.

⑱ Deepak Sivaraman. An Integrated Life Cycle Assessment Model：Energy and Greenhouse Gas Performance of Residential Heritage Buildings，and the Influence of Retrofit Strategies in the State of Victoria in Australia［J］. Energy and Buildings，2011（5）：29-35.

段、拆解阶段、回收阶段。周晓①和燕艳将建筑全生命周期划分为建材生产、建材运输、建筑施工、建筑使用（包括建筑运行和维护更新）、建筑拆除废弃（包括建筑拆除和废弃物处理）。阴世超②将建筑全生命周期分为建筑设计阶段、建材开采、生产阶段、建筑施工阶段、建筑使用和维护阶段。刘娜③将建筑全生命周期分为规划设计阶段、建材生产阶段、建造施工阶段、使用维护阶段、拆除清理阶段。江艺、李兆坚④将建筑全生命周期分为项目前期立项阶段、设计阶段、建筑建造阶段、建筑使用阶段、建筑拆除阶段。蔡向荣、王敏权、付柏权⑤将建筑全生命周期分为建材能耗、施工能耗、使用能耗、拆除能耗、废旧建材处理能耗五阶段。

（4）将建筑全生命周期划分为六个阶段的通常为：建材生产阶段、建造阶段、施工阶段、使用阶段、维护阶段、拆除清理阶段。张又升⑥根据此方法划分建筑全生命周期。而黄国仓⑦将建筑全生命周期划分为建材生产与运输、营建施工、日常使用、更新修缮、拆除废弃处理、建材回收利用六个阶段。张陶新⑧将建筑全生命周期划分为建筑材料准备、建造、使用、拆除、处置和回收等六个阶段。

（5）陈国谦⑨主要将建筑全生命周期划分为九个阶段：建设施工、装修、室外设施建设、运输、运行、废物处理、物业管理、拆卸和废弃物的处置。

各研究学者的全生命周期子阶段划分总结如表 2-5 所示。

国内外建筑全生命周期阶段划分汇总表 **表 2-5**

阶段划分	人物	物化阶段	使用维护	拆除清理
三个阶段	《建筑碳排放计算标准》GB/T 51366—2019	√	√	√
	张孝存	√	√	√
	罗智星	√	√	√
	张智慧、尚春静、钱坤	√	√	√
	Huberman	√	√	√

① 周晓. 浙江省城市住宅生命周期 CO_2 排放评价研究 [D]. 杭州：浙江大学，2012.

② 阴世超. 建筑全生命周期碳排放核算分析 [D]. 哈尔滨：哈尔滨工业大学，2012.

③ 刘娜. 建筑全生命周期碳排放计算与减排策略研究 [D]. 石家庄：石家庄铁道大学，2014.

④ 李兆坚，江艺. 我国广义建筑能耗状况的分析与思考 [J]. 建筑学报，2006（7）：30-33.

⑤ 蔡向荣，王敏权，傅柏权. 住宅建筑的碳排放量分析与节能减排措施 [J]. 防灾减灾工程学报，2010，30（S1）：428-431.

⑥ 张又升. 建筑物生命周期二氧化碳减量评估 [D]. 台南：成功大学，2003.

⑦ 黄国仓. 办公建筑生命周期节能与二氧化碳减量评价之研究 [D]. 台南：成功大学，2003.

⑧ 张陶新，周跃云，芦鹏. 中国城市低碳建筑的内涵与碳排放量的估算模型 [J]. 湖南工业大学学报，2011，25（1）：77-80.

⑨ 张博，陈国谦，陈彬. 甲烷排放与应对气候变化国家战略探析 [J]. 中国人口·资源与环境，2012，22（7）：8-14.

续表

<table>
<tr><th rowspan="3">阶段划分</th><th rowspan="3">人物</th><th rowspan="3">规划设计</th><th colspan="2">物化阶段</th><th colspan="2">使用维护</th><th rowspan="3">拆除清理</th></tr>
<tr><th rowspan="2">建材生产</th><th rowspan="2">建造施工</th><th rowspan="2">使用</th><th rowspan="2">维护</th></tr>
<tr></tr>
<tr><td rowspan="8">四个阶段</td><td>刘念雄、汪静、李嵘</td><td></td><td>√</td><td>√</td><td colspan="2">√</td><td>√</td></tr>
<tr><td>熊宝玉</td><td></td><td>√</td><td>√</td><td colspan="2">√</td><td>√</td></tr>
<tr><td>李兵</td><td>√</td><td colspan="2">√</td><td colspan="2">√</td><td>√</td></tr>
<tr><td>Leif</td><td></td><td>√</td><td>√</td><td colspan="2">√</td><td>√</td></tr>
<tr><td>Cole</td><td></td><td>√</td><td>√</td><td colspan="2">√</td><td>√</td></tr>
<tr><td>Germa</td><td></td><td colspan="2">√</td><td>√</td><td>√</td><td>√</td></tr>
<tr><td>Bribian</td><td></td><td>√</td><td>√</td><td colspan="2">√</td><td>√</td></tr>
<tr><td>Gian</td><td></td><td>√</td><td>√</td><td colspan="2">√</td><td>√</td></tr>
</table>

<table>
<tr><th rowspan="2">阶段划分</th><th rowspan="2">人物</th><th rowspan="2">规划设计</th><th rowspan="2">建材生产</th><th colspan="2">建造施工</th><th colspan="2">使用维护</th><th rowspan="2">拆除清理</th></tr>
<tr><th>建造</th><th>施工</th><th>使用</th><th>维护</th></tr>
<tr><td rowspan="8">五个阶段</td><td>陈莹、朱嬿</td><td></td><td>√</td><td colspan="2">√</td><td>√</td><td>√</td><td>√</td></tr>
<tr><td>于萍、陈效述</td><td></td><td>√</td><td colspan="2">√</td><td>√</td><td>√</td><td>√</td></tr>
<tr><td>周晓</td><td></td><td>√</td><td>√</td><td>√</td><td colspan="2">√</td><td>√</td></tr>
<tr><td>燕艳</td><td></td><td>√</td><td>√</td><td>√</td><td colspan="2">√</td><td></td></tr>
<tr><td>刘娜</td><td>√</td><td>√</td><td colspan="2">√</td><td colspan="2">√</td><td>√</td></tr>
<tr><td>江艺、李兆坚</td><td>√</td><td>√</td><td colspan="2">√</td><td colspan="2">√</td><td>√</td></tr>
<tr><td>大成建设(日本,2001)</td><td></td><td>√</td><td colspan="2">√</td><td>√</td><td>√</td><td>√</td></tr>
<tr><td>Deepak</td><td></td><td>√</td><td colspan="2">√</td><td>√</td><td>√</td><td>√</td></tr>
</table>

<table>
<tr><th rowspan="2">阶段划分</th><th rowspan="2">人物</th><th rowspan="2">规划设计</th><th rowspan="2">建材生产</th><th colspan="2">建造施工</th><th colspan="2">使用维护</th><th colspan="3">拆除清理</th></tr>
<tr><th>建造</th><th>施工</th><th>使用</th><th>维护</th><th>拆除</th><th>处置</th><th>回收</th></tr>
<tr><td rowspan="4">六个阶段</td><td>张又升</td><td></td><td>√</td><td>√</td><td>√</td><td>√</td><td>√</td><td colspan="3">√</td></tr>
<tr><td>黄国仓</td><td></td><td>√</td><td colspan="2">√</td><td>√</td><td>√</td><td colspan="2">√</td><td>√</td></tr>
<tr><td>张陶新</td><td></td><td>√</td><td colspan="2">√</td><td colspan="2">√</td><td>√</td><td>√</td><td>√</td></tr>
<tr><td></td><td></td><td></td><td colspan="2"></td><td colspan="2"></td><td colspan="3"></td></tr>
</table>

<table>
<tr><th rowspan="2">阶段划分</th><th rowspan="2">人物</th><th rowspan="2">规划设计</th><th colspan="2">建材生产</th><th colspan="2">建造施工</th><th rowspan="2">使用维护</th><th colspan="4">拆除清理</th></tr>
<tr><th>生产</th><th>运输</th><th>建造</th><th>施工</th><th>处理</th><th>管理</th><th>拆卸</th><th>回收</th></tr>
<tr><td>九个阶段</td><td>陈国谦</td><td></td><td>√</td><td>√</td><td>√</td><td>√</td><td>√</td><td>√</td><td>√</td><td>√</td><td>√</td></tr>
</table>

由综合了国内外文献研究的汇总表 2-5，可以看出对于建筑生命周期的划定，虽然划分的阶段名称不一样，但主要的阶段大体一致，基本都包含了建材生产、建材运输、建筑施工、建筑使用及建筑拆除阶段，但是不同研究中每个阶段所涵盖的子阶段差异较大。

由以上文献整理可以将建筑生命周期的阶段划分方法分为两类：

（1）线性的生命周期划分：单纯地按照建筑的原材料生产、建设、运行和拆除进行生命周期划分，而不考虑建材的回收利用、建筑的更新等内容，这一类包含了各种基本的划分方法。

（2）按照建筑服务类型的生命周期划分：可以划分为建设、运行、维护、翻新、拆卸等相关服务阶段，并进行分阶段的计算，这样的生命周期更加详细和完善，也更加符合可持续发展的要求。

2. 本研究提出的建筑全生命周期阶段划分

综合国内外文献的研究情况，建筑生命周期主要包含的过程有规划设计、建筑材料与设备的生产与运输、建筑施工、建筑使用与维护、建筑拆除、废弃物处理、可再生材料回收等过程；而在具体的阶段划分上，从三个阶段到九个阶段不等。其中，三个阶段和四个阶段的划分方法应用较广泛。本文基于 LCA 理论，将建筑全生命周期划分为四个阶段：前期准备阶段、建造物化阶段、使用维护阶段及拆解回收阶段，具体见图 2-13。

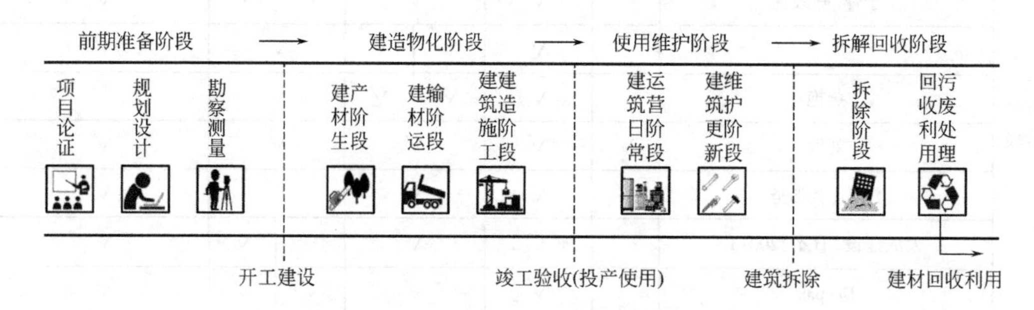

图 2-13　本研究全生命周期阶段划分示意图

前期准备阶段：该阶段是一个项目的最初阶段，是指在建设前对整个项目的设想和布局，一般包括项目论证、场地勘测及项目的规划设计等。人为因素很重要，决策者对项目的把控直接影响到建筑全生命周期。前期准备阶段是对能源的节约以及碳排放量的控制最为重要的一个环节。

建造物化阶段：该阶段是指从项目开工建设开始到竣工验收结束，主要包含建筑材料的生产、建材及设备的运输、建筑的施工建造等。建材的选择、运输方式的选择、施工过程所使用的机械设备及现场照明等都会对该阶段的碳排放量产生很大的影响。

使用维护阶段：该阶段是建筑全生命周期中最长的一个阶段，也是能源消耗最大的一个阶段。使用阶段指通过设备进行采暖、制冷、通风、照明等来维持建筑的正常运营。维护阶段指建筑物建成后因设备老旧而对建筑进行维护、建筑翻修以及设备更换等过程，如照明设备、门窗的更换、墙面的二次粉刷等。

拆解回收阶段：该阶段主要包含建筑物的拆除、拆解，废旧物的处理及回收利用。建筑使用多年后，由于材料和设备的老化，建筑结构性能的下降等，会达到其生命终点而被拆除。不同的拆除方式会对拆除时间、工人用量和能源消耗产生很大的影响，从而影响碳排放。同时，废旧物的运输方式的选择和处理方式的选择及废旧物的回收利用也会对建筑的碳排放量产生很大的影响。

第3章 Chapter 3

建筑全生命周期碳排放计算方法

3.1 碳排放计算方法概述

根据本书第2章中提出的建筑全生命周期阶段划分，建筑全生命周期的碳足迹是指建筑在前期准备、建造物化、使用维护和拆解回收四个阶段的温室气体排放量总和，可统一用二氧化碳当量（e）表示。目前，国际上对建筑物碳排放的计算方法可大致归纳为四种：实测法、投入产出法、基于过程的生命周期清单分析法、排放系数法。

3.1.1 实测法

实测碳排放量的方法主要是通过监测工具或国家认定的计量设施，对目标气体的流量、浓度、流速等进行测量，用国家环境部门认可的数据来计算目标气体总排放量。

实测法目标气体的基础数据要有科学、合理的收集方法，理论上气体样品必须为现场实地检测获得，并且要有一定的代表性。实测法在具有精度高、数据准确的特点的同时，也不可避免地存在一些缺点，例如，现实中大多不是现场实地测量，而是将现场采集的样品送到有关监测部门，利用专门的检测设备和技术进行定量分析（图3-1），这种情况下就一定要保证所选样品的代表性和精确度，如果没有这个前提条件，最终的监测数据也就失去了意义，同时由于数据获取相对困难且周期较长，因此成本较高。

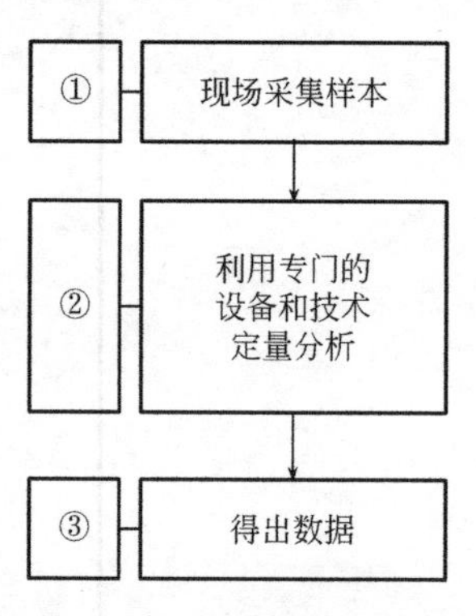

图3-1 实测法计算过程

实测法适用于污染物排放稳定、连续的排放口，如水泥厂、火电厂等的废气处理设施出口，或估算农田土壤中温室气体的排放量以及森林生态系统的排放量，而不太适合计算建筑全生命周期的碳排放。目前，对实测法应用最好的是美国在火电行业实施的二氧化硫排污交易，该方法在测二氧化硫排放量时准确度极高，在单独测二氧化碳排放量时其精度不是十分准确。

3.1.2 投入产出法

投入产出法最早由美国经济学家瓦西里·列昂惕夫在1937年提出，主要是研究经济体系中各个部门投入与产出之间关系的一种数量分析方法。在具体到某产品的全生命周期碳排放量计算时，借用投入产出法的计算模式，通过构建投入产出表，利用投入产出的数学模型来计算整个生产链上用户在获得产品时引起的二氧化碳排放量。

该方法通常是以一个国家的经济作为分析边界，利用投入—产出矩阵反映整个经济的相互依存关系。由于此方法单纯地以金额来计算能源与碳排放量，因此很容易以建筑业的统计金额来换算出能耗与碳排放量。

由于投入产出法对具体的过程不作深入的分析，以细节的缺失为代价，仅仅使用一些部门或者组织的平均排放强度数据，因此对于产品和过程等微观系统的碳排放计算存在局限性，只适用于商业、工业、政府、产品群等宏观层面的碳排放计算，不适用于具体产品的碳排放计算及构成分析。

3.1.3 清单分析法

与投入产出法相比，清单分析法更适合进行微观角度下的建筑物碳排放计算，它主要是以过程分析为出发点，详细地解释碳排放的各个过程，然后将各个过程分解计算，最终累加求和得出碳排放总量。各阶段碳排放计算模型的基本原理是以“碳排放量=活动数据×排放因子”为基础。

该方法是分析产品碳足迹的重要方法，通常用它来对一个具体的产品进行研究分析，精确度比较高。但是用该方法计算碳排放也存在以下缺点：排放边界的划定存在很大的主观性，阶段划分以及数据来源也不统一，这就导致了不同研究中计算的能耗和碳排放结果差别较大，缺乏可比性。同时，该方法所需数据量大、数据收集困难。

目前，国内外学者对微观角度下的建筑物碳排放计算研究多数是基于全生命周期理念，首先界定建筑生命周期碳排放的核算范围，然后对建筑全生命周期从建造、使用到拆除、处置等各阶段的碳排放进行清单分析，从而提出建筑全生命周期碳排放量的评价框架和方法[①]。

3.1.4 排放系数法

排放系数法是《2006年IPCC国家温室气体清单指南修订本》和《国家温室气体清单优良做法指南和不确定性管理》中推荐的一种碳排放计算方法，是指在正常技术经济和管理条件下，根据生产单位产品所排放的气体数量的统计平均值来计算碳排放量的一种方法。

排放系数也称为排放因子，排放系数法把影响碳排放的活动数据与单位活动的排放系数相结合，得到总的碳排放量，其基本计算公式为：

排放量=活动数据×排放系数

应用排放系数法最重要的是确定碳排放的活动数据和碳排放系数。由于建筑产品的种类及工序众多，碳排放系数的确定主要通过文献调研和推算的方法，通过统计计算生产工艺能耗的方式。同时，IPCC中也给出了一些常用能源的碳排放因子，可以作为参考。

该方法的优点是全面、具体地考虑了温室气体，其几乎涵盖了所有的温室气体排放源，并且提供了相应的计算方法和排放原理。缺点是由于使用阶段消费者活动不确定性较大，只能根据理论进行碳排放估算。

---

① 祁神军，张云波. 中国建筑业碳足迹流追踪及低碳发展策略研究［J］. 建筑科学，2013，29（6）：10-16.

3.1.5 计算方法对比及相关应用

1. 对比分析

对现有的四种方法从原理、计算公式、优点、缺点及应用五个方面进行了比较（表 3-1）。

几种碳排放计算方法比较 表 3-1

方法	实测法	投入产出法	清单分析法	排放系数法
原理	连续进行实时测量	单纯以金额来计算能源与排放量，很容易以建筑业的统计金额来换算出能耗和排放量	借助统计数据，分别计算各个阶段的碳排放量，最终累加求和得到总碳排放量	把影响碳排放的活动数据与单位活动的排放系数相结合，得到总的碳排放量
计算方法	通过监测工具或国家认定的计量设施测量目标气体总排放量	通过构建投入产出表，利用投入产出的数学模型来计算	活动数据 × 排放因子	活动数据 × 排放系数
优点	最准确，收集到的数据最为可靠	数据获取方便、时效性强，碳排放量计算考虑了生产资料和间接成本	使用方便，该方法详细的计算过程能够反映出整个过程各个阶段的碳排放量，从而对具体的阶段进行详细的分析	全面、具体地考虑了温室气体，几乎涵盖所有的温室气体排放源，并且提供了相应的计算方法
缺点	对实验条件要求高、限制性较大，不适合全生命周期计算	计算时对具体的过程不作深入的分析，以细节的缺失为代价，使用的数据是行业平均排放强度数据，计算结果存在较大的不确定性	排放系数差异性较大，需详细活动数据	只从产品生产角度进行碳足迹考虑，而从消费者角度来说隐含的碳排放量无法计算，不同国家、地区的排放系数差异较大
应用	只可应用于后期评价，适用于有可靠数据并采用高级技术的国家或研究部门	一种自上而下的方法，主要应用于后期评价及未来预测，适用于宏观层面的碳排放计算	一种自下而上的方法，主要应用于前期计算分析，适用于微观层面的碳排放计算	IPCC 推荐的国际上通用的碳排放计算方法，可反映碳排放强度，作为参考标准

综上所述，这四种碳排放计算方法相辅相成，因此，在建筑碳足迹的计算中单一使用某种方法的研究比较少，很多情况下都是几种方法的综合使用以便达到较为理想的研究效果。

2. 碳排放计算相关应用

1）实测法

西安建筑科技大学于洋教授带领的研究团队在所做科研项目“基于能源绩效的历史城市低碳转换机理与规划方法研究”中采用实测法计算二氧化碳排放量。该团队运用自主研发的二氧化碳浓度监测器、实时功率（用电量）测定仪及温湿度传感器对住宅使用阶段的二氧化碳浓度进行了监测。该项目在西安市中心区挑选出 112 个志愿者家庭作为样本，对其安装检测工具，进行入户测试采集数据，建立实测数据库。该项目测试周期为一年，在这一周期内每分钟都可对二氧化碳、温度、湿度等指标进行一次数据采集，最终累加得到使用阶段的全年二氧化碳排放量。

2）投入产出法

南京大学地理与海洋科学学院孙建卫等以投入产出法为基础，来核算生产满足国民经济最终消费的产品（服务）量所需的直接碳排放量和间接碳排放量，并分析了各个部门间的碳关联，最终得出的结论是：2002 年中国碳排放总量为 176528.10 万 t，人均排放 1.37426t，其中制造业、热力行业、电力行业和农业是碳排放量比较大的产业部门，达到总排放量的 80%以上[①]。

华侨大学土木工程学院祁神军等运用投入产出法对我国 2007 年建筑碳足迹进行了测算，以《中国统计年鉴》的投入产出表和分行业能源消耗、各能源的标煤折算系数及碳排放系数为基础，构建了“基于能源消耗的产业部门碳排放模型”和“产业部门碳足迹模型”，[②]分析了建筑业碳足迹在产业部门、能源种类及国际国内三方面的分布结构。

3）清单分析法

中国台湾学者张又升[③]基于全生命周期理念，针对全生命周期评估中评估过程过于复杂、数据获取困难等缺点，提出了简约式生命周期评估，通过删减部分生命周期评估阶段，将生命周期清单分析与生命周期影响评价的评估对象限制于二氧化碳的排放量，将建筑全生命周期划分为建材生产运输、营建施工、日常使用、更新维护、拆除废弃处理、建材回收利用六个阶段，根据各个阶段的耗能情况，构建了建筑全生命周期碳排放计算模型。通过研究，张又升建立了台湾建筑物生命周期二氧化碳排放量基础数据库，并建立了评估法的计算流程和评估公式；在此基础上推算出钢筋混凝土建筑物主体工程的二氧化碳排放量。同时，对建筑物拆除阶段的年限进行了大规模的调查，得到了建筑物不同楼层、规模的拆除阶段的碳排放公式。

该研究不仅在中国台湾有较大影响力，如赵又婵[④]对百货公司室内装修生命周期二氧化碳的研究、曾正雄关于公寓住宅设备管线的二氧化碳排放研究、王育忠[⑤]对建筑空调设备生命周期二氧化碳排放量的研究都受到了张又升的影响，在大陆地区也影响重大，如罗智星[⑥]、燕艳[⑦]等。

罗智星[⑧]基于 LCA 理论，将建筑全生命周期划分为物化阶段、使用阶段、生命终止阶段，并利用基于过程的清单分析法，构建了建筑在物化阶段二氧化碳排放的计算模型。即分别确定 A1 原材料的开采加工与运输、A2 建材/设备的生产、A3 构配件现场加工、A4 施工与安装、A5 土地利用、B0 使用过程（面向建材/设备）、B1 建筑日常运营、B2 建筑维护、B3 建筑修缮、B4 建筑更新、B5 建筑改造、C1 建筑拆除、C2 建筑材料/设备的再循环/再利用和 C3 废弃物处置的等效二氧化碳排放清单的计算模型。

仓玉洁、罗智星等利用基于过程的清单分析方法，研究了 129 栋城市住宅在物化阶段的建材碳排放量。研究表明，城市住宅在物化阶段建筑材料的碳排放量按面积加权平均值

---

① 孙建卫，陈志刚，等. 基于投入产出分析的中国碳排放足迹研究［J］. 中国人口·资源与环境，2010，20（5）：28-34.

② 祁神军，张云波. 中国建筑业碳足迹流追踪及低碳发展策略研究［J］. 建筑科学，2013，29（6）：10-16.

③ 张又升. 建筑物生命周期二氧化碳减量评估［D］. 台南：成功大学，2002.

④ 赵又婵. 百货公司室内装修生命周期二氧化碳排放量评估［D］. 台南：成功大学，2004.

⑤ 王育忠. 建筑空调设备生命周期二氧化碳排放量评估［D］. 台南：成功大学，2007.

⑥ 罗智星. 建筑生命周期二氧化碳排放计算方法与减排策略研究［D］. 西安：西安建筑科技大学，2016.

⑦ 燕艳. 浙江省建筑全生命周期能耗和 CO_2 排放评价研究［D］. 杭州：浙江大学，2011.

⑧ 罗智星，杨柳，刘加平. 办公建筑物化阶段 CO_2 排放研究［J］. 土木建筑与环境工程，2014，36（5）：37-43.

为 514.66$kgCO_2e/m^2$。其中，钢、商品混凝土、墙体材料、砂浆、铜芯导线电缆、建筑陶瓷、PVC 管材、保温材料、门窗和水性涂料十类建材的碳排放量达到了建筑物化阶段总建材碳排放量的 99%，是物化阶段碳排放最为主要的建材。同时，仓玉洁对基于过程的清单分析法进行了优化，提出了基于十类主要建材清单的建筑物化阶段碳排放计算方法和以"建筑构造"为基本单元的基于 BIM 的建筑物化阶段碳排放计算方法，大大地简化了清单分析的繁琐工作。

由中国工程建设标准化协会发布并于 2014 年 12 月 1 日施行的《建筑碳排放计量标准》CECS 374—2014，基于全生命周期理念，采用清单分析法和信息模型法针对新建、改建和扩建建筑以及既有建筑全生命周期各阶段消耗能源、资源和材料所排放的二氧化碳进行计量。

4）排放系数法

白文琦等①使用排放系数法研究了通用硅酸盐水泥生产的碳排放，其结果表明掺有混合材料的硅酸盐水泥碳排放量最少，而且掺合料越多，其碳排放量越少，同时得出在水泥生产过程中，碳酸盐等矿物质分解产生的碳排放量比例最大，燃烧次之，电力消耗最小，并对减少水泥生产过程中的碳排放量提出了相关建议措施。

3.2 其他行业碳排放计算研究启示

随着二氧化碳排放问题所带来的后果越来越严重，碳排放问题已经成为全社会关注的共性问题。目前，我国关于全生命周期碳排放在各行各业中都有着不同深度的研究，各个行业关于碳排放的研究过程以及研究结论对于建筑全生命周期碳排放有很好的借鉴作用。

3.2.1 高速铁路碳排放计算

高速铁路的碳排放计算方法基于全生命周期评价理论，为了计算高速铁路全生命周期碳排放量，首先需要确定高速铁路生命周期碳排放计算边界。高速铁路生命周期碳排放计算边界之内应包含形成高速铁路实体和功能的一系列中间产品和单元过程，这其中包括高速铁路基础设施建设所需材料的生产、运输和高速铁路的建设施工、运营与维护、拆除等，可分为基础设施建造阶段、运营阶段和回收阶段三个阶段（图 3-2）。根据对各阶段高速铁路二氧化碳排放清单的分析，分别给出各个阶段二氧化碳排放的计算方法。

1. 建造阶段

高速铁路建造阶段的碳排放量主要由建设材料生产过程中的碳排放量、建设材料运输过程中的碳排放量、基础设施建设施工过程中的碳排放量三部分构成。

基于全生命周期评价理论，建设材料生产过程中的碳排放量可通过所需建设材料的用量及该材料的碳排放系数的乘积计算得出。建设材料运输过程中的碳排放量可通过不同建筑材料的运输距离及其运输过程中的排放系数计算得到。基础设施建设施工过程中的碳排放量可通过建设过程中不同的机械台班及其排放系数的乘积获得。

① 白文琦，杜强，吕晶，等. 通用硅酸盐水泥生产的碳足迹研究［J］. 西安工程大学学报，2013，27（4）.

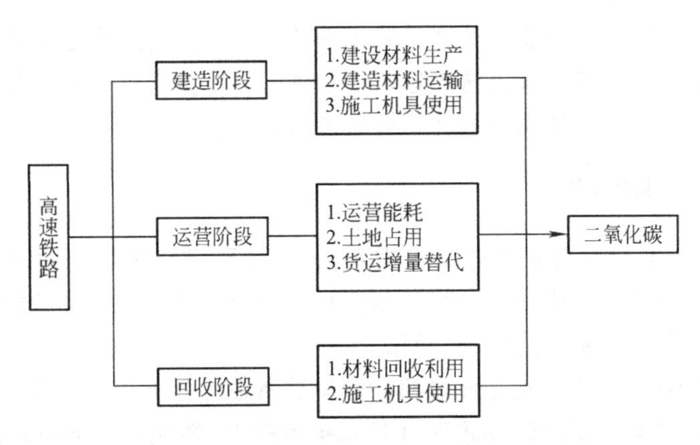

图 3-2　高速铁路生命周期碳排放计算边界

2. 运营阶段

高速铁路运营阶段的碳排放量由运营能源消耗引发的碳排放量、土地占用引发的碳排放量两部分构成。运营能源消耗引发的碳排放量可以通过各能源的消耗量及其碳排放系数乘积计算得出。土地占用引发的碳排放量一般采用直接碳排放和间接碳排放两种方法计算。在高速铁路运营阶段，货运增量替代效应引发的碳减排，有一定的减碳作用。

3. 回收阶段

高速铁路回收阶段的碳排放量由拆除和处置基础设施过程中使用施工机械产生的碳排放量减去回收利用材料而减少的碳排放量即可计算得出。

高速铁路与建筑都是大型基础设施，高速铁路碳排放方面的研究对于建筑碳排放方面的研究具有一定的启示与借鉴作用。高速铁路碳排放计算从全生命周期的理论出发，研究铁路建造阶段、运营阶段和回收阶段的碳排放，这其中回收阶段中回收利用的材料又可以减少全过程的碳排放量，因此高速铁路碳排放计算中对于回收阶段的重视值得建筑行业学习。

3.2.2　中国土地碳排放计算

中国土地碳排放量计算由两部分构成：直接碳排放和间接碳排放。直接碳排放主要指土地利用（耕地、园地、林地、草地）引起的碳排放。间接碳排放主要是各土地利用类型上承载的全部人为碳排放，即建设用地的碳排放，使用能源消耗碳排放替代计算。

1. 直接碳排放计算

对于耕地、园地、林地、草地、水域用地及未利用土地的碳排放估算，通常采用直接碳排放系数法。直接碳排放系数法即通过土地面积与该性质土地的排放系数的乘积计算得出土地碳排放量。

2. 间接碳排放估算

建设用地的碳排放采用间接估算方法，即用生产生活中能源消耗产生的二氧化碳量来表征，选取的能源有煤炭、焦炭、原油、汽油、煤油、柴油、燃料油、天然气和电力，计算时通过能源消耗量、能源碳排放系数与该能源的标准煤换算系数来确定碳排放量，从而间接估算土地的碳排放量。

根据上述研究，我国土地碳排放计算采用清单分析法，通过确定土地或能源的排放系数，来计算最终的碳排放量。该方法为建筑行业碳排放计算提供了参考依据，其中各能源碳排放系数的研究可以给建筑碳排放计算提供资料数据。

3.2.3 物流企业碳排放计算

根据《2006 IPCC 国家温室气体排放指南》，企业碳排放量等于活动水平数据乘以该活动的排放因子。通过对《中国能源统计年鉴》的分析发现物流行业的能源消耗主要来自煤炭、煤油、柴油等化石燃料的燃烧。因此，针对物流企业，主要有以下三种计算方式：

（1）利用各种燃料的年消耗量和燃料的碳排放系数计算出二氧化碳总排放量。

（2）利用不同种类车辆的燃油效率（货车每消耗 1L 燃油最多能行驶的距离）计算出不同燃料类型、车种及不同碳排放控制技术下的燃料年消耗量，然后再采用与方式一同样的方法计算出二氧化碳总排放量。

（3）根据不同类型车辆的平均行驶里程及车辆的碳排放系数计算年碳排放量，再进行加总。

与我国土地碳排放计算中的间接碳排放估算法类似，物流企业碳排放计算主要采用清单分析法，物流企业碳排放主要来源为化石燃料的燃烧，该来源与建筑全生命周期中建造物化阶段中建材运输、机械台班运转等能源消耗类似，故对建筑碳排放的计算有一定的启示作用。

3.2.4 钢铁行业碳排放计算

钢铁行业碳排放的计算方法主要分为两种，一种是基于全生命周期评价理论的计算方法（LCA），另一种是基于投入产出的计算方法。

1. 基于全生命周期评价理论的计算方法

基于全生命周期评价理论，对钢铁行业全生命周期二氧化碳排放计算的边界进行界定，可划分为矿石、煤炭的开采、洗选，物料运输，产品生产过程三大部分。根据对各阶段二氧化碳排放清单的分析，分别给出各个阶段的计算公式。

2. 基于投入产出的计算方法

根据国内相关主管部门出台的《省级温室气体清单编制指南》《中国钢铁生产企业温室气体排放核算方法与报告指南》两部温室气体排放计算指南，通过划定研究系统的边界，确定碳排放源的种类、编制温室气体排放清单、建立温室气体的计算公式，进而指导钢铁企业确定生产过程中温室气体的排放量。钢铁行业碳排放核算范围包括燃料燃烧排放，工业生产过程排放，净购入使用的电力、热力产生的排放及固碳产品隐含的碳排放减量。其中，固碳产品隐含的碳排放减量通过固碳产品产量与固碳产品碳排放因子相乘得出。

钢铁企业可采用投入产出的计算方法，是因为针对钢铁行业有类似于《中国钢铁生产企业温室气体排放核算方法与报告指南》的计算指南，通过指南中给出的数据对钢铁行业的碳排放量进行计算。因此，建筑行业研究和开发服务于本行业的温室气体排放清单指南迫在眉睫。

3.3 建筑全生命周期碳排放计算模型

3.3.1 国家碳排放计算标准解析

2019 年 4 月 26 日住房和城乡建设部公告发布国家标准《建筑碳排放计算标准》GB/T 51366—2019，将于 2019 年 12 月 1 日起实施。该标准旨在贯彻国家有关应对气候变化和节能减排的方针政策，规范建筑碳排放计算方法，节约资源，保护环境。通过本标准相关计算方法和计算因子规范建筑碳排放计算，引导建筑物在设计阶段考虑其全生命期节能减碳，增强建筑及建材企业对碳排放核算、报告、监测、核查的意识，为未来建筑物参与碳排放交易、碳税、碳配额、碳足迹，开展国际比对等工作提供技术支撑。

该标准确定碳排放计算边界为：与建筑物建材生产及运输、建造及拆除、运行等活动相关的温室气体排放。建筑物碳排放计算应根据不同需求按阶段进行，并将分段计算结果累计为建筑全生命周期碳排放。碳排放计算应包含《IPCC 国家温室气体清单指南》中列出的各类温室气体。

该标准适用于新建、扩建和改建的民用建筑，要求建筑碳排放量应按本标准提供的方法和数据进行计算。将建筑全生命周期分为建材生产及运输、运行、建造及拆除三个阶段，以单位建筑面积的总碳排放量作为衡量标准，即：单位建筑面积碳排放量=（活动数据×碳排放因子）/建筑面积。其中，建筑运行、建造及拆除阶段中因电力消耗造成的碳排放计算，应采用由国家相关机构公布的区域电网平均碳排放因子，其他能源、建材类碳排放因子应按本标准附录进行取值。

不断降低建筑碳排放强度是应对气候变化和节能减排的重要工作，建筑节能、绿色建筑、低碳城市的核心控制指标的确定离不开建筑碳排放计算，统一建筑碳排放计算方法是关键的基础性工作，有利于规范引导建筑物开展碳排放计算、比对并与国际对标。

在国家标准的基础上，我们借鉴其他标准及行业经验，提出本书的建筑全生命周期碳排放计算模型。

3.3.2 建筑全生命周期碳排放计算方法的选取及计算过程

根据前文分析及本书第 4 章选取的实际案例均为已建成工程，实测法与投入产出法均不适用于计算，故本书采用基于过程的清单分析法进行建筑物全生命周期的碳排放计算，并结合碳排放系数法给出建筑全生命周期碳排放因子。具体过程如下：

（1）明确建筑全生命周期阶段划分及边界；

（2）对构成建筑全生命周期四个阶段的相关活动数据进行采集分析；

（3）根据四个阶段的活动数据选取相应的碳排放因子，建立数据库；

（4）应用清单分析法，对建筑全生命周期四个阶段碳排放采用公式：碳排放量=活动数据×碳排放因子进行计算，并累加求和，以此得出建筑物的总碳排放量；

（5）应用排放系数法将上述得到的总碳排放折合成每年单位面积碳排放量，即为该类型建筑的碳排放因子，以此来作为建筑碳排放强度的评价依据。

依据上述计算方法选取合适的对标建筑（见本书第 4 章），并对样本建筑物各阶段碳排放进行详细核算。以此得出该结构体系及规模下建筑的碳排放因子，利于以后该类建筑物的直接核算，简化计算过程，同时利于建筑师在设计时对建筑碳排放量进行考量，从而制定更为合理的减碳设计策略。

3.3.3 建筑全生命周期碳排放计算公式来源及界定

1. 计算公式来源

本书的碳排放计算公式主要参考《建筑碳排放计算标准》GB/T 51366—2019，并针对其没有考虑建筑回收阶段的减碳作用，我们参考高铁行业的相关碳排放计算方法，补充计算了废旧建材回收带来的碳减量。

其中，建造物化阶段、使用阶段、拆解回收阶段的碳排放计算公式来源于《建筑碳排放计算标准》GB/T 51366—2019，而建筑维护阶段的碳排放计算公式参考了罗智星①的研究成果。拆解阶段中废旧建材回收带来的碳减量计算公式一方面来源于《建筑碳排放计量标准》CECS 374—2014，另一方面参考高铁行业碳排放计算方法从而得出我们的计算公式。

2. 各阶段碳排放来源界定

碳排放来源即所有产生碳排放的活动，在运用全生命周期理论，采用清单分析方法计算建筑碳排放量时，不可避免地要进行大量的清单分析工作，而该工作的前提是准确地识别各阶段碳排放的来源，准确界定碳排放单元过程。本书将建筑全生命周期划分为前期准备阶段、建造物化阶段、使用维护阶段和拆解回收阶段，分别列出各阶段的碳排放的构成因子，根据碳排放因子进行后续的资源和能源消耗清单统计。

前期准备阶段的碳排放来源主要是所用能源和物资的消耗。虽然该阶段的碳排放量较小，但此阶段作为建筑全生命周期的前期组成部分，对后续各阶段的碳排放影响较大，对建筑全生命周期的碳排放量有决定性的作用。

建造物化阶段包含建材生产、运输和建造施工三个阶段。建材生产阶段的碳排放来源包括建筑材料、构件、部品的生产及设备的使用；建材运输阶段的碳排放来源包括建筑材料、构件、部品、设备的运输；建造施工过程的碳排放来源主要有：施工机具在场地内移动、使用、维护的能耗，施工现场办公、生活区炊事、供暖、制冷和照明能耗。

使用维护阶段的碳排放来源主要有：建筑设备系统的运营；建筑材料、构件、部品的维护与更替；更替的建筑材料、构件、部品的运输。

拆解回收阶段的碳排放来源主要有：拆解机具的运行；废弃物的运输；以及建筑可循环材料构件的回收带来的碳减量（图 3-3）。

3.3.4 碳排放因子的获取

1. 碳排放数据库

1）LCA 数据库

LCA 数据库中包含能源与建材的碳排放因子，是获取建筑碳排放因子的重要来源。但也由于数据库的复杂性和多样性，以及数据的地域性和时效性，使得建筑在进行碳排放计算时很难获得最新的、准确的数据。

① 罗智星. 建筑生命周期二氧化碳排放计算方法与减排策略研究［D］. 西安：西安建筑科技大学，2016.

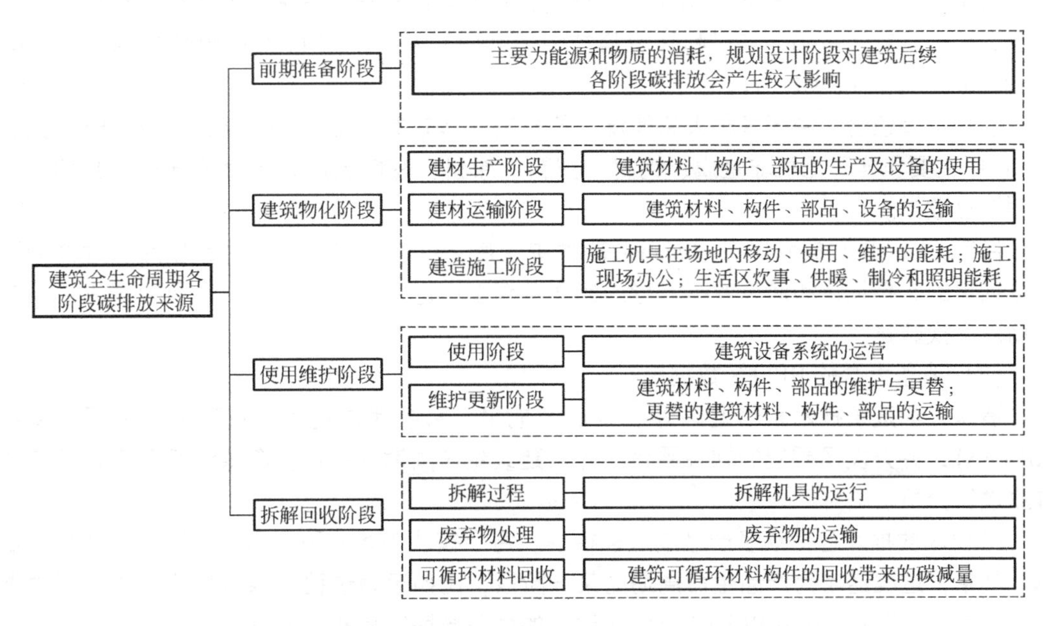

图 3-3　建筑全生命周期各阶段碳排放来源

目前，许多国家的 LCA 数据库已公开发布，其中被广泛应用的有欧盟的 ELCD 数据库、瑞典的 SPINE 数据库、瑞士的 Ecoinvent 数据库、荷兰的 SimaPro 数据库、德国的 GaBi 扩展数据库、美国的 VREL-USLCI 数据库、澳大利亚的 LCI 数据库和欧洲生命周期文献数据库 ELCD 等[①]。

我国在 LCA 数据方面的工作起步于 20 世纪末期。自 1998 年起，在国家高技术研究计划（“863” 计划）的支持下，北京工业大学建立了材料环境协调性评价基础数据库（Sino Center）平台。国内也有许多其他机构和高校等都在研究和建立本地的 LCA 数据库，例如四川大学的 CLCD 数据库、清华大学的 BELES、浙江大学的建材能耗及碳排放清单数据库等。目前，我国建筑碳排放计算相关标准相关数据多借鉴四川大学的 CLCD 数据库。

2）国内典型数据库

（1）北京工业大学的 SinoCenter 数据库

材料环境协调性评价基础数据库（SinoCenter）是在国家“863”“973”等国家计划和北京重点基金的支持下，由北京工业大学环境材料与技术研究所和主要工业及行业部门合作建设的以材料产业为主体的 LCA 数据库。

SinoCenter 数据库内容涉及 68 类材料及过程清单，并提供了不同年份的建材碳排放因子数据，形成了商业数据集，可按照材料种类独立销售和使用。目前，该数据库在全球 50 多个国家销售使用[②]。

（2）四川大学的 CLCD 数据库

① 李小青，龚先政，聂祚仁，王志宏. 中国材料生命周期评价数据模型及数据库开发［J］. 中国材料进展，2016，35（3）：171-178，204.

② 陈秉楠. 生命周期清单数据库标准化建设浅析［A］// 中国标准化协会. 第十四届中国标准化论坛论文集. 北京：中国标准化协会，2017：5.

四川大学依托“十一五”科技支撑计划，在参与欧盟研究总署发起的国际生命周期参考数据系统研究的基础上与亿科环境科技公司共同开发了中国 LCA 基础数据库（Chinese Life Cycle Database，CLCD）。

该数据库包含了中国多种大宗能源、原材料、运输等行业的 LCA 数据。在建材方面，CLCD 中主要包含了无机非金属、钢材、塑料、涂料、有色金属和木材等建材产品的生命周期汇总数据。

目前，CLCD 数据库仅在 eBalance 软件中使用，可以在 eBalance 的数据库管理器中浏览数据集的文档描述和清单数据，导入到案例模型中进行计算和分析，也可以导出后与其他用户交换数据。

（3）清华大学的 BELES 数据库

清华大学建筑技术系借鉴国外已有研究成果，系统地构建了建筑环境负荷评价体系（BELES），并开发了相应的软件平台，可对建筑生命周期的能耗、资源消耗及多种污染物排放进行分析。

BELES 数据库包括众多产品或过程模块，每个模块描述一种产品或过程的环境影响清单。其中，过程通常为产品生命周期的某一阶段，比如运输过程、煤炭生产过程、煤炭燃烧过程等①。因此，利用 BELES 可以对建筑的生命周期能耗和碳排放进行计算和评价。

（4）其他数据来源

①《中国能源行业研究数据库》

《中国能源行业研究数据库》GTA_ EI 2011V 由深圳市国泰安信息技术有限公司设计、开发。该数据库是一个包含传统能源方面的统计内容，由能源基本概况、电力能源、煤炭能源、石油和天然气能源四类信息组成的大型数据库资讯系统。GTA_ EI 数据库主要是以研究为目的而设计，为方便用户使用，GTA_ EI 数据库采用开放式的结构向研究人员提供数据。GTA_ EI 数据库每年定期全面更新一次或两次，以确保 GTA_ EI 数据库的持续性和及时性。GTA_ EI 数据库结构合理、查询方便，能根据用户的需要，方便、快捷地检索出一系列指标，并能灵活地以 Foxpro、Excel、TXT 等格式输出，可供 SAS、SPSS 等统计软件和 Fortran、C、Pascal 等高级语言直接调用，这为研究人员从事研究带来了很大方便。

中国能源行业研究数据库的开发成功将从根本上解决行业经济研究机构和个人所普遍面临的中国传统能源行业数据不完整、不准确问题。

②EPS 数据库

EPS（Economy Prediction System）数据库是北京福卡斯特信息技术有限公司倾力打造的数据服务平台，该平台通过一系列先进的数据检索、数据提取和数据分析预测等应用工具，为各级政府部门、教育系统、企业提供完整、及时、准确的数据以及各种数据分析与预测结果，使各行业及时了解并准确把握整体经济环境及其发展趋势，指导科研及投资机构的研究和投资行为。

在数据领域，EPS 数据库已建成一系列专业数据子库，其中包括：中国宏观经济数据库（CMED）、工业企业数据库（IED）、产品产量数据库（POD）、中国进出口贸易数据库（CEITD）、世界贸易数据库（WTD）、世界能源数据库（WED）、国际货币基金组织数据

① 林波荣，彭渤. 我国典型城市全生命周期建筑焓能及 CO_2 排放研究［J］. 动感（生态城市与绿色建筑），2010（3）：45-49.

库（WED_ IMF）、世界银行数据库（WED_ World Bank）、经济合作与发展组织数据库（WED_ OECD）。

其中，世界能源数据库（WED）集成了来自世界能源组织、英国 BP、世界海关组织有关世界主要能源生产国和能源消费国的能源生产、消费、库存、价格国际贸易数据。对石油、天然气、煤炭、电力以及可再生能源等的生产、消费、贸易、价格及能源环保的数据都分别进行统计，并可以进行分类对比分析。对于研究分析全球的能源生产与消费以及新能源都是不可或缺的数据。历史数据从 1980 年起，数据年度更新。

③中国统计年鉴

中国统计年鉴是国家统计局编印的一种资料性年刊，全面反映中华人民共和国经济和社会发展情况。正常年度每年更新，其正文内容一般分为 20 余个篇章，不同年份根据经济社会发展的不同情况略有调整。为方便读者使用，各篇章前设有《简要说明》，对该篇章的主要内容、资料来源、统计范围、统计方法以及历史变动情况予以简要概述，篇末附有《主要统计指标解释》。

2. 常用碳排放因子

目前，我国在建筑领域尚未建立起完善的 LCA 数据库，但在能源消耗碳排放基础数据方面的研究已经比较客观。由于不同国家和地区的能源结构及生产工艺有较大的差异，对于基础碳排放因子数据的选择，本书认为应遵循以下次序：首先，参考国内成熟的数据库；其次，参考国内学者的研究成果；然后，参考国外数据库及研究成果；对于无法找到或者数据质量无法保证的数据，不应采用，并在计算过程中加以说明。

书中选取 2005 年左右的对标建筑，考虑到碳排放因子的时效性，所以尽量选取 2005 年左右的碳排放因子，本书部分碳排放因子借鉴西安建筑科技大学罗智星团队的研究成果。经整理后的建材、交通运输、机械台班、化石能源、电力的碳排放因子如表 3-2～表 3-6 所示。

主要建筑材料的碳排放因子　　表 3-2

建材名称	单位	碳排放因子			
		CO_2	CH_4	N_2O	合计
钢材	$kgCO_2e/t$	2000.000	38.200	158.000	2190.000
商品混凝土 C30	$kgCO_2e/m^3$	296.000	0.439	0.694	297.000
预制混凝土块	$kgCO_2e/m^3$	171.000	0.284	0.638	171.000
水泥	$kgCO_2e/t$	973.000	1.630	2.170	977.000
砂	$kgCO_2e/m^3$	3.470	0.002	0.011	3.490
石料	$kgCO_2e/t$	3.150	0.002	0.011	3.170
铜	$kgCO_2e/t$	9250.000	124.000	38.500	9410.000
标准砖	$kgCO_2e$/千块标准砖	346.000	0.905	1.600	349.000
非承重黏土多孔砖	$kgCO_2e$/千块标准砖	346.000	0.905	1.600	349.000
加气混凝土砌块	$kgCO_2e/m^3$	322.000	4.050	0.974	327.000
平板玻璃，3mm	$kgCO_2e/t$	1790.000	72.300	5.210	1860.000

续表

建材名称	单位	碳排放因子			
		CO_2	CH_4	N_2O	合计
钢化玻璃,12mm	$kgCO_2e/t$	2380.000	79.700	7.580	2470.000
铝合金门窗	$kgCO_2e/m^2$	56.300	1.740	0.140	46.300
挤塑聚苯板	$kgCO_2e/m^3$	642.000	23.700	3.830	669.000
聚乙烯泡沫板	$kgCO_2e/m^3$	512.000	19.200	3.060	534.000

注:本表中主要建材的碳排放因子来源于西安建筑科技大学罗智星团队的研究成果。其根据建材生产的步骤和过程,统计在生产过程中的能耗清单,继而计算出建材的碳排放因子。

各种运输方式的碳排放因子 **表 3-3**

运输方式	单位	碳排放因子			
		CO_2	CH_4	N_2O	合计
铁路运输	$kgCO_2e/(10^2t\cdot km)$	0.919	0.0005	0.003	0.923
公路运输(汽油)	$kgCO_2e/(10^2t\cdot km)$	22.800	0.2180	0.060	22.800
公路运输(柴油)	$kgCO_2e/(10^2t\cdot km)$	19.500	0.0181	0.049	19.600
内河运输	$kgCO_2e/(10^2t\cdot km)$	4.500	0.0042	0.011	4.520
海运	$kgCO_2e/(10^2t\cdot km)$	0.777	0.0007	0.002	0.779

注:本表中各种运输方式的碳排放因子来源于西安建筑科技大学罗智星团队的研究成果。其研究以《2008 年中国交通年鉴》中 2007 年的全国公路运输和水路运输的平均能耗强度为基础,计算出各种运输方式的碳排放因子。

常用机械台班的碳排放因子 **表 3-4**

机械名称	规格型号	单位	碳排放因子			
			CO_2	CH_4	N_2O	合计
履带式单斗挖掘机	液压 $1m^3$	$kgCO_2e$/台班	195.000	0.200	0.469	196.000
自卸汽车	8t	$kgCO_2e$/台班	127.000	0.130	0.305	127.000
汽车式起重机	8t	$kgCO_2e$/台班	88.100	0.090	0.212	88.400
载货汽车	装载质量(12t)	$kgCO_2e$/台班	143.000	0.147	0.345	144.000
洒水车	罐容量(8000L)	$kgCO_2e$/台班	102.000	0.105	0.246	103.000
电动卷扬机	单筒快速 20kN	$kgCO_2e$/台班	56.900	0.015	0.254	57.200
短螺旋钻孔机	ϕ1200mm	$kgCO_2e$/台班	226.000	0.140	0.791	227.000
钢筋切断机	ϕ40mm	$kgCO_2e$/台班	27.200	0.007	0.122	27.300

注:本表中常用机械台班的碳排放因子来源于西安建筑科技大学罗智星团队的研究成果。其研究根据《陕西省建设工程工程量清单计价规则》(2009 年)中的各施工机械单位台班的资源和能源消耗量,计算得到施工机械台班的碳排放因子。

化石能源燃烧的碳排放因子　　表 3-5

能源品种	单位	碳排放因子			
		CO_2	CH_4	N_2O	合计
原煤	$kgCO_2e/kg$	1.980	0.005	0.009	2.000
原油	$kgCO_2e/m^3$	3.020	0.003	0.007	3.030
汽油	$kgCO_2e/m^3$	2.930	0.003	0.007	2.940
柴油	$kgCO_2e/m^3$	3.100	0.003	0.007	3.110
燃料油	$kgCO_2e/m^3$	3.170	0.003	0.007	3.180
天然气	$kgCO_2e/m^3$	2.160	0.001	0.001	2.160
标煤	$kgCO_2e/kg$	2.770	0.007	0.013	2.790

注：本表中化石能源燃烧的碳排放因子来源于西安建筑科技大学罗智星团队的研究成果。其研究中，根据《国家温室气体 IPCC 指南》(2006 年版，第二卷)中每种燃料的温室气体排放系数，得到碳排放量的初步估计值。再根据我国《综合能耗计算通则》GB/T 2589—2008 中每种燃料的低位发热量，将各种燃料的低位发热量与其温室气体排放系数相乘即可得到单位燃料的温室气体排放量。

全国不同区域电力供应的碳排放因子　　表 3-6

中国区域电网	覆盖省区市	电力碳排放因子 ($kgCO_2/kWh$)
华北区域电网	北京市、天津市、河北省、山西省、山东省、内蒙古自治区	1.0580
东北区域电网	辽宁省、吉林省、黑龙江省	1.1281
华东区域电网	上海市、江苏省、浙江省、安徽省、福建省	0.8095
华中区域电网	河南省、湖北省、湖南省、江西省、四川省、重庆市	0.9724
西北区域电网	陕西省、甘肃省、青海省、宁夏回族自治区、新疆维吾尔自治区	0.9578
南方区域电网	广东省、广西壮族自治区、云南省、贵州省、海南省	0.9183
全国平均值		0.9740

注：本表数据来源于《建筑碳排放计算标准》GB/T 51366—2019。此标准电网排放因子取自发改委 2014 年公布的数据，以当时可获得的最新公布数据为准，以公开的电厂汇总数据为基础计算得出。

3.3.5 建筑全生命周期各阶段碳排放计算模型

1. 建筑全生命周期碳排放总量计算

本书将建筑全生命周期分为四个阶段，分别为：前期准备阶段、建造物化阶段、使用维护阶段以及拆解回收阶段。

由于前期准备阶段周期较短，且一般事务所进行规划、设计通常都是多方案同时进行，除了办公室用电等能源消费外，动用的人力和时间无法准确计量。因此，很难对单个建筑前期准备阶段的能源消耗及碳排放进行统计计算。并且一些研究表明，建筑前期准备阶段的碳排放量较少，故本书忽略此阶段的碳排放量，只计算建造物化、使用维护、拆解回收三个阶段的碳排放量（图 3-4）。

但值得一提的是，虽然前期准备阶段的碳排放量较小，可忽略不计，但此阶段作为建筑全生命周期的前期组成部分，对后续各阶段的碳排放影响较大，对建筑全生命周期的碳排放量有决定性的作用。

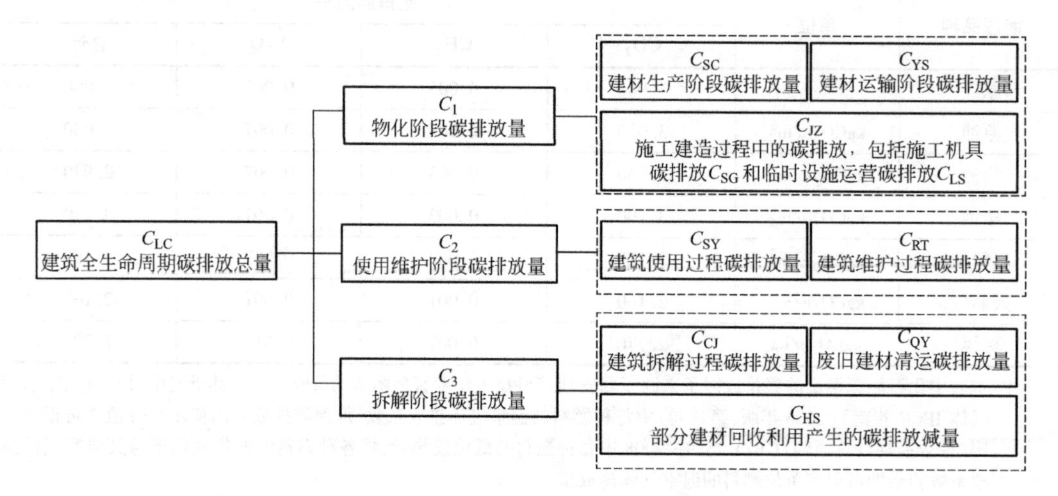

图 3-4 建筑碳排放计算框架

建筑全生命周期碳排放量是各个阶段的碳排放量之和。按照公式（3-1）进行计算：

$$C_{LC}=C_1+C_2+C_3 \tag{3-1}$$

式中 C_{LC}——建筑全生命周期碳排放总量（$kgCO_2e$）；

C_1——建造物化阶段碳排放量（$kgCO_2e$）；

C_2——使用维护阶段碳排放量（$kgCO_2e$）；

C_3——拆解回收阶段碳排放量（$kgCO_2e$）。

2. 建筑碳排放强度计算

在核算建筑碳排放量时，不同规模与不同使用年限建筑的碳排放情况差异较大，不能进行统一比较。因此，在利用清单分析法计算建筑碳排放总量的基础上，结合碳排放系数法，计算出可用于比较不同规模与使用年限建筑碳排放情况的碳排放强度。

1）建筑全生命周期碳排放强度

在计算建筑全生命周期碳排放总量的基础上，考虑建筑规模因素，将总量折合成碳排放强度，有利于比较同类型建筑碳排放强度。单位建筑面积碳排放量按照下式进行计算：

$$C_a=\frac{C_{LC}}{A} \tag{3-2}$$

式中 C_a——建筑全生命周期单位建筑面积碳排放量（$kgCO_2e/m^2$）；

C_{LC}——建筑全生命周期碳排放总量（$kgCO_2e$）；

A——建筑面积（m^2）。

2）建筑全生命周期年均碳排放强度

在横向比较单位建筑面积碳排放量的同时，还应考虑纵向的时间因素，即建筑使用年限。因为一栋建筑建造物化阶段的周期及碳排放总量是固定不变的，如果建筑使用寿命不同，其均摊到每年的碳排放量就会产生变化。且建筑使用年限越长，平均到每年的碳排放量会随之减少。

所以，本书采用单位时间（年）、单位建筑面积（m^2）的碳排放量作为建筑年均碳排放强度，即 $kgCO_2e/(m^2 \cdot a)$，来比较不同建筑全生命周期的碳排放量，以此来消除由于建筑物的规模、设计年限不同带来的影响，使得核算结果具有一致性和可比性。年单位建筑面积碳排放量按照下式进行计算：

$$C_A = \frac{C_{LC}}{A \times L} \tag{3-3}$$

式中 C_A——建筑全生命周期年单位建筑面积碳排放量［$kgCO_2e/(m^2 \cdot a)$］；

C_{LC}——建筑全生命周期碳排放总量（$kgCO_2e$）；

A——建筑面积（m^2）；

L——建筑使用年限（a）。

3）建筑各阶段年均碳排放强度

建筑全生命周期由各个阶段组成，对于不同建筑有时需要针对同一阶段进行比较。因此，本书列出建筑各阶段年单位面积碳排放量作为各阶段的碳排放系数，有利于不同类型建筑进行不同阶段碳排放强度比较，其计算模型为：

$$C_A' = \frac{C_{JD}}{A \times L} \tag{3-4}$$

式中 C_A'——建筑各阶段年均碳排放强度［$kgCO_2e/(m^2 \cdot a)$］；

C_{JD}——建筑各阶段碳排放总量（$kgCO_2e$）；

A——建筑面积（m^2）；

L——建筑使用年限（a）。

3. 建造物化阶段碳排放计算模型

建造物化阶段指的是建筑在投入使用之前，形成工程实体所需要的建筑材料生产、构配件加工制造以及现场施工安装过程。具体包括建材生产、建材运输、建筑施工建造三个阶段。分别计算各个阶段的碳排放量并汇总得到建造物化阶段的碳排放量。如公式（3-5）所示：

$$C_1 = C_{sc} + C_{ys} + C_{jz} \tag{3-5}$$

式中 C_{sc}——建材生产阶段碳排放量（$kgCO_2e$）；

C_{ys}——建材运输阶段碳排放量（$kgCO_2e$）；

C_{jz}——建造施工过程中的碳排放量（$kgCO_2e$）。

1）建材生产阶段碳排放计算模型

（1）计算公式

建材生产阶段碳排放计算的边界是从建筑材料的原材料开采开始，到建筑材料出厂为止。建材生产阶段碳排放计算按下式进行：

$$C_{sc} = \sum_{i=1}^{n} M_i \times F_i \tag{3-6}$$

式中 C_{sc}——建材生产阶段碳排放量（$kgCO_2e$）；

M_i——第 i 种主要建材的消耗量（t）；

F_i——第 i 种主要建材的碳排放因子（$kgCO_2e$/单位建材数量）。

（2）数据来源

M_i 的数据可以从工程预算清单或工程决算清单中获得。

F_i 的数据来源参看表 3-2。

2）建材运输阶段碳排放计算模型

（1）计算公式

运输过程主要考虑将建材、设备机械等固体物资运送至施工现场所产生的碳排放量。建材运输阶段碳排放计算按下式进行：

$$C_{ys} = \sum_{i=1}^{n} M_i \times D_i \times T_i \tag{3-7}$$

式中 C_{ys}——建材运输过程碳排放量（$kgCO_2e/m^2$）；

M_i——第 i 种主要建材的消耗量（t）；

D_i——第 i 种建材的平均运输距离（km）；

T_i——第 i 种建材的运输方式下，单位重量运输距离的碳排放因子[$kgCO_2e/(t \cdot km)$]；

（2）数据来源

M_i 的数据由工程预算清单或工程决算清单中的数据折换为重量得到。

D_i 主要通过工程决算清单获得，其中包含了材料生产厂家的名称、厂址和供货量。

T_i 的数据来源参看表 3-3。

3）建造阶段碳排放计算模型

（1）计算公式

建造阶段的碳排放来源主要有：①施工机具运行产生的碳排放；②临时设施的碳排放，主要包括施工现场办公能耗和生活区的炊事、供暖、制冷及照明能耗。分别对以上两个阶段进行碳排放计算并汇总得到建造阶段的碳排放。

建造阶段的碳排放量计算：

$$C_{jz} = C_{sg} + C_{ls} \tag{3-8}$$

式中 C_{jz}——建造过程中的碳排放量（$kgCO_2e$）；

C_{sg}——施工过程中的施工机具碳排放量（$kgCO_2e$）；

C_{ls}——临时设施运营过程中的碳排放量（$kgCO_2e$）。

①施工机具的碳排放计算公式

施工过程中施工机具的碳排放，主要由建筑施工区域内机械设备耗能所引起。该部分的碳排放可以根据施工过程的机械台班（工程机械每工作八个小时为一台班）数量来统计计算：

$$C_{sg} = \sum_{i=1}^{n} C_{Bi} \times N_i \tag{3-9}$$

式中 C_{sg}——施工过程中施工机具的碳排放量（$kgCO_2e$）；

C_{Bi}——第 i 种工程机械的碳足迹因子（$kgCO_2e$/台班）；

N_i——第 i 种工程机械的台班数据量。

②临时设施运营的碳排放计算公式

该部分的能耗主要包括建筑施工区域内的办公区办公设备、空调、照明消耗电能所产生的碳排放，生活区内空调和照明产生的碳排放，食堂消耗电、燃气等能源产生的碳排放。

$$C_{ls} = \sum_{i=1}^{n} E_{lsi} \times F_i \tag{3-10}$$

式中 C_{ls}——临时设施运营过程中的碳排放总量（$kgCO_2e$）；

E_{lsi}——临时建筑建造过程中的第 i 种能源消耗总用量（t）；

F_i——第 i 种能源的碳排放因子［$kgCO_2e/（t·km）$］。

临时设施的能耗应根据施工组织设计和施工方案按下列公式估算：

$$E_{ls}=E_{bg}+E_{sh} \tag{3-11}$$

$$E_{bg}=A_{bg}\times(f_{zm}\times T_1+f_{cn}\times T_2+f_{zl}\times T_3) \tag{3-12}$$

$$E_{sh}=A_{sh}\times(f_{zm}\times T_1+f_{cn}\times T_2+f_{zl}\times T_3) \tag{3-13}$$

式中 E_{ls}——临时设施使用能耗；

E_{bg}、E_{sh}——办公区、生活区能耗；

A_{bg}、A_{sh}——办公区、生活区用房面积（m^2）；

f_{zm}、f_{cn}、f_{zl}——每平方米办公区和生活区的照明、供暖和空调制冷能耗数；

T_1、T_2、T_3——每平方米办公区和生活区的照明时间、供暖时间、空调制冷时间（h），根据工期等因素确定。

（2）数据来源

N_i 可根据工程预算清单或决算清单中各分部分项工程的工程量乘以各地方出台的施工定额中单位工程的机械台班消耗量逐一计算，汇总得到。

C_{Bi} 可由每台班机械的能源消耗量乘以相应的能源碳排放因子，逐一计算汇总得到。

A_{bg}、A_{sh} 数据如表 3-7 所示。

办公区、生活区用房面积 **表 3-7**

临时房屋名称	指标使用方法	参考指标（m^2/人）
一、办公室	按管理人员人数	3~4
二、宿舍	按高峰年（季）平均职工人数	2.5~3.5
三、食堂	按高峰年平均职工人数	0.5~0.8
四、厕所	按高峰年平均职工人数	0.02~0.07
五、其他合计	按高峰年平均职工人数	0.5~0.6

（资料来源：《建筑碳排放计算标准》GB/T 51366—2019。）

4. 使用维护阶段碳排放计算模型

建筑使用维护阶段的碳排放包括建筑使用和建筑维护两个方面的碳排放，可由式（3-14）计算：

$$C_2=C_{sy}+C_{RT} \tag{3-14}$$

式中 C_2——建筑使用维护过程中的碳排放量（$kgCO_2e$）；

C_{sy}——建筑使用过程中的碳排放量（$kgCO_2e$）；

C_{RT}——建筑维护过程中的碳排放量（$kgCO_2e$）。

1）建筑使用阶段的碳排放计算模型

建筑使用阶段单位建筑面积的总碳排放量 C_{sy} 应按下式计算：

$$C_{sy}=\frac{(C_h+C_c+C_w+C_l+C_{re})\times L}{A} \tag{3-15}$$

式中 C_{sy}——建筑使用阶段单位建筑面积碳排放量（$kgCO_2/m^2$）；
C_h——建筑供暖系统年碳排放量（$kgCO_2e/a$）；
C_c——建筑空调系统年碳排放量（$kgCO_2e/a$）；
C_w——建筑生活热水系统年碳排放量（$kgCO_2e/a$）；
C_l——建筑照明系统年碳排放量（$kgCO_2e/a$）；
C_{re}——可再生能源系统年碳减排放量（$kgCO_2e/a$）；
L——建筑设计使用年限（a）；
A——建筑面积（m^2）。

2）建筑维护碳排放计算模型

建筑维护是指因为建筑材料、构件或设备老化导致的维护或全面更换。建筑部件（保温材料、门窗等）和建筑设备（中央空调主机、分体式空调或冷水机组等）的使用寿命一般都小于建筑的使用寿命，在建筑生命周期内存在更换的可能。这些被更换的建筑材料、构件或设备的生产、加工、运输、施工和安装都会产生碳排放，其详细计算公式如下：

$$C_{rt}=\sum_{i=1}^{n}(CM_{ri}+CM_{ti}+CM_{ci})\times M_i\times\left[\frac{n}{r_i}\right] \tag{3-16}$$

式中 C_{rt}——建筑更新的温室气体排放当量（$kgCO_2e$）；
CM_{ri}——第 i 种建材或设备生产的碳排放因子（$kgCO_2e$/单位）；
CM_{ti}——第 i 种建材或设备运输的碳排放因子（$kgCO_2e$/单位）；
CM_{ci}——第 i 种建材或设备加工和施工安装的碳排放因子（$kgCO_2e$/单位）；
M_i——第 i 种建材或设备的重量（t）；
r_i——第 i 种建材或设备的寿命（a）；
$\frac{n}{r_i}$——第 i 种建材或设备的更换次数，应取整数。

5. 拆解回收阶段碳排放计算模型

拆解阶段的碳排放主要包括拆解施工产生的碳排放、废旧建材运输产生的碳排放，以及部分建材回收利用产生的碳排放减量，计算公式如下：

$$C_3=C_{CJ}+C_{YS}-C_{HS} \tag{3-17}$$

式中 C_{CJ}——拆解过程中的碳排放量（$kgCO_2e$）；
C_{YS}——运输过程中的碳排放量（$kgCO_2e$）；
C_{HS}——建材回收过程中的碳排放减量（$kgCO_2e$）。

1）拆解过程的碳排放计算模型

建筑拆解阶段的碳排放量应根据拆解过程中各种施工设备燃料动力总用量及对应能源碳排放因子计算：

$$C_{CC}=\sum_{i=1}^{n}E_{cci}\times F_i \tag{3-18}$$

式中 C_{CC}——建筑拆解过程中的碳排放总量（$kgCO_2e$）；
E_{cci}——建筑拆解过程中第 i 种燃料动力总用量（单位燃料）；
F_i——第 i 中燃料的碳排放因子（$kgCO_2e$/单位）。

2）运输过程的碳排放计算模型

废弃物运输是指将建筑废弃物从施工现场运至填埋场、循环利用场或其他运输终点的过程。废弃物运输阶段的碳排放主要来自于运输工具在运输过程中消耗能源产生的碳排放。

为了便于对运输阶段各机械设备的工作时间进行计算，有必要对所产生的废弃物总量和各组成成分的量进行估算。根据深圳市住房和建设局发布的《建筑废弃物减排技术规范》，拆除建筑的废弃物产生量计算公式如下：

$$W_c = A_c \times q_c \tag{3-19}$$

式中 W_c——拆除建筑的废弃物产生量（kg）；

A_c——被拆除建筑的建筑总面积（m^2）；

q_c——拆除建筑的废弃物产生量指标（表 3-8），表示每单位面积建筑所产生的废弃物质量（kg/m^2）。

拆除建筑废弃物产生量指标 **表 3-8**

废弃物	住宅建筑		商业建筑		公共建筑		工业建筑	
	产生量 q_c	比重	产生量 q_c	比重	产生量 q_c	比重	产生量 q_c	比重
	kg/m^2	%	kg/m^2	%	kg/m^2	%	kg/m^2	%
总量	1450	100	1380	100	1480	100	1130	100
废弃混凝土	880	60.69	880	63.77	950	64.19	830	73.45
废弃砖、砌块和石材	180	12.41	150	10.87	125	8.44	35	3.10
废弃砂浆	200	13.79	220	15.94	240	16.21	150	13.27
废弃金属	65	4.48	60	4.35	90	6.10	60	5.31
废弃木材	35	2.41	25	1.81	30	2.03	28	2.48
其他废弃物	90	6.22	45	3.26	45	3.03	27	2.39

（资料来源：《建筑废弃物减排技术规范》。）

拆除后废旧建材的运输产生的碳排放量计算公式如下：

$$C_{YS} = \sum_{i=1}^{n} W_c K_{Tj} L_{ij} \tag{3-20}$$

式中 C_{YS}——废旧建材运输过程中的碳排放量（$kgCO_2e$）；

W_c——拆除建筑的废弃物产生量（kg）；

K_{Tj}——不同运输方式下运输单位建材的碳排放因子（$kgCO_2e/tkm$）；

L——运输距离（km）；

i——废旧建材种类。

其中，废弃混凝土、废弃砖、砌块和石材、废弃金属以及其他废弃物如窗、电线电缆等均可回收利用，从而产生碳排放减量。

3）建材回收过程的碳排放减量计算模型

建筑拆解后，部分建筑材料的回收利用可以减少原料开采提纯环节产生的碳排放量，故建材回收利用数量对应着原料开采提纯环节的碳减量，所以材料回收利用率越高，建筑拆解的减排效果就越明显①。

（1）混凝土

在建筑产生的废弃物中，废弃的混凝土通过新的技术手段可制成混凝土的各种原材料，如再生骨料、再生水泥等。同时，废旧混凝土再生细骨料可用来制备混凝土砖石和公共用地铺砖，也可以充当道路垫层等。

（2）砌块

废弃砖、砌块和石材的利用方式有两种：一是回收利用，可以将旧砖、砌块和石材粉碎作为混凝土骨料等多种途径来加以利用。二是回收再利用，作为地面铺装、墙面装饰材料来加以利用②，后者利用方式减排额度较大，但用量相对较小。

（3）钢材等有色金属

废弃金属例如钢材，在回收加工过程中，常采用剪切、打包、破碎、分选、清洗、预热等形式，最终形成能被利用的优质炉料。刘宏强③等人研究了生产1t钢材各工序的二氧化碳排放当量（表3-9）。

生产1t钢材各工序的二氧化碳排放当量（$kgCO_2e$） **表3-9**

项目	开采选矿	煤炭采洗	原料运输	焦化	烧结	球团	高炉	炼钢	轧制	合计
CO_2e	93.5	73.5	113.5	394.5	513.5	33.8	822.5	122.6	243.7	2308.9

钢材的回收利用可减少钢材生产过程中从矿石开采到高炉各道工序的碳排放量，总计为1942.5$kgCO_2e$，占钢材生产总量的84.13%。其他有色金属，如铜，可参考钢材回收的减碳强度进行估算，湿法炼铜生产过程的碳排放因子为9410$kgCO_2e/t$，回收后从原料开采到粗铜的碳排放减量因子为7916.6$kgCO_2e/t$。铝制品在建材生产阶段便考虑了回收利用，用于计算的碳排放因子也是考虑回收后的，故在建材回收利用阶段不再考虑。

（4）玻璃

废玻璃经过分类检选和加工处理后，可作为玻璃生产的原料用于对原料质量和化学成分、颜色要求低的玻璃制品的生产，如有色瓶罐玻璃、玻璃绝缘子、空心玻璃砖、槽形玻璃、压花玻璃和彩色玻璃球等玻璃制品；可加工成为泡沫玻璃、实心玻璃微珠、硅微晶玻璃复合材料、玻璃马赛克等玻璃质制品；还可作为石英石板材、人造大理石、人造花岗石等建筑材料的主要添加材料④。

以浮法玻璃为例，企业生产过程中二氧化碳的主要排放源包括⑤：

①化石燃料的燃烧。浮法玻璃企业化石燃料燃烧产生的二氧化碳排放主要为玻璃配合料熔制过程中使用重油、煤焦油或天然气等化石燃料燃烧产生的排放。

---

① 王玉，张宏. 工业化预制装配住宅的建筑全生命周期碳排放模型研究［J］. 华中建筑，2015（9）：70-74.

② 林伯强，李江龙. 环境治理约束下的中国能源结构转变——基于煤炭和二氧化碳峰值的分析［J］. 中国社会科学，2015（9）：84-107.

③ 刘宏强，付建勋，刘思雨. 钢铁生产过程二氧化碳排放计算方法与实践［J］. 钢铁，2016（04）：74-82.

④ 刘志海. 我国废玻璃回收利用综述［J］. 玻璃，2018，45（10）：1-8.

⑤ 王立坤，李超. 浮法玻璃企业CO_2排放量的测算与控制［J］. 中国建材，2014（7）：105-108.

②原料配料中的碳粉氧化。浮法玻璃生产过程中在原料配料中掺加一定量的碳粉作为还原剂，以降低芒硝的分解温度，促使硫酸钠在低于其熔点温度下快速分解还原，有助于原料的快速升温和熔融，而碳粉中的碳则被氧化为二氧化碳。

③原料碳酸盐分解。平板玻璃生产所使用的原料中含有的碳酸盐如石灰石、白云石、纯碱等在高温状态下分解产生二氧化碳排放。

④净购入使用的电力和热力。浮法玻璃企业净购入使用的电力和热力（如蒸汽）所对应的电力和热力生产活动的二氧化碳排放。

在生产过程中，原料配料中碳粉氧化和原料碳酸盐分解均属于化学反应，而玻璃的回收利用是一个物理反应的过程，因此回收利用过程可以减少化学反应两阶段的碳排放量。根据王立坤等人的研究，对于单条浮法玻璃生产线二氧化碳排放量而言，燃料自身燃烧产生的二氧化碳最多，约占排放总量的 64.11%；原料配料中碳粉氧化的排放占 0.11%；原料分解产生的排放占 23.43%；净购入使用的电力和热力排放占 12.35%。本书中玻璃回收的碳减量按其生产碳排放量的 23.54% 计算，其中平板玻璃碳排放减量因子为 252.1kgCO_2e/t。

本书简要叙述主要建材的回收利用方式及对应的减碳过程（表 3-10），以及主要建材的回收利用率及单位建材回收利用后产生的碳减量（表 3-11）。

主要建材的回收利用方式及对应减碳过程　　表 3-10

废弃建材种类	回收利用方式	碳排放减量对应过程
废弃混凝土	制成混凝土的各种原材料	天然石料到再生骨料
废弃砖、砌块和石材	旧砖粉碎作为混凝土骨料等多种途径	天然石料到骨料
废弃钢材	废旧钢铁最终形成能被利用的优质炉料	矿石到粗钢
废旧玻璃	作为玻璃生产的原料	生产时化学反应过程
废弃电线电缆	机械粉碎，将金属与非金属分离	矿石到粗铜

主要建材回收利用率及单位建材回收利用后产生的碳减量　　表 3-11

回收建材种类	回收利用率	回收后的材料种类	单位建材回收后的碳排放减量
废弃混凝土	70%①	骨料、砾石	6.43kgCO_2e/t
废弃砖、砌块	70%②	砖、骨料	290.00kgCO_2e/千块标准砖③
废弃钢材	90%②	粗钢	1942.50kgCO_2e/t④
废弃的铜芯导线电缆	90%⑤	粗铜	7.92kgCO_2e/kg
玻璃	80%②	玻璃原料	252.10kgCO_2e/t⑥
废弃铝合金中空窗	80%②	玻璃原料	10.9kgCO_2e/m^2

① 朱海峰. 建筑废弃混凝土资源化利用现状与应用探讨[J]. 建设科技，2018(8)：141-142.
② 贡小雷，张玉坤. 物尽其用——废旧建筑材料利用的低碳发展之路[J]. 天津大学学报(社会科学版)，2011(2)：138-144.
③ 仓玉洁. 建筑物化阶段碳排放核算方法研究[D]. 西安：西安建筑科技大学，2018.
④ 刘宏强，付建勋，刘思雨，等. 钢铁生产过程二氧化碳排放计算方法与实践[J]. 钢铁，2016(4)：74-82.
⑤ 罗智星. 建筑生命周期二氧化碳排放计算方法与减排策略研究[D]. 西安：西安建筑科技大学，2016.
⑥ 王立坤，李超. 浮法玻璃企业 CO_2 排放量的测算与控制[J]. 中国建材，2014(7)：105-108.

通过以上分析，建材回收利用带来的碳减量可按公式（3-21）计算。

$$C_{HS}=\sum_{i=1}^{n}(AD_{HSi}\times\alpha_{HSi}\times EF_{HSi}) \tag{3-21}$$

式中 C_{HS}——回收阶段的碳减量（$kgCO_2e$）；

AD_{HS}——材料的数量（t）；

α_{HS}——材料的回收利用率（%）；

EF_{HS}——回收材料的碳排因子（$kgCO_2e$/单位）；

i——材料的种类。

以上为建筑全生命周期各个阶段的碳排放计算模型。其中，前期准备阶段忽略不计；建造物化阶段碳排放量由建材生产、运输及施工三个子阶段的碳排放构成；使用维护阶段碳排放量由建筑使用与建筑维护两个子阶段的碳排放构成，其中使用阶段主要考虑建筑供暖、制冷、照明三方面的碳排放量，并根据《建筑碳排放计算标准》GB/T 51366—2019中的照明功率现行值及照明时间，结合软件模拟计算得到；拆解回收阶段碳排放总量主要由拆解施工、废旧建材运输产生的碳排放量以及部分建材回收利用产生的碳减量构成。与其他计算模型相比，本书充分考虑了在建筑拆解时因建材回收利用产生的碳减量。

3.4 现有碳排放计算工具整理

建筑碳排放是全生命周期评价的重要指标，所以大部分全生命周期评价体系都包含碳排放计算的内容。目前，碳排放计算工具可分为建材类工具和建筑整体决策工具两类（表3-12），部分软件应用图标如表3-13所示。

碳排放计算工具整理分析 **表3-12**

软件类型	软件名称
建材类工具	GaBi、SimaPro、BEES、Boustead、PEMS、OGMP、SPINE、EIO-LCA
建筑整体决策工具	Athena Eco Calculator、Eco-Quantum、eBalance、WHUE-LCA、Envest2

3.4.1 建材类工具

1. GaBi

GaBi由德国斯图加特大学IKP研究所研发。软件面市已20多年，现在最新版为GaBi5。GaBi适用范围广泛，囊括了石油化工、金属加工、建筑产业、汽车工业以及能源等多个领域，软件的目标用户为各个行业的LCA分析师。虽有针对建筑行业的GaBi Build-It，但该软件目前只有德文版本。

GaBi需要用户依据ISO对LCA理论制定的框架，创建产品的LCA过程，对产品的生命周期环境表现进行分析。GaBi5的生命周期清单数据库来源于以下四个数据库：GaBi Databases，Ecoinvent，美国输入输出数据库（US Input Output），EuropeanLCD。其中，Ga

Bi Databases 由 PE 国际公司研发，是目前全世界最大的生命周期清单数据库。

2. SimaPro

SimaPro 软件由荷兰 Leiden 大学环境科学中心开发，目前最新版本为 SimaPro7. 3。SimaPro 是收费软件，费用从几百到一万欧元不等（费用按版本和多用户支持数量收取）。同 GaBi 一样，SimaPro 也是综合型 LCA 软件，目标用户也是专业的 LCA 分析师。使用 SimaPro 时，需要用户自己建立产品的生命周期模型。

SimaPro7. 3 的 LCI 数据库有：Ecoinvent，美国生命周期清单数据库（USLCI），美国输入输出数据库（US Input Output），欧洲和丹麦的输入输出数据库（EU and Danish Input Output），荷兰输入输出数据库（Dutch Input Output），日本输入输出数据库（Japanese Input-Output）等。

3. BEES

BEES（Building for Environmental and Economic Sustainability）是美国国家标准与技术局 NIST 能源实验室研发的，专门用于评价建筑环境影响的软件。BEES 的目标用户有设计师、建筑商及产品制造商，其界面简洁，操作简单，无需用户创建产品的 LCA 过程。适用于对 LCA 理论没有太多了解的人群。

其中，网页版 BEES（BEESonline）的生命周期清单数据库以混凝土、玻璃等建筑材料为基本分析单元。同时，BEESonline 使用由 SimaPro 计算的建筑材料生命周期环境影响清单数据，所以 BEES 的生命周期清单数据库与 SimaPro 相同。

建材类工具整理 **表 3-13**

软件类型	软件名称	应用图标	主流使用国家	特点及应用
建材类工具	GaBi	GaBi Demo	德国	丰富的生命周期数据库;适用范围广泛,目标用户为各个行业的 LCA 分析师;需要用户依据 ISO 对 LCA 理论制定的框架,创建产品的 LCA 过程
	SimaPro	SimaPro	荷兰、中国	丰富的生命周期数据库;综合型 LCA 软件,目标用户是专业的 LCA 分析师;使用时,需要用户自己建立产品的生命周期模型;软件已对中国用户进行了部分汉化
	BEES	BEES online	美国	生命周期清单数据库,以混凝土、玻璃等建筑材料为基本分析单元,界面简洁,操作简单,无需用户创建产品的 LCA 过程

3. 4. 2 建筑整体决策工具

部分软件应用情况见表 3-14。

1. Athena Eco Calculator

Eco Calculator 是由美国雅典娜学院、明尼苏达州大学等机构共同研制的一款基于 Excel 平台的计算工具。该软件主要计算建筑结构和建筑围护构件的材料在全生命周期内的能源及资源消耗情况，并得出所有材料的碳排放量。

Eco Calculator 将建筑材料根据其最终使用的位置分为八个集合：基础、梁、柱、中间层楼板、外墙、窗户、内墙、屋顶，再在各自的集合中输入相应材料的使用面积，进而在各个集合中进行能源消耗、资源利用、温室气体排放、酸化潜力、人的呼吸健康影响潜力、富营养化潜力、臭氧消耗潜能、潜在烟雾八个方面的计算。

在设计方案的量化评测中，可结合较为完整的建筑信息模型，得到各种材料的面积数据，从而精确计算得出方案中总的材料碳排放量。所以，在设计初期，该软件可为建筑师在考察材料环境性能方面提供参考依据。

Eco Calculator 的材料性能数据来源于美国生命周期评价数据库（US Life Cycle Inventory Database），以及雅典娜学院长期研究的数据库。此工具目前并不是一个集合的工具，而是不同地区、不同建筑类型有各自对应的 Excel 文件。目前，适用范围主要为美国主要城市和地区的居住建筑和商业建筑。

2. Eco-Quantum

Eco-Quantum 评价体系最早于 1999 年启动，由荷兰政府、荷兰皇家建筑研究所、房屋实践小组、建筑研究中心共同出资，以及 IVAN 环境研究所及 W/E 咨询公司联合开发。

Eco-Quantum（简称 EQ）有两个版本：通用版和研究版。通用版是研究版的简化版本。建筑师将建筑材料、能源消耗等相关数据输入 EQ 计算工具，EQ 计算工具通过 11 项 LCA 环境影响分值计算出环境评估分析报告，并最终将 11 项 LCA 环境影响分值转化为四个环境指标：材料消耗、排放、能源消耗以及废弃物，四项分数合并得出最终分值。EQ 工具最终评价结果由 Excel 表格的柱状图形式表达。

3. eBalance

eBalance 是由亿科环境科技有限公司（IKE）研发的、国内首个具有自主知识产权的通用型生命周期评价软件。该软件适用于各种产品的 LCA 分析，不仅支持完整的 LCA 标准分析步骤，还有更多的增强功能，可大幅提高用户的工作效率和工作价值。

eBalance 可用于基于 LCA 方法的产品生态设计、清洁生产、环境标志与声明、绿色采购、资源管理、废弃物管理、产品环境政策制定等工作中。

4. WHUE-LCA

WHUE-LCA 软件是由武汉大学的张亚平等人基于 Windows 开发平台，采用面向对象程序设计语言 Visual Basic 进行设计开发的一款软件。该软件面向所有类型产品，可以实现产品的全生命周期过程的评价，也可以分别实现生命周期清单评价和影响评价。

开发者根据生命周期评价框架的组成，即目标与范围的界定、清单评价、影响评价和解释评价四个部分，将 WHUE-LCA 总体结构划分为四个主模块，每一模块完成一个生命周期评价步骤，每一模块内部再根据其步骤进行细分[①]。

WHUE-LCA 根据生命周期评价数据的类型，将数据分为四类，即产品评价数据、产品档案数据、基础材料数据和影响评价基础数据，并相应地设计了四个数据库，用于 WHUE-LCA 系统对 LCA 过程中大量数据的存储和管理[①]。

5. Envest 系列

Envest 系列是 2000 年推出的英国第一个环境影响评价软件，2003 年又推出了基于网

① 张亚平. 生命周期评价软件系统的设计与实现［D］. 武汉：武汉大学，2004.

络模式的 Envest2。目前，Envest2 有估算版和计算版。

Envest 系列是一个自助型的环境分析评价软件，可用于设计人员早期设计阶段对建筑工程进行环境影响分析。其具体作用为：帮助选择具有较小环境影响的建筑形式；提供主要建筑构件环境影响的信息；提供和更新建材生产商的材料环境影响基本数据；帮助设计者选择合适的建筑材料，以便权衡建筑物运行期间能源与水资源消耗的环境影响；分析对比不同建筑方案的环境影响①。

Envest 系列采用研究建筑物生命周期（包括生产、使用、处置阶段）环境影响方法，建筑物生命周期内对环境产生的影响归结为：气候改变、酸沉降、水体污染（富营养化）、水体污染（生态中毒）、臭氧消失、矿产消耗、燃料消耗、水的消耗、空气污染（人体中毒、低空臭氧产生）、废物处置、交通污染和拥挤。通过计算得到总的影响，用一个简单的指标——生态点（Ecopoints）表示出来，通过生态点来评价建筑物产生的环境影响。100Ecopoints 相当于一个英国公民平均每年产生的环境影响②。

建筑整体决策工具 **表 3-14**

软件类型	软件名称	应用图标	主流使用国家	特点及应用
建筑整体决策工具	Athena Eco Calculator		美国	用于分析建筑结构和建筑围护构件的材料在全生命周期内的能源及资源消耗情况，并得出所有材料的碳排放量
	Eco-Quantum	Eco-Quantum	荷兰	计算居住建筑的环境性能，分析方案带来的环境影响
	eBalance	eBalance Free	中国	可用于基于 LCA 方法的产品生态设计、清洁生产、环境标志与声明、绿色采购、资源管理、废弃物管理、产品环境政策制定等工作中
	WHUE-LCA	—	中国	该软件面向所有类型产品，可以实现产品的生命周期过程的评价，也可以分别实现生命周期清单评价和影响评价
	Envest	envest2	英国	设计人员在早期阶段对建筑进行环境影响分析，从而帮助设计者选择环境影响较小的建筑形式；提供建筑构件及建材环境影响的基本数据，可以对不同方案的环境影响进行比较分析

① 欧阳辰秉，张智慧，刘建生. 英国建筑工程环境影响评价方法［J］. 建筑技术开发，2007（6）：147-148.

② 同上

第4章 对标建筑全生命周期碳排放计算

Chapter 4

在《巴黎协定》中我国应对气候变化国家自主贡献文件中明确提出："到 2030 年左右，中国的二氧化碳排放要达到峰值，并且争取尽早地达到峰值，并且到 2030 年中国单位国内生产总值的二氧化碳排放，要比 2005 年下降 60% 到 65%。"从文件中可以看出，2005 年是一个重要的时间节点，那么建筑行业要达到此目标，获取 2005 年建筑全生命周期碳排放量，将是建筑行业节能减排达标的重要参考。因此，选取 2005 年前后具有代表性的建筑类型进行其全生命周期碳排放计算并分析研究其碳排构成是研究建筑行业减排策略与方法中不可或缺的环节。

4.1 对标建筑选取

通过研究表明，对标建筑应从分布面广、建设量大、参考性强的建筑类型中选取。本书中具体建筑案例的选取，将通过以下数据进行分析。

4.1.1 对标建筑类型选取

根据《国家统计年鉴（2006 年）》数据显示，2005 年全国新开工房屋面积为 68064.44 万 m^2，其中最多的建筑类型为住宅 55185.07 万 m^2，占总量的 81%，其次是商业营业用房 7675.47 万 m^2，占总量的 11%，然后是办公楼 1671.1 万 m^2，占总量的 3%，其他类型 3532.79 万 m^2，占总量的 5%。

陕西省 2005 年新开工房屋面积为 1234.75 万 m^2，其中最多的为住宅 1125.86 万 m^2，占总量的 91%，其次是商业营业用房 60.99 万 m^2，占总量的 5%，然后是办公楼 31.81 万 m^2，占总量的 3%，其他类型 16.09 万 m^2，占总量的 1%。详见图 4-1。

考虑到住宅建筑建设量大且人员使用较为稳定，办公建筑可参考性强，学校、医院等类型建筑都可参考办公建筑进行计算，因此本书分别选取住宅工程和办公工程作为对标建筑进行全生命周期的碳排放计算。

4.1.2 住宅建筑类型选取

1. 城镇住宅和农村住宅比例分析（2005 年）

根据《国家统计年鉴（2006 年）》数据显示，2005 年城镇和农村房屋的施工、竣工面积见图 4-2。其中，城镇住宅竣工面积约占总住宅竣工面积的 51.50%。

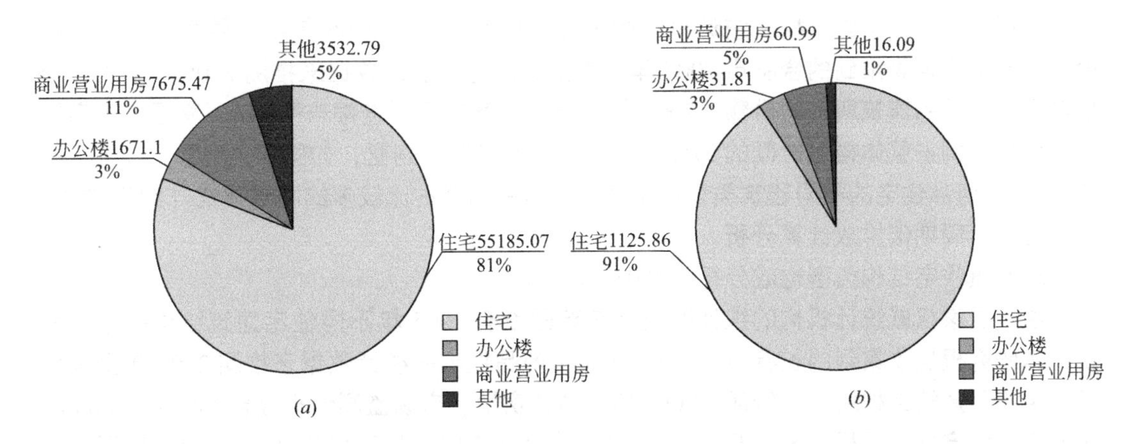

图 4-1　2005 年全国新开工房屋面积及 2005 年陕西省新开工房屋面积（万 m^2）

（a）2005 年全国新开工房屋面积；（b）2005 年陕西省新开工房屋面积

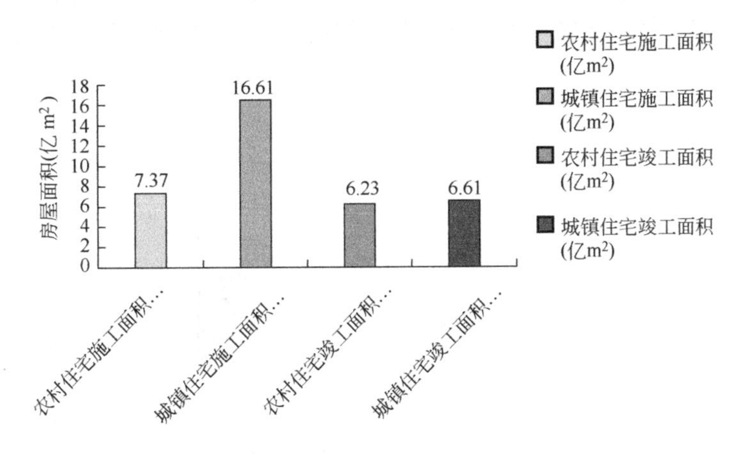

图 4-2　2005 年城镇和农村住宅建筑施工、竣工面积

可以看出，2005 年城镇住宅施工面积约占总住宅施工面积的 51.48%，但由于农村住宅建设自发性较大，并受村民经济因素影响较大，且建设较为随意，不易统一管理建设。而城镇住宅的建设具有规律性，且较易管控，故本研究中住宅工程选取 2005 年的城市住宅进行研究。

2. 城市住宅工程类型构成分析（2005 年）

城市住宅多以多层和高层为主，但随着城镇化进程加快，城镇人口的持续增长以及城市建设用地日益紧张，目前我国城市住宅的高层 3 化日益严重，在 2005 年非常明显。如淄博市 2005 年市场高层项目在整个市场中占据主导地位；东营楼市上楼盘自 2004 年年底开始，开始出现小高层；十堰市 2005 年中心区成规模的楼盘中，高层住宅已占主导地位。

通过查阅相关资料发现，山东淄博房地产淄博（高层项目）市调报告[①]中提到，2005年市场高层项目在整个市场中占据主导地位，而多层住宅项目数量巨减，2005年成为高层项目的爆发年。由于国家权威统计机构的统计数据没有涵盖2005年不同层数住宅的建筑面积，本书根据收集到的合肥市2005年城市商品住宅的统计数据来推测2005年全国城镇住宅不同层数的建筑所占的份额。2005年合肥房地产市场调查报告[②]显示，高层、小高层住宅面积比例占整体楼盘份额的57%左右，其次是多层、别墅，如图4-3所示。参考合肥市2005年商品住宅的不同建筑类型施工情况，本书选择占比较多的高层建筑（约为57%）进行全生命周期碳排放计算分析。

3. 城镇住宅结构类型构成分析（2005年）

由于国家权威统计机构的统计数据涵盖范围没有2005年不同住宅建筑结构的建筑面积，本研究根据收集到的长春市的2005年城市商品住宅的统计数据来推测2005年全国城镇住宅不同建筑结构所占的份额。2005年长春市房地产市场监测分析报告[③]显示，2005年长春市房地产施工面积698.6万m^2，其中：砖木结构房屋施工面积0.6万m^2，砖混结构房屋施工面积232.9万m^2，钢筋混凝土结构房屋施工面积423.9万m^2，钢结构房屋施工面积41.2万m^2，如图4-4所示。由图可见，长春市城市建筑以钢筋混凝土结构和砖混结构建筑为主，主要的建筑材料为钢筋和水泥。参考长春市2005年商品住宅不同结构类型的施工情况，本书选择占比较多的钢筋混凝土结构（约为60.68%）进行全生命周期碳排放计算分析。

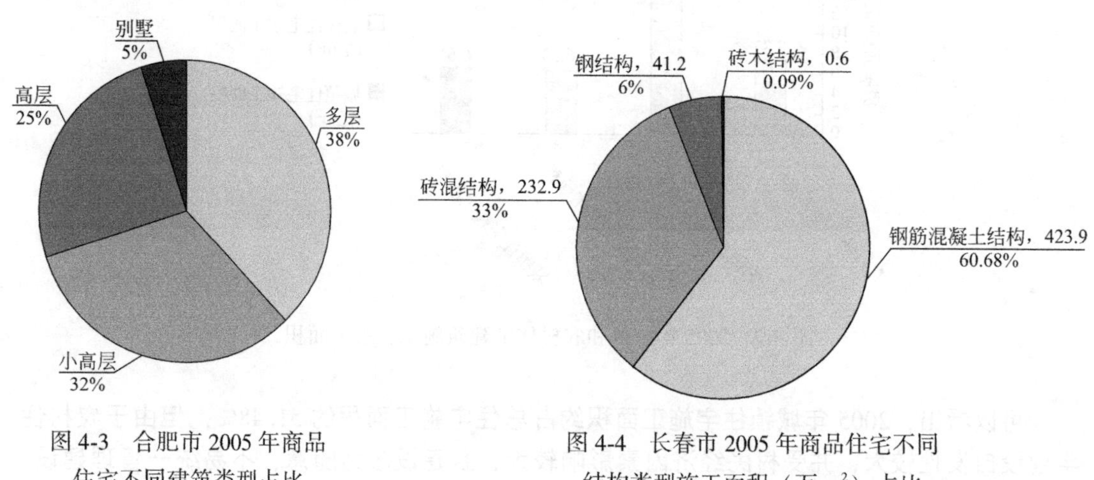

图4-3　合肥市2005年商品住宅不同建筑类型占比

图4-4　长春市2005年商品住宅不同结构类型施工面积（万m^2）占比

根据上述分析，2005年国家城市商品住宅建设量最多的类型为高层（约为57%）、多层（38%）的住宅，结构最多的类型为钢筋混凝土结构（约为60.68%）及砖混结构（33.34%）的住宅。因此，本书选取一栋钢筋混凝土结构的高层城市住宅作为对标建筑。

---

① http://www.docin.com/p-1113829431.html.

② http://jz.docin.com/p-798804729.html.

③ http://jz.docin.com/p-172367939.html.

本书中对标建筑资料来源于中国建筑西北设计研究院有限公司档案室保存的2005年相关住宅案例。其中，设计图纸来源于存档的CAD电子版，相应的工程量数据是根据存档的概算书中的单位工程概预算表整理抽取得出。

4.1.3 办公建筑类型选取

办公建筑是公共建筑中一种较普遍的建筑类型。我国办公建筑数量众多，并且规模庞大，办公建筑因其本身功能的复杂性和设计的多样性，能耗问题非常突出。目前，我国办公建筑的主要结构形式有钢筋混凝土框架结构、剪力墙结构、框架—剪力墙结构和筒体结构，其中钢筋混凝土框架结构应用面最广，适用性最强，其他类型的建筑也多采用钢筋混凝土框架结构，因此计算钢筋混凝土框架结构办公建筑全生命周期碳排放对于其他类型公共建筑碳排放的计算具有一定的参考价值。

4.2 对标建筑——高层钢筋混凝土住宅建筑全生命周期碳排放计算

4.2.1 工程简介

本工程——“太乙路经济适用房”位于陕西省西安市（寒冷B区）主城区内。本工程的设计使用年限为50年，于2005年施工建造，2007年竣工。总建筑面积39173m²，其中地上36363m²，地下2810m²，折合占地面积1710m²。建筑高度95.40m；地上32层，地下1层，其中一、二层为商场，三层以上为住宅；钢筋混凝土剪力墙结构，抗震设防烈度8度；该建筑共2个单元，每单元4户，共240户（图4-5）。

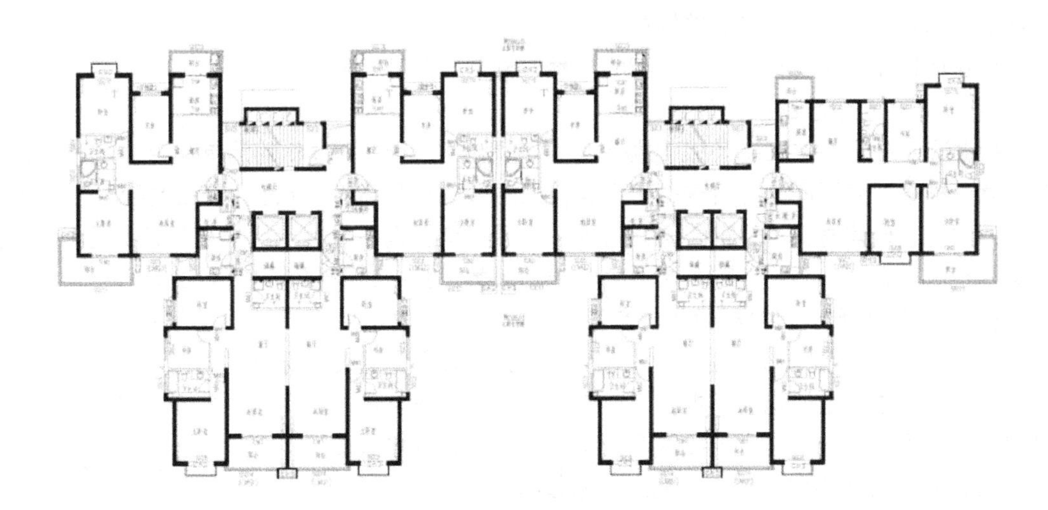

图4-5 1号住宅楼标准单元平面图及北立面图（一）

（资料来源：根据中国建筑西北设计研究院有限公司相关设计图纸改绘）

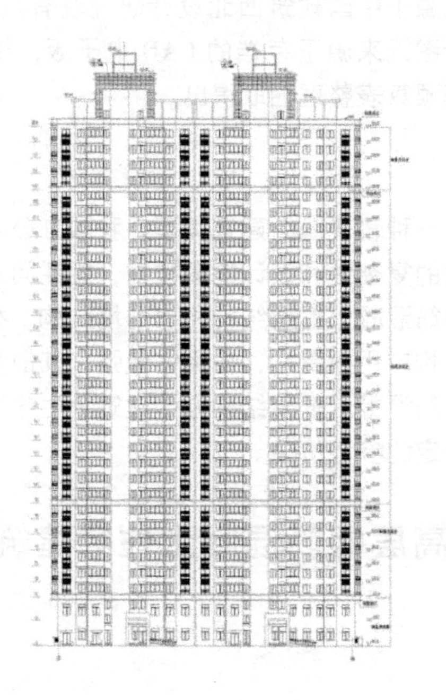

图 4-5　1 号住宅楼标准单元平面图及北立面图（二）
（资料来源：根据中国建筑西北设计研究院有限公司相关设计图纸改绘）

4.2.2　建筑全生命周期碳排放计算

根据本书第 3 章提出的建筑全生命周期碳排放计算模型和四个阶段碳排放构成比例研究，前期准备阶段碳排放较少，在本次计算中忽略不计，此次计算主要针对建造物化、使用维护、拆解回收三个阶段的碳排放。

1. 建造物化阶段（建材生产、建材运输、建筑施工建造）

1）建材生产阶段的碳排放量计算

根据该工程概算书中的单位工程概预算表，得出 105 种主要建材的清单使用量（表 4-1）。在计算过程中，对不同的材料进行了归类，把主要建材分为钢（铁）、商品混凝土、水泥、砂石、木材、砌体材料、建筑陶瓷、门窗、保温材料、铜芯导线电缆、建筑装饰涂料、化学类和塑胶类管材、石材、防水涂料共计十四大类。其中，需要特别说明的是：

（1）商品混凝土，依据 2004 年商务部、财政部、建设部等六部委联合发布的《散装水泥管理办法》和各省市相应出台的政策，无论采取泵送还是非泵送的方式，在城市中的施工现场现拌混凝土的现象基本已经绝迹。因此，在研究中将商品混凝土单独作为一类建材列出，不再具体分析其原料如水泥、粗细骨料等的碳排放量。

（2）木材分类中包含施工中用到的木模板。

（3）水泥为抹灰类水泥的用量，不包含商品混凝土里面含的水泥。

依据本书第 3 章中表 3-2 的主要建材碳排放因子结合第 3 章中公式（3-6）对上述十四类建材进行碳排放计算，详细计算结果见表 4-1。

住宅项目物化阶段主要建筑材料碳排放量 **表 4-1**

序号	建材类别	名称规格	单位	材料量	碳排放因子	碳排放量 ($kgCO_2e$)
1	钢	圆钢 ϕ10 内外钢筋	t	602. 97	2310$kgCO_2e/t$	1392860. 7
2		ϕ10 以上螺纹钢筋	t	1436. 67	2310$kgCO_2e/t$	3318707. 7
3		铁件	kg	1550. 17	2190$kgCO_2e/t$	3394. 87
4		型钢	kg	3413. 2	2190$kgCO_2e/t$	7474. 91
5		镀锌钢板,δ0. 5	$10m^2$	14. 59	2200$kgCO_2e/t$	1261. 26
6		镀锌钢板,δ0. 75	$10m^2$	77. 54	2200$kgCO_2e/t$	10043
7		镀锌钢板,δ1	$10m^2$	4. 97	2200$kgCO_2e/t$	858. 22
8		桥架,300mm×150mm	m	167. 43	2200$kgCO_2e/t$	8143. 08
9		弱电桥架,200mm×100mm	m	161. 6	2200$kgCO_2e/t$	5838. 54
10		桥架(GPQ1A-300×150J-G)	m	40. 2	2200$kgCO_2e/t$	1955. 17
11		桥架(GPQ1A-400×150J-G)	m	156. 38	2200$kgCO_2e/t$	8496. 11
12		热镀锌钢管,*DN*25	m	1001. 1	2200$kgCO_2e/t$	7195. 4
13		热镀锌钢管,*DN*32	m	310. 08	2200$kgCO_2e/t$	3103. 84
14		热镀锌钢管,*DN*40	m	511. 66	2200$kgCO_2e/t$	5901. 52
15		镀锌钢管,*DN*50	m	184. 64	2200$kgCO_2e/t$	2912. 49
16		钢管,*DN*65	m	621. 18	2200$kgCO_2e/t$	12983. 8
17		热镀锌钢管,*DN*80	m	192. 84	2200$kgCO_2e/t$	4817. 57
18		镀锌钢管,*DN*100	m	565. 1	2200$kgCO_2e/t$	18141. 86
19		镀锌钢管,*DN*150	m	950. 6	2200$kgCO_2e/t$	37550. 02
20		碳排放合计:4851640. 04($kgCO_2e$)				
21	商品混凝土	C35P8 商品混凝土	m^3	581. 76	308$kgCO_2e/m^3$	179001. 73
22		C30P8 商品混凝土	m^3	1337. 12	421$kgCO_2e/m^3$	562793. 81
23		C35 商品混凝土	m^3	2978. 71	308$kgCO_2e/m^3$	916519. 28
24		C30 商品混凝土	m^3	3068. 37	297$kgCO_2e/m^3$	911305. 89
25		C25 商品混凝土	m^3	4492. 32	248$kgCO_2e/m^3$	1112702. 74
26		C15 商品混凝土	m^3	196. 36	228$kgCO_2e/m^3$	44709. 21
27		碳排放合计:3727032. 664($kgCO_2e$)				
28	水泥	硅酸盐水泥,325#	kg	873. 51	0. 977$kgCO_2e/kg$	853. 42
29		硅酸盐水泥,强度等级为 32. 5	kg	2762794. 96	0. 977$kgCO_2e/kg$	2699250. 68
30		白水泥	kg	1223. 79	0. 977$kgCO_2e/kg$	1195. 64
31		碳排放合计:2701299. 74($kgCO_2e$)				
32	砂石	石灰	t	301. 78	1750$kgCO_2e/t$	528115
33		净砂	m^3	4303. 13	3. 49$kgCO_2e/m^3$	15017. 92
34		砾石	m^3	3057. 53	8. 87$kgCO_2e/m^3$	27128. 85
35		碳排放合计:570261. 78($kgCO_2e$)				

续表

序号	建材类别	名称规格	单位	材料量	碳排放因子	碳排放量 ($kgCO_2e$)
36	木材	东北松、进口松木	m^3	0.27	139$kgCO_2e/m^3$	37.53
37		规格料	m^3	226.33	139$kgCO_2e/m^3$	31459.87
38		碳排放合计:31497.4($kgCO_2e$)				
39	砌体材料	承重黏土砖(KP1、DS1)	千块	104.38	349$kgCO_2e$/千块	36428.62
40		承重黏土砖(DS2)	千块	115.93	349$kgCO_2e$/千块	40459.57
41		非承重黏土多孔砖(KF17)	千块	42.46	349$kgCO_2e$/千块	14818.54
42		机制红砖	千块	116.56	349$kgCO_2e$/千块	40679.44
43		碳排放合计:132386.17($kgCO_2e$)				
44	建筑陶瓷	地砖缸砖(30mm 厚)	m^2	4400.98	19.5	85819.11
45		面砖,0.015m^2 以内	m^2	11913.77	19.5	232318.515
46		碳排放合计:318137.625($kgCO_2e$)				
47	门窗	甲级防火门	m^2	11.01	48.3$kgCO_2e/m^2$	531.67
48		三防门	m^2	448.2	171.9$kgCO_2e/m^2$	77052.3
49		乙级防火门	m^2	370.26	43.9$kgCO_2e/m^2$	16254.41
50		丙级防火门	m^2	198.2	35.1$kgCO_2e/m^2$	6960.78
51		铝合金地弹门	m^2	38.74	46.3$kgCO_2e/m^2$	1793.66
52		铝合金推拉窗	m^2	1798.39	46.3$kgCO_2e/m^2$	83265.46
53		铝合金推拉门	m^2	1566.58	46.3$kgCO_2e/m^2$	72532.65
54		中空玻璃塑钢窗	m^2	3494.19	98.4$kgCO_2e/m^2$	343828.3
55		碳排放合计:602219.24($kgCO_2e$)				
56	保温材料	屋面聚苯乙烯泡沫板保温	10m^3	37.58	534$kgCO_2e/m^3$	207656.7
57		挤塑保温板	m^2	19223.99	22.7$kgCO_2e/m^3$	437230.97
58		碳排放合计:644887.67($kgCO_2e$)				
59	铜芯导线电缆	铜管,*DN*15	10m	410.4	2190$kgCO_2e/t$	19685.72
60		铜管,*D*19.1(含保温)	m	3280	2190$kgCO_2e/t$	15733.52
61		管内穿线导线截面(1.5mm^2 以内),铜芯	100m 单线	138.24	9410$kgCO_2e/t$	5373.11
62		管内穿线导线截面(2.5mm^2 以内),铜芯	100m 单线	68.54	9410$kgCO_2e/t$	8327.85
63		管内穿线导线截面(4mm^2 以内),铜芯	100m 单线	68.2	9410$kgCO_2e/t$	12562.35
64		绝缘导线 RVS—2×1.5	m	7911.2	9410$kgCO_2e/t$	1985.51
65		绝缘导线 RVS—2×1.0	m	7950.64	9410$kgCO_2e/t$	131.74
66		绝缘导线 BV—2.5	m	74967.32	9410$kgCO_2e/t$	15871.85
67		绝缘导线 BV—4	m	35908.4	9410$kgCO_2e/t$	12028.8

续表

序号	建材类别	名称规格	单位	材料量	碳排放因子	碳排放量 ($kgCO_2e$)
68	铜芯导线电缆	铜芯绝缘导线 BV-10	m	6652. 8	9410$kgCO_2e$/t	837. 49
69		同轴电缆 SYKV-75-5-1	m	8184. 96	9410$kgCO_2e$/t	544. 54
70		同轴电缆 SYKV-75-7	m	2143. 68	9410$kgCO_2e$/t	296. 53
71		同轴电缆 SYKV-75-9	m	263. 9	9410$kgCO_2e$/t	45. 44
72		管内穿线照明线路导线截面(2. 5mm^2 以内),铜芯	100m 单线	646. 27	9410$kgCO_2e$/t	78480. 34
73		管内穿线照明线路导线截面(4mm^2 以内),铜芯	100m 单线	326. 44	9410$kgCO_2e$/t	60145. 9
74		管内穿线动力线路导线截面(10mm^2 以内),铜芯	100m 单线	63. 36	9410$kgCO_2e$/t	30776. 35
75		铜芯电力电缆敷设(截面 35mm^2 以下)	100m	22. 42	9410$kgCO_2e$/t	59145. 61
76		铜芯电力电缆敷设(截面 240mm^2 以下)	100m	10. 76	9410$kgCO_2e$/t	86506. 13
77		碳排放合计:408478. 77($kgCO_2e$)				
78	建筑装饰涂料	红丹防锈漆	100kg	164. 97	6550$kgCO_2e$/t	106091. 01
79		调合漆	100kg	164. 31	6550$kgCO_2e$/t	107622. 4
80		乳胶漆	kg	3433. 14	6550$kgCO_2e$/t	22475. 67
81		碳排放合计:236189. 07($kgCO_2e$)				
82	化学类和塑胶类管材	塑料排水管	m	568	—	7457. 79
83		PP-R 塑料给水管,*D*25	m	12272. 64	3720$kgCO_2e$/t	10071. 16
84		隔声多孔塑料排水管,*D*75	m	849. 37	9740$kgCO_2e$/t	6003. 93
85		隔声多孔塑料排水管,*D*100	m	1803. 68	9740$kgCO_2e$/t	23682. 15
86		隔声多孔塑料排水管,*D*150	m	1116. 51	9740$kgCO_2e$/t	27344. 84
87		塑料管 PVC16	m	67081. 85	9740$kgCO_2e$/t	70844. 46
88		塑料管 PVC20	m	11435. 41	9740$kgCO_2e$/t	18072. 61
89		塑料管 PVC32	m	2247. 59	9740$kgCO_2e$/t	5436. 73
90		室内钢塑复合管(螺纹连接),公称直径 25mm 以内	10m	29. 6	37. 1$kgCO_2e/m^2$	1174. 59
91		室内钢塑复合管(螺纹连接),公称直径 32mm 以内	10m	2. 6	37. 1$kgCO_2e/m^2$	135. 53
92		室内钢塑复合管(螺纹连接),公称直径 40mm 以内	10m	3. 6	37. 1$kgCO_2e/m^2$	225. 88
93		室内钢塑复合管(螺纹连接),公称直径 50mm 以内	10m	10. 8	37. 1$kgCO_2e/m^2$	865. 89

续表

序号	建材类别	名称规格	单位	材料量	碳排放因子	碳排放量 ($kgCO_2e$)
94	化学类和塑胶类管材	室内钢塑复合管(螺纹连接),公称直径 65mm 以内	10m	22.9	37.1$kgCO_2e/m^2$	2480.2
95		室内钢塑复合管(螺纹连接),公称直径 80mm 以内	10m	8.4	37.1$kgCO_2e/m^2$	1159.54
96		室内钢塑复合管(螺纹连接),公称直径 100mm 以内	10m	18.8	37.1$kgCO_2e/m^2$	3358.13
97		室内钢塑复合管(螺纹连接),公称直径 150mm 以内	10m	5	37.1$kgCO_2e/m^2$	1474.27
98		室内钢塑复合管(螺纹连接),公称直径 200mm 以内	10m	0.8	37.1$kgCO_2e/m^2$	346.35
99		碳排放合计:180134.05($kgCO_2e$)				
100	石材	花岗石条石	$100m^2$	0.98	2.55$kgCO_2e/m^2$	249.92
101		碳排放合计:249.92($kgCO_2e$)				
102	防水材料	氯化聚乙烯卷材平面	$100m^2$	8.27	2.38$kgCO_2e/m^2$	1968.26
103		石油沥青,30 号	kg	4998.65	2.82$kgCO_2e/kg$	14096.193
104		聚氨酯二布三涂涂膜厚 2.5mm 平面	$100m^2$	88.57	6550$kgCO_2e/t$	178625.71
105		碳排放合计:194690.163($kgCO_2e$)				
106		碳排放总量合计:14599104.32($kgCO_2e$)				

根据计算得出主要建材生产阶段碳排放量为 14599104.32$kgCO_2e$。

统计过程中，部分建筑材料的碳排放没有计算，原因有以下几点：

（1）建筑中使用到的建筑材料种类繁多，产品复杂，目前还没有建立完善完整统一的建筑材料碳排放因子数据库，有些建材因为没有碳排放因子而无法计算。例如，PB 采暖地热管、电梯等由于没有相应的碳排放因子而无法计入。

（2）建材清单中某些建材的单位是“个”“套”“张”“台”“副”“部”“系统”等，很难对建材的具体属性、用量等信息进行统计，如“法兰阀门”“铸铁斗口”“座灯头”“瓷蹲式大便器”“配电（电源）屏低压开关柜”等建筑材料，不确定其质量或体积，这类建材没有计入碳排放合算中。尽管以上几点原因造成了统计结果的不完整性，但在统计过程中可以计算或近似估算的建筑材料都纳入了碳排放计算，其中没有计算到的建材用量极少，不是主要用量的建材，相对于整栋建筑的其他建材而言，其碳排放量几乎可以忽略。

2）建材运输阶段碳排放量计算

该工程的建材主要从周边城区引进，运输方式以公路运输为主，具体的建材运输距离通过工程决算清单中材料生产厂家地址调研得到，根据本书第 3 章公式（3-7）以及表 3-3 各种运输方式的碳排放因子依次求得各初始物化建材的运输碳排放，初始物化建材的运输碳排放汇总结果具体见表 4-2。计算得出物化阶段建材运输碳排放量为 450267. 19kgCO_2e。

1 号住宅楼主要建材运输阶段碳排放量　　表 4-2

序号	材料名称	单位	材料量	运输方式	运输距离（km）	建材运输碳排放量（kgCO_2e）
1	钢材	t	2094. 19754	铁路运输	1000	19329. 44
2	石灰	t	301. 78	公路（柴油）	50	2957. 44
3	水泥	t	2764. 89226	公路（柴油）	30	16257. 57
4	木材	m^3	1. 13299	公路（柴油）	35	684. 17
5	砂石	m^3	106. 10677	公路（柴油）	40	81998. 01
6	砖	千块	379. 33	公路（柴油）	30	8614. 72
7	门窗	m^2	7925. 57	公路（柴油）	100	5068. 96
8	陶瓷	m^2	16314. 75	公路（柴油）	2000	183409. 78
9	涂料	t	63. 3305	公路（柴油）	100	1241. 28
10	保温材料	m^3	691. 139	公路（柴油）	50	228. 95
11	石板材	t	78. 84	公路（柴油）	800	12362. 11
12	塑料水管	t	25. 0440941	公路（柴油）	30	147. 26
13	铜芯电缆	t	43. 409	公路（柴油）	70	595. 57
14	商品混凝土	m^3	12654. 64	公路（柴油）	20	117371. 91
碳排放合计：450267. 19（kgCO_2e）						

3）施工阶段碳排放量计算

依据该工程的概算书中的单位工程定额编号及概预算表，参照《陕西省建筑装饰工程消耗量定额（2004 年）》，结合第 3 章计算公式（3-9）和表 3-4 中的常用机械台班碳排放因子可依次求得各施工机械设备和照明产生的碳排放，则施工碳排放汇总结果具体见表 4-3。计算得出物化阶段施工台班产生的碳排放总量为 252063. 12kgCO_2e。

1 号住宅楼施工机械台班统计表　　表 4-3

序号	名称及规格	单位	数量	碳排放因子（kgCO_2e/台班）	机械台班碳排放量（kgCO_2e）
1	履带式单斗挖掘机（液压），0. 8m^3	台班	37. 1750	156	5799. 30
2	履带式起重机，15t	台班	2. 7010	100	270. 10
3	轮胎式起重机，20t	台班	3. 2070	129	413. 70
4	汽车式起重机，16t	台班	27. 5500	111	3058. 05
5	汽车式起重机，5t	台班	192. 2540	72. 5	13938. 42
6	载重汽车，8t	台班	5. 8230	110	645. 48
7	载重汽车，6t	台班	408. 9660	97. 7	39955. 98
8	机动翻斗车，1t	台班	5. 0260	18. 8	94. 49

续表

序号	名称及规格	单位	数量	碳排放因子（$kgCO_2e$/台班）	机械台班碳排放量（$kgCO_2e$）
9	洒水车,4000L	台班	8.9220	88.1	786.03
10	推土机(综合)	台班	4.4610	184	820.82
11	电动卷扬机(单筒慢速),50kN	台班	339.7720	28.6	9717.48
12	双锥反转出料混凝土搅拌机,350L	台班	107.5730	37.1	3990.96
13	灰浆搅拌机,200L	台班	412.8979	7.34	3030.67
14	石料切割机	台班	365.5690	11.0	4028.94
15	钢筋切断机,ϕ40mm	台班	661.4075	27.3	18056.42
16	钢筋调直机,ϕ14mm	台班	2.1885	10.1	22.10
17	木工圆锯机,ϕ600mm	台班	168.0804	23.4	3941.15
18	木工压刨床(单面),600mm	台班	94.1150	12.6	1186.16
19	长螺旋钻孔机,ϕ400mm	台班	128.1964	105	13460.62
20	短螺旋钻孔机,ϕ1200mm	台班	152.3840	227	34591.17
21	混凝土震动器(插入式)	台班	6.3790	11.7	74.79
22	混凝土震动器(平板式)	台班	86.8720	5.86	509.24
23	对焊机,75kV·A	台班	96.2360	105	10104.78
24	电渣焊机,1000A	台班	206.2200	125	25777.50
25	交流弧焊机,30kV·A	台班	82.2000	82.2	6756.84
26	交流弧焊机,32kV·A	台班	2.7285	82.2	224.28
27	直流电焊机,30kW	台班	563.6680	82.2	46333.51
28	电钻	台班	530.9310	6.33	3361.32
29	电锤(小功率),520W	台班	42.2510	4.06	171.72
30	木工平刨床,500mm	台班	15.9185	12.6	200.63
31	木工开榫机,160mm	台班	13.9672	26.4	368.44
32	木工裁口机(多面),400mm	台班	6.2647	30.7	192.12
33	木工打眼机,MK212	台班	13.9672	4.6	64.14
34	夯实机(电动),20~62N·m	台班	7.1388	16.2	115.78
碳排放合计:252063.12($kgCO_2e$)					

4）施工阶段临时设施碳排放量计算

该部分的能耗主要包括：

(1) 建筑施工区域内的办公区办公设备、空调、照明消耗的电能的碳排放。

(2) 生活区空调、照明、食堂消耗的电、燃气等能源的碳排放。

根据调研，该项目施工周期为两年，管理人员 8 人，高峰年平均职工人数 161 人（表 4-4）。其中，临时设施的采暖时间为 11 月 15 日至次年 3 月 15 日，空调制冷时间为 6 月 15 日至 8 月 31 日。所有临时设施均采用 1.5 匹挂式空调，功率 1.2kW，空调供暖时间

1920h，空调制冷时间 1200h。职工宿舍 8 人一间，共 21 间，每间 1 部空调，共 21 部，办公室 4 人一间，每间 1 部空调，共 2 部。根据公式（3-10）~公式（3-13）以及表 3-6 全国不同地区电力供应碳排放因子中西北区域电网数据，计算得出施工期间临时设施的碳排放总量为 35528.36kgCO_2e，见表 4-5。

特别说明的是：该部分临碳排放量计算中只对临时设施使用阶段产生的碳排放量进行计算，由于本工程施工阶段临时设施多采用可回收材料或租借周边已有建筑使用，故其设施建造阶段碳排放量不纳入计算。

1 号住宅楼施工期间工地办公、生活用房屋设施面积　　表 4-4

临时房屋名称	指标使用方法	参考指标(m^2/人)	人数	总面积(m^2)
一、办公室	按管理人员人数	3.5	8	28
二、宿舍	按高峰年平均职工人数	3	161	483
三、食堂	按高峰年平均职工人数	0.65	161	104.65
四、厕所	按高峰年平均职工人数	0.07	161	11.27
五、其他合计	按高峰年平均职工人数	0.55	161	88.55

依据公式（3-10）~公式（3-13），及表 3-6、表 3-7 中相关数据，可求得 1 号住宅楼施工期间工地临时设施碳排放量，见表 4-5。

1 号住宅楼施工期间工地临时设施碳排放量　　表 4-5

临时设施	临时房屋	用房面积(m^2)	照明耗电量(kWh)	供暖耗电量(kWh)	空调制冷耗电量(kWh)	总耗电量(kWh)	临时设施的碳排放量(kgCO_2e)
办公区	办公室	28.00	2173.25	698.88	436.80	3308.93	3232.82
生活区	宿舍	483.00	11476.08	11777.47	7360.92	30614.47	29910.34
	食堂	104.65	2285.56	0.00	0.00	2285.56	2232.99
	厕所	11.27	155.80	0.00	0.00	155.80	152.21
	其他合计	93.50	—	—	—	—	—
碳排放合计：35528.36(kgCO_2e)							

5）建造物化阶段碳排放总量计算

依据本书第 3 章公式（3-5），计算得出该工程物化阶段的总计碳排放量为 15336962.99kgCO_2e。具体见表 4-6。

1 号住宅楼物化阶段中各子阶段的碳排放统计表　　表 4-6

阶段/子阶段	碳排放量(kgCO_2e)
运输阶段	450267.19
施工阶段	252063.12
临时设施	35528.36
物化阶段总排放	15336962.99

2. 使用维护阶段

使用阶段指通过设备进行采暖、制冷、通风、照明等维持建筑的正常运营。维护阶段指建筑物建成后因设备老旧而对建筑进行维护、翻修以及设备更换等过程。

1）设备生产过程的能耗

设备生产过程的能耗在本研究中主要考虑空调生产与电梯生产产生的二氧化碳排放。考虑到这些设备大多都是在建筑建造施工完成以后投入使用过程中经用户装饰装修带入建筑物内使用的，因此将设备生产归为使用阶段。

本研究根据学者董蕾①的研究，采暖空调设备材料组成的比例按照80%的钢材，15%的铜材以及5%的铝材来近似估算。本研究中按每层布置28个空调计算，全楼独立空调需求量为924个，空调选用小1匹定频壁挂式，室外机净质量28kg，室内机净质量10.5kg，总重为38.5kg。根据本书第3章中表3-2的主要建材碳排放因子、结合第3章中公式（3-6）对空调设备碳排放进行计算。计算得空调设备生产碳排放量为116647.146kgCO_2e，具体见表4-7。

1号住宅楼空调设备生产碳排放量表 **表4-7**

材料种类	材料量(kg)	碳排放因子(kgCO_2e/t)	碳排放量(kgCO_2e)
钢材	28459.2	2190	62610.240
铜材	5336.1	9410	50212.701
铝材	1778.7	2150	3824.205
总计	35574	—	116647.146

根据《家用电器安全使用年限细则》，空调器安全使用年限为8~10年，因此在该工程设计使用年限内需更换空调5次，则空调设备生产总碳排放量为583235.73kgCO_2e。

电梯设备材料组成主要分为框架部分钢铁型材、箱体部分钢铁型材、板材、五金件等。1号住宅楼共2个单元，总计4部电梯，额定载重量为1000kg。根据本书第3章中表3-2的主要建材碳排放因子，结合第3章中公式（3-6）对电梯设备碳排放进行计算。计算得电梯设备生产碳排放量为11440kgCO_2e，具体见表4-8。

1号住宅楼电梯设备生产碳排放量 **表4-8**

材料种类	材料量(kg)	碳排放因子(kgCO_2e/t)	碳排放(kgCO_2e)
钢材	5200	2190	11440

根据北京市颁布的《住宅电梯使用年限规定》，电梯使用年限最长不超过25年，则本工程电梯在50年使用年限期间需更换1次，因此电梯设备生产碳排放总量为22880kgCO_2e。

2）建筑使用阶段碳排放量计算

调查研究表明，在住宅建筑碳排放计算中，由于家电使用、炊事等活动与居民个人生

① 董蕾. 集成建筑生命周期能耗及CO_2排放研究［D］. 天津：天津大学，2012.

活方式密切相关，变化量大，难以界定，因此家庭生活产生的碳排放不应包含在建筑全生命周期碳排放中，应单独纳入个人生活碳排放中。

本研究在使用阶段主要计算建筑采暖、空调、照明及可再生能源系统的综合碳排放量。

(1) 建筑采暖与空调的能耗

由于实际计量建筑使用阶段的能源消耗可行性较低，因此本研究采用软件模拟取平均参考值的方法来计算建筑采暖空调系统的能耗。通过创建 1 号住宅楼的三维模型，在能耗模拟软件 DeST-H 中模拟该住宅楼的全年采暖空调能耗。

该住宅楼冬季采暖形式为散热器低温水采暖，为集中燃煤供热系统，其中供热锅炉热效率为 83%，采暖消耗的能源类型为原煤；夏季制冷采用分体式空调，分体空调为能效等级的 2 级，能效比 3.4。其中，冬季采暖时间自 11 月 15 日开始至次年 3 月 15 日结束，夏季空调开启时间为 6 月 15 日至 8 月 31 日。

①模拟软件的选用

a. DeST-H 软件简介

DeST-H 是在清华大学研发的建筑热环境设计模拟软件——DeST 的基础上开发的一款针对住宅建筑专用的能耗模拟软件。

b. DeST-H 软件的优点

本研究采用 DeST-H 对 1 号住宅楼空调、采暖能耗进行模拟，主要是考虑 DeST-H 具有以下几点独特优势：DeST-H 在模拟建筑物的热性能时，以自然室温为桥梁来联系建筑物和环境控制系统，全面反映了建筑本身的性能和各种被动性热扰动（室外气象参数、室内发热量）对建筑物的影响[①]。DeST-H 能够精确模拟：夜间通风对建筑各个室内房间的热环境影响；建筑内部任意邻室传热对其他各房间热环境的影响；建筑各个室内房间的实时室温；建筑的间歇空调启停对装机容量和运行能耗的影响；建筑的内外实时温度对其空调供暖负荷的影响。DeST-H 的模拟结果与实测值较为接近。

②模型的建立

a. 构建围护结构

在 DeST-H 中严格按照设计图纸依次构建 1 号住宅楼的墙体、门、窗、地板、楼板、屋顶等围护结构。其中，1 号住宅楼围护结构的构造做法见表 4-9。

1 号住宅楼围护结构做法 **表 4-9**

围护结构种类	围护结构做法
外墙	钢筋混凝土剪力墙及非承重空心砖外贴 45mm 厚挤塑保温板
填充墙(内墙)	非承重黏土空心砖厚度随剪力墙走
住宅户内隔墙(内墙)	中空内膜金属网水泥隔墙板厚 90mm
卫生间、地上管井(内墙)	120mm 厚承重黏土多孔砖

① 陈国杰. 衡阳农村居住建筑舒适性调查与能耗模拟分析 [D]. 衡阳：南华大学，2007.

续表

围护结构种类	围护结构做法
户门	塑钢门，$K=2.0$
内部房间门	胶合板门
外窗	塑钢门窗（中空玻璃，中空 12mm），传热系数 $K=2.6\mathrm{W/(m^2 \cdot K)}$，遮阳系数 $SC=0.83$
屋顶	屋顶保温层采用 150mm 厚的水泥聚苯保温板

b. 内扰、作息时间的设定

房间的内扰包含人员热忱、灯光热忱和设备热忱等。其中，灯光和设备热忱采用软件默认的主卧热忱，而人员热忱由实际的情况而定。需要特别指出的是，由于 1 号住宅楼 1、2 层为商业和办公，可采用 DeST-C 软件的商场、办公室的相关系统参数。

c. 系统空调、通风的设定

添加空调系统，添加通风系统，采用逐时通风定义。

③建筑能耗的模拟计算

根据在 DeST-H 中构建的 1 号住宅楼模型可模拟出该住宅楼的全年采暖空调能耗，模拟结果见表 4-10。由表可知，1 号住宅楼的全年采暖总能耗为 646.5MWh，折合使用燃煤 449.01t，全年空调总用电为 186.6MWh，4、5、9、10 月份按不使用空调和采暖计算。

1 号住宅楼逐月采暖空调能耗 **表 4-10**

月份	1 月	2 月	3 月	6 月	7 月	8 月	11 月	12 月	合计
采暖能耗（kWh）	230000	149000	51400	—	—	—	271000	1890000	646500
空调用电（kWh）	—	—	—	248000	783000	835000	—	—	186600

使用阶段采暖的消耗主要是原煤，空调制冷的能源消耗为电力，根据第 3 章表 3-6 和表 3-7 碳排放因子数据可得原煤碳排放因子为 $2061.53\mathrm{kgCO_2e/t}$，陕西省的电力碳排放因子为 $0.9578\mathrm{kgCO_2e/kWh}$。因此，应用第 3 章公式（3-12）计算 1 号住宅楼使用阶段采暖和空调的年碳排放量为 $1104373.06\mathrm{kgCO_2e}$，具体见表 4-11。

1 号住宅楼全年空调采暖碳排放量 **表 4-11**

项目	年碳排放量（$\mathrm{kgCO_2e/a}$）
采暖	925647.58
制冷	178725.48
碳排放总量	1104373.06

（2）建筑照明的能耗

建筑物照明能耗是建筑物能源消耗的重要组成部分。照明设备能耗与灯具的效率、控制方式、自然采光、使用习惯等密切相关。照明系统的能耗可按建筑照明功率密度与照明时间的乘积进行计算得到。

根据《建筑碳排放计算标准》GB/T 51366—2019 表 B. 0，住宅楼的居住空间及底层商业的照明功率现行值与照明时间见表 4-12。

不同建筑物的月照明时间 **表 4-12**

建筑类型	房间类型	月照明小时数(h)	照明功率密度(W/m^2)
居住建筑	起居室	165	6
	卧室	135	6
	餐厅	75	6
	厨房	96	6
	洗手间	165	6
	储物间	0	0
	走廊等公共空间	5	15
	车库	30	2
公共建筑	办公室	294	18
	设备用房	0	5
	一般商店、超市	390	12

本研究中 1 号住宅楼照明系统的照明时间和照明功率密度按表 4-12 取值。具体计算结果见表 4-13。

1 号住宅楼全年照明碳排放量 **表 4-13**

房间类型	建筑面积(m^2)	照明密度(W/m^2)	照明时间(h/a)	照明能耗(kWh)	碳排放量($kgCO_2e$)
卧室	9023. 40	6	1620	87707. 45	84006. 20
厨房	1701. 90	6	1152	11763. 53	11267. 11
卫生间	1668. 30	6	1980	19819. 40	18983. 02
餐厅	2034. 00	6	900	10983. 60	10520. 09
起居室	7969. 20	6	1980	94674. 10	90678. 85
走廊等公共空间	1824. 00	5	180	1641. 60	1572. 32
商场商业	2512. 00	12	4680	141073. 92	135120. 60
商场卫生间	87. 33	6	1980	1037. 48	993. 70
商场办公室	275. 09	18	3528	17469. 32	16732. 11
一层公共区域	80. 00	5	730	292. 00	279. 68
地下室走廊	299. 00	2	360	215. 28	206. 20
地下室电梯厅	21. 00	5	180	18. 90	18. 10
全年碳排放量总计:370377. 42($kgCO_2e$)					

经计算，1 号住宅楼的全年照明能耗为 386696. 58kWh。西北电网的电力碳排放因子为 0. 9578kgCO_2e/kWh，可以得出 1 号住宅楼建筑照明年碳排放量为 370377. 42kgCO_2e。

(3) 电梯的能耗

根据《电梯技术条件》GB/T 10058—2009 提供的电梯能耗预测模型，电梯能耗可以根据以下公式计算：

$$E_{el} = (K_1 \times K_2 \times K_3 \times H \times F \times P) / (V \times 3600) + E_{st} \tag{4-1}$$

式中 E_{el}——电梯使用一年的能耗（kWh/a）；

K_1——驱动系统系数，$K_1 - 1.6$（交流调压调速驱动系统时），$K_1 = 1.0$（VVVF 驱动系统时），$K_1 = 0.6$（带能量反馈的 VVVF 驱动系统时）；

K_2——平均运行距离系数，$K_2 = 1.0$（2 层时），$K_2 = 0.5$（单梯或两台电梯并联且多于 2 层时），$K_2 = 0.3$（3 台及以上的电梯群控时）；

K_3——轿内平均载荷系数，$K_3 = 0.35$；

H——最大运行距离（m）；

F——年启动次数，根据相关文献的研究标准住宅约为 146000 次；

P——电梯的额定功率（kW）；

V——额定速度（m/s）；

E_{st}——一年内的待机总能耗，根据相关文献①的研究住宅电梯待机能耗占总能耗的 70%。

1 号住宅楼共 2 个单元，总计 4 部电梯，每部电梯都采用 VVVF 驱动系统，额定功率 14kW，额定载重量为 1000kg，最大运行距离为 103. 8m，额定速度为 1. 75m/s。根据公式 (4-1) 可以计算得到 1 号住宅楼全年电梯能耗约为 78737. 73kWh。

根据公式 (3-12) 与表 3-6 西北电网的电力碳排放因子 0. 9578kgCO_2e/kWh，计算得出电梯运行年碳排放量为 75415. 08kgCO_2e，具体见表 4-14。

电梯年碳排放总量 **表 4-14**

项目	能耗(kWh)	碳排放量(kgCO_2e)
电梯	78737. 73	75415. 08

(4) 可再生能源系统能耗

在该建筑中未考虑可再生能源的使用，在其他建筑中如使用可再生能源，需要对可再生能源各个阶段的碳排放进行计算，包括物化阶段的碳排放、系统使用维护阶段的碳排放与拆解回收阶段的碳排放增量与减量。

(5) 使用阶段碳排放总量

根据以上数据，可求得 1 号住宅楼使用阶段碳排放总计为 1551785. 68kgCO_2e/a，具体见表 4-15。

① 罗智星. 办公建筑生命周期二氧化碳排放评价研究 [D]. 西安：西安建筑科技大学，2011.

1号住宅楼使用阶段年碳排放量 **表4-15**

项目	年碳排放量($kgCO_2e/a$)	碳排放总量($kgCO_2e$)
采暖	925647.58	46282379
空调	178725.48	8936274
照明	370377.42	18518871
电梯	75415.00	3770750
总计	1550165.48	77508274

3）建筑使用维护阶段碳排放总量

该建筑设计使用年限50年，根据本书第3章公式（3-14）可得建筑使用维护阶段碳排放总量为79747677.22$kgCO_2e$，见表4-16。

使用维护阶段碳排放总量（50年） **表4-16**

子阶段	项目	碳排放总量($kgCO_2e$)	碳排放总量($kgCO_2e$,50年)
使用维护	设备生产	—	606115.73
	使用阶段	1550165.48	77508274
合计			78114393.73

3.拆解回收阶段

1）建筑拆除方式

对于单层和多层建筑物，常采用人工拆除和机械拆除两种方式。前者成本较低，施工周期长，且安全性差。后者主要使用机械设备，投入成本高，但施工周期短，安全性高。目前，国内使用较为普遍的为机械拆除，机械拆除可分为三个步骤：室内拆除、结构拆除、清理回收。第一、三步可人工进行，第二步结构拆除主要依靠机械进行。结构拆除主要有拆毁与拆解两种方式，也是影响废旧建材的回收利用率的重要一步。

（1）建筑拆毁

主体结构拆除时，常在建筑物底层选择合适的打击点，使建筑物向一定方向整体倒塌。这种粗放式的建筑拆毁使大部分废旧材料破碎、混合，变为很难回收、只得填埋的建筑垃圾。门窗、散热器、钢筋等材料回收价格相对较高，施工方愿意投入更多人力进行细致拆解。混凝土、砌块、碎石等结构材料回收价格低，提高利用率不会使材料收益显著增加。若按规范要求，逐层拆除并分类回收材料，施工周期与成本大幅上升而综合效益却下降，施工方很难自觉作出得不偿失的决定。并且，主体结构的逐层拆除需要人工投入，增加了施工隐患。采用大型机械进行建筑拆毁，工人不必承担危险性工作，事故率大大降低。如果要提高施工安全性，就需要采用更多的机械，加大安全方面的投入。若要提高废旧材料利用率，就要有更合理、更有效的建筑拆除方式以改变现有局面。

（2）建筑拆解

技术、设备层面上拆解与拆毁两种方式大致相同，不同之处是前者耗费更多的人力与时间，尽可能以小型机械将构件从主体结构中分离。拆解步骤按照“由内至外，由上至下”的顺序进行①，即“室内装饰材料—门窗、散热器、管线—屋顶防水、保温层—屋顶结构—隔墙与承重墙或柱—楼板，逐层向下直至基础”。在具体实施过程中，调换步骤顺序、采用不同方法会获得不同的拆除结果，其材料的再利用率、拆除的综合效益也不尽相同。建筑拆解阶段的碳排放主要包括拆解机具的运行和拆解废弃物的运输耗能引起的碳排放量，及由于废弃建筑回收带来的碳减量。建筑拆除是建筑建造的逆过程，除采用爆破或整体拆除方式外，拆除阶段可以参照建造阶段的计算方法来计算拆除过程的能耗。

2）拆除机械碳排放量

由于本建筑尚未进行实际拆解，本研究借鉴欧阳磊②等人的研究成果，对该建筑拆除阶段的拆解机具的运行能耗进行估算。

本案例总建筑面积 39173m²，其中地上 36363m²，地下 2810m²。本建筑拆除拟采用人工拆解与机械拆解结合的方式。首先拆解建筑装饰、管道、设备、照明、水卫、通风、门窗等，清空室内后拆解主体结构，按照屋面、墙、梁、柱的顺序逐层向下，直至基础。根据本建筑工程量清单，可以采集到主体结构、围护结构、装饰工程等的拆解工程量，见表 4-17。

部分分项工程量清单 **表 4-17**

序号	项目名称	项目特征描述	计量单位	工程量
1	砖砌体拆除	砖及砌块砌体机械拆除	m^3	2833.42
2	钢筋混凝土构件拆除	现浇钢筋混凝土楼板机械拆除	m^3	2723.45
3	钢筋混凝土构件拆除	现浇钢筋混凝土梁、柱机械拆除	m^3	901.42
4	钢筋混凝土构件拆除	现浇钢筋混凝土墙机械拆除	m^3	6780.09
5	钢筋混凝土构件拆除	现浇钢筋混凝土楼梯机械拆除	m^3	196.51
6	钢筋混凝土构件拆除	现浇钢筋混凝土阳台机械拆除	m^3	219.20
7	钢筋混凝土构件拆除	现浇钢筋混凝土其他构件机械拆除	m^3	42.63
8	金属门窗拆除	铝合金、塑钢窗拆除	m^2	5569.00
		铝合金门拆除	m^2	1734.00
9	立面抹灰层拆除	墙面抹灰铲除水泥砂浆、混合砂浆	m^2	9752.00
10	顶棚抹灰面拆除	顶棚抹灰铲除水泥砂浆、混合砂浆	m^2	6616.00
11	平面块料拆除	面砖地面拆除	m^2	165.00
12	立面块料拆除	墙面块料面层铲除陶瓷块料	m^2	2794.00
13	栏杆、栏板拆除	栏杆(板)的高度;扶手及栏杆拆除靠墙扶手	m^2	314.30

参考《全国统一房屋修缮工程预算定额》及深圳市东方盛世花园二期 E 栋 12 号楼拆除工程项目③（建筑面积 8470.19m²）拆除阶段使用的机械种类及台班，估算出本研究案例的机械台班种类及数量（表 4-18），根据公式（3-18）及表 3-4 可计算出拆除机械碳排

① 贡小雷，张玉坤. 物尽其用——废旧建筑材料利用的低碳发展之路［J］. 天津大学学报（社会科学版），2011（2）：138-144.

② 欧阳磊. 基于碳排放视角的拆除建筑废弃物管理过程研究［D］. 深圳：深圳大学，2016.

③ 同上

放总量为 200298.01$kgCO_2e$，见表 4-19。

机械台班汇总 **表 4-18**

序号	机械名称	单位	数量
1	履带式推土机(功率 90kW)	台班	112.82
2	履带式单斗挖掘机(机械斗容量 1.0m^3)	台班	80.52
3	风动凿岩机(手持式)	台班	2269.54
4	履带式液压岩石破碎机(105kW)	台班	374.22
5	载货汽车(装载质量 4t,中型)	台班	46.90
6	洒水车(罐容量 4000L)	台班	13.65
7	内燃空气压缩机(排气量 3m^3/min)	台班	1185.62
8	履带式推土机(功率 75kW)	台班	93.94

拆解过程机械台班碳排放量 **表 4-19**

机械名称	单位	数量	消耗能源类型	台班碳排放因子($kgCO_2e$/台班)	碳排放量($kgCO_2e$)
履带式推土机(功率 90kW)	台班	112.82	柴油	184	20759.6
履带式单斗挖掘机(机械斗容量 1.0m^3)	台班	80.52	柴油	196	15782.68
风动凿岩机(手持式)	台班	2269.54	电	15.25	34610.49
履带式液压岩石破碎机(105kW)	台班	374.22	柴油	91.56	34263.41
载货汽车(装载质量 4t,中型)	台班	46.9	汽油	74.9	3512.78
洒水车(罐容量 4000L)	台班	13.65	汽油	88.82	1212.1
内燃空气压缩机(排气量 3m^3/min)	台班	1185.62	电	79.6	74375.35
履带式推土机(功率 75kW)	台班	93.94	柴油	168	15781.6
合计碳排放量:200298.01($kgCO_2e$)					

3）废旧建材清理运输碳排放量

根据建材工程量清单，可得建筑拆解后废旧建材产生量，见表 4-20。

1 号住宅楼拆解后废旧建材产生量 **表 4-20**

废弃建材	混凝土	砖、砌块石材	废弃砂浆	废弃金属	废弃木材	其他废弃物	总量
产生量(t)	29941.81	1543.93	13525.60	2094.20	99.73	3525.57	50730.85

废旧建材运输阶段的碳排放量主要由运输车辆消耗能源产生。建筑拆除时废弃金属和木材可以当场回收，其余建筑废弃物总量约为 52883.54t，废旧建筑材料由所在地运往西安市阎良区振兴街道建筑垃圾综合利用场，采用公路运输方式，单程距离约为 70km，所采用的运输工具为额定载重 12t 的自卸汽车，消耗能源类型为柴油，根据本书第 3 章公式（3-20）及表 3-3 可计算得出废旧建材清理运输产生的碳排放量为 665926.46$kgCO_2e$，见表 4-21。

1号住宅楼拆解后废旧建材运输碳排放量 **表 4-21**

运输距离(km)	废旧材料量(t)	运输碳排放因子[$kgCO_2e/(10^2t \cdot km)$]	运输碳排放量(kg)
70	48536.91	19.6	665926.46

4）废旧建材回收利用阶段碳排放减量

废旧建材的回收利用可以减少原料开采、提纯等环节的能耗，所以材料回收利用率高，建筑拆解阶段的减排效果就更加明显。例如，钢材的回收可以节约钢材生产过程中从铁矿石开采到粗钢的生产过程中产生的碳排放。

本阶段同样以钢、混凝土、水泥、砂石、砖、铜芯导线电缆、墙体材料、门窗、木材、建筑陶瓷、保温材料和涂料等14种建材为研究对象。其中，水泥、陶瓷、砂石、保温材料、涂料等建筑材料经过50余年的使用，很难独立拆除并进行二次回收加工使用。但对于门窗、砖、钢筋、铜芯导线电缆、PVC管材等因其可独立拆除（或在拆除破坏时可单独分类)，并可经过二次加工后再次成为建材，故属于可回收建材。

常见的可回收建材利用方式如下：

(1) 废弃混凝土：废弃的建筑混凝土通过新的技术手段可制成混凝土的各种原材料——再生骨料、再生水泥等，通过建筑和拆除废物获得的再生骨料质量较差，一些研究人员建议使用30%~50%的再生骨料，以达到与天然骨料混凝土相当的强度，并辅以水泥材料。同时，废旧混凝土再生细骨料可用来制备混凝土砖石及公共用地铺路砖等。

(2) 废旧砖、砌块：一是回收利用，可以将旧砖、砌块和石材粉碎作为混凝土骨料等多种途径来加以利用。二是再利用，作为地面铺装、墙面装饰材料来加以利用。

(3) 废弃钢材：废弃钢材的回收加工过程中，常采用剪切、打包、破碎、分选、清洗、预热等形式，使废旧钢铁最终形成能被利用的优质炉料，根据废料的不同形式、尺寸和受污染程度以及回收用途和质量要求，选用不同的处理方式①。

(4) 废电线电缆：主要是将覆于铜线外缘的塑料等物质予以分离，使铜线得以熔炼再生。机械法资源拆解技术是目前国内外使用最广泛的方法，其原理主要是利用机械剪刀将电线电缆破碎成颗粒状，再利用密度、磁力或静电分选方法，将破碎后的非金属与金属予以分离②。

对主要建材回收利用方式作出简要总结，见表4-22。

部分建材回收利用方式 **表 4-22**

废弃建材种类	回收利用方式简述	碳排放减量对应过程
废弃混凝土	制成混凝土的各种原材料	天然石料到再生骨料
废弃砖、砌块	旧砖粉碎作为混凝土骨料等多种途径	天然石料到骨料
废弃钢材	废旧钢铁最终形成能被利用的优质炉料	矿石到粗钢
废电线电缆	机械粉碎，将金属与非金属分离	铜矿石到粗铜

① 吴金龙. 加强进口废钢铁检验，促进我国钢铁工业的可持续发展 [J]. 矿业快报，2008 (5)：51-53.
② 周清，王先建. 废电线电缆拆解回收利用研究 [J]. 江西化工，2015 (6)：50-51.

本研究在此基础上并依据案例建筑工程清单，选择废旧混凝土、多孔砖、钢材、铜芯导线电缆、门窗、木材和 PVC 管材七种可回收建材为研究对象，根据本书第 3 章公式（3-21）及表 3-3 计算在拆解方式下废旧建材回收利用碳排放减量为 5239194. 80kgCO_2e，见表 4-23。

1 号住宅楼拆解后废旧建材回收利用碳排放减量　　表 4-23

废旧建材种类	废旧建材产生量	回收利用率	建材回收量	回收后的材料种类	碳排放因子	碳排放减量（kgCO_2e）
混凝土	29941. 81t	0. 7	24130. 57t	骨料、砾石	6. 4kgCO_2e/t	154435. 648
砖	379 千块	0. 7	265. 30 千块	砖	290kgCO_2e/千块标准砖	76937
各种型钢	41. 85t	0. 9	37. 67t	粗钢	1942. 5kgCO_2e/t	73173. 975
钢筋	2039. 64t	0. 9	1835. 68t	粗钢	1942. 5kgCO_2e/t	3565808. 4
铜芯导线电缆	43409. 1kg	0. 9	39068. 19kg	粗铜	7. 92kgCO_2e/kg	309420. 0648
门窗（铝合金中空）	6897. 9m^2	0. 8	5518. 32m^2	门窗	10. 9kgCO_2e/m^2	60149. 688
木材	226. 6m^3	0. 65	147. 29m^3	木材	139kgCO_2e/m^3	20473. 31
PVC 管材	17. 59t	0. 25	4. 40t	再生料	9. 74kgCO_2e/kg	42856
合计碳排放减量：4303254. 086（kgCO_2e）						

5）拆解回收阶段碳排放总量

根据以上数据及本书第 3 章公式（3-17）可得案例建筑拆解回收阶段碳排放总量为 −4343521. 23kgCO_2e，见表 4-24。

1 号住宅楼拆除阶段碳排放总量　　表 4-24

子阶段	碳排放增量（kg）	碳排放减量（kg）
机械台班施工	200298. 01	—
废旧建材运输	665926. 46	—
废旧建材回收利用	—	4303254. 086
合计碳排放量：−3437029. 62（kgCO_2e）		

4. 建筑全生命周期碳排放总量及碳排放因子计算

1）建筑全生命周期碳排放总量

案例建筑竣工于 2007 年，至 2018 年已运行使用 11 年，期间没有发生建筑主体、保温层、防水层、设备的维护。根据第 3 章公式（3-1）可求出建筑全生命周期碳排放量为 90014327. 08kgCO_2e，见表 4-25。

1 号住宅楼建筑全生命周期碳排放量　　表 4-25

阶段/子阶段	碳排放量($kgCO_2e$)
物化阶段	15336963
使用维护阶段	78114393. 7
拆除清理阶段	-3437029. 62
全生命周期碳排放合计：90014327. 08($kgCO_2e$)	

2）建筑全生命周期碳排放因子

根据本书第 3 章公式（3-2）：折合碳排放强度为 2297. 87$kgCO_2e/m^2$；根据本书第 3 章公式（3-3）：求出该工程年均碳排放强度为 45. 96$kgCO_2e/m^2$。

4. 3　对标建筑——多层钢筋混凝土办公建筑全生命周期碳排放计算

4. 3. 1　工程简介

1. 项目概况

本工程——“灞桥区总部二号综合办公建筑”位于陕西省西安市（寒冷 B 区）灞桥区。该工程设计于 2009 年，施工期为 1 年，设计使用年限 50 年。建筑占地面积 1850m^2，总建筑面积 11351m^2，地上 6 层，局部地下 1 层，第 6 层层高 4. 8m，标准层层高 3. 9m，建筑高度 24m，属于多层公共建筑；钢筋混凝土框架结构，建筑体形系数 s＝0. 18，建筑窗墙比为 0. 34。建筑布局为寒冷地区常见的内廊式，走廊宽度 2. 9m，单侧办公室进深 7. 2m，地下一层为设备用房，地上一层为门厅和办公室，二层及其以上均为办公室及会议室（图 4-6）。

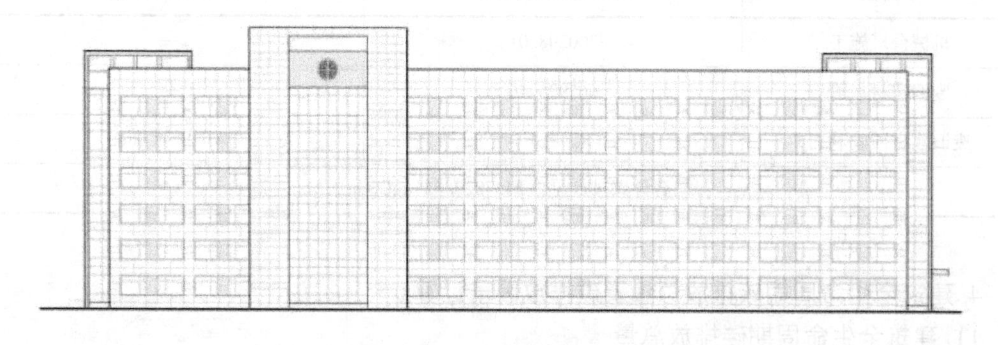

图 4-6　东北立面图及平面图（一）

（资料来源：根据中国建筑西北设计研究院相关设计图纸改绘）

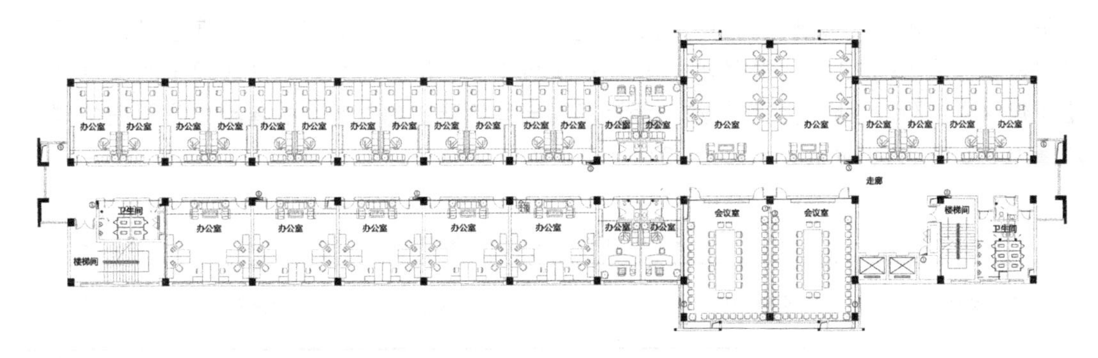

图 4-6 东北立面图及平面图（二）

（资料来源：根据中国建筑西北设计研究院相关设计图纸改绘）

2. 节能设计

案例建筑节能设计依据规范《民用建筑热工设计规范》GB 50176、《公共建筑节能设计标准》GB 50189、《民用建筑节能设计标准陕西省实施细则》陕 DBJ 24—8—1997（表 4-26）。

案例建筑节能设计做法及主要参数 **表 4-26**

序号	项目	做法	性能参数
1	屋面保温层	55mm 厚挤塑保温板	$K=0.525\text{W}/(\text{m}^2\cdot\text{K})$
2	外墙构造	240mm 厚陶粒混凝土空心砌块，外贴 35mm 厚挤塑板保温隔热板	传热系数 $K=0.584\text{W}/(\text{m}^2\cdot\text{K})$ [$<0.6\text{W}/(\text{m}^2\cdot\text{K})$]
3	外门窗	断桥铝合金 Low-E 中空玻璃（辐射率 0.25~0.20，空气层厚度 9mm）	传热系数 $K=1.76\text{W}/(\text{m}^2\cdot\text{K})$
4	外门	保温门	传热系数 $K=1.76\text{W}/(\text{m}^2\cdot\text{K})$
5	采暖房间与非采暖房间的隔墙	外贴 20mm 防火岩棉	传热系数 $K=1.76\text{W}/(\text{m}^2\cdot\text{K})$
6	采暖房间与非采暖房间相邻楼板	外贴 20mm 防火岩棉	传热系数 $K=1.38\text{W}/(\text{m}^2\cdot\text{K})$
7	外窗及阳台门的气密性等级	—	不低于《建筑外门窗气密、水密、抗风压性能分级及检测方法》GB/T 7106 规定的 4 级
8	透明幕墙的气密性等级	—	不低于《建筑幕墙》GB/T 21086 规定的 3 级

4.3.2 建筑全生命周期碳排放计算

1. 建造物化阶段（建材生产、建材运输、建筑施工建造）

1）建材生产阶段的碳排放量计算

根据该办公建筑的预算书，统计得出 50 种主要建材的清单使用量，如：钢筋、水泥、砂子、石子、砌块、玻璃、木材、铝材、陶瓷、涂料等，经计算得出案例建筑纳入计算的建材总重量为 16707.20t。根据公式（3-6）及表 3-2 主要建筑材料碳排放因子的数据依次量化建材生产阶段各建材的碳排放。经计算得出案例建筑纳入计算的建材生产阶段的碳排放量为 6169506.68kgCO_2e，见表 4-27。

办公建筑部分建筑材料生产阶段碳排放统计表　　表 4-27

建材类别		名称规格	重量单位	重量	碳排放因子	碳排放量（kgCO_2e）
1	水泥	白水泥	t	1.34	977	1309.14
2		水泥 325	t	426.37	977	416566.74
3		水泥 425	t	56.98	977	55673.37
4		水泥(综合)	t	0.26	977	252.45
5	铁件	铁件	t	2.15	2190	4717.07
6		预埋铁件	t	0.09	2190	196.57
7	生石灰	生石灰(t)	t	760.28	1750	1330490
8		生石灰(kg)	t	0.12	1750	211.03
9	商品混凝土	商品混凝土,C15	t	773.72	95	73504.4
10		商品混凝土,C20	t	131.33	112	14708.96
11		商品混凝土,C30	t	3718.96	126	466637.28
12		商品混凝土,C35	t	6394.6	126	799998.28
13		泵送商品抗渗混凝土,P6C35	t	215.91	126	27022.43
14	钢材	不锈钢管	t	0.49	2310	1131.9
15		吊筋	t	1.11	2310	2564.26
16		螺纹钢筋	t	334.43	2310	772521.98
17		圆钢筋(综合)	t	224.44	2310	518466.33
18		各种型钢	t	234.26	2190	513038.69
19	涂料	非焦油聚氨酯防水涂料	t	2.2	6550	14380.55
20		乳胶漆	t	7.78	6550	50952.92
21		石油沥青	t	0.11	2.82	0.31
22	规格料	规格料(模板用)	t	47.79	139	6642.81
23		规格料(木门窗用)	t	3.69	139	512.91
24		规格料	t	1.19	139	165.41
25	砂石	净砂	t	1252	2.4	3013.45
26		砾石,1~3cm	t	130.27	6.4	837.58
27		砾石,2~4cm	t	25.31	6.4	162.76
28		碎石,0.5~1.5cm	t	50.26	1.6	78.63
29		中砂	t	505.35	2.3	1175.77

续表

建材类别		名称规格	重量单位	重量	碳排放因子	碳排放量（$kgCO_2e$）
30	门窗	Low-E 中空玻璃	t	92.83	2840	263637.2
31		铝合金固定窗（Low-E 中空玻璃）	t	144.31	386	55678.52
32		铝合金平开窗（Low-E 中空玻璃）	t	45.39	386	17511.84
33		铝合金推拉窗（Low-E 中空玻璃）	t	5.9	1394	8224.27
34		甲级木质防火门	t	0.36	24584	8850.24
35		丙级木质防火门	t	0.69	43976	30343.68
36		乙级木质防火门	t	1.44	29193	42038.64
37		断热中空玻璃铝合金地弹门	t	0.89	1187	1057.11
38	砖	标准砖	t	789.19	134.23	105933.58
39		面砖	t	1.28	951.4	1217.76
40		陶瓷地面砖（周长 1200mm 以内）	t	38.1	1070	40767
41		陶瓷地面砖（周长 2000mm 以外）	t	260.64	1070	278884.8
42	卷材	氯化聚乙烯-橡胶共混卷材	t	6.51	1830.37	11915.71
43		花岗岩板	t	1968.86	11.24	22137.33
44		挤塑聚苯板	t	3.76	20887.44	78536.79
45		板方材	t	5.5	1351.31	7432.18
46	焊接钢管	焊接钢管（废水），*DN*50	t	0.43	2190	956.98
47		焊接钢管（废水），*DN*65	t	0.38	2190	829.46
48		焊接钢管（废水），*DN*100	t	0.06	2190	136.47
49		焊接钢管，*DN*50	t	0.2	2190	431.2
50		焊接钢管，*DN*65	t	0.34	2190	742.65
51		焊接钢管，*DN*100	t	1.56	2190	3422.89
52		焊接钢管，*DN*150	t	4.08	2190	8972.27
53		焊接钢管，*DN*15	t	0.34	2190	737.63
54		焊接钢管，*DN*20	t	3.26	2190	7181.02
55		焊接钢管，*DN*25	t	1.05	2190	2308.94
56		焊接钢管，*DN*32	t	0.18	2190	393.45
57		焊接钢管，*DN*40	t	0.23	2190	512.19

续表

	建材类别	名称规格	重量单位	重量	碳排放因子	碳排放量 ($kgCO_2e$)
58	镀锌钢管	镀锌钢管,*DN*25	t	2.58	2200	5669.03
59		镀锌钢管,*DN*32	t	0.99	2200	2173.38
60		镀锌钢管,*DN*40	t	1.04	2200	2279.17
61		镀锌钢管,*DN*50	t	1.99	2200	4388.44
62		镀锌钢管,*DN*65	t	1.29	2200	2841.53
63		镀锌钢管,*DN*80	t	0.52	2200	1154.77
64		镀锌钢管,*DN*100	t	0.71	2200	1563.56
65		镀锌钢管,*DN*150	t	10.14	2200	22297.12
66		镀锌钢管,*DN*20	t	1.43	2200	3156.49
67		镀锌钢管,*DN*25	t	0.14	2200	318.81
68		镀锌钢管,*DN*32	t	1.16	2200	2557.93
69		镀锌钢管,*DN*40	t	0.18	2200	389.21
70		镀锌钢管,*DN*50	t	0.44	2200	965
71	无缝钢管	无缝钢管,*DN*50	t	0.76	2200	1678.12
72		无缝钢管,*DN*65	t	0.85	2200	1861.55
73		无缝钢管,*DN*100	t	1.27	2200	2785.19
74	送风管	送风管,200mm×200mm	t	0	2200	0.97
75		送风管,300mm×250mm	t	0.06	2200	133.7
76		送风管,320mm×200mm	t	0.08	2200	171.08
77		送风管,400mm×200mm	t	0.1	2200	211.56
78		送风管,400mm×250mm	t	0.17	2200	378.52
79		送风管,500mm×200mm	t	0.02	2200	35.29
80		送风管,500mm×250mm	t	0.31	2200	690
81		送风管,500mm×400mm	t	0.03	2200	76.99
82		送风管,630mm×200mm	t	0.13	2200	288.25
83		送风管,630mm×250mm	t	0.36	2200	789.11
84		送风管,700mm×250mm	t	0.46	2200	1002.53
85		送风管,800mm×200mm	t	1.55	2200	3411.09
86		送风管,1000mm×2200mm	t	0.16	2200	357.96
87		送风管,1250mm×400mm	t	0.11	2200	231.44
88	铜芯	BV-1.5	t	0.44	9410	4156.74
89		BV-2.5	t	1.39	9410	13047.12
90	铜管	给水铜管,*DN*20	t	0.59	9410	5579.38
91		给水铜管,*DN*30	t	0.55	9410	5139.87
92	合计		t	16707.2	—	6169506.68

据不完全统计，该建筑建材种类为 175 种，纳入计算的为 91 种。由于建筑材料的种类多样，构成复杂，目前的建筑材料碳排放因子数据库不全面，缺乏完整、统一的建筑材料的碳排放因子，因此一部分建材因没有碳排放因子而无法计算。但是，在统计过程中可以计算或者近似估算的建筑材料都已经纳入统计范围了，且没有计算到的建筑材料相对整栋建筑的主要建材而言，其碳排放量几乎可以忽略不计。

2）建材运输阶段碳排放量计算

该办公建筑的建材主要从周边城区引进，运输方式以公路运输为主，具体的建材运输距离通过工程决算清单中材料生产厂家地址调研得到，根据本书第 3 章公式（3-7）以及表 3-3 各种运输方式的碳排放因子依次求得各初始物化阶段建材的运输碳排放，初始物化阶段建材的运输碳排放汇总结果具体见表 4-28。计算得出物化阶段建材运输碳排放量为 75680.63kgCO_2e。

主要建筑材料运输阶段碳排放统计表 **表 4-28**

序号	名称规格	单位	材料量	运输方式	平均运输距离(km)	碳排放量(kgCO_2e)
1	商品混凝土	t	11234.51	公路运输(柴油)	20	44039.29
2	钢材	t	799.39	公路运输(柴油)	60	442.70
3	水泥	t	484.96	公路运输(柴油)	53	5011.11
4	木材	t	52.67	公路运输(柴油)	35	361.29
5	砂石	t	1963.19	公路运输(柴油)	40	15391.45
6	砖	t	1089.21	公路运输(柴油)	25	3873.32
7	门窗	t	9.30	公路运输(柴油)	55	100.25
8	陶瓷	t	298.74	公路运输(柴油)	40	2342.08
9	涂料	t	9.97	公路运输(柴油)	50	97.75
10	石灰	t	760.28	公路运输(柴油)	27	3990.61
11	其他金属	t	2.24	公路运输(柴油)	70	30.78
合计						75680.63

3）施工阶段碳排放量计算

公共建筑施工建造阶段的碳排放，主要来自施工机械设备和照明的使用而产生的碳排放。根据该公共建筑预算书中的机械台班价格表，结合公式（3-8）和表 3-4 中的常用机械台班碳排放因子可依次求得各施工机械设备和照明产生的碳排放，则施工碳排放汇总结果具体见表 4-29。计算得出物化阶段施工台班产生的碳排放总量为 291900.302kgCO_2e。

施工阶段机械台班碳排放量统计表 **表 4-29**

序号	名称及规格	单位	数量	碳排放因子(kgCO_2e/台班)	机械台班碳排放量(kgCO_2e)
1	点焊机(长臂)75kN·A	台班	70.20	132	9266.4
2	电锤(小功率)520W	台班	1147.17	4.06	4657.5102
3	电动卷扬机(单筒慢速)50kN	台班	399.83	28.6	11435.138

续表

序号	名称及规格	单位	数量	碳排放因子（$kgCO_2e$/台班）	机械台班碳排放量（$kgCO_2e$）
4	电钻	台班	135.04	6.33	854.8032
5	钢筋切断机，ϕ40mm	台班	26.33	27.3	718.809
6	管子切断机，ϕ60mm	台班	10.27	4.09	42.0043
7	光轮压路机（内燃），6t	台班	10.29	37.9	389.991
8	夯实机（电动），20~62N·m	台班	1461.59	16	23385.44
9	灰浆搅拌机，200L	台班	464.95	7.34	3412.733
10	混凝土振动器（插入式）	台班	474.09	11.7	5546.853
11	混凝土振动器（平板式）	台班	69.12	5.86	405.0432
12	机动翻斗车，1t	台班	371.39	18.8	6982.132
13	交流弧焊机，32kV·A	台班	1389.84	82.2	114244.848
14	木工裁口机（多面），400mm	台班	2.28	30.7	69.996
15	木工打眼机，MK212	台班	2.33	4.6	10.718
16	木工开榫机，160mm	台班	1.09	23	25.07
17	木工平刨床，500mm	台班	2.72	11	29.92
18	木工压刨床（单面），600mm	台班	4.75	24.4	115.9
19	木工圆锯机 ϕ600mm	台班	8.35	28.3	236.305
20	抛光机	台班	2.24	82	183.68
21	强夯机械，1200kN·m	台班	4.26	102	434.52
22	洒水车，4000L	台班	7.56	88.8	671.328
23	石料切割机	台班	214.68	11.0	2361.48
24	双锥反转出料混凝土搅拌机，350L	台班	290.18	37.1	10765.678
25	推土机（综合）	台班	8.38	184	1541.92
26	载重汽车，6t	台班	5.82	97.7	568.614
27	载重汽车，8t	台班	3.29	110.78	364.4662
28	汽车式起重机，5t	台班	2.18	72.5	158.05
29	履带式起重机，15t	台班	1.54	100	154
30	轮胎式起重机，20t	台班	1.82	129	234.78
31	轮胎式拖拉机，21kW	台班	1.13	54.4	61.472
32	履带式柴油打桩机，2.5t	台班	641.75	138	88561.5
33	履带式单斗挖掘机（液压），0.8m^3	台班	25.70	156	4009.2
合计				—	291900.302

4）施工阶段临时设施碳排放量计算

该部分的能耗主要包括：建筑施工区域内的办公区办公设备、空调、照明消耗的电能的碳排放以及生活区空调、照明、食堂消耗的电、燃气等能源的碳排放。

根据调研，该项目施工周期为 12 个月，管理人员 12 人，高峰年平均职工人数 100 人。其中，临时设施的采暖时间为 11 月 15 日至次年 3 月 15 日，空调制冷时间为 6 月 15 日至 8 月 31 日。所有临时设施均采用 1.5 匹挂式空调，功率 1.2kW，供暖时间每部每年 960h，制冷时间每部每年 600h，职工宿舍 8 人 1 间，共 13 间，每间 1 部空调，共 13 部，办公室 4 人 1 间，每间 1 部空调，共 3 部。根据公式（3-10）～公式（3-13）以及表 3-6 全国不同地区电力供应碳排放因子中西北区域电网数据，计算得出施工期间临时设施的碳排放总量为 43969.74kgCO_2e，见表 4-30～表 4-32。

各临时设施照明时间及照明密度 **表 4-30**

临时房屋名称	月照明小时数(h)	照明功率密度(W/m^2)
一、办公室	294	18
二、宿舍	204	15
三、食堂	75	6
四、厕所	75	6
五、其他合计	15	5

（资料来源:《建筑照明设计标准》GB 50034—2013。）

工地办公、生活用房屋设施参考指标 **表 4-31**

临时房屋名称	指标使用方法	参考指标(m^2/人)
一、办公室	按管理人员人数	3~4
二、宿舍	按高峰年(季)平均职工人数	2.5~3.5
三、食堂	按高峰年平均职工人数	0.5~0.8
四、厕所	按高峰年平均职工人数	0.02~0.07
五、其他合计	按高峰年平均职工人数	0.5~0.6

（资料来源:《建筑碳排放计算标准》GB/T 51366—2019。）

案例建筑施工期间工地临时设施碳排放统计表 **表 4-32**

临时设施	临时房屋	总耗电量(kWh)	临时设施的碳排放量(kgCO_2e)
办公区	办公室	8593.61	8230.96
生活区	宿舍	37303.74	35729.52
	食堂	5.27	5.05
	厕所	3.65	3.50
	其他合计	0.74	0.71
合计:43969.74kgCO_2e			

5）建造物化阶段碳排放总量计算

依据本书第 3 章公式（3-4），计算出物化阶段的碳排放量为 6581057.35kgCO_2e，具体见表 4-33。

物化阶段碳排放总量　　表 4-33

阶段	子阶段	碳排放量（kgCO_2e）	百分比
物化阶段	建材生产	6169506.68	93.75%
	建材运输	75680.63	1.15%
	施工机具	291900.302	4.44%
	临时设施运营	43969.74	0.67%
碳排放合计		6581057.35	100%

由表可知办公楼物化阶段的碳排放量，最多的为建材生产阶段，占比为 93.75%；其次为施工机具，占比 4.44%；建材运输，占比 1.15%；临时设施运营占比最少，为 0.67%。

2. 使用维护阶段

1）设备生产过程的能耗

设备生产过程的能耗在本研究中主要考虑空调生产与电梯生产产生的二氧化碳排放。考虑到这些设备大多都是在建筑建造施工完成以后投入使用过程中经用户装饰装修带入建筑物内使用的，因此将设备生产归为使用阶段。

本研究根据学者董蕾①的研究，采暖空调设备材料组成的比例按照 80%的钢材、15%的铜材以及 5%的铝材来近似估算。本工程中建筑使用 164 个独立空调，空调选用小 1 匹定频壁挂式，空调室外机净 28kg，室内机 10.5kg，总重为 38.5kg。根据本书第 3 章中表 3-2 的主要建材碳排放因子结合第 3 章中公式（3-10）对空调设备碳排放进行计算。计算得空调设备生产碳排放量为 20703.61kgCO_2e，具体见表 4-34。

办公楼空调设备生产碳排放量表　　表 4-34

材料种类	材料量（kg）	碳排放因子（kgCO_2e/t）	碳排放量（kgCO_2e）
钢材	5051.2	2190	11112.64
铜材	947.1	9410	8912.21
铝材	315.7	2150	678.76
总计	6314	—	20703.61

根据《家用电器安全使用年限细则》，空调器安全使用年限为 8～10 年，因此在该工程设计使用年限内需安装更换空调 5 次，则空调设备生产总碳排放量为 103518.05kgCO_2e。

电梯设备材料组成主要分为框架部分钢铁型材、箱体部分钢铁型材、板材、五金件

① 董蕾. 集成建筑生命周期能耗及 CO_2 排放研究［D］. 天津：天津大学，2012.

等。该办公建筑选用三菱 ELENESSA-21-C0 电梯两部，根据本书第 3 章中表 3-2 的主要建材碳排放因子结合第 3 章中公式（3-6）对电梯设备碳排放进行计算。计算得电梯设备生产碳排放量为 5720kgCO_2e，具体见表 4-35。

办公楼电梯设备生产碳排放量　　表 4-35

材料种类	材料量(kg)	碳排放因子(kgCO_2e/t)	碳排放量(kgCO_2e)
钢材	2600	2190	5720

根据相关规定，电梯使用年限最长不超过 25 年，则本工程电梯在 50 年使用年限期间需更换 1 次，因此电梯设备生产碳排放总量为 11440kgCO_2e。

2）建筑使用阶段碳排放量计算

本研究在使用阶段主要计算办公建筑采暖、空调、照明及可再生能源系统的综合碳排放量。

（1）建筑采暖与空调的能耗

计算办公建筑使用阶段建筑空调系统的碳排放首先需要进行空调能耗计算，本案例应用 DeST-C 软件进行建筑使用阶段的能耗模拟。模拟过程如下：

①建筑模型的建立。

②按采暖与非采暖房间设置房间属性，采暖区域为：办公室、会议室、值班室；非采暖区域为：走廊与楼梯、门厅、卫生间、设备房。依据建筑节能设计及施工图所示的构造做法依次设置外墙、内墙、楼板、屋顶、门窗的做法及材料的热工参数；再设置各功能房间的热扰参数。该建筑冬季采暖方式为集中供暖，消耗能源为天然气，依据《公共建筑节能设计标准》GB 50189 设定工作时间与温度。供暖计算期为当年 11 月 15 日至次年 3 月 15 日，制冷计算期为 5 月 21 日至 9 月 28 日，空调系统工作时间设定为工作日 7：00～18：00，采暖季温度设定为 20℃，制冷季设定为 26℃，依次设置好每层的建筑属性，明确建筑功能布局，设置围护结构参数，构建能耗模拟模型。

③模拟结果：

DeST-C 软件计算模拟结果显示，该案例全年采暖总能耗为 392.78MWh，折算为燃煤约为 276.93t，全年空调总能耗为 335.32MWh，供冷系统综合制冷系数为 2.5，折算使用电量为 134131.2kWh。根据第 3 章表 3-5 和表 3-6 碳排放因子数据可得，原煤碳排放因子为 2061.53kg/t，空调系统制冷的能源消耗为电力，陕西省的电力碳排放因子为 0.9578kg/kWh，应用第 3 章公式（3-12）得出使用阶段采暖和空调的年碳排放量为 734107kgCO_2e，具体见表 4-36。

基于 DeST-C 软件计算的建筑年采暖、制冷能耗　　表 4-36

月份	采暖能耗(kWh)	制冷能耗(kWh)	合计(kWh)
1 月	140945	0	140945
2 月	88607	0	88607
3 月	41545	0	41545
4 月	0	0	0

续表

月份	采暖能耗(kWh)	制冷能耗(kWh)	合计(kWh)
5月	0	29567	29567
6月	0	59356	59356
7月	0	118207	118207
8月	0	104812	104812
9月	0	23386	23386
10月	0	0	0
11月	3535	0	3535
12月	124147	0	124147
全年总能耗	398779	335328	734107

全年采暖总能耗为 398.78MWh，折算为燃煤约为 276.93t，全年空调总能耗为 335.33MWh，供冷系统综合制冷系数为 2.5，折算使用电量为 134131.2kWh。原煤碳排放因子为 2061.53kg/t，空调系统制冷的能源消耗为电力，陕西省的电力碳排放因子为 0.997kg/kWh，应用排放系数法得到暖通空调的年碳排放量，具体见表 4-37。

暖通空调的年碳排放量　　表 4-37

项目	能耗	碳排放因子	碳排放量($kgCO_2e/a$)
采暖	276.93t	2061.53kg/t	570899
制冷	134131.2kWh	0.9578kg/kWh	128471
合计	699370		

(2) 建筑照明的能耗

由于《建筑碳排放计算标准》GB/T 51366—2019 与《公共建筑节能设计标准》GB 50189 中关于办公建筑照明密度的规定值相差较大，为确保计算准确性，本文优先选择《公共建筑节能设计标准》GB 50189 中的规定值，即办公建筑照明密度 $9W/m^2$。根据第 3 章公式 (3-12) 与第 3 章表 3-6 全国不同地区电力供应碳排放因子中西北区域电网数据计算，不考虑照明工具的能效变化，该案例运行 1 年的照明能耗为 255534.33kWh，建筑照明年碳排放量为 244750.781$kgCO_2e$，具体见表 4-38、表 4-39。

办公建筑和其他类型建筑中具有办公用途场所照明功率密度限值　　表 4-38

房间类型	设计照度 (lx)	设备能耗密度 (W/m^2)	月照明小时数 (h)	照明功率密度 (W/m^2)	人均新风量 [m^3/(h·人)]
办公室	500	13	294	18	30
密集办公室	300	20	294	11	30
会议室	300	5	420	11	30

续表

房间类型	设计照度(lx)	设备能耗密度(W/m^2)	月照明小时数(h)	照明功率密度(W/m^2)	人均新风量[m^3/(h·人)]
大堂门厅	300	0	585	15	20
休息室	300	0	420	11	30
设备用房	150	0	0	5	30
库房	0	0	0	0	0
车库	75	30	294	5	—
展览厅	300	20	300	11	20

(资料来源:《建筑碳排放计算标准》GB/T 51366—2019。)

案例建筑照明碳排放总量 **表 4-39**

房间类型	建筑面积(m^2)	照明密度(W/m^2)	照明时间(h/a)	照明能耗(kWh)	碳排放量($kgCO_2e$)
办公室	6081.89	9	3528	193112.17	184962.84
门厅	200.58	9	7020	12672.64	12137.85
展厅	186.88	9	3600	6054.91	5799.39
会议室	746.88	9	5040	33878.47	32448.80
走廊	1975.08	9	180	3199.62	3064.60
楼梯	388.26	9	180	628.98	602.44
卫生间	336	9	1980	5987.52	5734.85
设备	78.04	9	0	0	0
合计	—	—	—	255534.33	244750.781

(3) 电梯的能耗

根据《电梯技术条件》GB/T 10058—2009 提供的电梯能耗预测模型，电梯能耗可以根据公式 (4-1) 计算得出。本工程选用三菱 ELENESSA-21-C0 电梯两部，电梯的主要参数如下：载重量为 1600kg，速度 1.6m/s，提升高度 19.5m，且为无障碍电梯。具体计算过程为：

$$Ee1=1.0\times0.5\times0.35\times19.5\times400000\times11/1.6\times3600+2700=2936.97\text{kWh}$$

根据本书第 3 章公式 (3-12) 与表 3-6 全国不同地区电力供应碳排放因子中西北区域电网数据计算得出电梯运行年碳排放量为 5626.06$kgCO_2e$，见表 4-40。

电梯年碳排放总量 **表 4-40**

项目	能耗(kWh)	碳排放($kgCO_2e$)
电梯	5873.94	5626.06

(4) 可再生能源系统能耗

在该建筑中未考虑可再生能源的使用，在其他建筑中如使用可再生能源，需要对可再生能源各个阶段的碳排放进行计算，包括物化阶段的碳排放、系统使用维护阶段的碳排放与拆除回收阶段的碳排放增量与减量。

(5) 使用阶段的碳排放总量

根据以上数据，可求得该办公建筑使用阶段的碳排放总计为 47602300.10kgCO_2e。

3) 建筑使用维护阶段的碳排放总量

该建筑设计使用年限 50 年，根据本书第 3 章公式（3-14）可得建筑使用维护阶段的碳排放总量为 49341416.05kgCO_2e，见表 4-41。

使用维护阶段的碳排放总量（50 年） **表 4-41**

子阶段	项目	年碳排放量(kgCO_2e)	碳排放总量(kgCO_2e,50 年)
使用维护	设备生产	—	114958.05
	使用阶段	949746.841	47487342.05
合计			47602300.10

3. 拆除回收阶段

建筑拆除是建筑建造的逆过程，除采用爆破或整体拆除方式外，拆除阶段可以参照建造阶段的计算方法计算拆除过程的能耗。

1) 拆除机械碳排放量

本项目在拆除阶段的分部分项工程量清单和工料机汇总情况如下所示：建筑拆除机械台班数量参考既有研究进行估算，机械台班碳排放量计算方法与建造施工机械碳排放算法一致。根据本书第 3 章公式（3-18）与表 3-4 常用机械台班碳排放因子中的数据可得拆除机械碳排放总量为 39390.76kgCO_2e，具体见表 4-42。

拆除机械碳排放量 **表 4-42**

序号	机械名称	碳排放量(kgCO_2e)
1	履带式推土机	4789.80
2	履带式单斗挖掘机	1216.08
3	风动凿岩机	10157.25
4	履带式液压岩石破机	2637.37
5	载货汽车	268.14
6	洒水车	92.43
7	内燃空气压缩机	18957.39
8	履带式推土机	1272.30
合计		39390.76

2) 废旧建材清理运输碳排放量

建筑废弃物之组成，包括沥青、混凝土块、废砖瓦类、废铜铁（如铜筋、废铁、其他金属）及其他装潢建材（如木材类、塑料）等，需要清理外运至建筑废弃物处理厂进行专业处理，案例建筑拆解后可就近运送至灞桥区建筑废弃物二次加工厂，运输距离约为20km，运输方式为公路运输。根据本书第3章公式（3-21）和表3-3各种运输方式的碳排放因子计算可得，案例建筑拆除清理阶段废旧建材清理运输产生的碳排放量为61072.69kgCO_2e，见表4-43。

废旧建材清理外运碳排放量 **表4-43**

序号	名称规格	单位	材料量	运输方式	平均运输距离(km)	碳排放量(kgCO_2e)
1	商品混凝土	t	11234.51278	公路运输(柴油)	20	44039.29012
2	钢材	t	799.391	公路运输(柴油)	20	147.5675786
3	水泥	t	484.956	公路运输(柴油)	20	1901.02752
4	砂石	t	1963.194701	公路运输(柴油)	20	7695.723228
5	砖	t	790.4730948	公路运输(柴油)	20	3098.654532
6	陶瓷	t	298.7352056	公路运输(柴油)	20	1171.042006
7	涂料	t	9.9745764	公路运输(柴油)	20	39.10033949
8	石灰	t	760.2792	公路运输(柴油)	20	2980.294464
9	木材	t	52.6658	公路运输(柴油)	—	—
10	门窗	t	9.2995479	公路运输(柴油)	—	—
11	其他金属	t	2.2436714	公路运输(柴油)	—	—
合计						61072.69

备注：木材、门窗、金属可由各专业加工厂自行回收利用，因此这类建筑部件运输所产生的碳排放量不计入案例建筑生命周期碳排放过程。

3）废旧建材回收利用阶段碳排放减量

在以废混凝土块、砖块为主要再利用对象时，主要的途径为：作为土方填补、填方料、道路级配料、预拌混凝土原料、建筑基本原料（各种粒径之砂、石等）或制成各种再生混凝土制品如高压混凝土砖、消波块、人孔盖、水泥涵管等。每一种建材都有其对应的回收再利用率。根据本书第3章表3-2建筑材料碳排放因子与拆除建材产生量结合回收再利用率计算得到废旧建材回收利用碳排放减量为3092057.8kgCO_2e，见表4-44。

可回收利用的建筑废弃物碳排放减量 **表4-44**

废旧建材种类	产生量	再利用率	回收利用率	建材回收量	回收后的材料种类	碳排放因子	碳排放减量(kgCO_2e)
混凝土	11234.51	—	0.7	7864.16	骨料、砾石	6.4kgCO_2e/t	50330.6
砖	219.72千块	0.7	—	153.8	砖	290kgCO_2e/千块标准砖	53677.6
钢材	799.39	—	0.9	719.45	粗钢	1942.5kgCO_2e/t	1397531.6
铜芯导线电缆	1828.kg	—	0.9	1645.2	粗铜	7.92kgCO_2e/kg	11845.4
门窗(铝合金中空)	2503.35m^2	0.8	—	2002.68	门窗	10.9kgCO_2e/m^2	21829.2
木材	119.70m^2	—	0.65	77.8	木材	139kgCO_2e/m	10814.4
合计碳排放减量							3092057.8

4）拆解回收阶段碳排放总量

根据以上数据及本书第 3 章公式（3-17）可得案例建筑拆解回收阶段碳排放总量为 $-3092057.8kgCO_2e$，见表 4-45。

拆除清理阶段碳排放量　　表 4-45

子阶段	碳排放增量(kg)	碳排放减量(kg)
机械台班施工	39390.76	—
废旧建材运输	61072.69	—
废旧建材回收利用	—	3092057.8
合计碳排放量：$-3092057.8(kgCO_2e)$		

4. 建筑全生命周期碳排放总量及碳排放因子计算

1）建筑全生命周期碳排放总量

综上可得，该工程建筑物化阶段、使用维护阶段、拆除清理阶段碳排放总量分别为：9560、52499、−1783t。根据第 3 章公式（3-1）可求出建筑全生命周期碳排放总量为 $51191763.10\ kgCO_2e$，见表 4-46。

办公建筑全生命周期碳排放量　　表 4-46

阶段/子阶段	碳排放量($kgCO_2e$)
物化阶段	6581057.35
使用维护阶段	47602300.10
拆除清理阶段	−2991594.35
全生命周期碳排放(50 年)	51191763.10

2）建筑全生命周期碳排放因子

根据本书第 3 章公式（3-2）求出碳排放强度为 $4509.89kgCO_2e/m^2$；根据本书第 3 章公式（3-3）求出该工程年均碳排放强度为 $90.20kgCO_2e/m^2$。

第5章 建筑全生命周期碳排放构成分析

Chapter 5

5.1 建筑全生命周期总体碳排放构成分析

第4章利用清单分析法及碳排放系数法，对选取的2005年前后具有代表性的建筑进行了建筑全生命周期碳排放计算，得出建筑全生命周期碳排放量及不同阶段碳排放构成。

本章选用三种不同指标来分析建筑全生命周期碳排放量及其构成，分别为建筑碳排放总量、碳排放系数（单位面积碳排放量）以及年均碳排放系数（年均单位面积碳排放量）。

其中，建筑碳排放总量对于单体建筑分析比较直观、简洁，可以清楚地表示出建筑全生命周期碳排放量的多少，但是该指标不易对比不同规模的建筑碳排放效率。为了对比同类型建筑的碳排放效率，我们将碳排放总量折合成单位建筑面积碳排放量，从而比较单位面积下的建筑碳排放效率。在横向比较单位建筑面积碳排放效率的同时，还应考虑纵向的时间因素，即建筑使用年限对于建筑全生命周期碳排放强度的影响。因为一栋建筑建造物化阶段的周期及碳排放总量是固定不变的，如果建筑使用寿命不同，其均摊到每年的碳排放量就会产生变化。且建筑使用年限越长，平均到每年的碳排放量会随之减少。在使用不同的建筑材料进行建筑营建时，产生的变化将更加明显。

本章将针对不同阶段碳排放量及特点进行分析，从而提出更具有针对性的减碳策略。

5.1.1 住宅类建筑

案例建筑“太乙路经济适用房”全生命周期碳排放量计算结果如图5-1所示，建筑全生命周期碳排放总量为94317581.19$kgCO_2e$。去掉拆解回收阶段回收利用的碳减量4303254.09$kgCO_2e$，该栋建筑实际排放量为90880551.57$kgCO_2e$。其中，使用维护阶段碳排放量最大，总共占比82.82%；其次是物化阶段，碳排放量占比16.26%；拆除清理阶段形成约895673.57$kgCO_2e$的碳排放量，仅占0.92%（图5-2）。

在物化阶段，建材生产阶段的碳排放量最大，占该阶段碳排放量比为95.19%（图5-3），占建筑全生命周期碳排放量的15.48%；在使用维护阶段，采暖的碳排放量最大，占该阶段碳排放量的比例为59.25%（图5-3），占建筑全生命周期碳排放量的49.07%（图5-4），占主导地位。

其中，废钢材、废钢筋及其他废金属材料作为主要回收碳减量对象，可直接再利用或回炉加工。废砖瓦混凝土可粉碎后用于生产骨料，成为再生砖、砌块、墙板、地砖及低强度等级混凝土等建材制品。对于废弃木材类建筑垃圾，尚未明显破坏的木材可以直接再用于重建建筑，破损严重的木质构件可作为木质再生板材的原材料或造纸等。

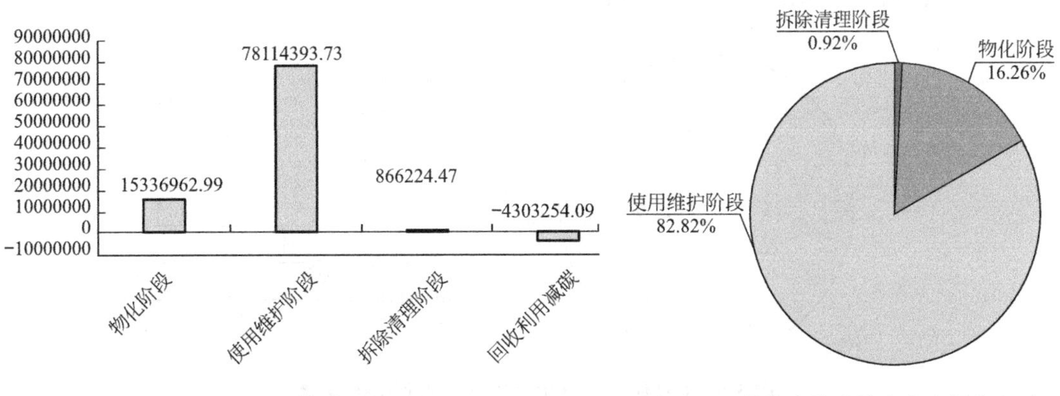

图 5-1　整体碳排放量

图 5-2　1 号住宅楼建筑全生命周期各阶段碳排放量占比

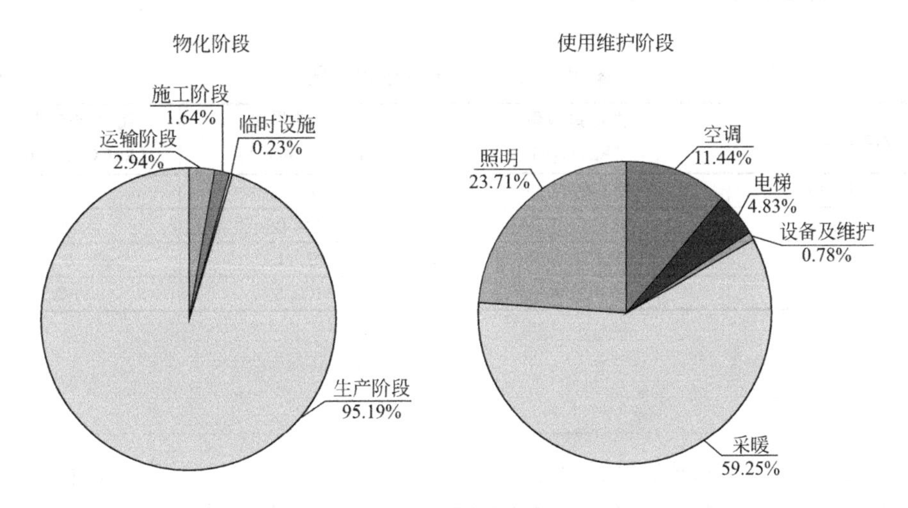

图 5-3　1 号住宅楼生命周期分阶段碳排放绝对量所占百分比图

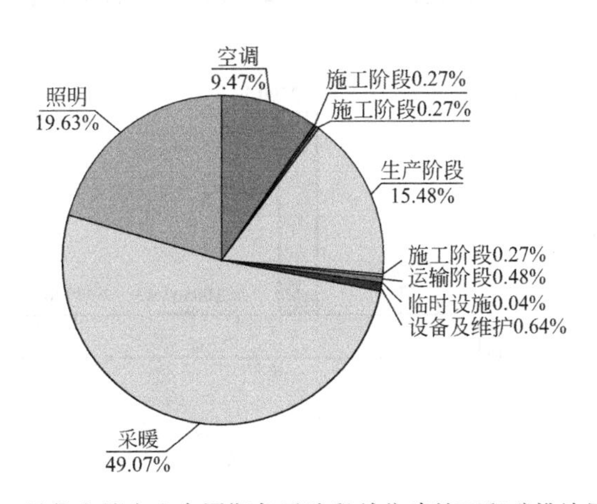

图 5-4　1 号住宅楼全生命周期各子阶段单位建筑面积碳排放量及占比

建筑全生命周期在拆解过程中物料的回收占建筑的减碳量达到了整体排放的 4.36%(图 5-5 左)，相当于物化阶段的 1/3 (图 5-5 右)。

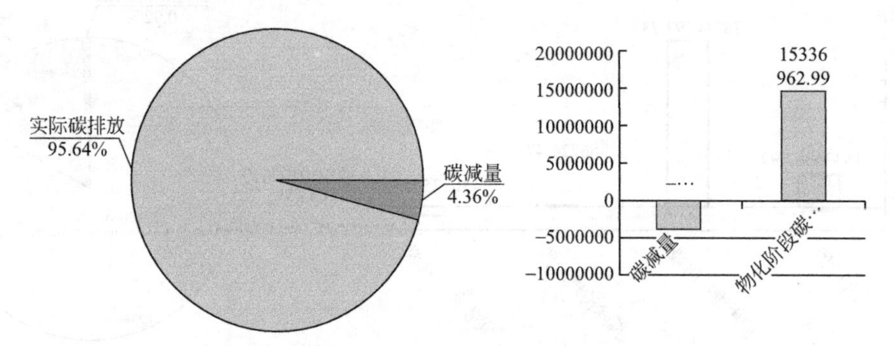

图 5-5　1 号住宅楼全生命周期回收利用碳减量

因此，在建筑全生命周期碳排放计算中我们将此部分的贡献值计算为碳减量。三种不同碳排放表现形式如表 5-1 所示。

案例建筑全生命周期碳排放量　　**表 5-1**

1 号高层住宅	总碳排放量 ($kgCO_2e$)	碳排放强度 ($kgCO_2e/m^2$)	年平均碳排放强度 [$kgCO_2e/(m^2 \cdot a)$]
物化阶段	15336962.99	391.52	7.83
使用维护阶段	78114393.73	1994.09	39.88
拆除清理阶段	866224.47	22.11	0.44
回收利用减碳	-4303254.09	-109.85	-2.20

5.1.2　办公类建筑

案例建筑“灞桥区总部二号综合办公建筑”总建筑面积为 11351m^2，设计使用年限为 50 年，建筑全生命周期碳排放总量为 54283820.90$kgCO_2e$，去掉拆解回收阶段回收利用的碳减量 3092057.80$kgCO_2e$，实际碳排放量为 51292226.55$kgCO_2e$（图 5-6）。

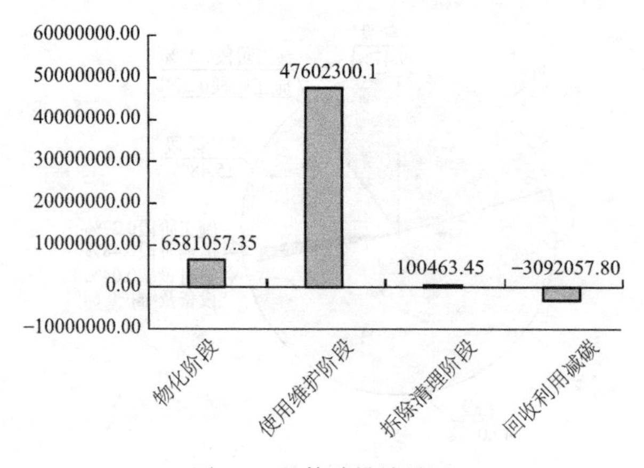

图 5-6　整体碳排放量图

其中，使用维护阶段碳排放量最大，约为47602300.1kgCO_2e，占建筑全生命周期碳排放量的87.69%；其次是物化阶段，碳排放量约为6581057.35kgCO_2e，占建筑全生命周期碳排放量的12.12%；拆除清理阶段产生的碳排放量为100463.45kgCO_2e，仅占建筑全生命周期碳排放量的0.19%（图5-7）。

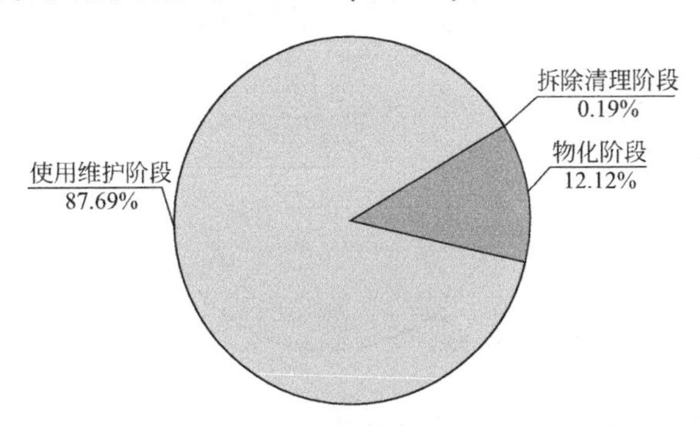

图5-7 各阶段碳排放量占比

在物化阶段，建材生产阶段的碳排放量最大，占该阶段碳排放量的比例为93.75%，占建筑全寿命周期碳排放量的11.37%；在使用维护阶段，采暖的碳排放量最大，占该阶段碳排放量的比例为59.97%，占建筑全寿命周期碳排放量的52.58%。在建筑全寿命周期中，施工机械、建筑维护更新、建材运输等碳排放源的碳排放占比很小，因而建材生产、建筑使用阶段这两大环节是决定建筑碳排放的关键因素（图5-8、图5-9）。

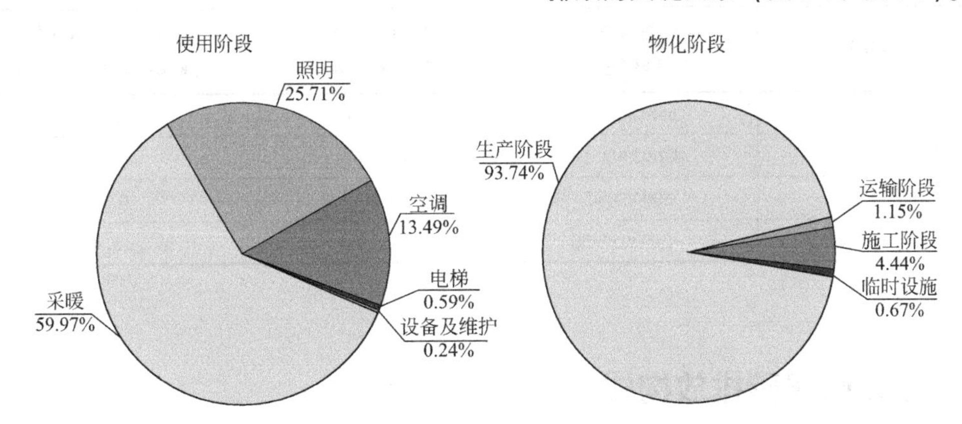

图5-8 综合办公建筑全生命周期分阶段碳排放占比图

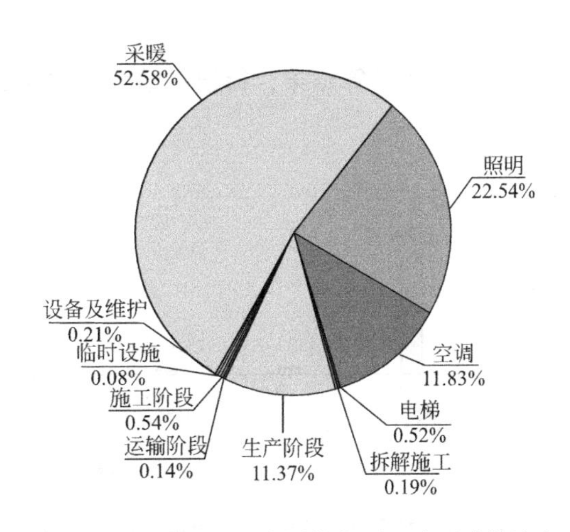

图5-9 综合办公建筑全生命周期各项目碳源碳排放占比图

另外，建筑全生命周期在拆解过程中物料的回收占建筑的减碳量达到了整体排放的5.39%（图5-10），占物化阶段的22.26%。三种不同的碳排放表现形式如表5-2所示。

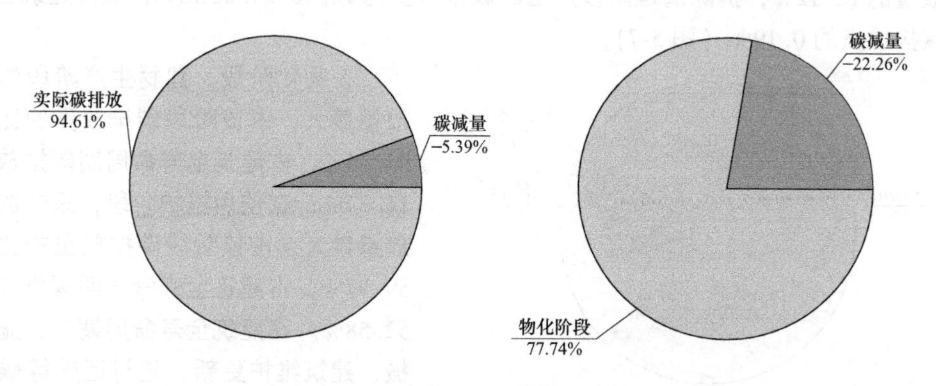

图5-10 综合办公建筑全生命周期回收利用碳减量

案例建筑全生命周期碳排放量及碳排放系数 **表5-2**

办公类建筑	碳排放总量 ($kgCO_2e$)	碳排放强度 ($kgCO_2e/m^2$)	年平均碳排放强度 [$kgCO_2e/(m^2 \cdot a)$]
物化阶段	6581057.35	579.78	11.60
使用维护阶段	47602300.10	4193.67	83.87
拆除清理阶段	100463.45	8.85	0.18
回收利用减碳	−3092057.80	−272.40	−5.45

5.2 物化阶段碳排放构成

5.2.1 案例住宅建筑

根据案例建筑物化阶段的碳排放计算结果，得出各阶段单位建筑面积碳排放量及所占比例，具体见图5-11和图5-12。

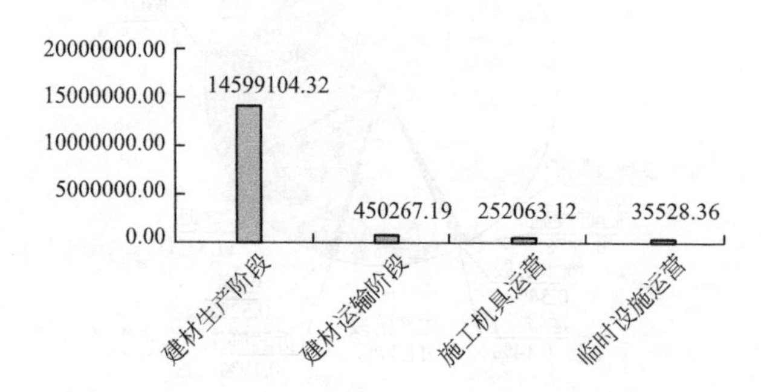

图5-11 1号住宅楼物化阶段各子阶段单位建筑面积碳排放量（$kgCO_2e$）

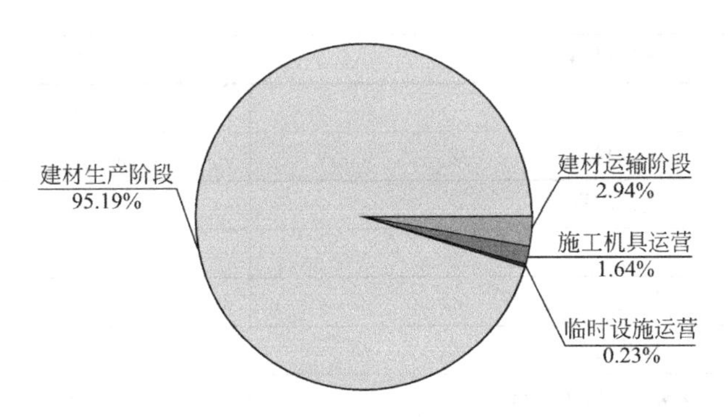

图 5-12　1 号住宅楼物化阶段各子阶段碳排放比例

由图 5-11 和图 5-12 可以看出，物化阶段中碳排放比例最高的子阶段为建材生产阶段，达到 95.19%，其次为建材运输阶段，达到 2.94%，施工阶段的碳排放所占比例为 1.64%。其中，建材生产、建材运输、施工阶段的施工机具运行三个子阶段碳排放总量约占到了物化阶段的 99.77%，临时设施运营所占的碳排放最小，为 0.23%。根据《PAS2050》中对实质性贡献的定义，本研究中临时设施运行碳排放不足 1%，作了非实质性的贡献，为非实质性排放源，可不纳入碳排放评价。

1. 建材生产阶段建材用量及建材碳排放量分析

在对 1 号住宅楼建材用量及碳排放量分析统计时，根据第 4 章对 1 号住宅楼主要建材的归类，分别对 1 号住宅楼主要建材如钢（铁）、商品混凝土、水泥、砂石、木材、砌体材料、建筑陶瓷、门窗、保温材料、铜芯导线电缆、建筑装饰涂料、化学类和塑胶类管材、石材、防水涂料等十四类建材的用量及碳排放量进行分析总结，从中发现建材的碳排放规律。

1）建筑材料用量分析

（1）1 号住宅楼的单位建筑面积材料使用量

1 号住宅楼单位建筑面积的建材使用量见表 5-3。

1 号住宅楼单位建筑面积（m^2）的建材使用量　　表 5-3

建筑材料		单位	住宅
钢	钢筋	kg/m^2	52.06
	钢型材	kg/m^2	0.55
	钢管	kg/m^2	0.84
商品混凝土		m^3/m^2	0.32
砌体材料	多孔砖	块/m^2	6.71
	标准砖	块/m^2	2.98
水泥		kg/m^2	70.58
砂石	石灰	kg/m^2	7.7
	净砂	m^3/m^2	0.11
	砾石	m^3/m^2	0.08

续表

建筑材料		单位	住宅
铜芯导线电缆		kg/m^2	1.11
木材		m^3/m^2	0.006
建筑陶瓷		m^2/m^2	0.42
门窗		m^2/m^2	0.21
建筑装饰涂料		kg/m^2	0.92
保温材料		m^3/m^2	0.026
化学类和塑胶类管材		kg/m^2	0.64
石材		kg/m^2	0.64
防水材料	防水卷材	m^2/m^2	0.25
	石油沥青	kg/m^2	0.13
其他		—	—

(2) 单位建筑面积的建材重量所占百分比

单位面积建筑的建材重量所占百分比见表 5-4、图 5-13。

1 号住宅楼单位建筑面积的建材重量占比（%） **表 5-4**

	钢	商品混凝土	水泥①	保温材料	门窗	砂石	铜芯导线电缆	建筑装饰涂料	建筑陶瓷	木材	防水材料	化学类和塑胶类管材	砌体材料	石材
住宅	4.35	62.16	5.74	0.05	0.54	22.34	0.09	0.07	0.97	0.21	0.23	0.05	3.04	0.16

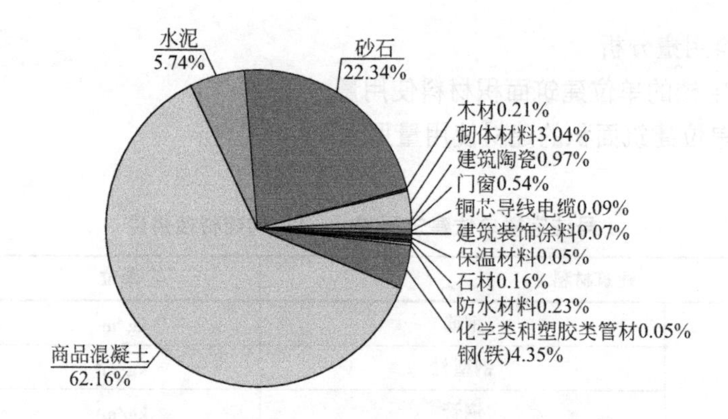

图 5-13　1 号住宅楼单位建筑面积建材重量占比饼图

2) 建筑材料碳排放量分析

(1) 1 号住宅楼的建筑材料的碳排放量占比

1 号住宅楼的建筑材料碳排放量见图 5-14。

① 文中水泥指装饰的抹灰。

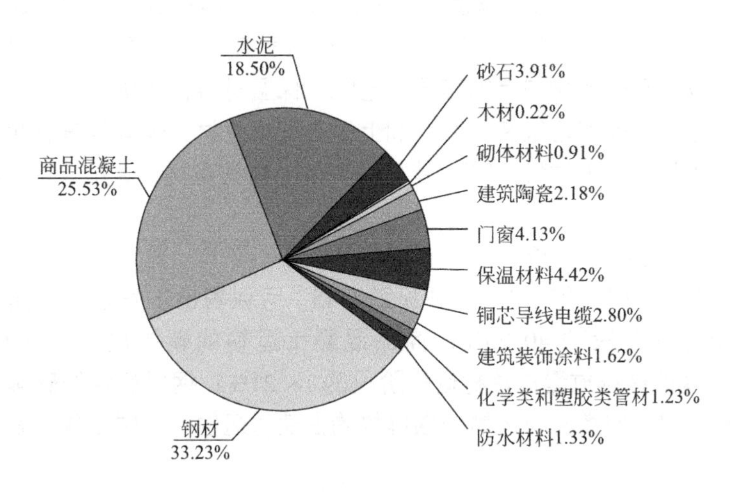

图 5-14　单位建筑面积建材碳排放量占比

由图 5-14 中可以看出，钢和商品混凝土的碳排放量很大，分别占比 33. 23%和 25. 53%；水泥、砂石的碳排放量分别占比 18. 5%和 3. 91%，这些建材的碳排放量都比较大。

(2) 单位建筑面积的建材碳排放量占比

单位建筑面积的建材碳排放量占比见表 5-5。

1 号住宅楼单位建筑面积的建材碳排放量占比（%）　　　表 5-5

	钢	商品混凝土	水泥	保温材料	门窗	砂石	铜芯导线电缆	建筑装饰涂料	建筑陶瓷	木材	防水涂料	化学类和塑胶类管材	砌体材料	石材
住宅	33. 14	25. 46	18. 45	4. 40	4. 11	3. 89	3. 0	1. 61	1. 39	1. 36	1. 24	1. 0	0. 90	0. 02

(3) 单位建筑面积的建材碳排放量累计百分比

单位建筑面积的 1 号住宅楼的建筑材料碳排放量所占的百分比统计见表 5-6。

单位建筑面积的 1 号住宅楼的建筑材料碳排放量所占的百分比　　　表 5-6

累计比重	钢	商品混凝土	水泥	砂石	木材	砌体材料	建筑陶瓷	门窗	保温材料	铜芯导线电缆	建筑装饰涂料	化学类和塑胶类管材	石材	防水材料
70%	√	√	√											
80%	√	√	√	√				√						
90%	√	√	√	√				√	√	√				
95%	√	√	√	√			√	√	√	√	√			
99%	√	√	√	√	√		√	√	√	√	√	√		√

在 1 号住宅建筑中，钢、商品混凝土和水泥这三者的碳排放量之和占建材生产阶段的 70%以上；钢、商品混凝土、水泥、砂石、门窗这五类建材的碳排放量之和占建材生产阶段的 80%以上；以上五类建材加上铜芯导线电缆、保温材料，碳排放量之和占建材生产阶段的 90%以上；建筑陶瓷和建筑装饰涂料加上以上七类建材，碳排放量总和占建材生产阶段的 95%以上；木材、防水材料、PVC 管材加上以上九类建材，碳排放量总和占建材生产阶段的 99%以上。

2. 建材运输阶段碳构成分析

1 号住宅楼建材运输阶段碳排放构成见图 5-15。可以看出 1 号住宅楼建材的陶瓷运输碳排放量占建材运输阶段的 40.73%；商品混凝土运输的碳排放量占建材运输阶段的 26.07%；砂石运输的碳排放量占建材运输阶段的 18.21%；钢材运输的碳排放量占建材运输阶段的 4.29%，以上四类建材运输的碳排放约占建材运输阶段碳排放的 89.30%。

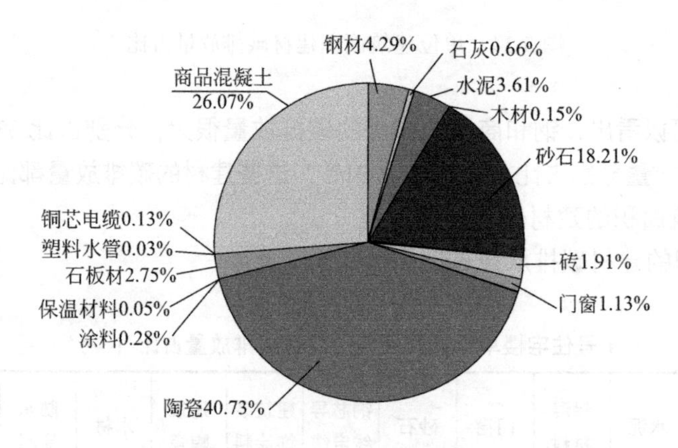

图 5-15　1 号住宅楼建材运输阶段碳排放量占比

3. 施工阶段碳排放构成分析

1 号住宅楼施工阶段各施工机具碳排放量见图 5-16，各施工机具碳排放量占比见饼图 5-17。

图 5-16　各施工机具碳排放量（$kgCO_2e$）

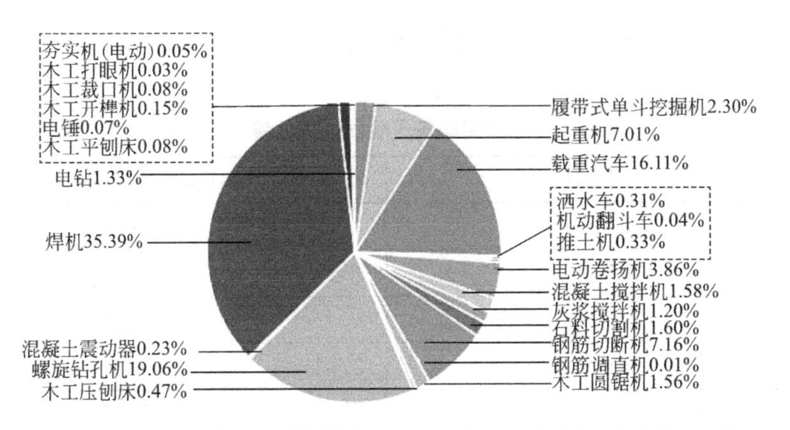

图 5-17　1 号住宅楼建筑施工过程中各施工机具碳排放量占比

根据图 5-17 可以看出，施工机具中焊机、螺旋钻孔机、载重汽车这三类施工机具的碳排放占所有施工机具碳排放的 70%，加上钢筋切断机和起重机，这五类施工机具的碳排放所占比例之和达到 84.73%。以上五类施工机具加上电动卷扬机、履带式单斗挖掘机的七类施工机具的碳排放所占比例之和达到 90.89%。

在本工程中电锤、机动翻斗车、钢筋调直机、木工裁口机、木工刨床、木工打眼机、夯实机、推土机、洒水车，以上几类施工机具的碳排放量不足 1%，根据《PAS2050》① 中对实质性贡献的定义，以上几类施工机具作了非实质性贡献，为非实质性排放源。

4. 物化阶段临时设施碳排放构成分析

物化阶段临时设施碳排放构成百分比见饼状图 5-18。可以看出，临时设施中宿舍和办公室日常使用的碳排放占比最大。

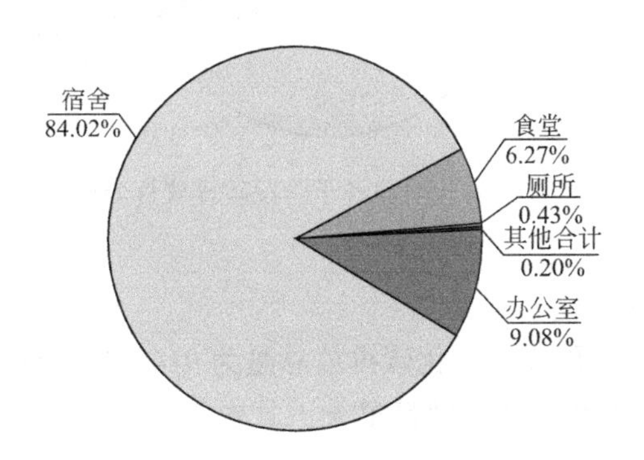

图 5-18　1 号住宅楼物化阶段临时设施碳排放构成分析

5.2.2　案例办公建筑

案例建筑物化阶段碳排放总量为 6581057.35kgCO_2e，因此碳排放强度为 579.78 kgCO_2e/m^2。各子阶段碳排放量如表 5-7 所示，建材生产碳排放量最大，二氧化碳排放量为

① 中文全称《PAS 2050：2008 商品和服务在生命周期内的温室气体排放评价规范》，为全球首个产品碳足迹方法标准。于 2008 年 10 月由英国标准协会发布。

543.52kgCO_2e/m^2，其次依次为施工机具、建材运输碳排放量。

生命周期各子阶段碳排放量 表 5-7

序号	子阶段	碳排放强度(kgCO_2e/m^2)
1	建材生产	543.52
2	建材运输	6.67
3	施工机具	25.72
4	临时设施	3.87
物化阶段		579.78

从物化阶段各子阶段碳排放量占比（图5-19）可以看出，建材生产产生的碳排放量占比达到物化阶段的93.75%；建造施工产生的碳排放量占比为4.44%，对物化阶段碳排放影响较大；建材运输产生的碳排放量占比为1.15%，影响较小；而物化阶段临时设施产生的碳排放量占比不足1%，根据《PAS2050》中对实质性贡献的定义，该部分碳排放属于非实质性碳排，对建筑碳排放的影响可以忽略不计，可不将其纳入碳排放评价内。

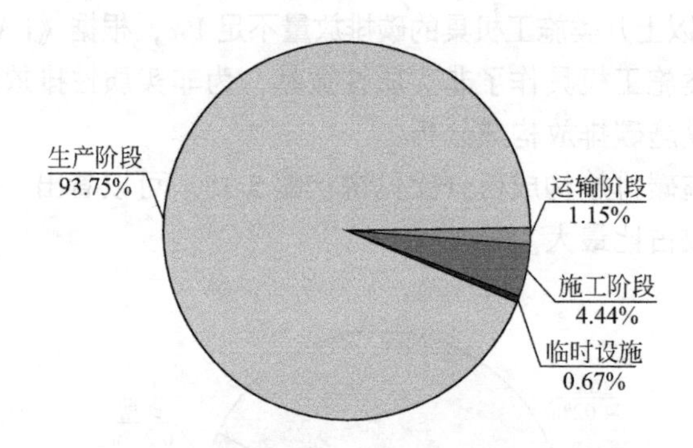

图5-19 物化阶段各子阶段碳排放百分比图

1. 建材生产碳排放分析

经计算，各类建材生产阶段二氧化碳排放总量为9149761.45kgCO_2e，每平方米碳排放量为806kgCO_2e，其中，钢材的碳排放量最大，其次是砖和混凝土（表5-8）。

各类建材生产碳排放量 表 5-8

序号	建材类别	碳排放量(kgCO_2e/m^2)	比例
1	水泥	473801.70	0.08
2	铁件	4913.64	0.00
3	生石灰	1330701.03	0.22
4	商品混凝土	1381871.35	0.22

续表

序号	建材类别	碳排放量($kgCO_2e/m^2$)	比例
5	钢材	1807723. 16	0. 29
6	涂料	65333. 78	0. 01
7	规格料	7321. 13	0. 00
8	砂石	5268. 19	0. 00
9	门窗	427341. 50	0. 07
10	砖	426803. 14	0. 07
11	卷材	120022. 01	0. 02
12	焊接钢管	26625. 15	0. 00
13	镀锌钢管	49754. 44	0. 01
14	无缝钢管	6324. 86	0. 00
15	送风管	7778. 49	0. 00
16	铜芯	17203. 86	0. 00
17	铜管	10719. 25	0. 00

根据各类建材碳排放占比归纳出该建筑碳排放量较大的前十类建材为钢材、砖、商品混凝土、生石灰、水泥、门窗、木材、防水及保温材料、铜芯电缆，这十类建材的碳排放量在建材生产阶段的碳排放占比为 99. 8%，其他建材碳排放占比不足 1%（图 5-20），对建筑建材生产阶段的影响很小，可不纳入建筑碳排放评价。

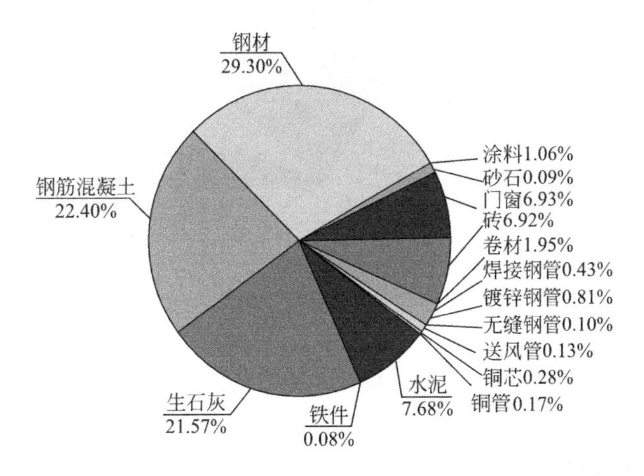

图 5-20 各类建材生产碳排放占比图

2. 建材运输碳排放分析

根据计算结果，建材运输碳排放当量为 6. 65$kgCO_2e/m^2$，其中商品混凝土的运输碳排放当量最大，为 3. 88kgCO_2e/m^2，其次为砂石、砖、水泥、石灰（表 5-9）。

物化阶段建材运输碳排放当量 **表 5-9**

项目	序号	名称规格	碳排放当量（kgCO_2e/m^2）
建材运输	1	商品混凝土	3. 88
	2	钢材	0. 04
	3	水泥	0. 44
	4	木材	0. 03
	5	砂石	1. 355
	6	砖	0. 34
	7	门窗	0. 01
	8	陶瓷	0. 205
	9	涂料	0. 01
	10	石灰	0. 35
	11	其他金属	0. 005
	合计		6. 65

从各类建材运输碳排放占比情况来看，商品混凝土的碳排放当量最大，占比 58. 21%，商品混凝土、砂石、砖、水泥、石灰、钢材这六种建材在运输阶段碳排放中合计占比 99. 09%，其余门窗、涂料等建材运输碳排放占比不足 1%，建材运输碳排放主要由建材消耗量和运输距离决定（图 5-21）。

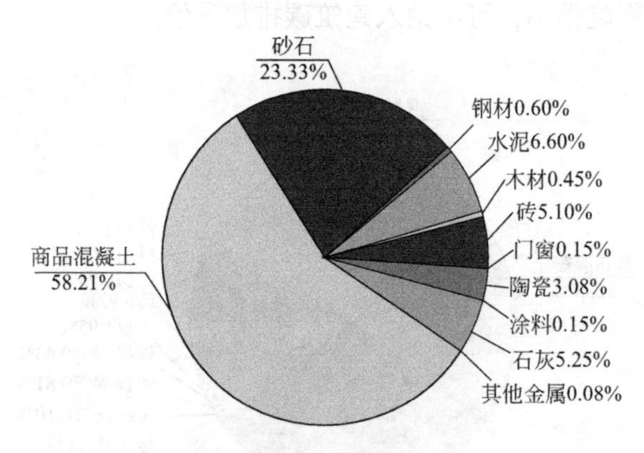

图 5-21 建材运输碳排放汇总

3. 施工台班碳排放分析

施工台班碳排放当量为 25. 55kgCO_2e/m^2，占物化阶段碳排放当量的 3%。据统计，该建筑施工阶段主要使用 33 种机械，机械台班主要动力来源于柴油、电力，依据其施工形式可分为加工机械、土石方机械、打桩机械、混凝土砂浆机械、起重机械五大类（表 5-10）。

施工台班碳排放当量清单表 表 5-10

类别	序号	名称及规格	碳排放当量($kgCO_2e/m^2$)
加工机械	1	点焊机(长臂),75kN·A	0.65
	2	电锤(小功率),520W	0.411
	3	电动卷扬机(单筒慢速),50kN	1.005
	4	电钻	0.0755
	5	钢筋切断机,ϕ40mm	0.0635
	6	管子切断机,ϕ60mm	0.0035
	7	交流弧焊机,32kVA	10.05
	8	木工裁口机(多面),400mm	0.006
	9	木工打眼机,MK212	0.001
	10	木工开榫机,160mm	0.0025
	11	木工平刨床,500mm	0.003
	12	木工压刨床(单面),600mm	0.0055
	13	木工圆锯机,ϕ600mm	0.0175
	14	抛光机	0.016
	15	强夯机械,1200kN·m	0.0385
	16	石料切割机	0.2085
土石方机械	17	光轮压路机(内燃),6t	0.0345
	18	机动翻斗车,1t	0.615
	19	洒水车,4000L	0.0585
	20	推土机(综合)	0.136
	21	载重汽车,6t	0.05
	22	载重汽车,8t	0.032
	23	轮胎式拖拉机,21kW	0.0055
	24	履带式单斗挖掘机(液压),0.8m^3	0.353
打桩机械	25	夯实机(电动),20~62N·m	2.09
	26	履带式柴油打桩机,2.5t	7.8
混凝土砂浆机械	27	灰浆搅拌机,200L	0.3005
	28	混凝土振动器(插入式)	0.4895
	29	混凝土振动器(平板式)	0.0355
	30	双锥反转出料混凝土搅拌机,350L	0.95
起重机械	31	汽车式起重机,5t	0.014
	32	履带式起重机,15t	0.0135
	33	轮胎式起重机,20t	0.021
		合计	25.55

如图 5-22 所示，加工机械碳排放当量最大，为 12.57$kgCO_2e/m^2$，占比为 49.14%，其

次为打桩机械，占比 38.70%，混凝土砂浆机械占比 6.95%，土石方机械占比 5.03%，起重机械碳排放量最少，几乎可以忽略不计。

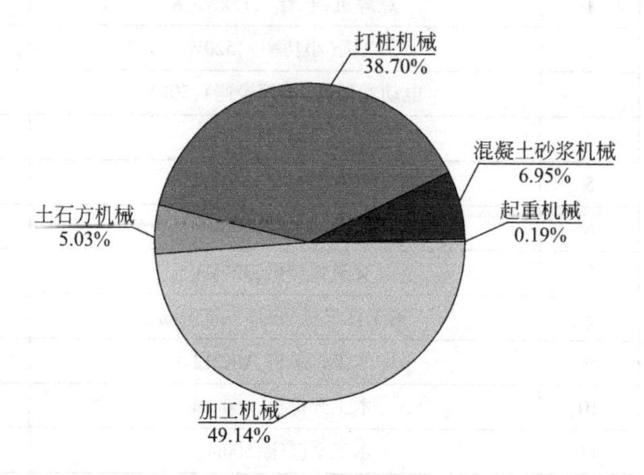

图 5-22 各类施工机械碳排放占比图

综上所述，可以看出办公建筑物化阶段的碳排放主要集中于建材生产的碳排放，其次是施工机械碳排放，建材运输的碳排放很少，小于 5%，几乎可以忽略不计。因此，办公建筑物化阶段减排的重点应放在建材生产上，对于钢筋混凝土结构的办公建筑，混凝土与钢材的用量对物化阶段的碳排放起决定作用。

5.2.3 建筑物化阶段碳排放分析

物化阶段是将规划设计的图纸实现为建筑实体的过程，该阶段的资源和能源消耗量大，产生的温室气体较使用阶段表现为短时间内排放更集中、强度更大。下面根据前面对案例建筑物化阶段碳排放量构成的分析研究，对建筑物化阶段的碳排放量进行分析总结。

1. 建筑材料的消耗

建材生产阶段的碳排放约占到物化阶段碳排放的 95%，根据对案例建筑建材生产阶段建筑材料用量及碳排放量的相关研究可知住宅建筑材料的消耗量最大的是商品混凝土、砂石、水泥、钢、砌体材料、建筑陶瓷、门窗，以上七种建材的总重量约占到所耗建材总重量的 98%。

钢、商品混凝土、水泥、砂石、木材、建筑陶瓷、门窗、保温材料、铜芯导线电缆、建筑涂料、PVC 管材、防水材料，以上十二种建材的碳排放约占到建材生产阶段碳排放的 99%。其中，钢材、商品混凝土、水泥、保温材料四类建材的碳排放占比最大，合计约为 85%。

因此，在物化阶段建材的消耗量及绿色低碳建材的使用量对物化阶段的碳排放有很大的影响。

2. 能源的消耗

建筑建造过程中的能源消耗也是物化阶段碳排放不可忽略的影响因素，具体有施工现场的临时办公及住所的能源消耗以及施工过程中一些大型施工机械的能源消耗，特别是焊机、螺旋孔转机、载重汽车、钢筋切断机、起重机，以上五类施工机具的碳排放约占施工阶段碳排放的 85%。

3. 施工方式的消耗

目前，建筑施工方式主要为湿式工法。而湿式工法现场产生的废弃物与污染较多，现场使用的施工机具种类多且能耗大，比如钢筋切割机、混凝土搅拌机、混凝土振动器、灰浆搅拌机、木工机具的碳排放量占施工机具碳排放量的16%。为了减少相对应的碳排放，我们可以进行相关工艺的提升，减少相关阶段的能源消耗。

5.3 使用维护阶段碳排放构成分析

根据第4章的计算结果得出，案例住宅楼使用阶段碳排放量为77508278.00kgCO_2e，维护阶段碳排放量为606115.73kgCO_2e（图5-23、图5-24）。

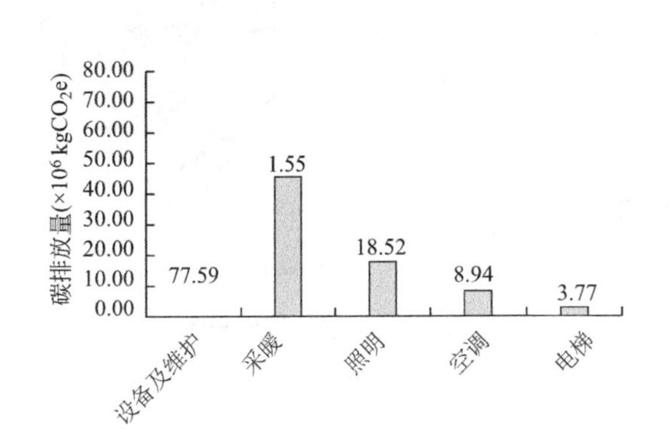

图5-23 1号住宅楼使用维护阶段各子阶段碳排放量

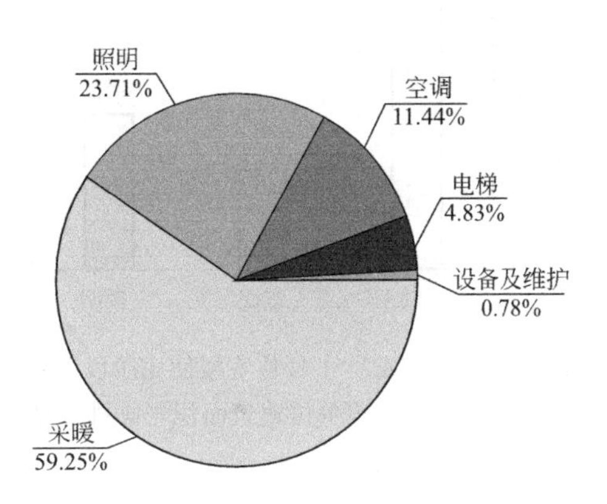

图5-24 1号住宅楼使用维护阶段各子阶段碳排放量占比饼图

案例办公楼使用阶段碳排放量为47487342.05kgCO_2e，维护阶段碳排放量为114958.05kgCO_2e（图5-25、图5-26）。

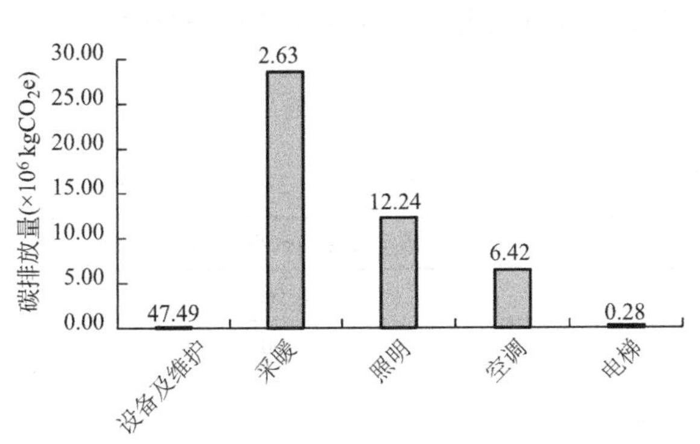

图5-25 办公楼使用维护阶段各子阶段碳排放量

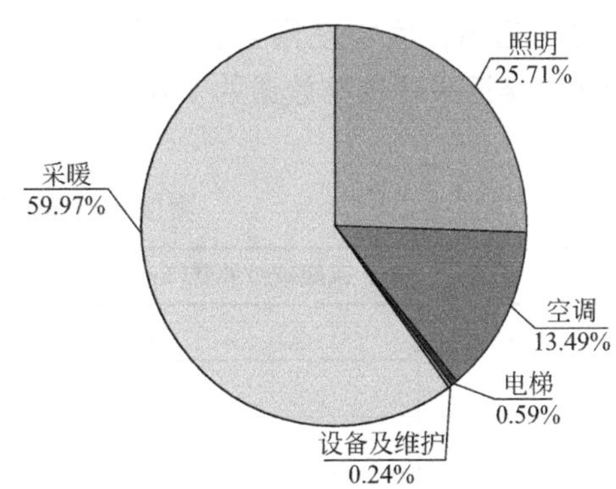

图5-26 办公楼使用维护阶段各子阶段碳排放量占比饼图

从图 5-24、图 5-26 可以看出，在使用维护阶段中，使用阶段产生的碳排放量几乎是大部分，维护阶段相对少很多。

5.3.1 案例住宅建筑

根据第 4 章的计算结果，整理得出案例住宅建筑使用维护阶段采暖、空调、照明、电梯的年碳排放量及所占比例，具体见图 5-27、图 5-28。

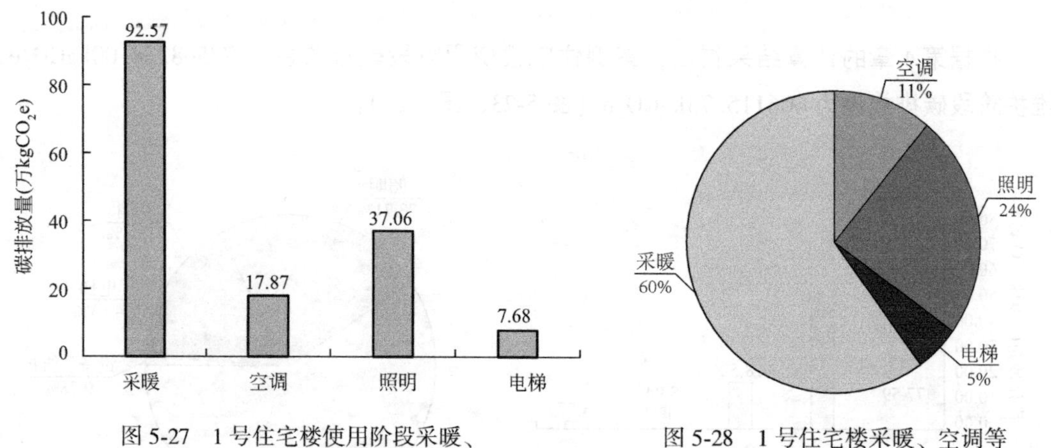

图 5-27　1 号住宅楼使用阶段采暖、空调等单位建筑面积年碳排放量

图 5-28　1 号住宅楼采暖、空调等单位建筑面积年碳排放量占比饼图

由图 5-27、图 5-28 可以看出，案例住宅使用维护阶段，因采暖引起的碳排放量占比最大，为 60%，其次为照明引起的碳排放，为 24%，空调制冷引起的碳排放占比约为 11%，电梯运行引起的碳排放仅占 5%。

1. 采暖、制冷

由于案例建筑地处寒冷地区，故采暖能耗是使用阶段占比最大的能耗。该住宅楼冬季采暖形式为散热器低温水采暖，为集中燃煤供热系统；夏季制冷采用分体式空调。根据图 5-28 可看出，住宅使用维护阶段的采暖引起的碳排放量占 60%；而制冷碳排放量仅为 11%，接近采暖碳排放量的 1/6。

案例住宅建筑逐月采暖、制冷碳排放量　　表 5-11

月份	采暖碳排放量[$kgCO_2e/(m^2 \cdot a)$]	制冷碳排放量[$kgCO_2e/(m^2 \cdot a)$]
1 月	8.4	0.00
2 月	5.4	0.00
3 月	1.88	0.00
4 月	0.00	0.00
5 月	0.00	0.00
6 月	0.00	0.61
7 月	0.00	1.91

续表

月份	采暖碳排放量[$kgCO_2e/(m^2 \cdot a)$]	制冷碳排放量[$kgCO_2e/(m^2 \cdot a)$]
8 月	0.00	2.04
9 月	0.00	0.00
10 月	0.00	0.00
11 月	0.99	0.00
12 月	6.90	0.00
全年总碳排	23.57	4.56

从表 5-11 可看出采暖季碳排放峰值发生在 1 月份，单位面积年碳排放量为 8.4$kgCO_2e/m^2$，从 11 月到次年 1 月呈现线性上升，次年 2 月明显下降；整个制冷季，碳排放量呈上升状态，峰值发生在 8 月份，单位面积年碳排放量为 2.04$kgCO_2e/m^2$（图 5-29）。

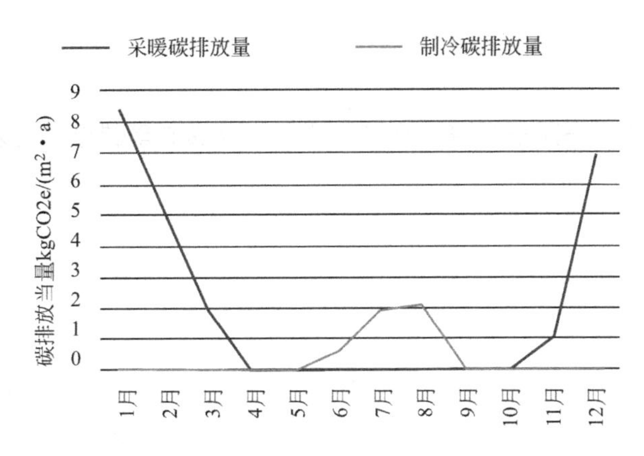

图 5-29 案例居住建筑采暖、制冷碳排放量变化

2. 照明

照明设备的耗电量在住宅生命周期能源使用中占据相当一部分比重，照明设备能耗与灯具选择、使用习惯等密切相关。根据图 5-28 可看出，住宅楼使用阶段照明产生的碳排放量占 24%，在使用阶段占比第二。

3. 电梯及其他设备

根据图 5-27、图 5-28 可知住宅楼电梯运行引起的年碳排放量为 76779.08$kgCO_2e$，在使用阶段中占比 5%。根据第 4 章设备生产能耗计算，得出电梯生产与更新产生的年碳排放量为 457.6$kgCO_2e$（图 5-30）。

除电梯以外的其他设备在使用阶段中产生的碳排放量相对较少，故忽略不计。

4. 住户使用

在本研究中，建筑日常运营所产生的碳排放主要包括建筑使用阶段因消耗化石燃料、电力、热力等能源而直接或间接产生的二氧化碳气体排放。由于住户生活习惯不同，家电设备、烹饪和生活热水用天然气等生活设备使用习惯差距较大，产生的碳排放量无法估算，因此在此阶段不纳入计算中，对此也不进行分析。

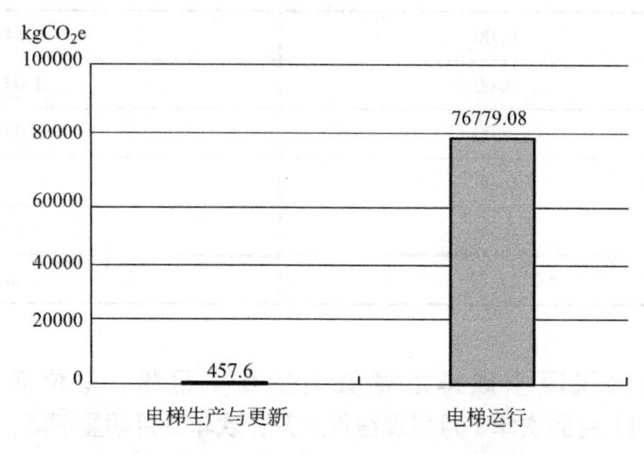

图 5-30　电梯使用与维护阶段年碳排放量

5.3.2　案例办公建筑

案例办公建筑使用维护阶段采暖、空调、照明、电梯的年碳排放量及所占比例，具体见图 5-31、图 5-32。

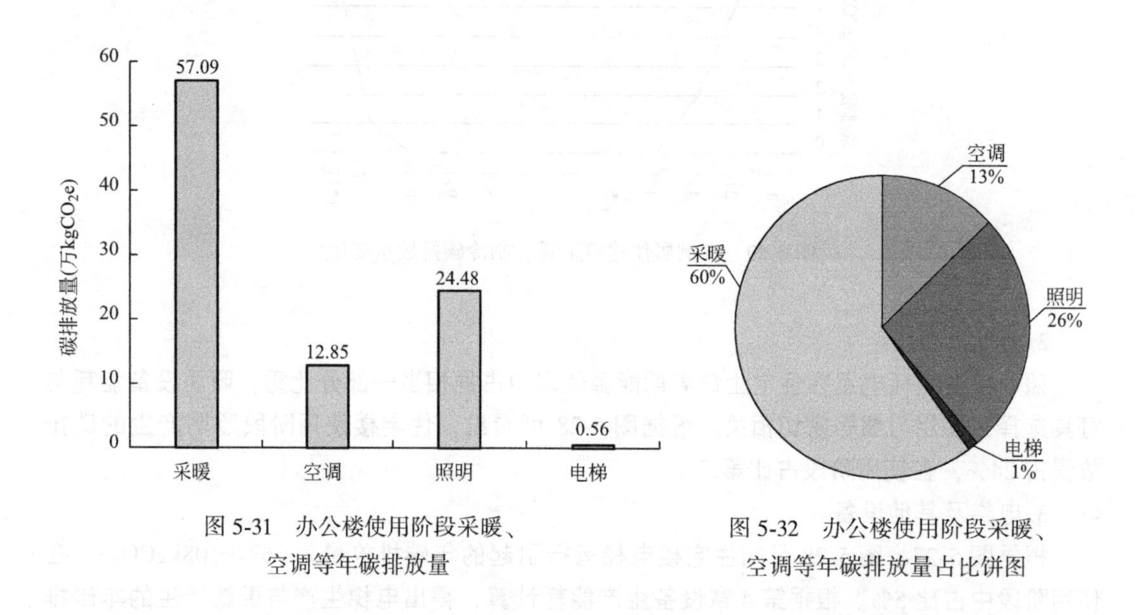

图 5-31　办公楼使用阶段采暖、空调等年碳排放量

图 5-32　办公楼使用阶段采暖、空调等年碳排放量占比饼图

由图 5-31、图 5-32 可以看出，案例办公建筑使用维护阶段，因采暖耗能引起的碳排放量占比最大，占比为 60%，其次为照明引起的碳排放，为 26%，空调制冷引起的碳排放占比约为 13%，电梯运行引起的碳排放占比为 1%。

1. 采暖、制冷

由图 5-32 可看出，办公建筑使用维护阶段的采暖引起的碳排放量约占 60%，制冷碳排放量为 13%，具体每月碳排放量见表 5-12。

案例办公建筑逐月采暖、制冷碳排放量 **表 5-12**

月份	采暖碳排放量[$kgCO_2e/(m^2 \cdot a)$]	制冷碳排放量[$kgCO_2e/(m^2 \cdot a)$]
1 月	17.78	0.00
2 月	11.15	0.00
3 月	5.23	0.00
4 月	0.00	0.00
5 月	0.00	1.04
6 月	0.00	2.08
7 月	0.00	4.16
8 月	0.00	3.68
9 月	0.00	0.82
10 月	0.00	0.00
11 月	4.46	0.00
12 月	15.63	0.00
全年总碳排	54.25	11.78

从表 5-12 可看出该建筑采暖季碳排放峰值发生在 1 月份，其碳排放当量为 17.78$kgCO_2e/(m^2 \cdot a)$，制冷季碳排放峰值发生在 7 月份，碳排放当量为 4.16$kgCO_2e/(m^2 \cdot a)$。在采暖季，碳排放量从 11 月到次年 1 月呈现线性上升，次年 2 月碳排放量明显下降；在制冷季，从 5 月至 7 月一直上升，8 月到 9 月略有降低（图 5-33）。因此，寒冷地区采暖、空调碳排放与室外温度线性相关。

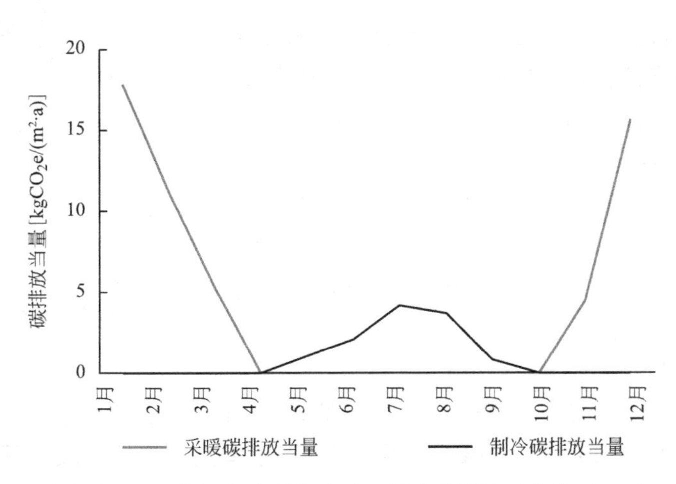

图 5-33 案例办公建筑采暖、制冷碳排放量变化图

2. 照明

建筑照明能耗是建筑能源消耗的重要组成部分，计算得出的办公楼各功能房间照明产生的碳排放量见表 5-13。

办公建筑各功能房间中办公室的照明碳排放当量最大，为 27. 8kgCO_2e/（m^2·a），其次是会议室，碳排放当量为 2. 98kgCO_2e/（m^2·a），门厅照明设备开启时间最长，年单位面积二氧化碳排放量在辅助功能房间中最大，达到 1. 52kgCO_2e/（m^2·a），卫生间、走廊碳排放量较少，卫生间碳排放当量为 0. 29kgCO_2e/（m^2·a），走廊照明碳排放当量仅为 0. 13kgCO_2c/（m^2·a），设备用房可不设置人工照明。

建筑各功能区照明碳排放量 **表 5-13**

序号	房间类型	照明密度	照明时长(h)	碳排放量[kgCO_2e/(m^2·a)]
1	办公室	9	3528	27. 80
2	门厅	9	7020	1. 52
3	展厅	9	3600	0. 53
4	会议室	9	5040	2. 98
5	走廊	9	180	0. 13
6	楼梯	9	180	0. 03
7	卫生间	9	1980	0. 29
合计				33. 30

从各功能用房照明碳排放比例来看，办公室、会议室、门厅、展厅等主要用房碳排放比例占比约为 99%，走廊、楼梯、卫生间、设备等辅助用房碳排放占比仅为 1%，可忽略不计（图 5-34）。

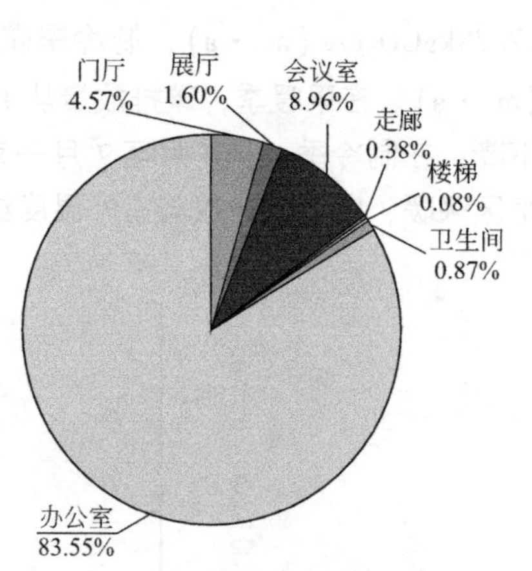

图 5-34 各功能用房照明碳排放当量比例图

本书采用照明密度为《公共建筑节能设计标准》GB 50189 中的规定值，《碳排放计算标准》中的照明密度设计值较大，以《建筑碳排放计算标准》GB/T 51366—2019 中的规定值计算则照明碳排放量会增加 30%。由照明碳排放构成可知，照明碳排放的影响因素主要为照明密度、照明时长，在《公共建筑节能设计标准》GB 50189 的约束下，办公建筑的照明碳排放有显著改善（图 5-35）。

3. 电梯及其他设备

根据图 5-31、图 5-32 可得出，使用阶段由电梯运行产生的年碳排放量为 5626. 06kgCO_2e，仅占使用阶段的 1%，根据第 4 章设备生产的碳排放计算得出，电梯生产及维护更新产生的年碳排放量为 228. 8kgCO_2e（图 5-36）。与电梯运行产生的碳排放量相比，仅为 1/25，几乎可以忽略。

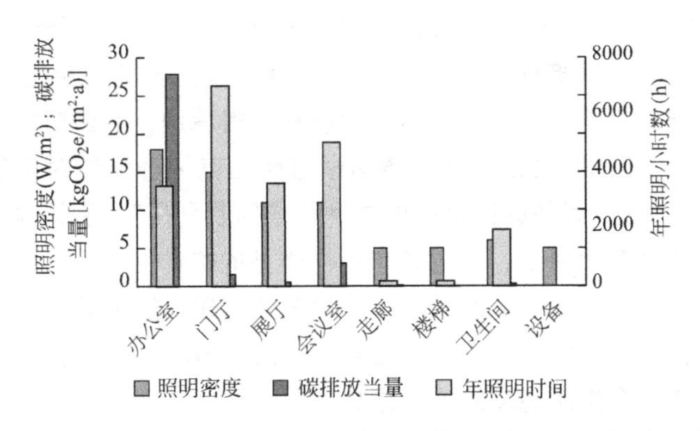

图 5-35　各属性用房照明密度、碳排放当量、年照明时间对比图

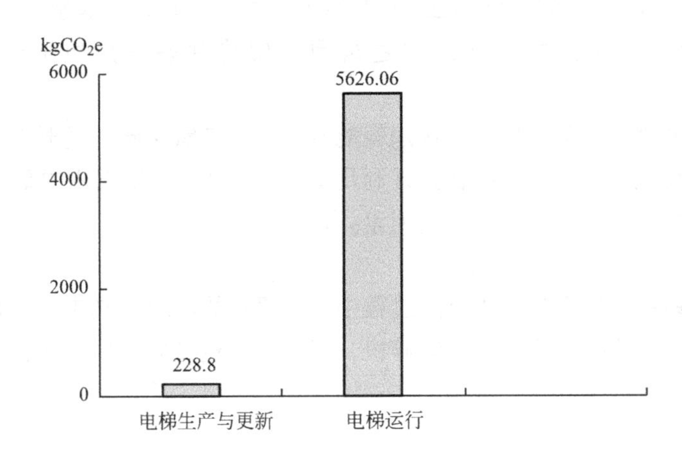

图 5-36　电梯使用与维护阶段碳排放量对比

4. 住户使用

由于不同类型公建使用人员工作时间有差异，但在本书计算中设备运行按照平均工作时间计算，电脑、投影等办公设备由于办公性质不同，差异较大，因此产生的碳排放无法计算，不纳入本阶段研究中，在此不作分析。

5.4　拆解回收阶段碳排放构成分析

5.4.1　拆除与拆解

根据本书第 3 章提出的建筑全生命周期阶段划分，拆解回收阶段作为全生命周期的最后一个环节，十分重要。在该阶段主要包括建筑的拆除、拆解，废旧物的处理及回收利用。

建筑的拆除主要是指机械拆除与爆破拆除。机械拆除是利用专用或通用的机械设备，将建筑解体或破碎的一种拆除方法①。机械拆除是以机械为主、人工为辅相配合的拆除施工方法。爆破拆除是指将爆破技术应用于建筑的拆解。

① 陈宝心，邓敉. 建（构）筑物机械拆除方法综述［J］. 施工技术，2004（6）：50-51.

建筑拆解在20世纪90年代开始被国外专家学者关注。这一概念最早出现在1996年于加拿大召开的第一届旧建筑材料协会会议上。2000年美国的布莱雷·盖伊教授对“建筑拆解”的解释为建筑拆毁方式使结构拆除后材料只得填埋，而建筑拆解是从建筑结构中以人工或机械方式回收旧材料的过程①。德国学者弗兰克·舒尔曼对于建筑拆解的定义为“将建筑分解为不同部分，促使废旧材料的再利用或回收利用”。我国学者贡小雷认为建筑拆解是“以回收建筑材料为目的，将建筑中不同类型的构件逐一拆除使之分离的过程”②。

现有的很多建筑在生命周期的最后一个阶段未考虑建筑拆解问题，这对于建筑行业节能减排有很大影响，拆解阶段产生的废旧建材通过回收再利用，以负碳排的形式可以很大程度地减少其建筑在整个生命周期内的碳排放。

建筑单体的结构类型、选用材料、连接方式等对拆解能否顺利完成及其拆解程度都会有重要影响。比如，钢筋混凝土结构类型的建筑主体很难拆解，一般都要采取破坏性的拆毁方式，但木结构、钢结构建筑因主要构件多采用机械连接方式就便于拆解。

建筑的拆除使用的施工机械，不仅消耗能源、排放二氧化碳，同时产生大量的固体废弃物。我国建筑垃圾存量巨大，综合处理利用率还不到5%。根据本书研究结果，总结拆除清理阶段碳排放有以下几个主要影响因素。

1. 能源的消耗

建筑拆除阶段的耗能主要是指拆除过程中施工机具的能耗，其中，内燃空气压缩机的碳排放量最大，其次为推土机、液压破碎机，以上三种机械的碳排放量占拆除施工机具的70%以上。

2. 拆除方式

建筑拆除方式一般有拆解和拆毁两种，不同拆除方式在技术、设备层面上大致相同，但在废旧建材的循环利用率上，差别很大。拆解方式下的建材回收率远远大于拆毁方式。

3. 废弃物回收利用

建筑拆除后，有相当一部分材料、构件、部品以及设备可以通过回收再利用进入到新产品的生命周期循环中。对于可循环材料，虽然在建材生产过程中产生了碳排放，但在回收并进行循环利用后，减少新产品原料开采、提纯环节的能耗，废旧建材的回收利用率越高，新产品的原料开采、提纯环节的碳减量就越大。

4. 建筑废弃物运输

运输距离、运输方式及建筑废弃物重量都会对运输碳排放产生很大影响。

根据本书第4章对标住宅建筑与办公建筑拆解回收阶段的计算结果，总结此阶段中各个子阶段的碳排放量及所占比例，并进行分析。

5.4.2 案例住宅建筑

对标住宅建筑拆解回收阶段各子阶段平均每年每平方米碳排放量，见表5-14及图5-37，拆解回收阶段各子阶段碳排所占比见图5-38。

---

① 卢永钿. 旧建筑资源再利用研究［D］. 天津：天津大学，2009.

② 贡小雷. 建筑拆解及材料再利用技术研究［D］. 天津：天津大学，2010.

拆除清理阶段各子阶段碳排放量 表 5-14

子阶段	碳排放增量[$kgCO_2e/(m^2 \cdot a)$]	碳排放减量[$kgCO_2e/(m^2 \cdot a)$]
机械台班施工	0.1156	—
废旧建材运输	0.34	—
废旧建材回收利用	—	2.67
合计	0.4556	2.67

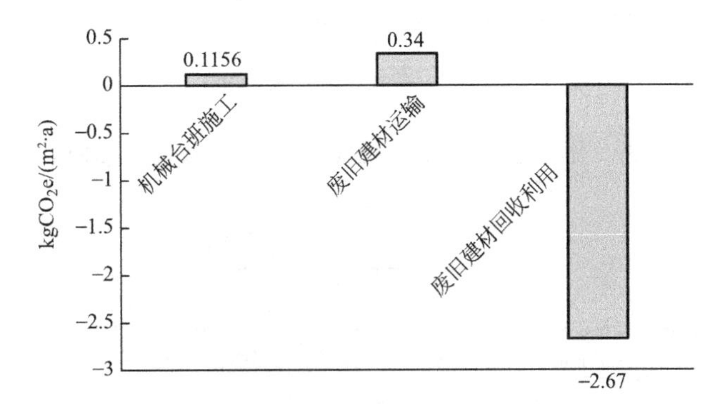

图 5-37 1 号住宅楼拆解回收阶段各子阶段碳排放量

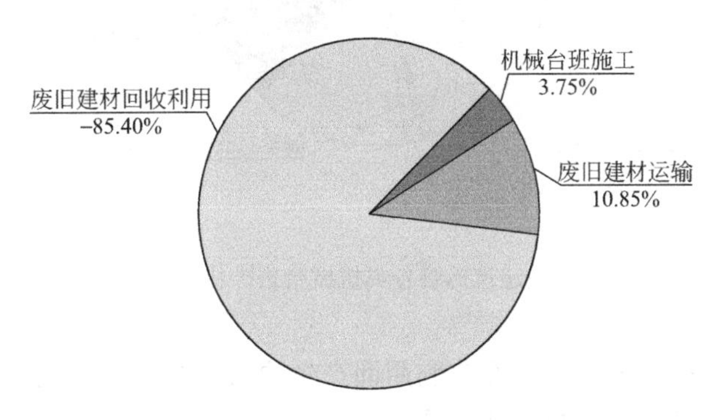

图 5-38 1 号住宅楼拆解回收阶段各子阶段碳排占比饼图

由图 5-37、图 5-38 可以看出，1 号住宅楼拆解回收阶段中废旧建材回收利用带来的碳减量占比 85.40%，达到了 133.74$kgCO_2e/m^2$；废旧建材运输的碳排放占比 10.85%，达到了 17.00$kgCO_2e/m^2$；建筑拆解过程的碳排放占比 3.75%，达到了 5.87$kgCO_2e/m^2$。因此，提高废旧建材的回收率能减少建筑生命周期的碳排放量。

1. 拆解施工

对标住宅建筑每种机械台班碳排放强度，见图 5-39、图 5-40。

由上图分析可知，拆解过程机械台班的碳排放量中，内燃空气压缩机产生的碳排量所占比例最大，为 45.19%，其次是履带式推土机，为 15.90%，然后是履带式液压岩石破碎机、手持式风动凿岩机、单斗挖掘机，这五种机械产生的碳排量占拆解施工阶段的 97.93%。

2. 拆解与回收

根据第 4 章中计算结果，可得在对标住宅建筑与办公建筑中各类废旧建材因回收利用而产生的碳排放减量，并对其进行分析。

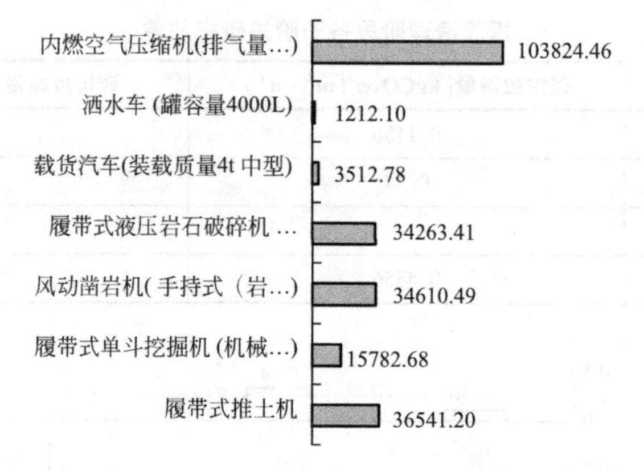

图 5-39 住宅建筑拆解各类机械台班的碳排放量（$kgCO_2e$）

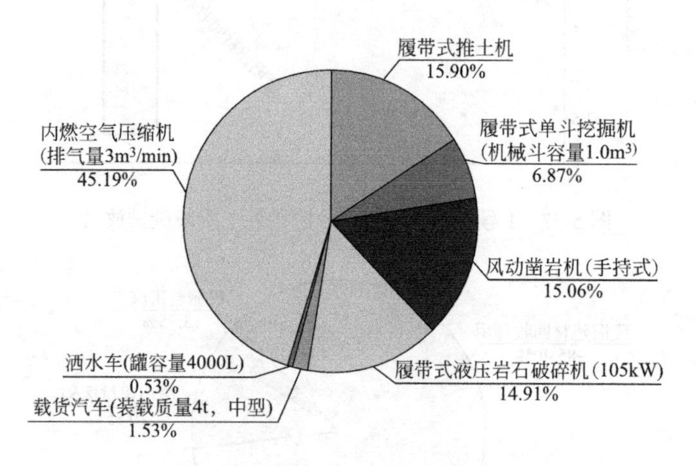

图 5-40 住宅建筑拆解各类机械台班碳排放量占比饼图

对标住宅建筑各类废旧建材因回收利用而产生的碳排放减量，见图 5-41。各类废旧建材因回收利用带来的碳排放减量占比见图 5-42。

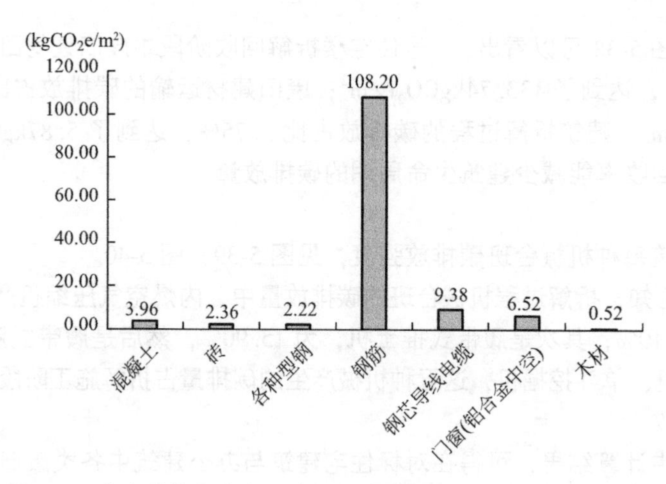

图 5-41 住宅建筑各类废旧建材因回收利用而产生的碳排放减量

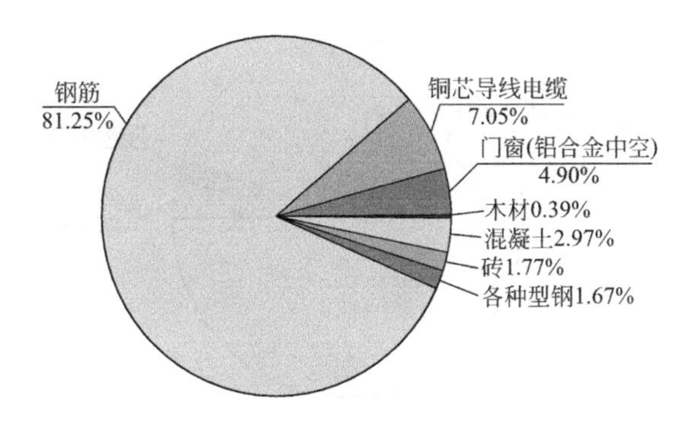

图 5-42 住宅建筑各类废旧建材回收利用产生的碳减量占比饼图

由上图分析可知，住宅建筑在拆解阶段因废旧建材的回收利用而产生的碳减量中，废旧钢材的回收利用产生的碳减量占比为 81.25%，达到 108.20kgCO_2e/m^2，其次是铜芯导线电缆，然后是门窗、混凝土、砖、各种型钢、木材。

由以上分析可以得出，在住宅建筑中采用拆解的方法对废旧建筑材料进行回收利用所产生的碳排放减量是拆解过程施工以及废旧建材运输产生碳排放增量的将近 5.8 倍。所以，在建筑全生命周期碳排放研究中，建筑拆除方式及废旧建材的回收利用至关重要，应予以考虑。同时，提倡用建筑拆解的方法代替拆毁，进一步研究废旧建材的回收利用方式以及综合回收利用率，减少建筑全生命周期碳排放。

5.4.3 案例办公建筑

对标办公建筑拆解回收阶段各子阶段平均每年每平方米碳排放量，见表 5-15 及图 5-43，拆解回收阶段各子阶段碳排放量占比见图 5-44。

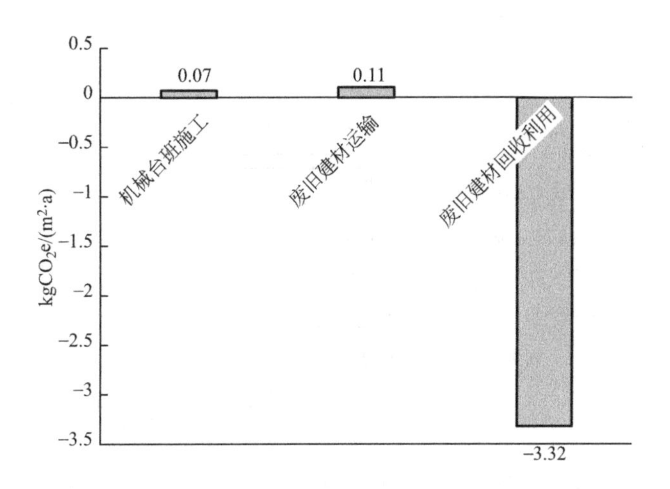

图 5-43 办公建筑拆除清理阶段各子阶碳排放量对比图

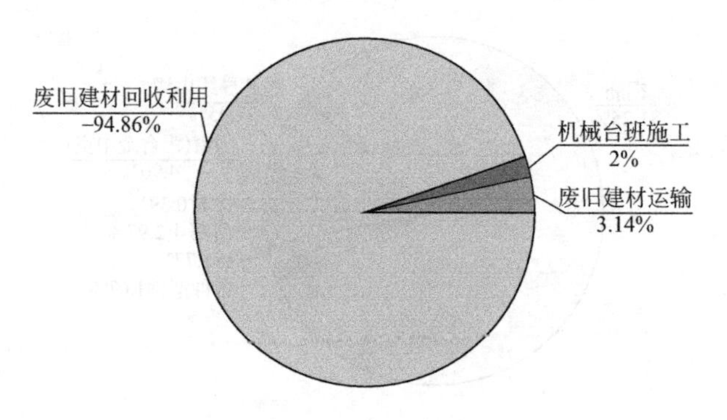

图 5-44　办公建筑拆解回收阶段各子阶段碳排放量占比饼图

拆除清理阶段各子阶段碳排放量　　**表 5-15**

子阶段	碳排放增量[$kgCO_2e/(m^2\cdot a)$]	碳排放减量[$kgCO_2e/(m^2\cdot a)$]
机械台班施工	0.07	—
废旧建材运输	0.11	—
废旧建材回收利用	—	3.32
合计	0.25	3.32

1. 拆解施工

根据本书第 4 章中对住宅建筑与办公建筑拆解回收阶段的计算，进一步分析两种类型建筑在拆解施工阶段的碳排放。

对标办公建筑每种机械台班单位建筑面积的拆除机械碳排放量，见图 5-45。各类机械台班的碳排放量百分比见图 5-46。

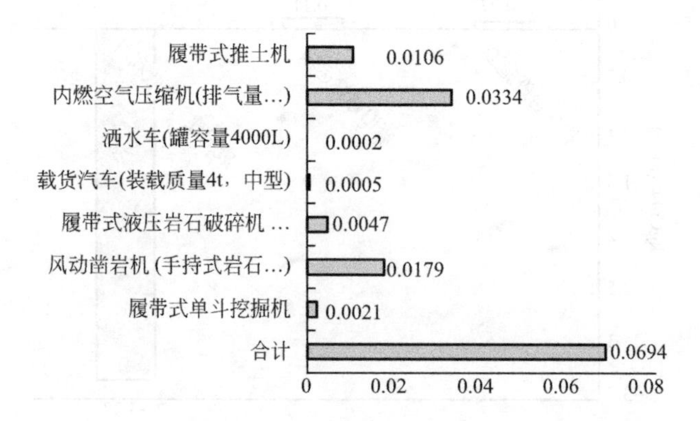

图 5-45　办公建筑拆除机械碳排放量 [$kgCO_2e/(m^2\cdot a)$]

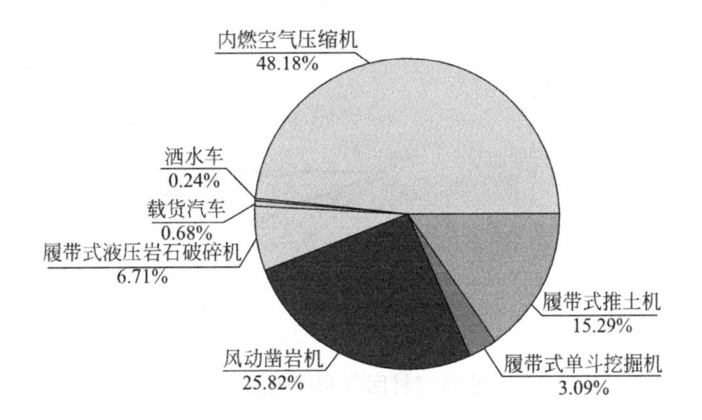

图 5-46　办公建筑各类拆除机械碳排放当量百分比图

如图 5-45 所示，拆除机械碳排放量共 0.0694kgCO_2e/（m^2·a），其中内燃空气压缩机的碳排放量最大，为 0.0334kgCO_2e/（m^2·a），该机械属于动力机械；其次是风动凿岩机，碳排放量为 0.0179kgCO_2e/（m^2·a），该机械是拆解工程的主要机械。

如图 5-46 所示，拆除机械碳排放中内燃空气压缩机、风动凿岩机、履带式推土机的碳排放占比最大，属于大型机械设备，碳排放合计达到拆除机械碳排放总量的 89.29%。

2. 拆解与回收

对标办公建筑各类废旧建材因回收利用而产生的碳排放减量，见图 5-47。各类废旧建材因回收利用带来的碳减量占比见图 5-48。

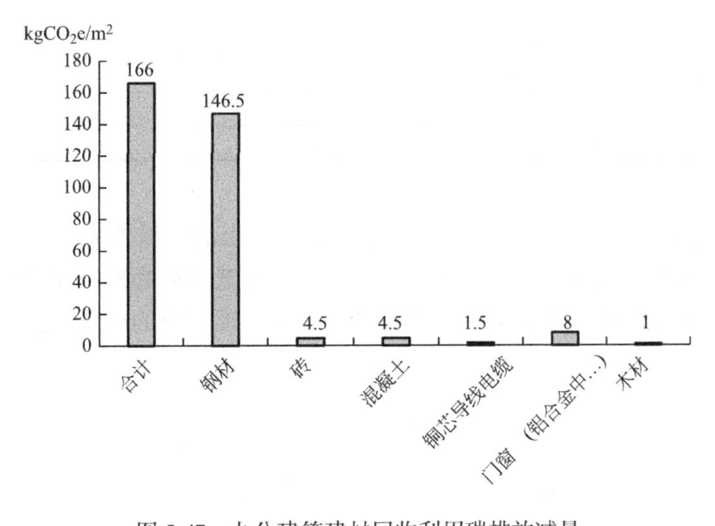

图 5-47　办公建筑建材回收利用碳排放减量

根据计算结果，如图 5-48 所示，在对标办公建筑中钢材回收利用的碳减量最大，占比 88.18%，可贡献 2.97kgCO_2e/（m^2·a）的碳减量；而在建材生产阶段，钢材的碳排放也最大，因此建材使用时不可一味增加或减少某一类建材的用量。门窗在物化阶段、维护更新阶段均有碳排放产生，建筑拆解后门窗经处理可二次使用，碳减量为 0.16kgCO_2e/（m^2·a）。

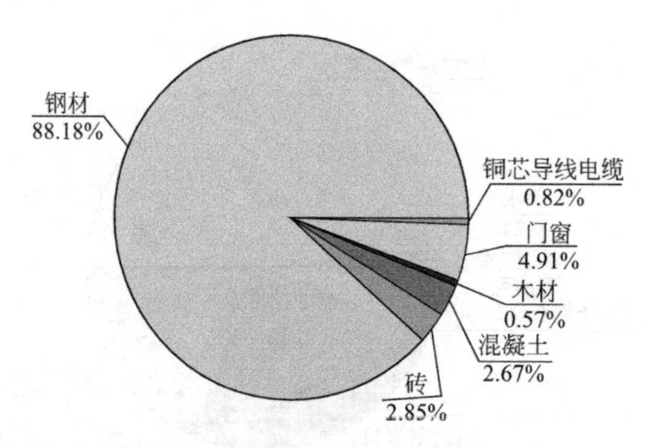

图 5-48　办公建筑建材回收利用碳排放减量百分比图

此外，无论是住宅建筑还是办公建筑，建材回收阶段因运输方式、运输距离相同，其碳排放因子也相同，因此该阶段碳排放当量与建材重量线性相关。以对标办公建筑为例，如表 5-16 所示，建材清理运输阶段的碳排放量总计为 0.108kgCO_2e/（m^2·a），总体来看，建材回收运输阶段的碳排放当量对建筑拆除阶段的碳排放影响很小。

各类建材清理运输碳排放量　　**表 5-16**

序号	建材种类	碳排放当量[kgCO_2e/(m^2·a)]
1	商品混凝土	0.0776
2	钢材	0.0003
3	水泥	0.0034
4	砂石	0.0136
5	砖	0.0055
6	陶瓷	0.0021
7	涂料	0.0001
8	石灰	0.0053
合计		0.1080

如图 5-49 所示，建材清理外运碳排放中商品混凝土的碳排放量最大，占比 72%，其次是砂石，综合物化阶段建材运输碳排放可以看出，在建筑生命周期过程中，运输产生的碳排放中商品混凝土的碳排放最大，其次是砂石、砖，而钢材的碳排放量最小。

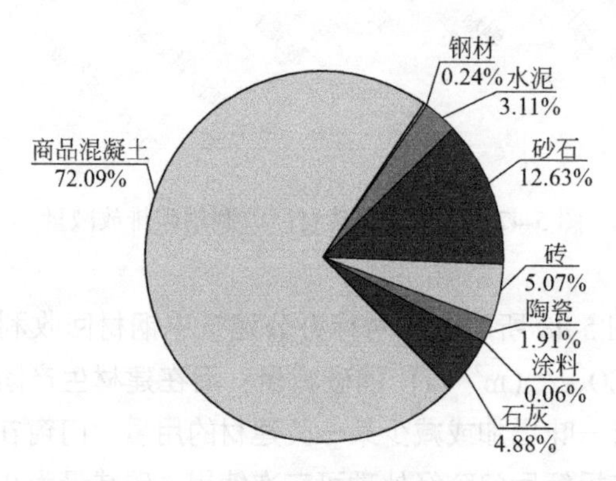

图 5-49　各类建材清理外运碳排放量百分比图

5.5 与相关研究的对比分析

针对建筑全生命周期碳排放计算国内已有多位学者进行过研究，每位学者的研究均有不同的计算方法、计算参数与侧重点。本书将这些研究与本书研究结果集中进行对比分析，以便为之后的建筑全生命周期碳排放计算提供参考，从而得出相对准确的计算结果。

由于针对办公建筑的建筑全生命周期相关计算较少，因此相关研究的对比分析仅以住宅建筑为对象进行分析。

5.5.1 全生命周期碳排放量及构成分析

国内熊宝玉[①]、罗智星[②]、周晓[③]等学者针对高层钢筋混凝土住宅建筑全生命周期碳排放计算有一定的研究。

表 5-17 统计了近年来国内其他相关研究的高层钢筋混凝土住宅建筑生命周期碳排放量和全生命周期碳排放量构成。

国内高层钢筋混凝土住宅建筑相关研究生命周期碳排放研究对比表　　表 5-17

文献	地点	物化阶段		使用维护阶段		拆除清理阶段		生命周期
		碳排放量 ($kgCO_2e/m^2$)	百分比 (%)	碳排放量 ($kgCO_2e/m^2$)	百分比 (%)	碳排放量 ($kgCO_2e/m^2$)	百分比 (%)	碳排放量 ($kgCO_2e/m^2$)
熊宝玉	深圳	220.95	11.21%	1731.33	87.83%	19.85	0.96%	1971.5
熊宝玉	台州	359.82	17.47%	1679.02	81.54%	20.30	0.99%	2059.14
罗智星	渭南	820.30	20.52%	3086.5	77.22%	90.3	2.26%	3997.1
周晓	杭州	627.50	22.46%	2116.0	75.73%	50.5	1.81%	2794.0
本研究	西安	391.52	17.04%	1994.09	86.78%	-87.74	-3.82%	2297.87

国内相关研究与本研究相比，生命周期碳排放量差异较大；其产生差异的主要原因在于计算边界的选取以及不同环境差异，范围在 1971.5~3997.1$kgCO_2e/m^2$。

但生命周期各阶段所占的比例较为接近，都是使用维护阶段占比最大，约为 81.072%，其次为物化阶段，占比约为 17.526%，最后为拆除清理阶段，占比约为 1.39%。

5.5.2 全生命周期碳排放构成差异原因分析

为了更清晰地分析国内高层钢筋混凝土结构住宅全生命周期碳排放相关研究结果的差异性，将以上研究的每个阶段纳入计算的碳排放量进行统计分析，见表 5-18。

① 熊宝玉. 住宅建筑全生命周期碳排放量测算研究 [D]. 深圳：深圳大学，2015.
② 罗智星. 建筑生命周期二氧化碳排放计算方法与减排策略研究 [D]. 西安：西安建筑科技大学，2016.
③ 周晓. 浙江省城市住宅生命周期 CO_2 排放评价研究 [D]. 杭州：浙江大学，2012.

国内高层钢筋混凝土住宅建筑相关研究各阶段纳入计算的碳排放源统计　　表 5-18

文献	物化阶段碳源	使用维护阶段碳源	拆除清理阶段碳源
熊宝玉① (深圳) 夏热冬暖地区	物化阶段(11.21%)	使用维护阶段(87.83%)	拆除清理阶段(0.96%)
	建材生产(考虑回收率)(9.65%) 建材运输(0.93%) 建筑施工(0.63%)	设备生产(2.22%) 电(65.41%) 天然气(0.07%) 水(4.51%) 维护更新(15.62%)	拆除施工(0.06%) 垃圾运输(0.40%) 垃圾处理(0.50%)
熊宝玉 (台州) 夏热冬暖地区	物化阶段(17.47%)	使用维护阶段(81.58%)	拆除清理阶段(0.99%)
	建材生产(考虑回收率)(16.19%) 建材运输(0.88%) 建造施工(0.40%)	设备生产(1.69%) 电(62.62%) 天然气(0.07%) 水(4.32%) 维护更新(12.84)	拆除施工(0.04%) 垃圾运输(0.38%) 垃圾处理(0.56%)
罗智星② (渭南) 寒冷地区	物化阶段(20.52%)	使用维护阶段(77.22%)	拆除清理阶段(2.26%)
	建材生产及运输(考虑回收率)(11.30%) 施工机具(1.30%) 土地利用(7.9%)	采暖(15%) 空调(9.5%) 照明(6.8%) 电梯(2.8%) 制冷剂泄漏(14.7%) 给水排水(2.1%) 生活用气(3.2%) 家电(3.9%) 建筑更新维护(18.2%)	拆除施工(1%) 垃圾运输(0.20%) 回收处置(1%)
周晓③ (杭州) 夏热冬冷地区	物化阶段(22.46%)	使用维护阶段(75.73%)	拆除清理阶段(1.81%)
	建材生产(19.17%) 建材运输(2.75%) 建筑施工(0.58%)	燃气(5.02%) 水(1.65%) 空调(18.48%) 照明(11.01%) 电梯(0.65%) 家电(9.12%) 建筑更新维护(10.93%) 商铺部分(18.87%)	拆除施工(0.52%) 垃圾运输(1.29%)
本研究 (西安) 寒冷地区	物化阶段(16.96%)	使用维护阶段(87.83%)	拆除清理阶段(-4.79%)
	建材生产(16.13%) 建材运输(0.51%) 施工机具(0.28%) 临时设施(0.04%)	设备生产(0.68%) 采暖(50.97%) 空调(9.84%) 照明(20.41%) 电梯(4.22%) 维护(1.71%)	拆除施工(0.25%) 垃圾运输(0.72%) 建材回收利用(-5.78%)

由表 5-18 可以看出，各阶段的计算边界不同是造成不同研究碳排放构成差异的主要因素。

物化阶段：熊宝玉④、罗智星⑤在计算建材生产阶段碳排放量时将建材回收利用碳减

① 熊宝玉. 住宅建筑全生命周期碳排放量测算研究［D］. 深圳：深圳大学，2015.

② 罗智星. 建筑生命周期二氧化碳排放计算方法与减排策略研究［D］. 西安：西安建筑科技大学，2016.

③ 周晓. 浙江省城市住宅生命周期 CO_2 排放评价研究［D］. 杭州：浙江大学，2012.

④ 熊宝玉. 住宅建筑全生命周期碳排放量测算研究［D］. 深圳：深圳大学，2015.

⑤ 罗智星. 建筑生命周期二氧化碳排放计算方法与减排策略研究［D］. 西安：西安建筑科技大学，2016.

量考虑在内，因此数值会较低。

使用维护阶段：罗智星与本研究所选对标建筑地处寒冷地区，在使用阶段考虑个体使用对于建筑碳排放量的影响，因此罗智星的使用维护阶段碳排放占比略大于其他研究。本文研究仅考虑建筑碳排放，不考虑个体使用差异对其影响。

拆解回收阶段：本研究在此阶段综合考虑建材回收利用，因此拆解回收阶段碳排放为负值。周晓在研究过程中没有考虑建材回收利用，因此其研究中拆解回收阶段碳排量较大。

5.5.3 物化阶段碳排放量对比及分析

为了更清晰地分析国内高层钢筋混凝土结构住宅全生命周期中物化阶段碳排放相关研究结果的差异性，住宅建筑物化阶段的碳排放强度见图 5-50，物化阶段的碳排放构成见图 5-51。

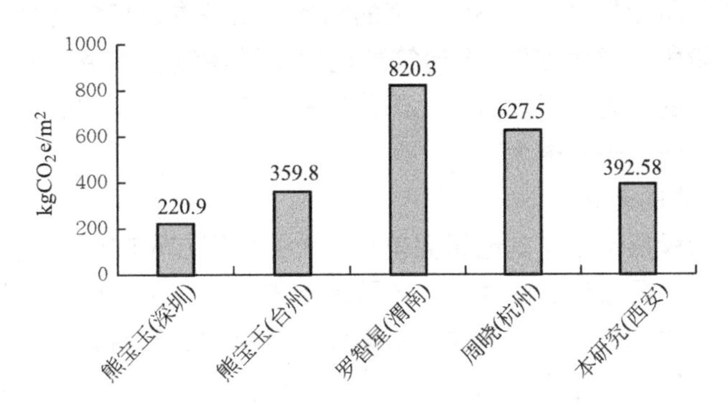

图 5-50　不同研究的住宅物化阶段碳排放量对比

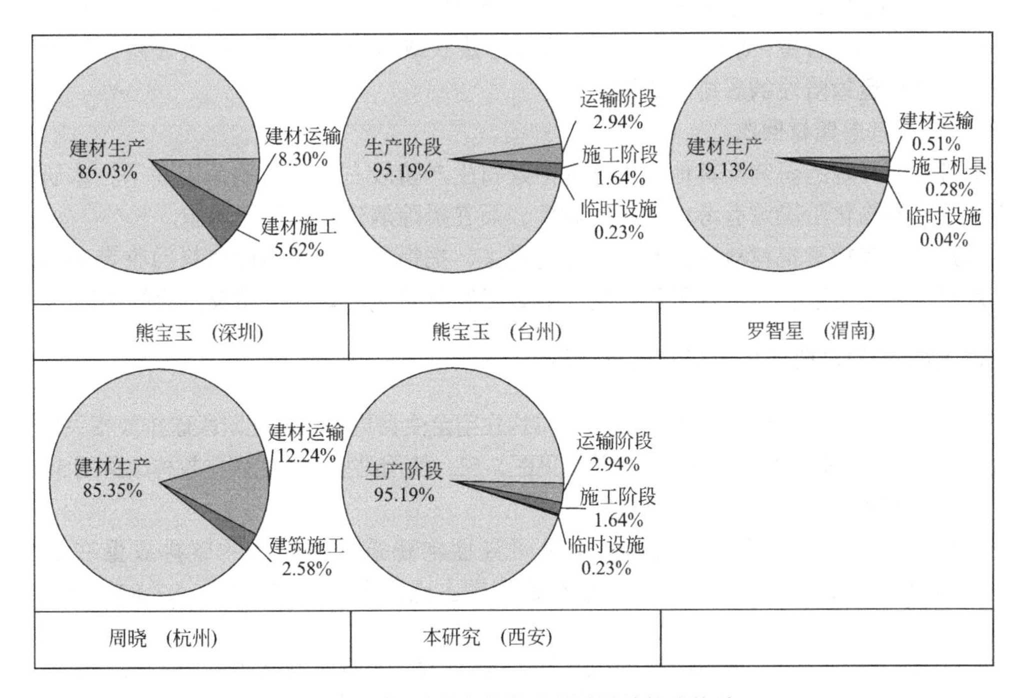

图 5-51　相关研究物化阶段碳排放构成统计

1. 相关研究物化阶段的碳排放构成

由图 5-50、图 5-51 可以看出，各研究中住宅物化阶段碳排放量在 220.9～820.3kgCO_2e/m^2 之间，物化阶段的碳排放占全生命周期的比重为 11.21%～20.52%。其中，建材生产阶段的碳排放在物化阶段的占比最大，为 55.07%～95.25%，其他子阶段的占比权重不同研究有所不同。

2. 相关研究物化阶段碳排放构成差异原因分析

以上研究均针对高层钢筋混凝土结构住宅，在建筑结构形式一致的情况下，造成物化阶段差异较大的原因有以下几点。

1）物化阶段划分边界的差异

造成物化阶段差异较大的原因主要是不同研究物化阶段划分子阶段、纳入碳排放计算的分项工程的差别。

在物化阶段的子阶段划分上，不同研究的物化阶段基本都包含建材生产阶段、建材运输阶段及施工建造阶段。但罗智星①将建筑基地内由于建筑、道路、硬质铺地和景观绿化等活动改变了的原先的土地碳汇能力，此部分的减少量视为建筑的碳排放，因此造成其计算结果与其他相关的研究差别很大。

2）数据获取方式的差异

对于建材生产阶段熊宝玉与其他研究差别较大的原因在于其研究仅根据土建工程几类常见的建材进行估算，导致计算的建材生产阶段碳排放量偏小，而其他阶段的碳排放量占比偏大。而其他研究者都是基于工程决算书里面的建材种类及用量来计算，较为准确。

对于建材运输阶段，运输距离的确定有两种方法：一种是地区统计平均值，即以国内各种建材的平均运输距离为参考，该方法更易于估算，如周晓②等。另一种办法即是实际追溯，按照实际项目具体追溯来确定，该方法十分精确，类似于实测法，但是不具有普遍性。如本研究和罗智星③等采用此方法。两种方法获取的数据会存在很大差距，导致了不同研究中建材运输阶段的碳排放不同。

3）是否考虑建材回收

本研究、周晓的研究及其他相关研究中建材生产阶段占比较大的原因在于，本研究与周晓的研究的物化阶段没有考虑建材回收率，而在拆除清理阶段给予考虑。

而其他学者把建筑材料的回收率也考虑进去，把拆除清理阶段因材料回收带来的碳减量计入到了物化阶段，如熊宝玉的研究，导致了物化阶段的碳排放量及占比的不同。

5.5.4 使用维护阶段碳排放量对比及分析

为了更清晰地分析国内高层钢筋混凝土结构住宅全生命周期中物化阶段碳排放相关研究结果的差异性，住宅使用维护阶段的碳排放量见图 5-52，使用维护阶段的碳排放构成见图 5-53。

1. 相关研究使用维护阶段碳排放构成

由图 5-52、图 5-53 可以看出其他相关研究住宅建筑使用阶段的碳排放量在 1076～3086.5kgCO_2e/m^2，使用阶段的占比在全生命周期占比最大，在 77.72%～87.83%之间。

---

① 罗智星. 建筑生命周期二氧化碳排放计算方法与减排策略研究 [D]. 西安：西安建筑科技大学，2016.

② 周晓. 浙江省城市住宅生命周期 CO_2 排放评价研究 [D]. 杭州：浙江大学，2012.

③ 罗智星. 建筑生命周期二氧化碳排放计算方法与减排策略研究 [D]. 西安：西安建筑科技大学，2016.

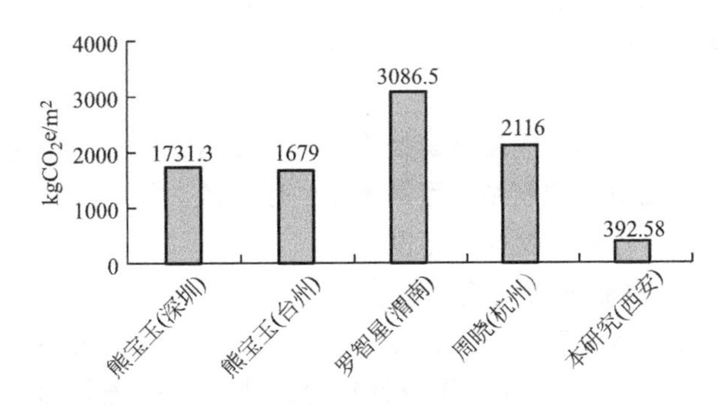

图 5-52 不同研究的住宅使用维护阶段碳排放量对比

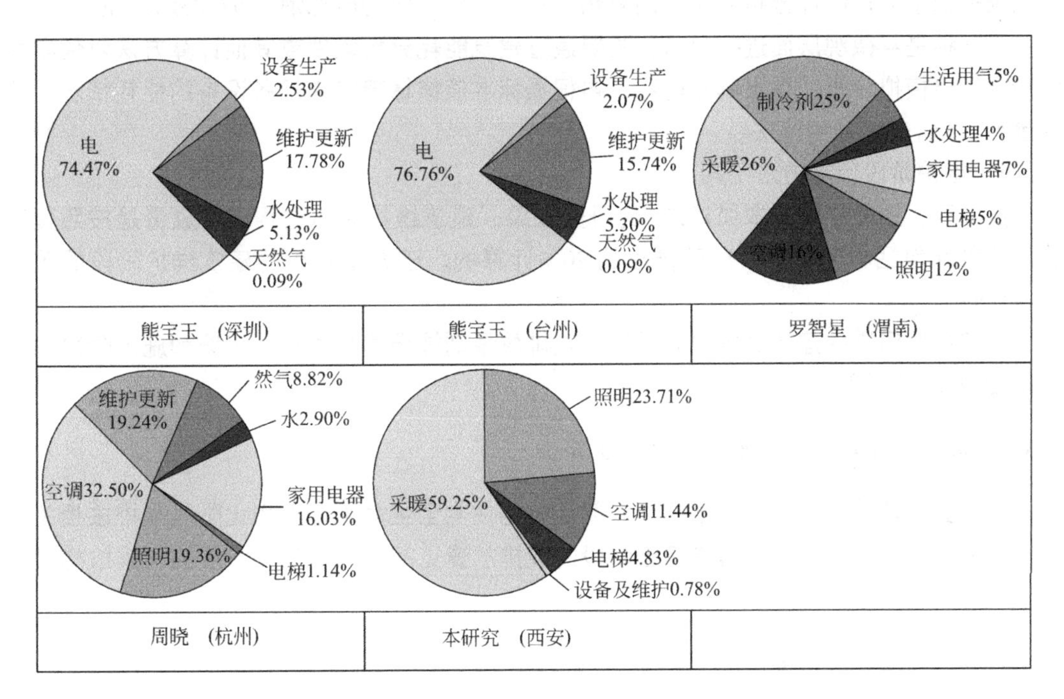

图 5-53 相关研究使用维护阶段碳排放构成统计

2. 相关研究使用维护阶段碳排放构成差异原因分析

以上相关研究结果差别较大，造成使用维护阶段差异较大的原因有以下几点。

1）研究建筑所处气候分区不同

不同气候分区的地区，因气候差异引起的空调采暖能耗差别较大，如熊宝玉①研究的两个案例均处于夏热冬暖地区，冬季不需要集中采暖；而罗智星②、本研究均处于寒冷地区，采暖能耗较大，导致了使用维护阶段的碳排放较大。

2）计算边界不同

由于基础数据的缺失，不同研究的使用阶段包含的碳源也有不同，如熊宝玉的研究将

① 熊宝玉. 住宅建筑全生命周期碳排放量测算研究［D］. 深圳：深圳大学，2015.

② 罗智星. 建筑生命周期二氧化碳排放计算方法与减排策略研究［D］. 西安：西安建筑科技大学，2016.

空调等设备生产、日常生活用水处理、生活用气、使用维护、照明用电、家电、空调用电等都考虑进去，导致该研究的建筑虽然处于深圳，不需要采暖，但使用阶段的碳排放依然较大。

罗智星的研究和本研究的案例虽然都处于同一气候区，但罗智星考虑了生活用气、家用电器、水处理以及使用阶段的制冷剂泄漏带来的碳排放。而本文认为个体使用差异应作为个人生活碳足迹考虑，不在本文研究范围内。

3）使用阶段能耗数据获取方式差异导致

目前，使用阶段能耗数据获取有两种方式，一种是从宏观方面进行推算，主要通过大面积的实际建筑能耗平均的数据、《中国统计年鉴》提供的数据和指标定额来估算住宅的能耗及排放量标准值，如熊宝玉①、周晓②等的研究均采用此法。熊宝玉研究中电消耗量的数据来源于采用统计分析结果中的夏热冬暖地区住宅年均电能消耗 57. 23kWh/m^2。

另一种是从微观层面进行分析，主要通过建筑能耗分析软件或其他计算方法对住宅能耗情况作出模拟分析，得出其总能耗，再根据标准值核算建筑内部各设备的能耗情况。罗智星③、本研究均采用此法。

4）维护阶段计算方法不同

熊宝玉、周晓参照日本岗建雄④的研究成果，建筑维护更新过程碳排放量是按照建造施工阶段（包括施工和运输）碳排放的 20%计算的。该方法算出的建筑维护阶段的碳排放占比较大。

罗智星的研究中建筑维护更新过程的碳排放量则按照建材生产、运输和施工阶段的总碳排量的 8%来计算。

5. 5. 5　拆除清理阶段碳排放量对比及分析

为了更清晰地分析国内高层钢筋混凝土结构住宅全生命周期中物化阶段碳排放相关研究结果的差异性，住宅建筑拆除清理阶段的碳排放量见图 5-54，物化阶段的碳排放构成见图 5-55。

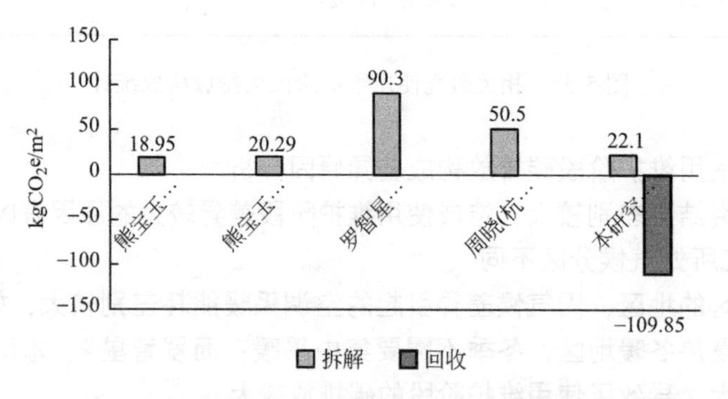

图 5-54　不同研究的住宅拆解回收阶段碳排量对比

① 熊宝玉. 住宅建筑全生命周期碳排放量测算研究［D］. 深圳：深圳大学，2015.
② 周晓. 浙江省城市住宅生命周期 CO_2 排放评价研究［D］. 杭州：浙江大学，2012.
③ 罗智星. 建筑生命周期二氧化碳排放计算方法与减排策略研究［D］. 西安：西安建筑科技大学，2016.
④ 贡小雷. 建筑拆解及材料再利用技术研究［D］. 天津：天津大学，2010.

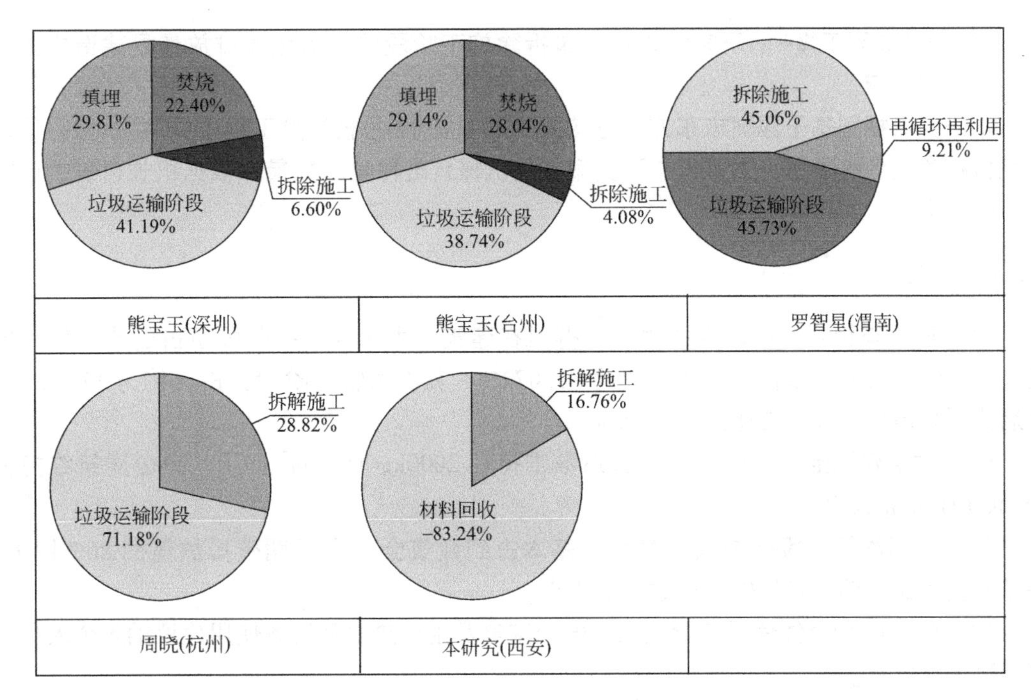

图 5-55　相关研究拆除清理阶段碳排放构成统计

1. 相关研究使用维护阶段碳排放构成

由图 5-54 可知，其他相关研究拆除清理阶段的碳排放在-109. 85～90. 3$kgCO_2e/m^2$ 之间，占比为-4. 8%～2. 26%之间，但不同研究拆除清理阶段的碳排放比例差别较大。

2. 相关研究拆除清理阶段碳排放构成差异原因分析

1）拆除清理阶段划分边界的差异

拆除清理阶段划分边界的差异，即统计计算的分项工程的差别。其中，本研究考虑了拆除清理因材料的回收利用带来的负的碳排放，而其他研究都将材料回收带来的负碳排放纳入物化阶段考虑，从而造成了本研究与其他研究相差较大。

熊宝玉①将建筑废弃物在垃圾处理厂的填埋和焚烧所带来的碳排放也纳入了该阶段的碳排放评价，从而导致了研究结果与其他研究相差较大。

周晓②在拆除阶段仅考虑拆除施工及废弃物运输所产生的碳排放，因此，这部分碳排放量较少。

2）拆除阶段、运输阶段的计算方法差异

在建筑拆除阶段缺乏相关方面实际调查统计数据的情况下，相关研究的拆除施工阶段的碳排放计算大多根据相关研究文献的结果来估算。

如罗智星③、周晓参照张又升④的研究结果推算，按施工阶段碳排放量的 90%来算。

---

① 熊宝玉. 住宅建筑全生命周期碳排放量测算研究 [D]. 深圳：深圳大学，2015.

② 周晓. 浙江省城市住宅生命周期 CO_2 排放评价研究 [D]. 杭州：浙江大学，2012.

③ 罗智星. 建筑生命周期二氧化碳排放计算方法与减排策略研究 [D]. 西安：西安建筑科技大学，2016.

④ 张又升. RC 建筑物生命周期环境负荷评估——以耗能量与二氧化碳排放量解析 [D]. 台南：成功大学，1997.

熊宝玉[①]参照王霞[②]的研究成果按建筑拆除施工阶段的二氧化碳排放量是建造施工过程的10%来计算。

本研究数据则基于深圳市东方盛世花园二期E栋12号楼拆除工程项目[③]的拆除阶段使用机械种类及台班数量，估算出本研究案例的机械台班种类及数量，根据机械台班的碳排放因子求出。

5.5.6 小结

（1）通过与相同类型研究的对比，得出在建筑全生命周期各阶段所占的比例较为接近，都是使用维护阶段占比最大，约为81.072%，其次为物化阶段，占比约为17.526%，最后为拆除清理阶段，占比约为1.39%。

（2）住宅建筑全生命周期碳排放系数维持在2000kgCO_2e/m^2上下，办公建筑维持在5000kgCO_2e/m^2上下。

（3）使用维护阶段碳排放量最大，基本占到建筑全生命周期碳排放量的80%以上，是建筑全生命周期中降低碳排放效率的重点。

（4）使用阶段个体使用差异较大，部分家电及生活热水等设备使用建议纳入个人生活碳足迹进行计算。

（5）物化阶段碳排放量占整体碳排放量的20%，建材生产阶段碳排放占比最大。其中，钢材、商品混凝土、抹灰类水泥、门窗、砂石五类建材的碳排放量达到80%，在设计阶段通过计算上述五类建材的量，可有效预测建筑物化阶段建材生产所产生的碳排放量，并为合理选择低碳建材及优化设计提供指导。

（6）物料回收对于碳排放有重大作用，将其纳入建筑全生命周期碳排放计算中，并折减全生命周期碳排放总量，可引导未来回收利用，以达到节能减排的目标。

---

① 熊宝玉. 住宅建筑全生命周期碳排放量测算研究［D］. 深圳：深圳大学，2015.

② 王霞. 住宅建筑生命周期碳排放研究［D］. 天津：天津大学，2012.

③ 欧阳磊. 基于碳排放视角的拆除建筑废弃物管理过程研究［D］. 深圳：深圳大学，2016.

第6章 建筑全生命周期减碳策略

Chapter 6

虽然建筑的碳排放在全生命周期的各阶段产生，但绝大多数的减碳策略需要在建筑建造之前进行全面统筹，因此设计阶段对建筑全生命周期的碳排放控制具有统筹效果。只有综合分析各阶段碳源及其控制措施，从设计入手，才能有效地减少建筑全生命周期碳排放。

6.1 物化阶段减碳策略

物化阶段的碳排放占据建筑全生命周期碳排放的17%左右，在该阶段中建材生产的碳排放量最大，占该阶段碳排放量的95%。所以，我们的减碳策略首先考虑建筑材料的选择与使用，其次是约占整个物化阶段4%的施工与运输过程。

6.1.1 建筑材料的选择与使用

根据第5章对标建筑1号住宅楼和办公楼物化阶段建筑材料的构成分析，建筑全生命周期物化阶段建材所产生的碳排放主要由以下建材产生：钢（铁）、商品混凝土、水泥、砂石、木材、砌体材料（砖石等）、建筑陶瓷、门窗、保温材料、导线电缆、装饰涂料、各类管材、防水材料等。在研究主要建材时，我们将其分为主体结构材料、装饰材料及其他材料三类。

1. 主体结构材料分析与选用

1）主体结构主材碳排放量分析

按建筑主体结构的不同，建筑结构通常可划分为以下四种：钢筋混凝土结构，砌体结构，钢结构，木结构。砌体结构和钢筋混凝土结构的主要结构材料基本为砖、钢材、混凝土和木材；钢结构的主要结构材料为钢材、混凝土；木结构的主要结构材料为木材、混凝土及少量钢材。

（1）砌体结构案例

馨泰佳苑，位于陕西省咸阳市，建筑面积4682.62m^2，地上7层，地下1层，建筑高度25.8m。通过计算可得其主体结构材料碳排放系数为159.96$kgCO_2e/m^2$（表6-1）。其主要碳排放来源于砖及混凝土，两者共占95%。

砖混结构主材碳排放量及碳排放强度　　表 6-1

材料名称	材料用量	碳排放因子	总排放量($kgCO_2e$)	碳排放强度($kgCO_2e/m^2$)	材料占比
砖	896.03 千块	349$kgCO_2e$/千块标准砖	312714.47	66.78	42%
钢材	14.81t	2200$kgCO_2e/t$	32582	6.96	4%
混凝土	1236.44m^3	321.3$kgCO_2e/m^3$	397268.17	84.84	53%
木材	7.36m^3	878$kgCO_2e/m^3$	6462.08	1.38	1%
总量			749035.86	159.96	100%

(2) 钢筋混凝土结构案例

①钢筋混凝土框架结构案例

灞桥区总部二号综合办公建筑，位于陕西省西安市，建筑面积 11351m^2，地上 6 层，局部地下 1 层，建筑高度 24m。通过计算可得其主体结构材料碳排放强度为 287.99$kgCO_2e/m^2$（表 6-2）。其主要碳排放来源于钢材及混凝土，两者共占 98%。

钢筋混凝土框架结构主材碳排放量及碳排放强度　　表 6-2

材料名称	材料用量	碳排放因子	总排放量($kgCO_2e$)	碳排放强度($kgCO_2e/m^2$)	材料占比
砖	789.19t	97.17$kgCO_2e/t$	76684.62	6.76	2
钢材	794.73t	2200$kgCO_2e/t$	1748406	154.03	54
混凝土	4493.8m^3	321.3$kgCO_2e/m^3$	1443857.94	127.20	44
木材	—	—	—	—	0
总量			3268948.56	287.99	100%

②钢筋混凝土剪力墙结构案例

太乙路经济适用房 1 号住宅楼，位于陕西省西安市，建筑面积 39173m^2，地上 32 层，地下 1 层，建筑高度 95.4m。通过计算可得其主体结构材料碳排放强度为 225.25$kgCO_2e/m^2$（表 6-3）。其主要碳排放来源于钢材及混凝土，两者共占 97%。

钢筋混凝土剪力墙结构主材碳排放量及碳排放强度　　表 6-3

材料名称	材料用量	碳排放因子	总排放量($kgCO_2e$)	碳排放强度($kgCO_2e/m^2$)	材料占比
砖	219 千块	349$kgCO_2e$/千块标准砖	76431.00	1.95	1%
钢材	2038t	2200$kgCO_2e/t$	4483600.00	114.46	51%
混凝土	12654.64m^3	321.3$kgCO_2e/m^3$	4065087.60	103.77	46%
木材	7.36m^3	878$kgCO_2e/m^3$	198428.00	5.07	2%
总量			8823546.60	225.25	100%

(3) 钢结构案例

模拟建筑①，建筑面积 6421m^2，地上 6 层，地下 1 层，层高 3.9m。通过计算可得其主体

① 曾杰，俞海勇，等. 木结构材料与其他建筑结构材料的碳排放对比 [J]. 木材工业，2018.(1).

结构材料碳排放强度为 247.75$kgCO_2e/m^2$（表 6-4）。其主要碳排放来源于钢材，占 88%。

钢结构主材碳排放量及碳排放强度　　表 6-4

材料名称	材料用量	碳排放因子	总排放量($kgCO_2e$)	碳排放强度($kgCO_2e/m^2$)	材料占比
砖	—	—	—	—	0
钢材	637.83t	2200$kgCO_2e/t$	1403226.00	218.54	88%
混凝土	583.76m^3	321.3$kgCO_2e/m^3$	187562.09	29.21	12%
木材	—	—	—	—	0
总量			1590788.09	247.75	100%

（4）木结构案例

Treet 公寓，位于挪威卑尔根市，总建筑面积 7140m^2，地上 14 层，建筑高度 52.8m。通过计算可得其主体结构材料碳排放强度为 126.07$kgCO_2e/m^2$（表 6-5）。其主要碳排放来源为木材，占 91%。

木结构主材碳排放量及碳排放强度　　表 6-5

材料名称	材料用量	碳排放因子	总排放量($kgCO_2e$)	碳排放强度($kgCO_2e/m^2$)	材料占比
砖	—	—	—	—	0
钢材	0.35/t	2200$kgCO_2e/t$	770.00	0.11	0.0008%
混凝土	244/m^3	321.3$kgCO_2e/m^3$	78397.20	10.98	9%
木材	935/m^3	878$kgCO_2e/m^3$	820930.00	114.98	91%
总量			1016898	126.07	100%

通过计算上述五种不同结构类型建筑的主体结构建材的碳排放量，可得出其碳排放强度对比关系（图 6-1）。

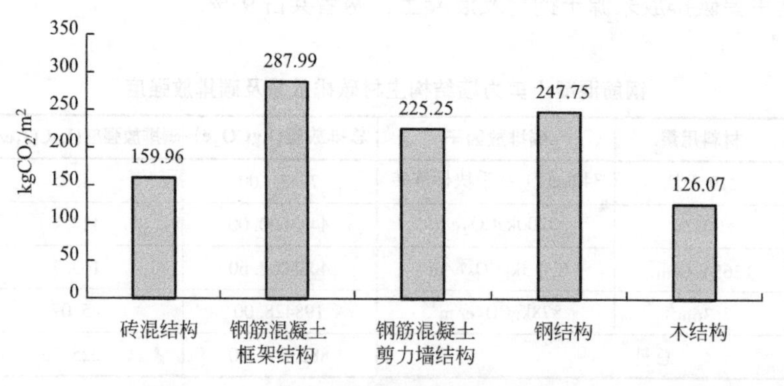

图 6-1　五种结构类型建筑碳排放强度对比图

从图 6-1 可看出，碳排放强度从大到小依次为：钢筋混凝土框架结构、钢结构、钢筋混凝土剪力墙结构、砖混结构、木结构。其中，碳排放强度最大的钢筋混凝土框架结构是最小的木结构的 2 倍多，由此可看出，不同结构类型的建筑其主结构建材在生产阶段碳排放强度差异较大，合理地选择建筑结构类型能在很大程度上减少碳排放量。当前这四种建筑形式在实际工程项目中大量使用，每种结构形式有其自身的适用范围，因此对各个结构自身减碳策略的研究也十分重要。

2）主体结构减碳策略

（1）砌体结构

砌体结构建筑（土坯）通常使用三种不同类型的砌体材料，分别为普通烧结砖、复合砖以及生土砖。以上三种不同类型的砌体碳排放因子如表 6-6 所示。

不同种类砖碳排放因子　　表 6-6

材料名称	普通烧结砖	复合砖	生土砖
碳排放因子（$kgCO_2e/m^3$）	488.79	332.22	14.66

①优先使用碳排放因子较小的复合砖

普通烧结砖作为最常用的建筑砌体材料，其碳排放因子较大，在生产过程中会造成多方面污染。同时，在建造工程中使用普通黏土（一般会在耕地取土），容易造成土地的退化和废弃，所以不建议在建筑中使用普通烧结砖。复合砖的碳排放量大小介于普通烧结砖和生土砖之间。相比普通烧结砖，复合砖的碳排放量可以减少 32%，这主要是因为复合砖本身具有大于 45%的孔洞率，且复合砖保温填料配比中约有 1/3 的粉煤灰，减少了原料页岩的消耗量，从而减少碳排放量。所以，在建筑施工中可以使用复合砖代替普通烧结砖，能减少 30%的碳排放量。

②就地取材

生土砖是传统建筑的主要建筑材料之一，其无须焙烧，通过简单加工后便可用于房屋的建造。具有可就地取材，造价低廉，热工性能突出，加工过程低耗且无污染等优点。据测算，采用生土砖建造的房屋其碳排放量仅为使用普通烧结砖的 3%。但生土建筑抗震性能较差，地震时破坏较为严重，传统生土材料在力学和耐久性方面的固有缺陷，使其现代化的应用受到极大限制。现今欧美发达国家针对传统生土材料进行了系统、深入的基础研究，尤其在生土材料改良的科学机理及其关键技术方面，取得了大量具有突破性的研究成果，克服了传统生土材料在力学和耐久性能等方面的固有缺陷。

如位于甘肃省庆阳市毛寺村的毛寺生态小学（图 6-2），是砖混结构的优秀建筑案例。该项目通过对当地所有的常规和自然材料、传统建造技术以及生态设计系统的筛选与优化，最终发现以生土和其他自然材料为基础的建筑蓄热体与绝热体的使用，是提升建筑热特性、减少能耗和环境污染最为经济和有效的措施。该建筑中大部分建筑材料就地取材，如土坯、茅草、芦苇等，并且所有的边角废料均通过简易处理，可以循环再利用。整个教室的合同造价为每平方米 515 元，直接造价只有每平方米 378 元①，均低于当地常规建筑。据统计，该建筑使用 1000mm 的土坯砖来搭建，其产生的碳排放仅是 240mm 普通烧结砖墙的 12.5%。

砖混建筑的优秀案例还有马岔村村民活动中心（图 6-3）。该建筑在空间组合方式上，借鉴了当地民居传统的合院形式，并尽量结合基地的退台现状，以四个设置在不同标高的

① 吴恩融，穆钧. 源于土地的建筑——毛寺生态实验小学［J］. 广西城镇建设，2013（3）：56-61.

土房子围合出一个三合院，开口面向东侧的山谷。所有的建造用土都在现场采取，其取土过程本身也是对场地的修整过程。①

图 6-2　毛寺生态小学

（资料来源：《源于土地的建筑——毛寺生态实验小学》）

图 6-3　马岔村村民活动中心

（资料来源：https：//xw. qq. com/cmsid/20180208A094JK00）

（2）钢筋混凝土结构

钢筋混凝土结构的主材是钢材和混凝土，在物化阶段，35%的碳排放是由钢材所产生的。虽然在物化阶段钢材的碳排放无法直接减少，但是因为钢材的耐久性与耐候性强的优势，可以在设计阶段增加建筑使用年限，从而减少建筑年碳排放强度。钢筋混凝土结构中混凝土的强度随时间的增长而增长（图 6-4），这决定了钢筋混凝土结构良好的耐久性。当钢筋外的混凝土保护层厚度足够大时，混凝土能保护钢筋免于锈蚀，不需要经常的保养和维修。在恶劣环境中（如处于侵蚀性气体或受海水浸泡等），经过合理的设计并采取特殊的构造措施，一般能满足工程需要。所以，钢筋混凝土结构拥有比钢结构更强的适应性。钢筋混凝土结构的减碳措施为：①延长使用寿命；②考虑改造的可能性。

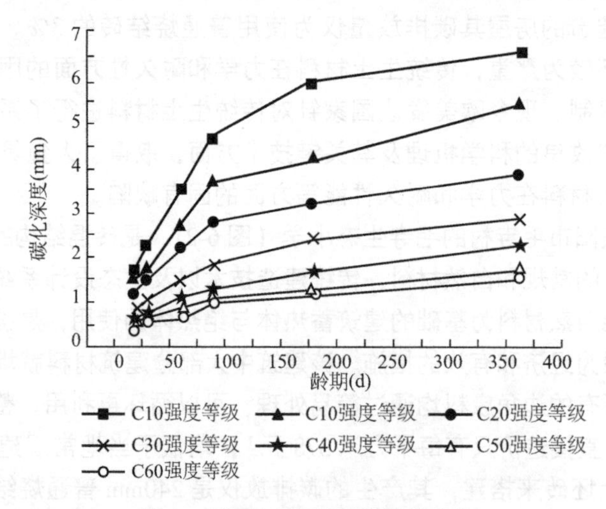

图 6-4　混凝土强度随龄期的变化

（资料来源：《不同强度等级混凝土碳化深度随龄期变化分析》）

① 蒋蔚，李强强. 关乎情感以及生活本身——马岔村村民活动中心设计［J］. 建筑学报，2016（4）：23-25.

增加使用年限就要求设计师在设计阶段充分考虑建筑空间的可变性，在设计阶段实现建筑的减碳。例如，柯布西耶于 1914 年就构思了“多米诺系统”实行对空间的解放，他用钢筋混凝土柱承重取代了承重墙结构，使得可以随意划分室内空间，设计出室内空间连通流动、室内外空间交融的建筑作品（图 6-5）。

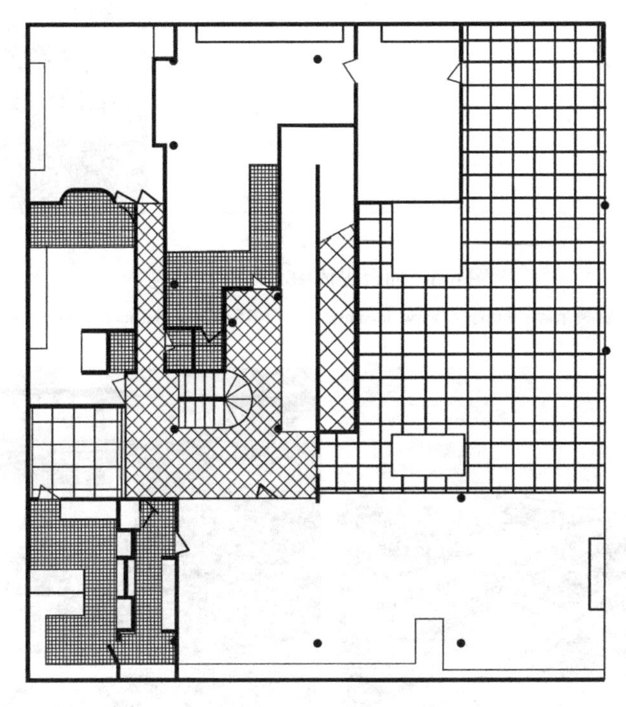

图 6-5　萨伏伊别墅平面

（资料来源：https：//image. baidu. com）

（3）钢结构

钢结构建筑中 88%的碳排放是由钢材产生的，钢结构建筑轻质高强，相对于混凝土建筑自重可降低 30%左右，而且建造过程节能、节水、节地，材料可拆装，可循环，回收率达 70%。针对钢结构这一优点，该结构的减碳措施是：①增加空间灵活度，延长寿命；②建立标准构件，提高装配率。

伊东丰雄的仙台媒体中心（图 6-6）很好地印证了这一观点，该建筑运用现代结构技术和建造工艺，通过对多米诺体系中“柱”与“板”等结构构件的材料、组织方式等方面进行改造，建立建筑形态、空间模式和结构体系的新特征。媒体中心结构由截面大小不一、有机分布的 13 根非线性管状柱系统支撑起 7 个水平开放的无障碍空间层，而且环装柱系统也被空间化，管状柱的空间中容纳了建筑的管线设备以及垂直交通系统，完全将结构与建筑、空间进行整合设计，以实现建筑最大化的开放性、通透性和无障碍化。

斯图加特的 Sobek 住宅（图 6-7）是欧洲现代生态高科技零能耗住宅。建筑使用了钢结构全装配式结构，没有使用抹灰、砂浆，全部构件为可回收性材料。该建筑真正实现了能源自给自足、零能耗及零排放。

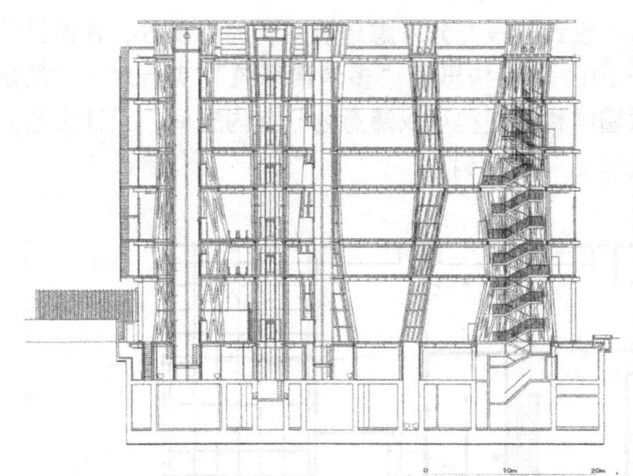

图 6-6 仙台媒体中心剖面及外观

（资料来源：http：//www.ideamsg.com/2015/07/sendai-mediatheque/）

图 6-7 斯图加特的 Sobek 住宅

（资料来源：https：//max.book118.com/html/2018/0501/164027112.shtm）

（4）木结构

木结构建筑在物化阶段 90%以上的碳排放由木材产生。树木生长过程中，经光合作用将空气中的 CO_2 吸收并加以固定，每 $1m^3$ 木材可吸收并固定约 0.9t 二氧化碳，建筑行业使用固碳的木制建筑材料可以有效减少碳足迹。可再生能源工业材料研究协会（CORRIM）的一份研究报告表明，等量的木材从收获到废弃所需的能量比钢材少 17%，比水泥少 16%。不同种类的木材因为内部纤维素和半纤维素的含量不同造成生长过程中所固定的碳含量不同（表 6-7），建议选择松木作为木结构建筑的主要建筑材料。

不同种类木材碳排放因子 **表 6-7**

建材种类	碳排放（$kgCO_2e/m^3$）	
胶合木	东北落叶松	-374.71
	东北冷杉	-32.25
	北美花旗松	-295.75
	北美冷杉	-90.63

虽然木结构建筑本身具有极低的碳排放量，但是存在易遭受火灾、白蚁侵蚀以及雨水腐蚀等问题，其相比砖石建筑维持时间不长，且成材的木料由于施工量的增加而紧缺。针对木材本身性能问题，除了利用新的技术优化木材性能，同时也要求设计师因地制宜选择合适的材料，不能一味地因为木建筑能耗低就选用木材作为建筑主要结构，如果外部环境不适宜的话，木材寿命大打折扣，建筑的年碳排放系数也会直线上涨。

此外，新技术的应用使得更多低碳建材成为可能，例如塑木以及纸管。如新西兰纸板教堂，工业用纸板覆上可防水材料和阻燃膜，集坚固性、防水性和防火性于一身。纸板技术经济成本低，且可以更换和回收利用，因此在地震灾害频发的国家是理想的选择。

2011 年，新西兰发生里氏 6. 3 级的大地震，地震中有 100 多年历史的圣公会大教堂被毁。为了不耽误民众正常的礼拜，这个纸板教堂被建立来充当临时教堂（图 6-8）。教堂是一个 A 形结构，高 24m，主要由预制件构成，包括木材、钢和纸板管。整体用 98 根圆形纸板管做梁柱，纸板管每根直径 60cm，长 16. 5m，其表面涂覆有防水聚氨酯和阻燃剂，可以防水和防火。

图 6-8　纸板教堂外观及室内图

（资料来源：https：//baijiahao. baidu. com/s？ id = 1569925142229778）

与全世界森林资源相比，中国属于一个缺林少绿、木资源总量严重不足的国家，森林覆盖率低于全世界平均水平 31%，人均森林面积不足全球人均水平的 1/4，人均森林蓄积更是不足全球人均水平的 1/7。所以，本文建议尽量使用胶合木代替原生木材。并且，我国是世界上竹林覆盖率最高的国家，竹易培养，成林快，三到五年就可以砍伐。因此，国家林业局政策支持大力发展以竹为主要加工材料的人造板，目前复合竹材制品已经在很多地方替换了木材类板材的使用，解决了资源问题。同时，竹木结构住宅可以工厂预制、现场安装，也正是产业化发展所提倡的。

2. 装饰材料

装饰材料包括水泥、砂石、建筑装饰涂料、建筑陶瓷、部分木材、砌体材料及石材。装饰材料的减碳可以从以下三方面考虑：①使用天然建材；②使用再生材料；③结构装饰一体化。

装饰材料中，水泥主要作为抹灰，在建材生产阶段碳排放量中占比 5% ~ 19% 不等。

施工过程中可以选择再生水泥，多采用干施工、干装修的方法，在一定程度上能减少水泥的用量及其产生的碳排放量。其余装饰材料如涂料、陶瓷等在建材生产阶段约占8%。施工过程中可减少此类装饰材料的使用，将其替换为木材、砂石等天然建材。

3. 其他材料

其他材料包括保温材料、门窗、导线电缆、防水材料及各类管材，这一部分建筑材料在建筑全生命周期占比很小，减少这部分的碳排放可以从以下三方面考虑：①延长使用寿命；②提高回收利用率；③使用低碳材料。

部分建材的碳排放量　　表6-8

构造名称	计量单位	碳排放量($kgCO_2e$)
成品木门安装	$100m^2$	7080
外墙保温层(以外保温,保温板为挤塑聚苯板为例)	$10m^3$	3760
屋面防水层(以卷材屋面防水、改性沥青卷材冷粘为例)	$100m^2$	888

门窗、保温材料等使用寿命较短，若提高其使用寿命，使其与建筑使用年限相当，不仅可减少材料更新消耗的碳排放量，也可减少更新过程中由材料运输及施工产生的碳排放量。根据表6-8的数据，若案例1号住宅楼的门窗、保温材料、防水材料使用寿命提高到与建筑设计使用年限一样的50年，根据核算，可减少39.62$kgCO_2e/m^2$的碳排放量。同时，考虑选择替代材料也可减少此部分建材的碳排放量。例如，将传统保温材料EPS板替换为农作物秸秆制作的保温材料，将大幅度降低此部分的碳排放量。

6.1.2 施工阶段减碳策略

施工阶段的碳排放主要来源于建材运输、施工机具运营及临时设施运营。其中，建材运输在物化阶段占比最大，约占3%；其次是施工机具运营，占1.64%；最少的是临时设施运营，占0.23%。因此，主要考虑建材运输阶段的减碳策略，其次是施工机具运营，最后为临时设施。

1. 材料运输

同样的建筑材料，其运输费用和能耗也会有较大差别。如果运输组织得好，不仅可节约运输费用，降低工程成本，还可提高运能，降低能耗，实现公共建筑的低碳施工。随着物流全球化，进口材料比如意大利石材都可以更方便地采购到，建筑师的发挥空间越来越高，但如果一味采用进口材料进行建造，其运输碳排放将是巨大的浪费。整个施工阶段的材料运输是在设计阶段被建筑师的方案设计所决定的，所以对于建筑师而言，鼓励使用当地材料进行方案的表达，通过设计达到良好的建筑表达效果。所以，在该阶段我们的减碳策略有如下两条：①使用本地材料；②减少运输距离。

例如，赖特的西塔里埃森建筑群采用相互连接的结构，使用的重的材料就是在建筑场地发现的沙漠石头，建筑的主体用火山石与混凝土建造，以美国红杉树为支架，上面覆盖着帆布屋顶与折板。帆布屋顶与折板可向沙漠与远处的群山敞开，既可组织建筑通风，又让四周景观一览无余。

2. 施工方式

1）合理化台班

施工方式最大的影响就是台班数量以及营建工法差异造成的碳排放差异。其中，台班数量需要依靠优化营建流程来减少其碳排放。

2）加强装配式及工业化

施工中推动“营建的合理化”，是绿色施工的一个重要工作，即将建筑部品生产工业化、预铸化、标准化以及营建施工模具化、省工化、干式化等方法。

3）干施工工艺

湿式工法的现场产生废弃物与污染较多，例如营建工程使用的砂石、混凝土、水泥、砂浆等，都会产生大量粉尘与废水、废泥污染。同时，湿式工法现场使用的施工机具种类多且能耗大，比如钢筋切割机、混凝土搅拌机、混凝土振动器、灰浆搅拌机、木工机具的碳排放量占施工机具碳排放量的16%。而以现场焊接、组装等干式结合的干式施工法，施工过程中粉尘污染及用水量均少，不易产生营建污染，对于工地现场碳排放减量有相当的帮助。因此，为了减少施工阶段碳排放，建议在施工时使用干施工工艺。

3. 临时设施

施工阶段临时设施碳排放量中84%的碳排放是由施工人员宿舍产生，主要是照明供暖及空调能耗，所以在该阶段减碳策略从临时住宅的选择考虑：①利用既有建筑；②快速装配，重复利用。

临时设施对比　　表6-9

性能优势	集装箱房屋	轻钢结构活动板房	传统砖混房
工业化生产	整体都在工厂加工建造，建造完毕后直接运送到目的地进行组装	墙体、面、梁、屋架等构件可在工厂预制，现场建造组装过程较长	可预制的构件较少
回收利用	外墙材料，结构均可回收再利用	钢结构主体部分可回收	无法回收
低碳环保	所用材质主要为木材和钢材，木材属可再生资源，可自然降解，零污染，钢材可回收。建造过程对环境无影响	环保性能一般，需要搭建建筑基础	产生大量建筑垃圾、粉尘、噪声

临时住宅一般分为三种，传统砖混房、轻钢结构活动板房，以及集装箱房屋，对比如表6-9所示。建议使用集装箱临时住宅以及租用现有民房，相比传统砖混房以及轻钢活动板房，可减少施工用水量、混凝土损耗，减少施工垃圾和装修垃圾，施工周期短，减少城市噪声污染和粉尘污染，整体生产效率提高。此外，集装箱建筑安装极为简便，通过钢构件将每个集装箱牢固地连接在一起，方便拆装、迁移和重复利用。

6.1.3 物化阶段减碳策略小结

（1）优先选择木结构，砌体结构中用生土砖以及复合砖代替普通烧结砖。

（2）钢筋混凝土及钢结构因其优良的耐候性及耐久性，空间改造的灵活性，建议考虑延长建筑使用寿命从而减少建筑年碳排放强度。

(3) 鼓励就地取材，因地制宜。

(4) 优化施工方式，加大装配式及工业化生产，减少湿施工方式。

(5) 优化台班分配，临时设施建议租用以及使用集装箱临时建筑。

6.2 使用阶段减碳策略

使用阶段的碳排放占据建筑全生命周期碳排放的80%以上，所以此阶段是建筑全生命周期减碳的重要环节。根据第5章对标建筑的分析，使用维护阶段碳排放主要建筑设备的各种能耗产生，包括运行能耗及维护能耗。其中，运行能耗占比约为98%，是此阶段碳排放产生的主要来源，主要由采暖、照明、空调制冷及电梯构成，其中采暖引起的碳排放为60%，照明为25%，空调制冷为12%，电梯运行为3%。减少建筑运行使用阶段的碳排放主要通过“节流、开源、延寿”来实现。

6.2.1 “节流”——建筑节能

建筑节能在国内外被广泛研究，各国在建筑节能标准方面积累了大量经验，并进一步提出了零能耗建筑的概念。根据不同国家的气候、经济及政治条件，目前有多种不同的定义和框架，主要区别在于对零能耗计算条件的限定及衡量指标，多个国家均设定了适应本国零能耗建筑推进的能效指标。

1) 日本零能耗建筑

日本经济产业省自然资源和能源部“ZEB路线图研讨委员会摘要”于2015年12月将ZEB定义为“通过先进的建筑设计减少能源负荷，并采用被动技术、积极利用自然能源以及引入高效设备系统等，在保持室内环境质量的同时实现显著节能，并通过使用可再生能源，最大限度地提高能源独立性以及年度一次能源消耗收支平衡的建筑”。此外，根据零能耗的实现状态，定性和定量地定义了ZEB的三个阶段（表6-10）。

日本零能耗建筑ZEB的定义①　　表6-10

	定性的定义	定量的定义
ZEB	建筑物一年的一次能源消费量为零或负值	满足以下两个条件的建筑物： (1)标准一次能源消耗减少50%或以上(不包括可再生能源)； (2)标准一次能源消耗减少100%或更多(包括可再生能源)
NearlyZEB	尽可能接近ZEB，同时满足ZEBReady的要求，使用可再生能源并使其年度一次能源消耗接近零	满足以下两个条件的建筑物： (1)标准一次能源消耗减少50%或以上(不包括可再生能源)； (2)标准一次能源消耗减少75%且低于100%(包括可再生能源)
ZEBReady	具有高效隔热表皮及节能设备的建筑	除使用可再生能源外，一次能源消耗减少50%或以上的建筑物

2) 美国零能耗建筑

2015年9月，美国能源部提出了将“净零能耗建筑”等称谓统一规范称作“零能耗

① 日本经济产业省资源和能源局“ZEB路线图研讨委员会摘要”。

建筑”。并将零能耗建筑定义为：“以一次能源为衡量单位，实际全年消耗（输入）能量小于等于场地边界内可再生能源产生（输出）能量的节能建筑”，并同时定义了“零能耗建筑园区”“零能耗建筑群”和“零能耗建筑社区”三个概念。“零能耗建筑园区”为单栋建筑连成的片区，且共享的可再生能源系统归一个组织所有；“零能耗建筑群”允许单栋建筑分散，但建筑必须同属一个组织；“零能耗建筑社区”允许单栋建筑分散，建筑可以分属不同组织，但社区内应当包含一个或多个大型可再生能源系统。在新发布的定义中，统一以一次能源对建筑的能源平衡进行核算，并规定所有的可再生能源应当为现场产能①。

3）德国低能耗建筑发展及研究现状

德国低能耗建筑根据建筑能耗大小划分为三个等级：低能耗建筑（Niedrigenergiehaus）、三升油建筑（Drei-Liter-Haus）、微能耗/零能耗建筑（Passivhaus/Nullenergiehaus）②。

（1）低能耗建筑

德国低能耗建筑的最早定义是比 1995 年节能规范中要求的节能标准基础上再节能 30%的建筑，每年每平方米的采暖能耗在 70kWh 以下。现在低能耗建筑一般是指建筑采暖能耗在 30~70kWh/（m^2·a）的建筑。值得注意的是，德国是以建筑使用面积的能耗量为准的，而不是以建筑面积为准，另外建筑能耗是指一次性能源消耗量，对煤、石油、电能等不同能源有相应的换算方法，这样做有利于控制建筑实际能耗及 CO_2 排放量。

（2）三升油建筑

三升油建筑主要应用于居住建筑，称之为“三升油住宅”，三升采暖用柴油大约含 30kWh 的能量，因而“三升油住宅”指的是在达到相关规范所要求的使用舒适度和健康标准的前提下，采暖及空调能耗在 15~30kWh/（m^2·a）的住宅。

（3）微能耗/零能耗建筑

微能耗/零能耗建筑是指在达到相关规范所要求的使用舒适度和健康标准的前提下，采暖及空调能耗在 0~15kWh/（m^2·a）的建筑。要达到这一技术指标，在建筑材料构造、技术体系和投资上都有较高要求。

4）中国近零能耗建筑

2015 年我国住房和城乡建设部提出近零能耗建筑的概念，即适应气候特征和自然条件，通过被动式手段，最大程度地降低建筑供暖供冷需求、提高能源设备和系统效率，利用可再生能源，优化能源系统运行，以最少的能源消耗提供舒适的室内环境，室内环境参数和能耗指标满足标准要求。到 2050 年，建筑能耗水平应较 2016 年国家建筑节能设计标准降低 60%~75%③。

在多个国家研究的基础上，为了满足我国现行的标准节能率，我们更要进行合理的节能设计，减少建筑全生命周期碳排放，我们的节能措施可以总结为以下几方面：建筑采暖、建筑照明、建筑空调、自然调节、能源选择与能源回收。

1. 建筑采暖

通过本书第 5 章的研究，得出在建筑全生命周期中，采暖能耗约占整个建筑能耗的

---

① BOE-Hmanbc，Sahabb，Ashiwagk. Experimental Study on an Innovative Multifunction Heat Pipe Type Heat Recovery Two-Stage Sorption Refrigeration System [J]. Energy Conversion and Management，2008，49（10）：2505-2512.

② 卢求. 德国低能耗建筑技术体系及发展趋势 [J]. 建筑学报，2007.

③ 住房和城乡建设部. 建筑节能与绿色建筑发展“十三五”规划 [EB/OL]，[2018-02-07]. http://www.mohurd.gov.cn/wjgb/201703/t20170314_230978.htm.

60%，因此减少建筑的采暖能耗对于减少建筑的总能耗有很大的作用。减少建筑采暖能耗的措施主要有加强保温及冷（热）桥以及加强气密性处理。

1）加强保温

大量研究证明，良好的保温可有效减少能源消耗。保温材料的保温效果与其本身的特性以及保温层厚度有关。在满足同样使用条件的情况下，原则上选择导热系数更小的保温材料，获得的保温效果更好，各材料的性能如表 6-11 所示。

加大保温层厚度可以降低采暖能耗，减少建筑全生命周期碳排放，但保温层的厚度与节能效率并不是一次函数关系。研究表明，在一定区间内，随着保温层厚度的增加，围护结构的热工性能明显提高，但当保温层达到一定厚度后，即使保温层厚度继续增加，保温隔热性能也很难有明显的提升，即保温层存在一个经济厚度。

各种保温材料性能 表 6-11

	导热系数 [25℃,W/(m·K)]	吸水率 (%)	防火性能	同厚度保温层墙体节能效率	使用寿命
PU 板(HBL)	<0.022	<3	遇火结碳,无熔滴,不产生火焰扩张	很高	耐久性好,能实现与建筑同寿命
XPS 板	<0.032	<1.5	有熔滴,火势易蔓延	较高	粘结性差,透气性差,易导致保温层变形和粘结层脱落,影响其使用寿命
EPS 板	<0.041	<3	有熔滴,不耐火灾,火势易蔓延	高	强度较低、熟化不完全的板材易收缩、开裂,降低其使用寿命
岩棉板	<0.045	<10	遇火不燃	较差	吸水率高,易脱落,不能与建筑同寿命
发泡水泥板	<0.06	<10	遇火不燃	较差	脆性大,吸水率高,自重大,不能与建筑物同寿命
STP(玻璃纤维芯材)	<0.01		防火不燃	极高	使用寿命受板材初始真空度、阻隔膜及施工性能等影响较大

如图 6-9 所示，以挤塑聚苯板为例，当厚度从 30mm 增加到 50mm 时，传热系数的下降是非常明显的①，当厚度在 70mm 左右时，增厚约 15mm 就能降低 0.1W/（m^2·K）。而当厚度到 150mm 以后，再想降低 0.1W/（m^2·K）的传热指标，其厚度就要增加 110mm。

保温板厚度与建筑碳排放也存在耦合关系，当保温板厚度增加时，物化阶段的碳排放会增加，但使用阶段碳排放会降低。刘向伟②等分析了居住建筑外墙的最佳保温层厚度，结果表明，在长沙地区，保温层最佳厚度范围为 0.08~0.13m。当采用最佳保温层厚度时，二氧化碳和二氧化硫等污染气体的排放量比没有保温层时减少 75.8%~78.6%。虽然文中仅以长沙地区为例进行案例分析，但文中所提出的研究方法可推广应用到全国不同气候区域。

① 曾理，李上志，金伟，何亦飞. 基于经济学规律的建筑外墙保温隔热层厚度分析［J］. 墙材革新与建筑节能，2019（1）：61-63.

② 刘向伟，郭兴国，陈国杰，等. 建筑外墙最佳保温厚度及环境影响研究［J］. 湖南大学学报（自然科学版），2017，44（9）：182-187.

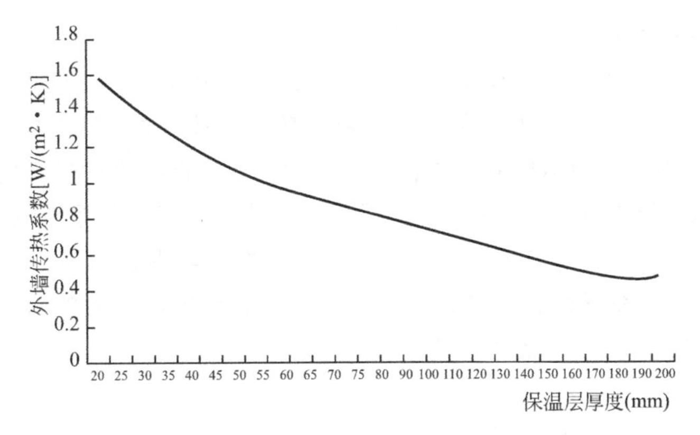

图 6-9 挤塑聚苯板传热系数与厚度的关系

（资料来源：《基于经济学规律的建筑外墙保温隔热层厚度分析》）

2）冷（热）桥处理

冷（热）桥是指在建筑物外围护结构与外界进行热量传导时，由于围护结构中的某些部位的传热系数明显大于其他部位，使得热量集中地从这些部位快速传递，从而增大了建筑物的采暖、空调负荷及能耗。冷（热）桥对建筑物有破坏作用，当冷热空气频繁接触，墙体保温层导热不均匀时，会造成房屋内墙结露、发霉甚至滴水，影响隔热材料的隔热性能。因此，应尽量减少冷（热）桥的数量和面积，对无法隔断的冷（热）桥，要用保温材料进行包裹。

建筑外墙的保温形式主要有内保温、外保温、混合保温和自保温。目前，国内普遍采用外保温的形式，即用保温材料（大多选用 EPS 与 XPS 及岩棉等）将整个房间或者整个建筑进行包裹，外墙再做饰面（图 6-10*a*）。由于与主体结构结合度较差，常产生外保温耐久性差导致保温层脱落的现象（图 6-11）。

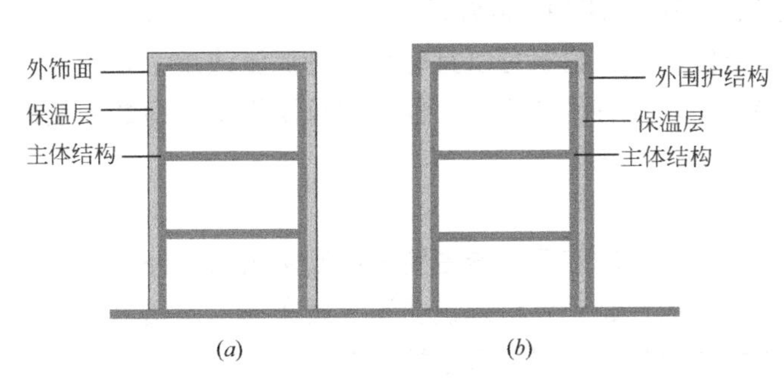

图 6-10 独立外围护结构

（*a*）传统结构体系；（*b*）外围护独立体系

图 6-11 外墙保温脱落

（资料来源：http：//www. sohu. com/a/154143126_ 99912178）

而在国外的很多建筑工程中，使用了建筑主体结构与外围护结构分离的方式（图 6-10*b*），外围护结构与主体支撑结构相对独立成系统，让承重与围护两项功能分离，并且通过保温隔热层分开，彻底阻断建筑冷（热）桥。其好处是独立的外围护体系使得保温材料耐久性加强，而因为外围护结构的独立，所以保温材料的选择更加多样化。

在诺华 8 号楼（Asklepios8）中，建筑师设计了内外两套结构系统（图 6-12），建筑覆层不再依附于结构①。构造中“承重”与“保护”两项功能被分离，两套结构中间相距 4cm，从根本上避免了冷（热）桥的产生。不仅如此，建筑幕墙外的众多杆件对于建筑的排水、抗风和遮阳也起到了一定的作用。

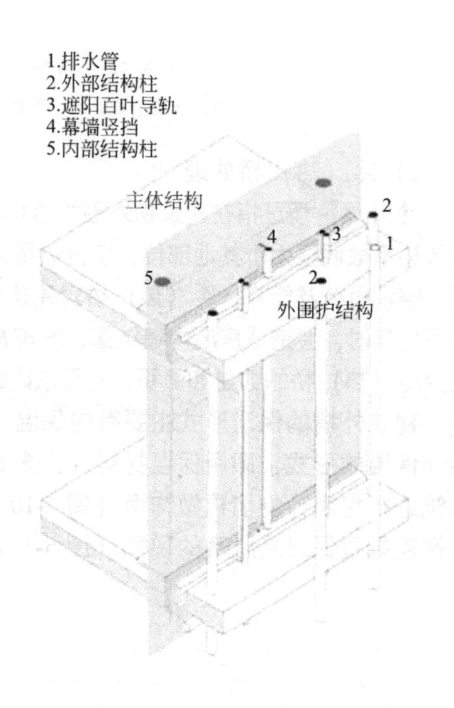

图 6-12　诺华 8 号楼内外双墙承重的结构体系

瓦勒里欧・奥尔加蒂的帕斯皮尔斯学校同样采用了内外双墙承重的结构体系（图 6-13），外围护结构被独立出来。建筑外墙被整体浇筑，建筑可以具有良好的保温效果。内墙作为主要承重构件，外墙作为次要承重构件，均具有构造意义，但外墙只承担局部荷载，使外立面开窗等处理较为自由。

3）加强气密性

气密性对建筑的保温有很大影响，建筑物的空气渗透主要来自底层大门、外门窗和外围护结构中不严密的孔洞。要解决气密性的问题，要对建筑空间合理布局，严格区分采暖空间和非采暖空间，通过使用气密性强的材料进行局部气密性处理。

（1）合理的空间布局

对于建筑而言，门厅、电梯间、楼梯间等位置的设计十分重要，因为门厅空间以及电

① 于洋. 解析保温层与建构表达的关系——以 9 个瑞士建筑为例［J］. 建筑学报，2017（7）：101-105.

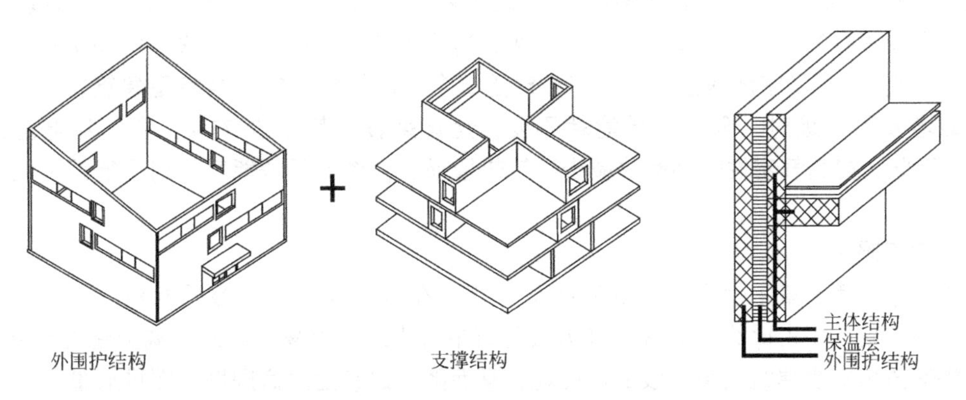

图 6-13 帕斯皮尔斯学校结构体系示意图

梯间、楼梯间的顶部及底部都直接与外部空间相通，这些位置都极易和外部空间进行空气直接交换。因此，在进行建筑保温设计时需要着重注意这些部位。对于门厅空间来说，需要安装气密与保温一体的被动门并且增加门斗空间，直接对外的门要防止对开，错位安置可以有效阻隔穿堂风（图 6-14）。

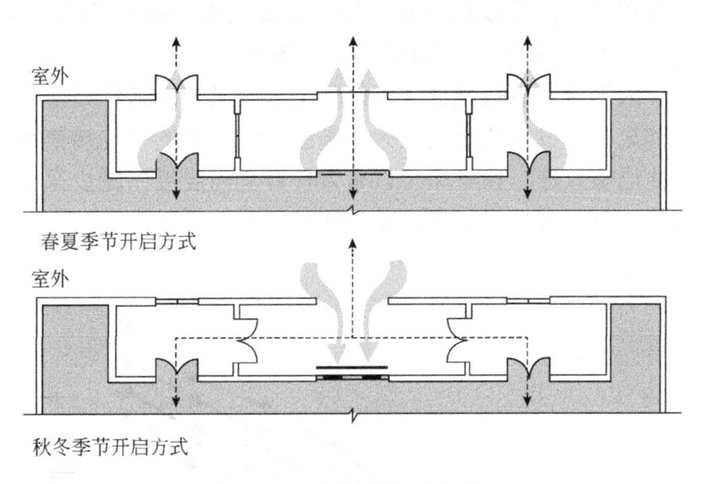

图 6-14 不同季节门开启位置

此外，可以将不采暖的楼梯间、电梯间布置在采暖空间之外，从基础处将两部分隔断开。或将楼梯间和电梯间包含在气密层内，在楼梯间、电梯间顶部以及地下空间着重进行气密处理，并安装气密、保温性均好的推门。

（2）加墙门窗洞口的密封构造

由于窗洞与窗户之间有凹凸不平的孔隙，使得内外空间易进行空气交换，因此要对其进行密封处理。

在我国农村，受经济条件限制，住宅多为土坯房，在门窗洞口处气密性较差，村民冬季会用报纸在窗户四周进行粘贴，防止夜间寒冷的空气通过缝隙进入室内。在我国城市建筑中，密封构造做法多为在门窗框与门窗洞口之间凹凸不平的缝隙间用自黏性的预压自膨胀密封带填充密实，在门窗框与外墙连接处采用防水隔气膜和防水透气膜组成的防水密封系统。

在需要采暖的地区，冬季室内外温差大，冷风渗透会造成热量损失，增加采暖能耗需求。有研究①分析了宁波地区提高气密性对建筑全年能耗的影响，当模型建筑外窗气密性从2级增大到5级时，全年空调能耗不变，全年采暖能耗减少77%，全年耗电量减少15%。因此，提高气密性能够有效减少建筑热量损失，降低采暖能耗，对于建筑节能有重要意义。

2. 建筑照明

根据本书第5章中使用阶段的碳排放分析，在寒冷地区建筑照明能耗仅次于采暖能耗，在住宅建筑中占比约为24%，在办公建筑中占比约为26%。因此，减少建筑的照明能耗能够有效地减少建筑使用阶段的总能耗，从而降低建筑全生命周期的碳排放量。

减少照明能耗的有效途径就是在采光照明与采暖空调能耗耦合关系的基础上合理增加自然采光、减少人工照明，具体的方法有：选择合适的窗地比、合理设计采光口位置和形式、运用采光辅助构件等，此外使用高效光源、合理选择灯具以及采用智能照明系统也能有效减少建筑照明能耗。

1）采光照明与采暖空调能耗的耦合关系

随着建筑设计理念的不断变化，玻璃幕墙或外窗、采光天窗等透光围护结构得到了广泛应用，通过引入自然光线，可以增强室内视觉景观效果、提升室内环境舒适度。同时，开窗面积的大小可以改变室内采光的强弱，根据图6-15、图6-16分析，开窗面积越大，室内采光效果越好，人工照明能耗越低。但是，由于透光围护结构是建筑保温隔热系统中相对薄弱的环节，如果将其设置的比例过大，则会降低建筑的平均传热系数；并且，在太阳直射下室内会产生温室效应，在冬季可以有效提升室内温度，减少采暖能耗，但是在夏季却会提升室内温度，从而大幅增加室内空调能耗。

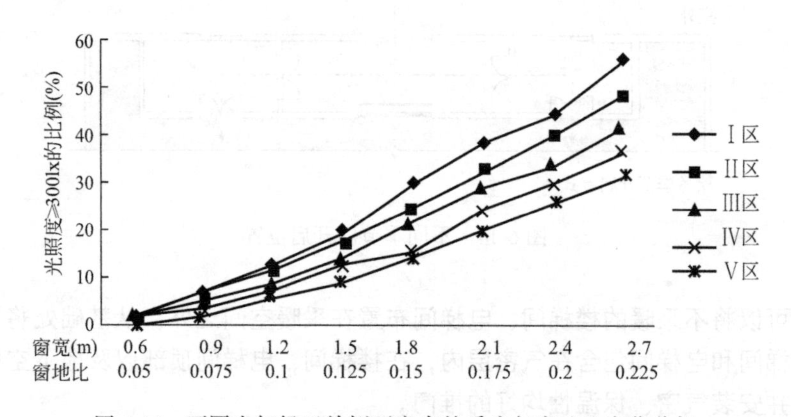

图6-15 不同光气候区单侧开窗自然采光与窗地比变化分析

因此，从建筑节能的角度出发，需要对建筑采光照明与采暖、空调能耗进行耦合分析，从而对建筑总体能耗水平作出权衡判断。

① 周燕，闫成文，姚健，等. 居住建筑外窗气密性对建筑能耗的影响［J］. 宁波大学学报（理工版），2007，20（2）：248-250.

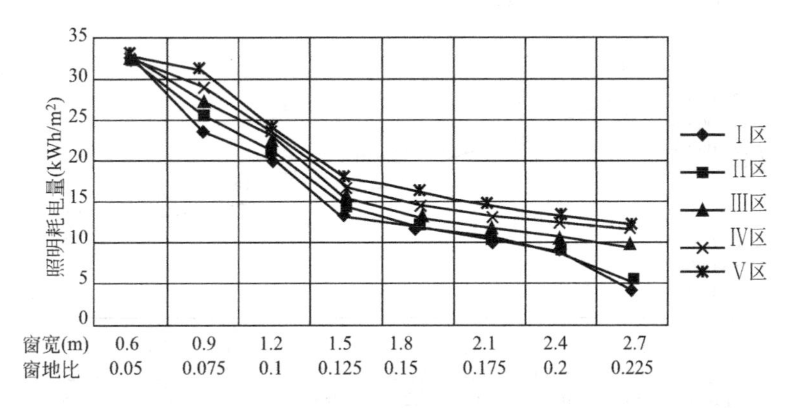

图 6-16　不同光气候区单侧开窗照明能耗与窗地比变化分析

本研究以五个处于不同气候区和光气候区的代表性城市为例，通过斯维尔模拟分析建筑在不同开窗方向下随着开窗面积的变化，其建筑采暖、空调能耗与总能耗（叠加建筑照明能耗）的变化。

（1）严寒地区呼和浩特（光气候Ⅱ区）

如图 6-17 所示，严寒地区呼和浩特（光气候Ⅱ区），在一定范围内，随着北侧及东北侧开窗面积的增大，采暖及空调耗电量呈现缓慢上升趋势，南侧与东南侧随着开窗面积的增大，建筑采暖及空调耗电量总体呈现下降趋势。

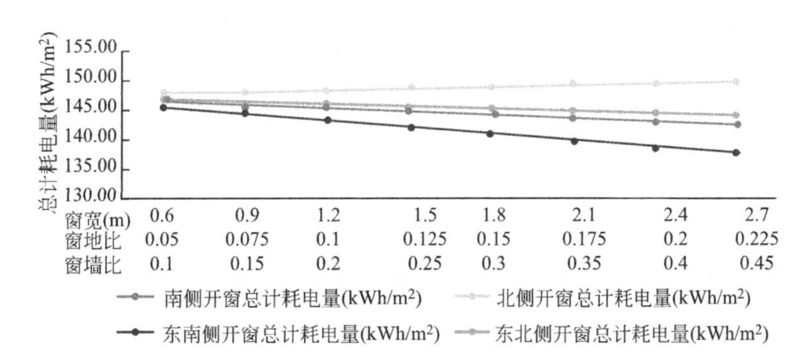

图 6-17　严寒地区呼和浩特不同方向开窗采暖与空调能耗对比分析

如图 6-18、图 6-19 所示，严寒地区呼和浩特（光气候Ⅱ区），在一定范围内，南侧随着开窗面积的增大，建筑全年总能耗呈现下降趋势，和采光及空调能耗趋势相同；北侧随着开窗面积的增大，建筑全年总能耗呈现下降趋势，和采光及空调能耗趋势相反。根据以上分析得知，在严寒地区，因窗户增大而减少的照明能耗及采暖能耗量大于因窗户增大而增加的采暖空调能耗量，开窗面积增大有助于降低建筑使用阶段总能耗。

（2）寒冷地区西安（光气候Ⅲ区）

如图 6-20 所示，寒冷地区西安（光气候Ⅲ区），在一定范围内，北侧及东北侧随着开窗面积的增大，采暖与空调耗电量缓慢增长，当北侧窗地比达到 0.2 时，窗地比增加，采暖与空调耗电量呈下降趋势；南侧与东南侧随着开窗面积的增大，建筑采暖与空调耗电量呈现下降趋势，且下降幅度逐渐变缓。

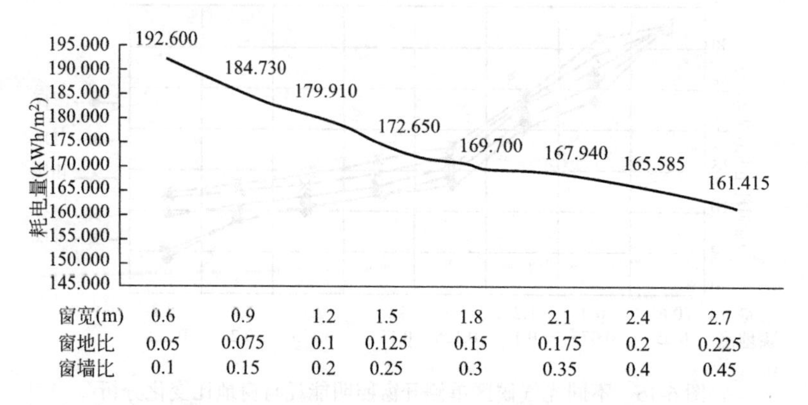

图 6-18 呼和浩特南侧开窗总能耗对比分析

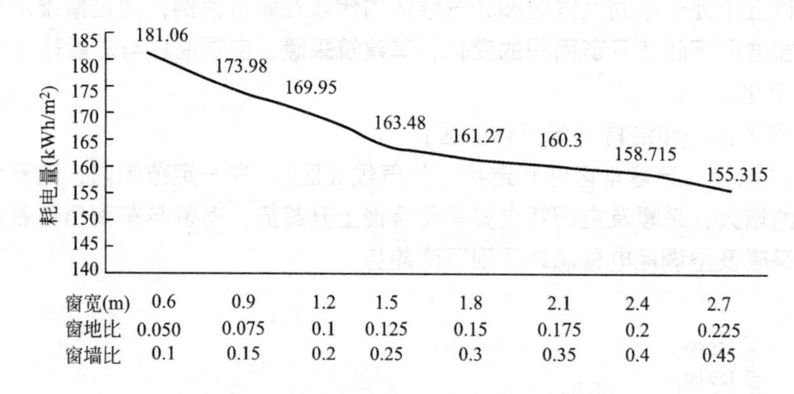

图 6-19 呼和浩特北侧开窗总能耗对比分析

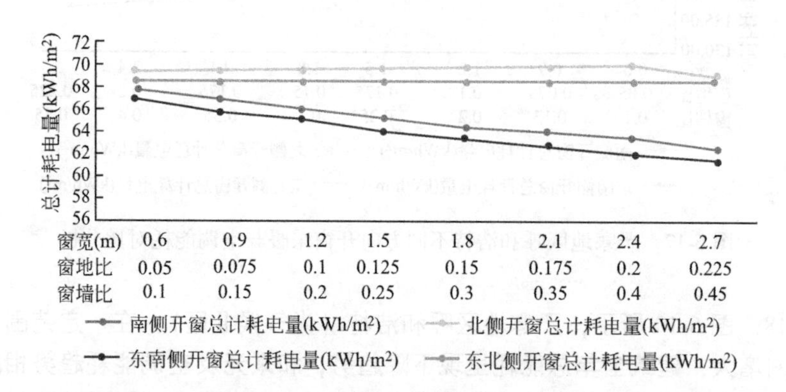

图 6-20 寒冷地区西安不同方向开窗采暖与空调能耗对比分析

如图 6-21、图 6-22 所示，寒冷地区西安（光气候Ⅲ区），在一定范围内，南侧随着开窗面积的增大，建筑全年总能耗呈现缓慢降低的趋势，和采光及空调能耗趋势相同；北侧随着开窗面积的增大，建筑全年总能耗呈现缓慢下降的趋势，和采光及空调能耗趋势相反，当窗地比达到 0.15 后，建筑全年总能耗无明显变化。根据以上分析，寒冷地区当窗地比增大到 0. 15 后，继续增大窗地比，对建筑使用阶段总能耗影响较小。

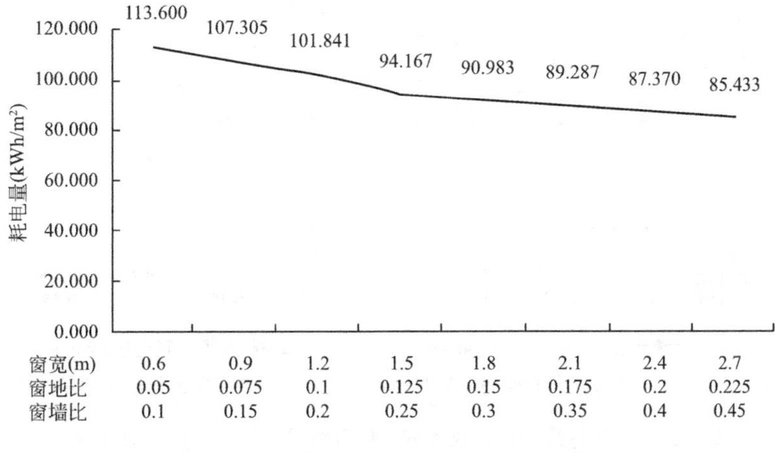

图 6-21　西安南侧开窗总能耗对比分析

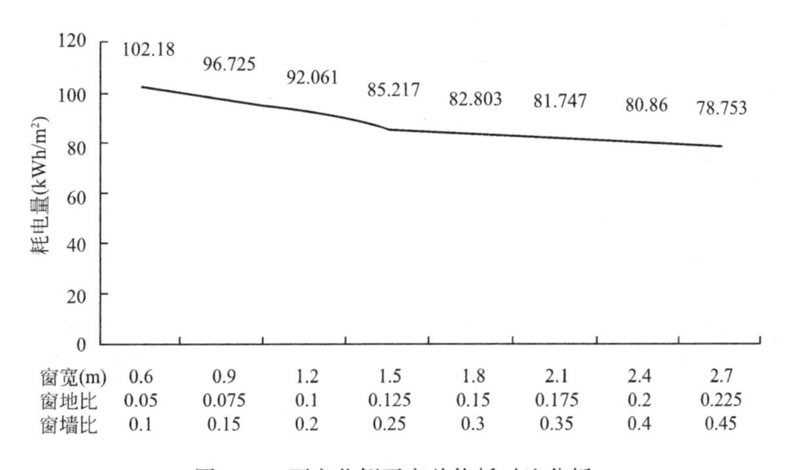

图 6-22　西安北侧开窗总能耗对比分析

(3) 夏热冬冷地区武汉 (光气候Ⅳ区)

如图 6-23 所示，夏热冬冷地区武汉 (光气候Ⅳ区)，在一定范围内，北侧、东北侧和东南侧随着窗地比的增大，采暖与空调耗电量逐渐增大，且东北侧开窗时采暖与空调耗电量最大，当窗地比增大到 0. 2 以后，采暖与空调耗电量无明显变化；南侧随着开窗面积的增大，建筑采暖与空调耗电量无明显变化。

如图 6-24、图 6-25 所示，夏热冬冷地区武汉 (光气候Ⅳ区)，在一定范围内，当南侧开窗时，随着窗地比的增大，建筑全年总能耗呈下降的趋势，但窗地比达到 0. 125 后，建筑全年总能耗下降趋势不明显；北侧开窗时，随着窗地比的增大，建筑全年总能耗呈现先下降后上升的趋势，当窗地比在 0. 175 时，建筑全年总能耗最小。根据以上分析，在夏热冬冷地区仅南侧开窗时，窗地比设计为 0. 125 左右为宜，仅北侧开窗时，窗地比设计为 0. 175 左右为宜。

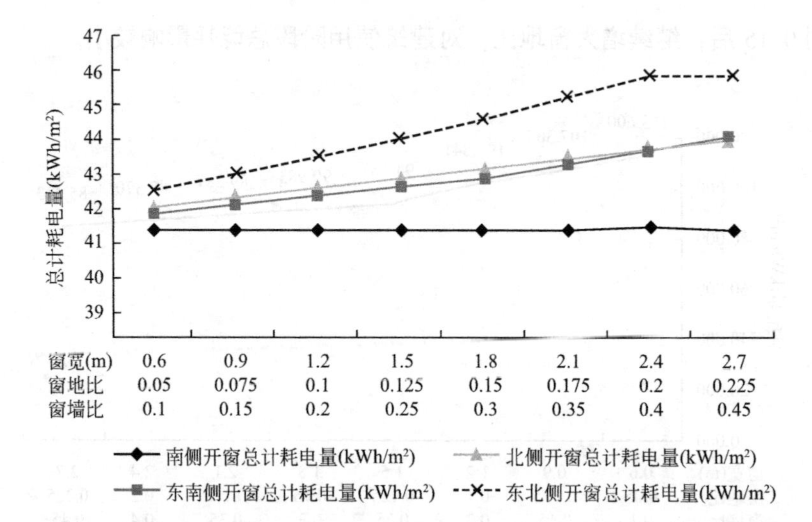

图 6-23 夏热冬冷地区武汉不同方向开窗采暖与空调能耗对比分析

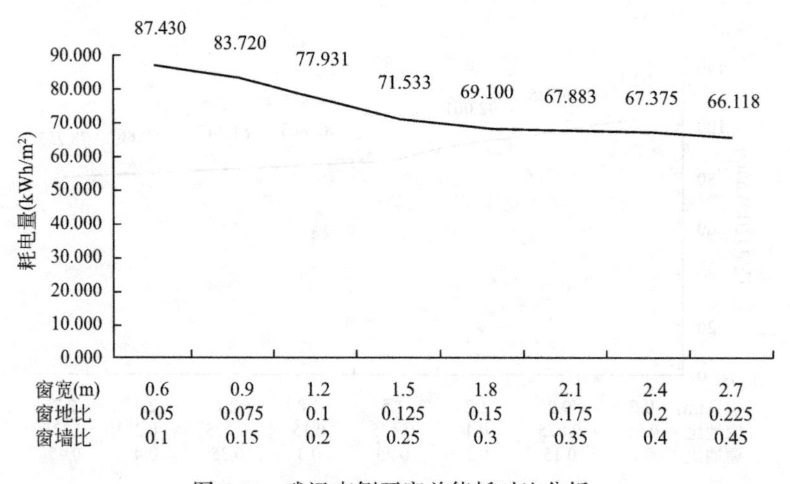

图 6-24 武汉南侧开窗总能耗对比分析

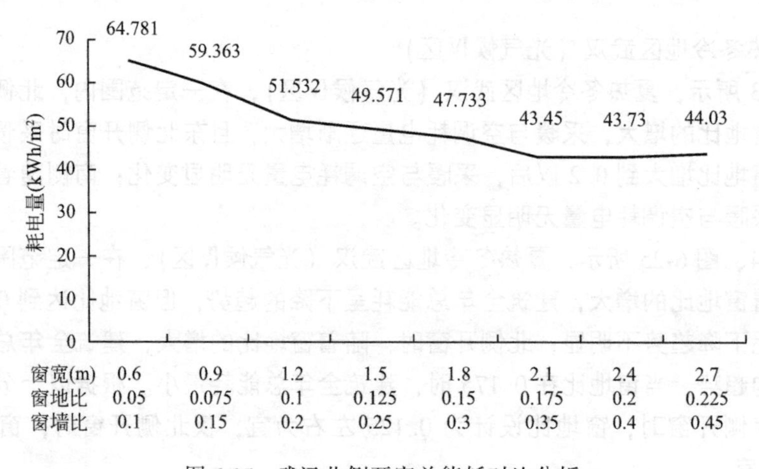

图 6-25 武汉北侧开窗总能耗对比分析

(4) 夏热冬暖地区广州（光气候Ⅳ区）

如图 6-26 所示，夏热冬暖地区广州（光气候Ⅳ区），在一定范围内，东南侧和东北侧随着开窗面积的增大，建筑采暖与空调耗电量逐渐增大；南侧和北侧随着开窗面积的增大，建筑采暖与空调耗电量总体呈现持续增长状态，但是较东南和东北增加缓慢。

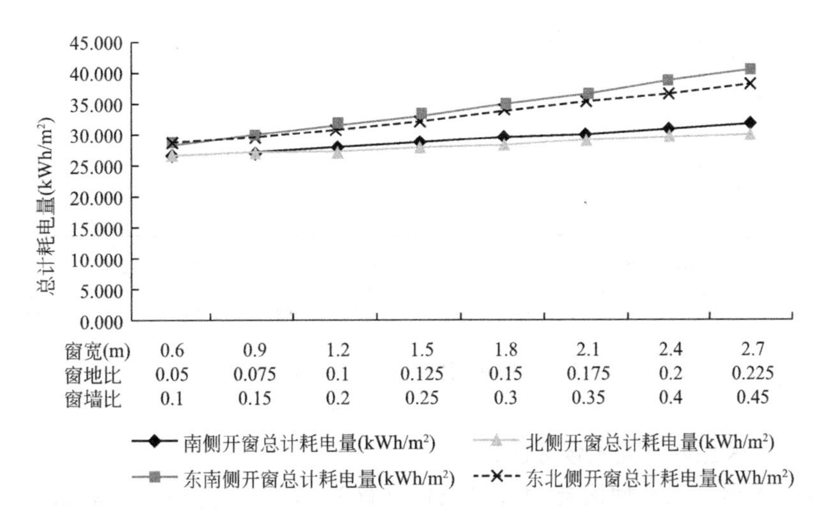

图 6-26 夏热冬暖地区广州不同方向开窗采暖与空调能耗对比分析

如图 6-27、图 6-28 所示，夏热冬暖地区广州（光气候Ⅳ区），在一定范围内，当仅南侧开窗，且窗地比达到 0. 125 后，全年总能耗不再随开窗面积的增大而变化；仅北侧开窗时随着开窗面积的增大，建筑全年总能耗和采光及空调能耗变化趋势相反，呈现缓慢下降的趋势，且当窗地比达到 0. 175 后，全年总能耗呈现上升趋势。根据以上分析，在夏热冬暖地区仅南侧开窗时，窗地比设计为 0. 125 左右为宜，仅北侧开窗时，窗地比设计在 0. 175 左右为宜。

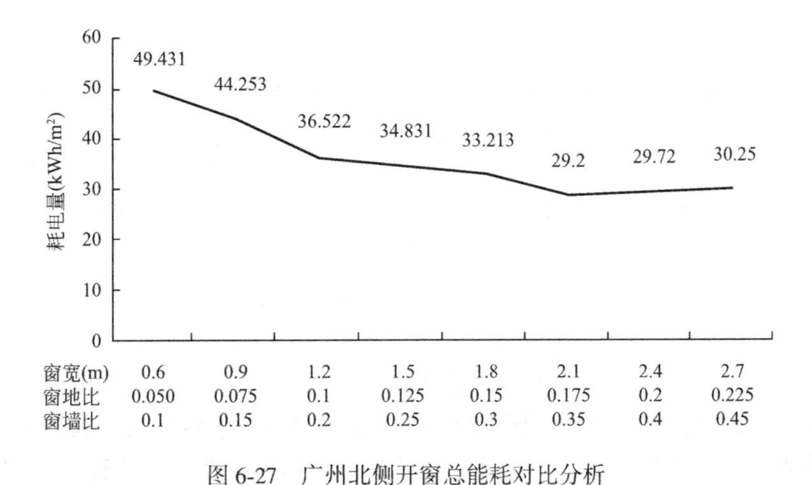

图 6-27 广州北侧开窗总能耗对比分析

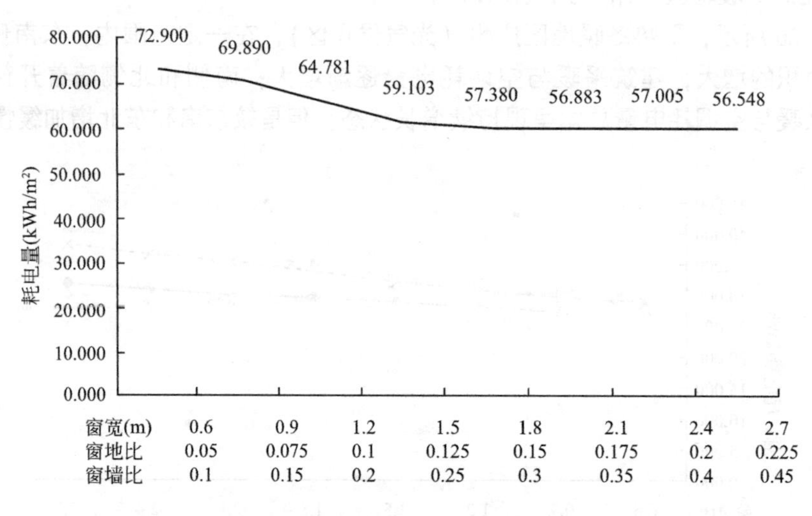

图 6-28 广州南侧开窗总能耗对比分析

(5) 温和地区昆明（光气候Ⅱ区）

如图 6-29 所示，温和地区昆明（光气候Ⅱ区），在一定范围内，南侧和东南侧开窗时，随着开窗面积的增大，采暖与空调耗电量持续降低；北侧和东北侧随着开窗面积的增大，建筑采暖与空调耗电量无明显变化。

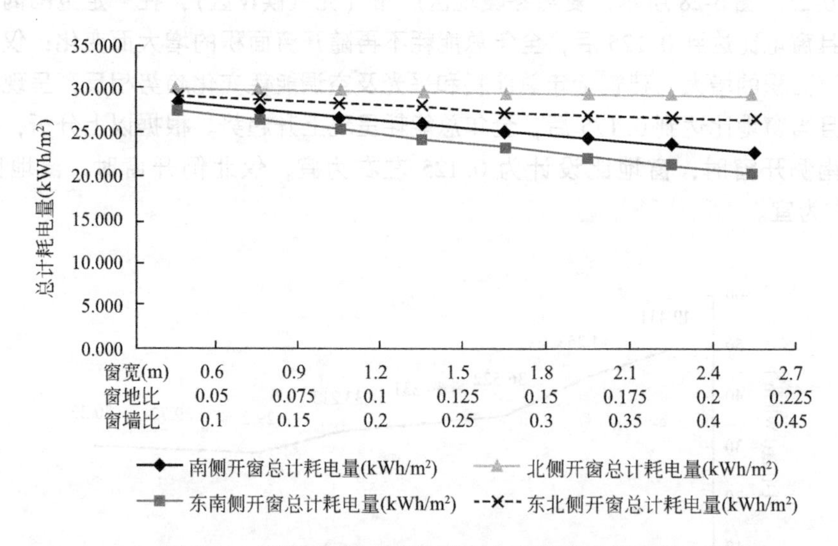

图 6-29 昆明不同方向开窗采暖与空调能耗对比分

如图 6-30、图 6-31 所示，温和地区昆明（光气候Ⅱ区），在一定范围内，南侧随着开窗面积的增大，建筑全年总能耗呈现降低趋势，和采光及空调能耗变化趋势相同；北侧随着开窗面积的增大，建筑全年总能耗呈现降低趋势，和采光及空调能耗的变化趋势相反。根据以上分析，在温和地区因窗户增大而减少的采光能耗及采暖能耗量大于因窗户增大而增加的采暖空调能耗量，开窗面积增大有助于降低建筑使用阶段总能耗。

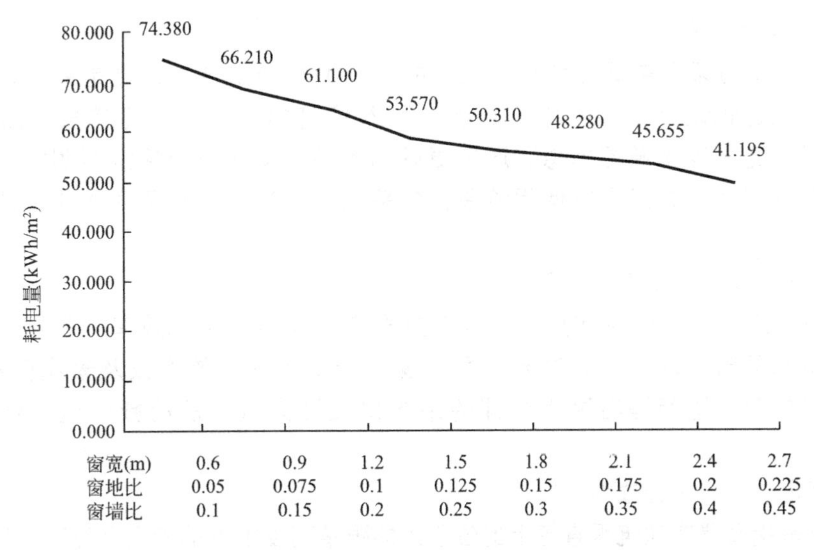

图 6-30　昆明南侧开窗总能耗对比分析

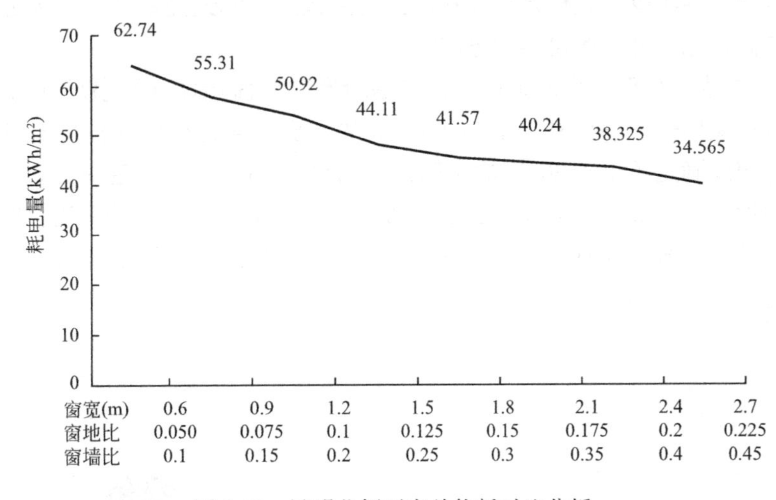

图 6-31　昆明北侧开窗总能耗对比分析

根据以上分析，可以得出建筑采光照明与采暖空调能耗的耦合关系（表 6-12），下文其他建筑照明能耗分析均建立在此耦合关系基础上。

不同气候区采光与能耗关系　　表 6-12

气候区	严寒地区	寒冷地区	夏热冬冷地区	夏热冬暖地区	温和地区
光气候区	Ⅱ区	Ⅲ区	Ⅳ区	Ⅳ区	Ⅱ区
城市	呼和浩特	西安	武汉	广州	昆明
特点	开窗面积越大能耗越低	窗地比小于0.15时开窗面积越大能耗越低	南侧开窗时，窗地比设计为0.125左右为宜，仅北侧开窗时，窗地比设计为0.175左右为宜	南侧开窗时，窗地比设计0.125左右为宜，仅北侧开窗时，窗地比设计在0.175左右为宜	开窗面积越大能耗越低

2）增加自然采光

在采光照明与采暖空调能耗耦合关系的基础上，增加自然采光是减少照明能耗的首要策略。在建筑设计中合理地将自然光引入建筑内部，并且将其按一定的方式分配，可以提供比人工光源更理想和质量更好的照明，从而减少建筑照明能耗。在设计阶段主要有以下两个方面影响使用阶段自然采光：采光口位置和形式的设计、辅助构件的运用。

（1）合理布置采光口位置和形式

合理布置采光口的位置和形式可以有效提高建筑自然采光效率，常见的建筑采光口为景观窗和天窗。本研究通过分析景观窗与天窗的采光效率以及景观窗不同形式、位置的采光效率，进而提出更为合理的采光口设计方式，从而减少建筑使用阶段碳排放。

①景观窗与天窗采光效率对比

景观窗是指设置在建筑垂直墙上的位于人的眼睛高度附近的侧面采光窗。景观窗所营造的室内自然光环境特点是整体照度不高，近窗处的照度值高，向室内进深方向下降明显，室内照度均匀性不够。天窗是指设在屋顶上用以通风和透光的窗户，天窗最大的优点是能够增加室内采光量并使照度均匀分布。

在 Ecotect 中建立模型，相同条件下，在寒冷地区单面墙体开两扇尺寸为 1.5m×1.5m 的普通景观窗；屋顶开一扇尺寸为 1.5m×1.5m 的天窗。通过模拟分析得出当仅开两扇景观窗时，室内照度满足不小于 300lx 的比例为 13.75%；仅开一扇天窗时，室内照度满足不小于 300lx 的比例为 16.56%，见图 6-32、图 6-33。数据表明，天窗的采光性能远远高于景观窗，因此在进行建筑设计时，条件允许的情况下，增加天窗对于增加室内自然采光，减少人工照明能耗十分有利。

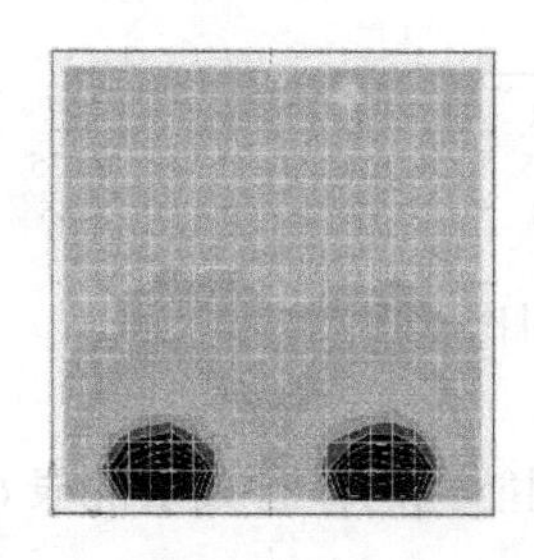

图 6-32　双扇景观窗模拟分析结果

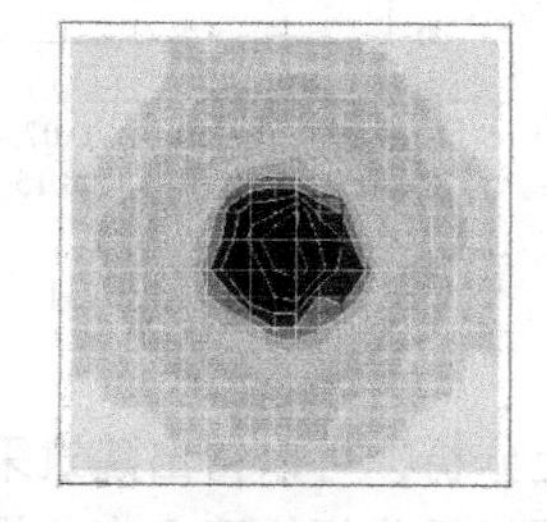

图 6-33　单扇天窗模拟分析结果

②景观窗不同形式采光效率对比

不同的开窗形式，采光效率也有差异。在 Ecotect 中建立模型，相同条件下，分别开面积相同的横条窗和竖条窗。分析得出，在相同条件下，开横条窗室内照度满足不小于 300lx 的比例为 16.88%，开竖条窗室内照度满足不小于 300lx 的比例为 9.06%，见图 6-34、图 6-35。因此，在相同窗墙比的情况下，横条窗的采光效率优于竖条窗，在进行建筑设计时应优先考虑设计横条窗。

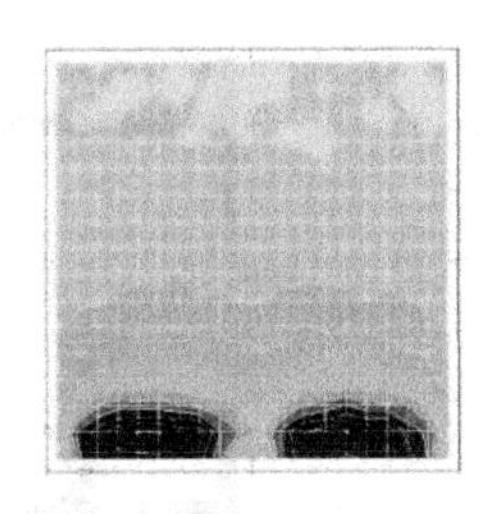

图 6-34　横条窗模拟分析结果

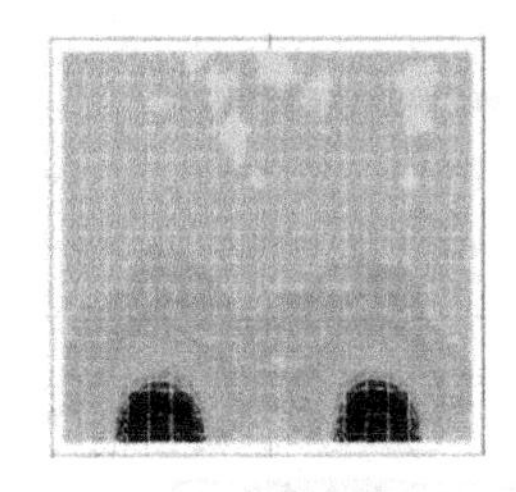

图 6-35　竖条窗模拟分析结果

③景观窗不同位置的采光效率对比

在 Ecotect 中建立模型，相同条件下仅改变景观窗垂直方向上的位置，即窗户距地面的高度，通过模拟分析得出，在同等条件下，随着窗户位置的升高，室内照度大于 300lx 的比例也随之增大，但当窗户距地面的高度大于 0.9m 时，曲线呈现下降趋势，且随着高度的增高下降速度变快（图 6-36）。因此，在进行建筑设计时窗户底端距地面高度 0.9m 时较为合理。

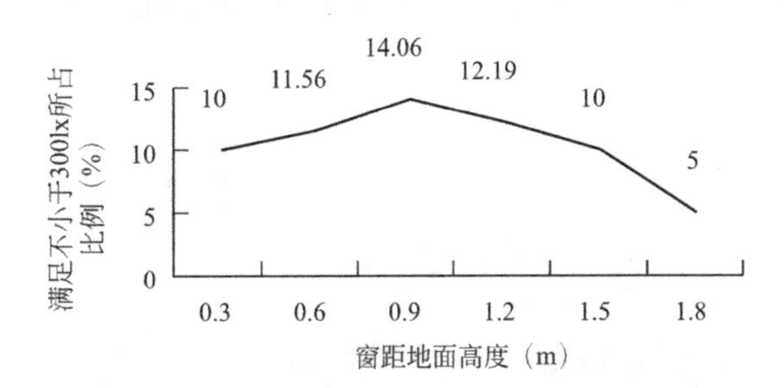

图 6-36　不同窗距地高度下的采光分析

（2）增加采光辅助构件

①反光板

反光板是安装在立面窗口内侧或者外侧的一块水平或者倾斜的高反射性的挡板。反光板可以反射光线到建筑的顶部、侧墙，进而进入室内深处，同时可以遮蔽来自天空的直接眩光，提高室内照度均匀度，一定程度上改善室内光环境，增加室内自然采光，从而减少人工照明。

反光板可以分为竖向反光板和水平反光板。其中，水平反光板可以分为窗下水平反光板和窗上水平反光板，孙健等①的研究中利用 Ecotect 模拟计算出太阳光线作用于不同反光板的光线变化（图 6-37），更加直观地表明建筑外窗增加反光板可以有效增加室内太阳辐射，提高室内照度。

②导光管采光系统

建筑中不易直接开窗的位置，可以使用导光管采光系统，该系统可以采集天然光，并

---

① 孙健，王金奎，毛娅玲，成帅，任志坤. 南向外窗反光板采光设计分析——以张家口地区为例［J］. 河北建筑工程学院学报，2017，35（4）：57-61，72.

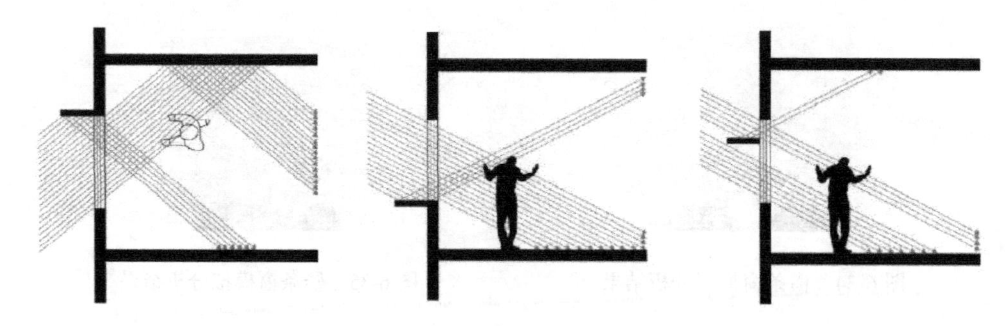

图 6-37 反光板太阳光线分析图

（从左到右依次为竖向反光板、窗下水平反光板、窗上水平反光板）

（资料来源：《南向外窗反光板采光设计分析——以张家口地区为例》）

经管道传输到室内，进行天然光照明。导光管照明系统用安装在屋顶的采光罩收集阳光，然后通过连接在屋顶和顶棚之间的传输管将阳光传输到室内，最后通过漫射器将阳光均匀地洒在室内空间的每个角落。与传统的照明方式相比，导光管采光系统节能、环保、隔声、隔热、光线均匀柔和且自由调节，重点是零污染、零排放、零耗电，可以显著提高日光利用效率（图 6-38）。

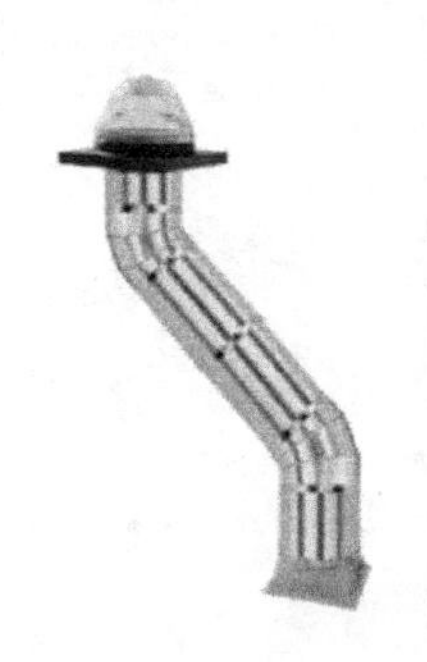

图 6-38 导光管采光系统应用

（资料来源：http：//www. east-view. com. cn/Case/detail/id/244/cid/87. html#content）

近年来，导光管采光系统多用在人工照明能耗大的工厂仓库、对灯光要求极其严格的体育场馆以及难以实现自然采光的地下车库中，其在为建筑提供高效光源的同时，可以有效降低建筑照明能耗，在未来具有很大的发展潜力。

③反光镜采光系统

使用反光镜的多次组合将太阳光反射到室内需要采光的地方，如建筑底，照度可以得到有效提升。如日本大成札幌大楼的三级反射系统（图 6-39），该采光系统由三个功能不同的镜子装置构成：一次反射镜是太阳光追踪型的采光装置，由排列成直线或矩阵状的多个镜面构成，设置在天窗处；二次镜是瞄准镜，具有在纵向方向上扩散来自主镜的平行光线的功能；三次镜是扩散镜，具有在水平方向上扩散来自二次镜的光的功能。通过该采光系统的设置，使室内照度得到了有效的提升（图 6-40）。

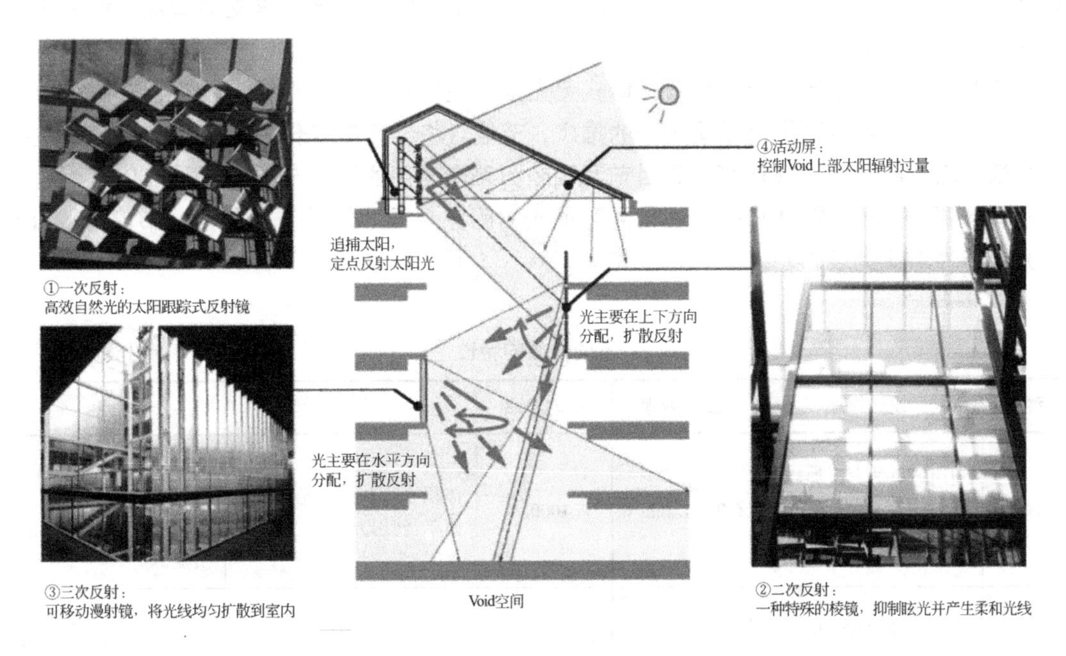

图 6-39　大成札幌大楼三级反射系统

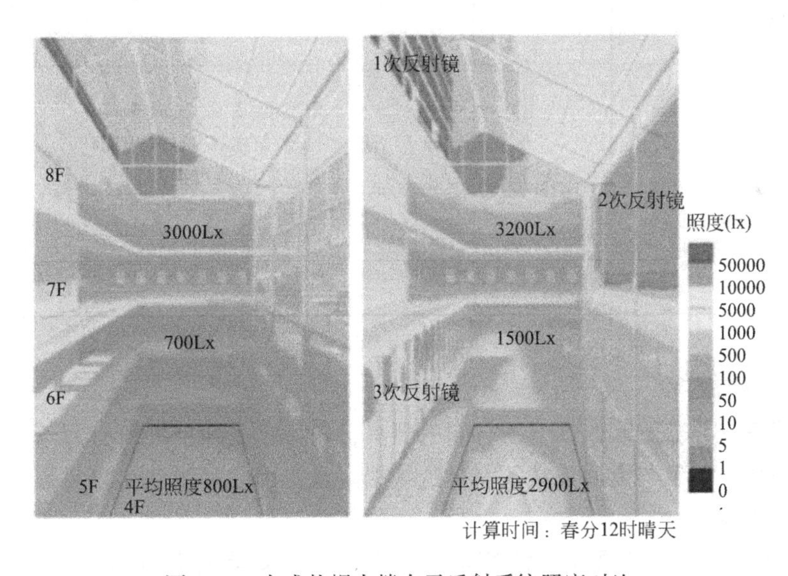

图 6-40　大成札幌大楼有无反射系统照度对比

3）节能照明系统

（1）使用高效光源

照明光源指在建筑物内外用于照明的人工光源。照明光源主要采用电光源，即将电能转换为光能的光源，一般分为热辐射光源（如白炽灯、卤钨灯等）、气体放电光源（如荧光灯、钠灯、霓虹灯等）和半导体光源（如 LED 灯）三大类。过去常用的照明光源白炽灯因其发光效率低、使用寿命短、废弃后产生汞污染等问题，被我国逐渐淘汰。现今常见的高效光源有节能灯和 LED 灯。

节能灯，又称紧凑型荧光灯及一体式荧光灯，是指将荧光灯与镇流器组合成一个整体的照明设备。随着我国绿色照明工程的推广，节能灯将会逐渐取代白炽灯成为建筑中主要的光源。除节能灯外，LED 灯也是目前我国较为普遍使用的高效节能光源。LED 灯为发光二极管光源，是一种能够将电能转化为可见光的固态半导体器件。白炽灯、节能灯、LED 灯光源特性对比见表 6-13。

不同光源的特性 表 6-13

种类	发光原理	发光效率	平均寿命	优点	缺点
白炽灯	利用通电的方法加热玻壳内的灯丝,灯丝产生热辐射而发光	6.9~21.5lm/W	1000h	体积小,易于控光,结构简单,使用方便	效率低(只有 2%~3% 的电能转换成光能),寿命短、散热量大、浪费能源
节能灯	通电加热灯丝,发射电子,电子轰击汞原子,使其电离产生紫外线,紫外线射到管壁荧光物质,激发可见光	50~65lm/W	6000~12000h	结构紧凑、体积小、发光效率高,相较普通白炽灯能节能 80%,使用寿命长	节能灯内含有重金属元素污染环境、频繁的启动或关断灯丝易损坏、电离辐射(放射线核辐射)对人体有危害
LED 灯	主要原理是电子跟空穴复合,以光子的形式发出能量,产生可见光	100~130lm/W	100000h	体积小、寿命长、效率高(LED 灯能将 90% 的电能转化为可见光)、耗能少(仅为普通白炽灯的 1/10、节能灯的 1/4)、无污染、控制灵活、应用广泛	质量不稳定(实际寿命 20000h)、照射角度有限制(做成整灯的情况下光效会由原来的 100~130lm/W 下降到 65~80lm/W)、价格贵

（2）合理选择灯具

灯具是能透光并分配和改变光源分布的器具，包括除光源外的所有用于固定和保护光源的全部零部件，以及与电源连接所必需的线路附件，因此可以认为灯具是光源所需的灯罩及其附件的总称。

灯具主要分为装饰灯具和功能灯具。其中，装饰灯具造型美观，主要起到装饰空间氛围的作用；而功能灯具可以通过控光设计合理地分配光源，集中投射光照，提高人工照明使用效率，此外还可以避免眩光，起到保护隔离光源的作用，提高光源使用寿命。

按光通量在上下空间分布的比例，可以将照明灯具分为五类：直接型、半直接型、全漫射型（包括水平方向光线很少的直接—间接型）、半间接型和间接型，具体光照特性见表 6-14。

不同类型灯具的光照特性 表 6-14

分类	上下半球光通	材质	光照特性	典型配光曲线
直接型	上:0%~10% 下:100%~90%	不透光材料(如搪瓷、铝、镜面等)	效率高,室内表面的光反射比对照度影响小,但是顶棚较暗,光线方向性强,易多个光源重叠造成阴影	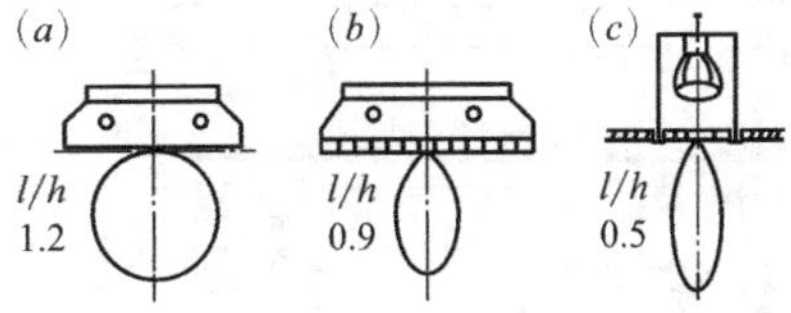 (a) l/h 1.2 (b) l/h 0.9 (c) l/h 0.5
半直接型	上:10%~40% 下:90%~60%	半透明材料	效率中等,具有直接型灯具优点的同时,又有部分光通量射向顶棚,改善屋内亮度对比	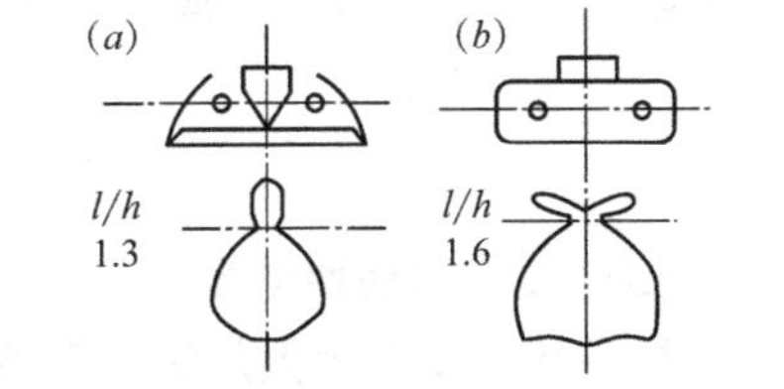 (a) l/h 1.3 (b) l/h 1.6
全漫射型	上:40%~60% 下:60%~40%	半透明材料	效率中等,上下半球光通量分配合理,室内亮度均匀	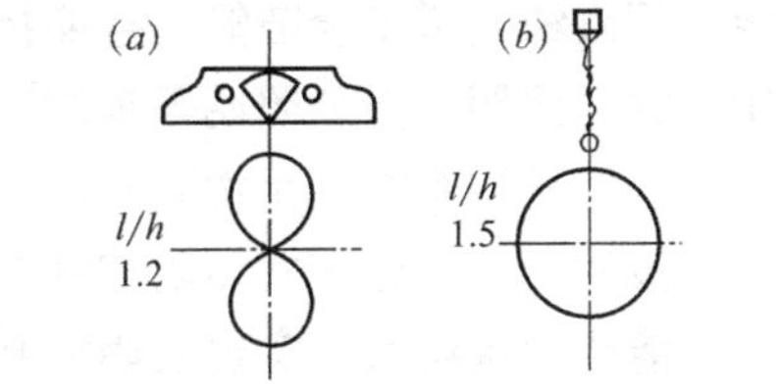 (a) l/h 1.2 (b) l/h 1.5
半间接型	上:60%~90% 下:40%~10%	上半部分透明,下半部分是扩散透光材料	效率中等,室内光线均匀、柔和,但是使用过程中容易积灰尘,降低灯具使用效率	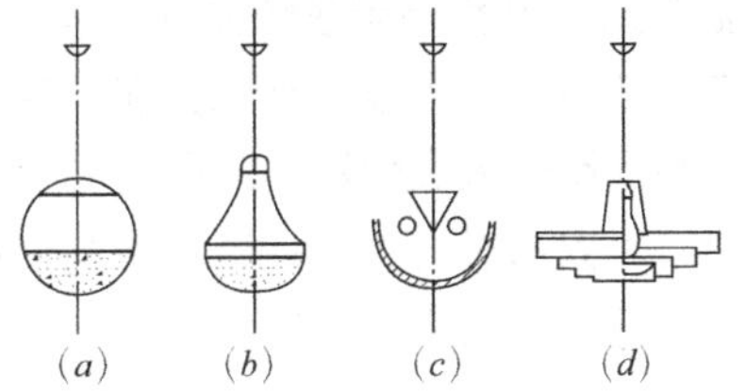 (a) (b) (c) (d)
间接型	上:90%~100% 下:10%~0%	不透光材料	光线通过反射到达工作面,扩散性好,柔和,避免眩光干扰。但是光线利用率低,不经济	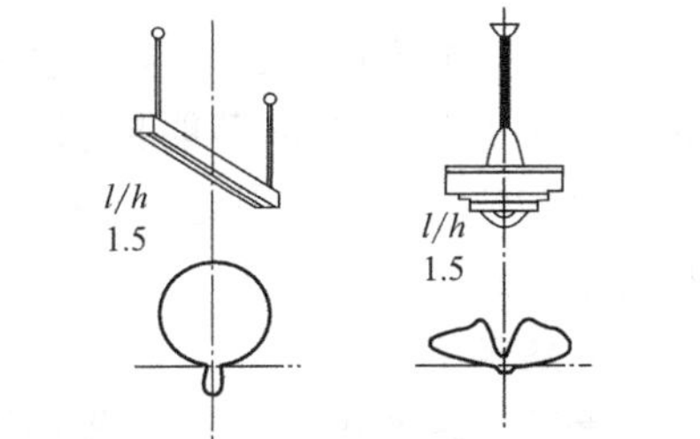 l/h 1.5 l/h 1.5

(资料来源:《建筑物理》(第四版)。)

进行建筑设计时，所采用的照明灯具应对光线具有很好的控制作用，同时还应该对灯具的配光情况进行考虑，综合考虑房间的使用特性。例如，工业厂房等高大建筑物中对于局部照明有明确要求，所以宜选择能将光线集中在轴线附近的狭小立体角范围内具有很高的发光强度的直接型灯具，常出现的形式为深罩型灯具；在医院等要求全室均匀照明的建筑中，宜选用光线扩散性好、柔和而均匀、完全避免眩光的间接型灯具；在地铁站中，站厅通道区域一般选择直接型灯具——筒灯，光线均匀、柔和、明亮，换乘及出入站通道需要设置导向性强的照明，宜选用漫射型灯具，组成光带，引导乘客（图 6-41）。因此，根据不同空间性质选择适宜的灯具，在为空间提供舒适的光环境的同时，可以降低人工照明能耗，减少使用阶段碳排放。

 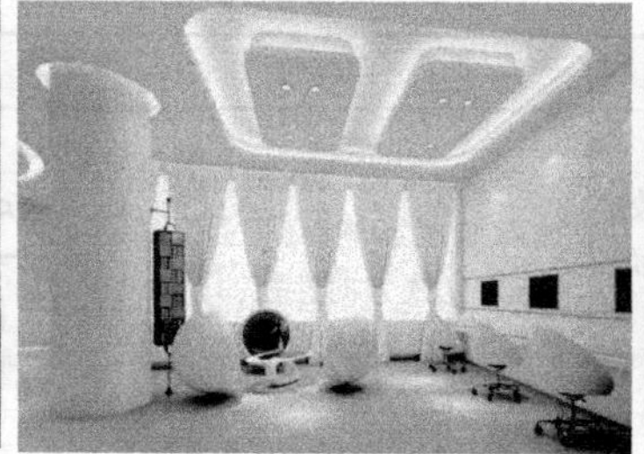 

图 6-41　厂房、医院、地铁站灯具的选择
（资料来源：http：//www. sohu. com/a/230697704_ 762817）

（3）使用智能照明系统

物联网的发展大大加快了智慧城市的建设步伐，推动了我国智能照明行业的发展。智能照明系统凭借安全节能、智能控制、个性化、人性化设计等特点，在城市照明、公共照明、家居照明、办公照明等领域有较好的应用前景。

智能照明系统采用物联网技术、有线/无线通信技术、电力载波通信技术以及节能控制等技术，组成分布式照明控制系统，来实现对照明设备的智能化控制。在建筑设计中采用智能照明系统可以实现照明控制的全自动化，例如智能照明系统能对大多数灯具进行智能调光，当室外光线较强时，室内照度自动调暗，当室外光线较弱时，室内照度则自动调亮，使得室内照度始终保持在恒定值附近，从而充分利用自然光；可以通过自动探测功能，检测到屋内人员情况，从而自动开启或关闭室内灯光；此外，有的智能照明系统具有调光模块，可以通过灯光的调节在不同使用场合产生不同的灯光效果，营造出不同的舒适氛围。

根据刘峰①的研究，智能照明系统不仅可以通过全自动化减少 20%～50%的能耗，还可以通过软件启动的方式，控制电网冲击电压，使灯丝免受热冲击，从而延长灯具寿命（可延长 2~4 倍），减少灯具在使用阶段的能源消耗。根据伊凡·爵等②的研究，其开发的智能 LED 照明系统的节能控制器在连续使用模式环境和离散使用模式环境中可以实现 55%和 62%的节能。因此，智能照明系统可以有效减少建筑使用阶段的照明能耗，在未来具有很大的发展潜力。

3. 建筑空调

寒冷地区使用阶段的空调能耗约占建筑使用阶段总能耗的 12%，因此降低空调能耗能够有效地减少建筑总能耗，从而降低建筑全生命周期的碳排放量；对于夏热冬暖地区和夏热冬冷地区而言，由于夏季空调使用较多，空调能耗所占的比例更大，因此降低空调能耗的减碳效果更为明显。降低空调能耗最直接的方式就是减少空调使用时间，提高空调制冷效率，具体可通过以下方法实现：①选取合适的空调系统；②加强建筑保温隔热措施；③合理布置空调主机，提高主机运行效率。

1）选取合适的空调系统

空调系统是用人为的方法处理室内空气的温度、湿度、洁净度和气流速度的系统，可使室内获得具有一定温度、湿度和较好质量的空气，以满足使用者及生产过程的要求。不

---

① 刘峰，张辛浩. 浅析在现代建筑中智能照明的应用［J］. 中国新技术新产品，2009（18）：143.

② 伊凡·爵，维尼萨·卡瓦利，纳温诺欧，乔西帕克宁. 一种智能 LED 照明系统节能控制系统的设计［J］. 智能建筑电气技术，2018，12（4）：101-102.

同的空调系统有不同的优势和特点，选取合适的空调系统能更好地发挥空调的效率。

（1）选取合适的冷热源

目前，较为常见的空调系统有空气源热泵空调系统及地源热泵空调系统，其中地源热泵空调系统又可以分为开式水源热泵（简称水源热泵）和闭式地源热泵，此外较为常见的还有蒸发式冷气机。

①空气源热泵

空气源热泵是以持续不断的风的供应作为热泵冷或热的能量来源，实现整套装置制冷制热持续运行的热泵系统，是现在市场上运用非常多的一种空调系统。空气源热泵空调系统具有很强的节约能耗的能力，具有良好的环境效益和经济效益。

义乌大酒店的热泵暖通及热水改造工程（建筑面积 2.4 万 m^2）是应用空气源热泵的典型案例，改造前该酒店暖通设备的耗电量和燃油量都非常高，年耗电量折算成标准煤为 339t，年耗油量 340t 折算成标准煤是 495.4t，全年总消耗的标煤量为 834.4t。改造后义乌大酒店采用空气源热泵进行制冷、供暖及提供热水，全年耗电量为 120.4 万 kWh，合标准煤 486t①。改造后每年可节约的标煤量为 348.4t，以 1t 标煤燃烧排放 2.47t 二氧化碳计，相当于全年的二氧化碳减排量达到了 861t，较改造前减碳 41.7%。

②水源热泵

开式水源热泵空调是将室内能量与地下水、河水、海水、湖泊等水源进行能量交换，通过热泵机组将室内能量传递到水源当中，从而调节室内温度。由于水温较为稳定，因此具有较高的能效，节能效果较好。

南宁博物馆（建筑面积 30817m^2）因临邕江而采用江水源热泵空调系统，一机多用，夏季供冷、冬季供暖。与常规冷热源系统相比，南宁博物馆的水源热泵空调系统每年可节省电费 14 万元②，合标准煤约 94t，相当于全年减碳 232t。

③地源热泵

地源热泵中央空调闭式系统（简称地源热泵）主要的能量来源是浅层地表的地下土壤能量，通过封闭的地下埋管，将室内的热量传导到土壤当中。地源热泵由于采用封闭系统，能量来源于常年温度恒定的地下土壤，受环境影响小，适合国内大部分地区的使用环境，是应用前景较为可观的一种空调系统。

例如，宜昌火车东站（建筑面积 23562m^2）采用土壤源热泵地埋管换热系统，每年共可节约 281.8 万 kWh 的能源，合标煤量为 346t，则该系统全年二氧化碳减排量为 855t。

④蒸发式冷气机

蒸发式冷气机是近年来兴起的一种集换气、防尘、降温、除味功能于一身的蒸发式降温换气设备，环保空调、冷风机、水冷空调等产品都属于蒸发式冷气机。由于该机利用蒸发降温原理，因此具有降温和增湿双重功能。

蒸发式冷气机改善室内综合环境的效果较好，较传统制冷设施具备明显的优势。例如，河南省郑州电信城东机房的节能改造项目，根据节能改造前后的实测数据③，改造前每天的耗电量为 581.8kWh，改造后每天的耗电量为 232.8kWh，改造后的节能率约为 60%。

---

① 苏海智，冯竹建. 空气源热泵工程节能案例分析［J］. 电力需求侧管理，2015，17（2）：29-31.

② 梁增勇. 南宁博物馆江水源热泵空调系统设计［J］. 制冷与空调（四川），2018，32（4）：411-415.

③ 何华明. 蒸发式冷气机应用于通信机房的节能分析［J］. 制冷与空调，2011，11（3）：107-111.

空气源热泵空调系统、水源热泵空调系统、地源热泵空调系统及蒸发式冷气机都有各自的特点和适用范围，在设计时可参考表 6-15 选择合适的空调系统。

空调系统的特点对比　　表 6-15

空调系统	优点	缺点	适用范围
空气源热泵	系统简单;投资较低;节能环保;性能稳定,适用范围广	对通风要求较高;在室外温度很高时,很难把室内热空气排向室外,制冷效果较差	不适用于极热或极冷地区
开式水源热泵	高效节能,利用可再生资源;不会对水源和环境造成污染;水温稳定保证了系统的稳定性;一机多用	初始投资高;对水源及使用地的地质结构要求较高	适用于水源比较充足的地区
地源热泵	高效节能,利用可再生资源;一机多用;不受地下水位、水质等因素影响	初始投资高;系统复杂,安装难度大,需要打井	广泛应用在酒店、办公楼、学校、旅店、厂房、商场等公共建筑领域
蒸发式冷气机	舒适性好;成本小,节能环保;具有降温和增湿双重功能,集通风、换气、防尘、除味、降温功能于一身	冷介质为自来水,需定期清理;间接换热,效率较低	适用于高温及人群密集场所,不适用于对湿度要求较高的场所

(2) 选取合适的空调布置方式

按照空调的布置方式，空调可分为集中式空调、半集中式空调和局部式空调。

集中式空调是将所有空气处理设备（风机、过滤器、加热器、冷却器、加湿器、减湿器和制冷机组等）都集中在空调机房内，空气经过处理后，由风管送到各空调房里。它处理的空气量大，运行可靠，便于管理和维修，但机房占地面积大。

半集中式空调是除了在空调机房内集中设置空气处理设备外，还在各空调房间内另外设置空气处理设备。它们或对室内空气进行就地处理，或对来自集中处理设备的空气进行补充再处理。风机盘管、新风系统就是这种半集中式空调系统的典型例子。

局部式空调是将空气处理设备全部分散在空调房间内，因此局部式空调系统又称为分散式空调系统，通常使用的各种空调器就属于此类。空调器将冷热源与制冷剂输出系统、室内空气处理设备、室内风机等集中在一个箱体内，风在房间内的风机盘管内进行处理。

应该根据实际使用情况选择空调，表 6-16 所示为总结的不同空调布置方式的优缺点及适用范围。

空调布置方式的特点对比　　表 6-16

空调布置方式	特征	适用范围
集中式	空气在空气处理机中集中进行处理,然后经风道输送和分配到使用地点	适用于面积很大的单个空调房间,或对室内空气要求相同、使用时间也大致相同且不要求单独调节的多个空调房间。 例如,大型商场、车站候车厅、机场、影剧院等
半集中式	除了有集中的中央空调器外,在各自空调房间内还分散有处理空气的“末端装置”	适用于房间多、空间小、各房间要求单独调节或建筑物面积较大,但主风管敷设困难的情况。例如,宾馆、酒店、办公楼等,以及对空气精度有较高要求的车间和实验室等

续表

空调布置方式	特征	适用范围
分散式	每个房间的空气处理分别由各自的整体式空调器承担	适用于建筑中空调的使用时间和冷热需求各不相同，而且房间少，分布又比较分散的情况。例如，住宅或小商铺、小办公楼等体形较小的建筑

(3) 选择使用低 GWP 制冷剂的空调

GWP 是指一种物质产生温室效应的一个指数，GWP 值越小，则该物质对环境的影响越小。制冷剂是一种在制冷系统中不断循环，并通过其本身的状态变化以实现制冷的工作物质。目前，住宅建筑中常见的空调制冷剂（如 R134a、R410a 等）的 GWP 值非常高。根据罗智星的计算①，某住宅建筑中由于空调及冰箱的制冷剂 GWP 值较高而产生的碳排放占到了住宅楼全生命周期碳排放的 14.7%，如果用低 GWP 空调制冷剂 L-41（GWP = 600）替代 R410a，则可以减少碳排放 428.15kgCO_2e/m^2。因此，在建筑中选择使用低 GWP 制冷剂的空调，可以有效地降低建筑全生命周期的碳排放量。

2）加强建筑保温隔热措施

降低建筑的空调能耗除了要提高空调自身的制冷效率外，还要加强建筑保温隔热性能。降低空调能耗的保温措施同降低建筑采暖能耗的措施相同，具体做法见前文；隔热措施一部分与保温措施相同，此外还可考虑增加建筑遮阳来达到隔热的目的，具体的增加建筑遮阳的做法可见后文“自然方式调节室内气候-增加遮阳”的内容。

3）合理布置空调外机

目前，许多建筑为了美观都设有建筑凹槽，将空调室外机置于建筑凹槽内，并且凹槽外侧有百叶遮挡，如图 6-42 所示，这一做法一定程度上能保持建筑外立面的美观，但使用不当时却会影响到空调的使用性能，因此会发现有许多住户将空调室外机外面的格栅拆掉，如图 6-43 所示。

图 6-42　凹槽外侧由百叶遮挡

图 6-43　住户自行拆掉部分格栅

因此，在设计空调机位时应充分考虑到这些问题。例如，避免凹槽空间过窄以及格栅

① 罗智星. 建筑生命周期二氧化碳排放计算方法与减排策略研究［D］. 西安：西安建筑科技大学，2016.

过密（图6-44*a*）。因为凹槽空间过窄会导致室外机距离墙面过近，影响进风；而格栅过于密集则会导致室外机散热不及时，热风又回转至室外机进风口处，影响室外机工作效率。因此，应将格栅做得稀疏一点，格栅角度顺应出风口热风的散热方向，不阻碍室外机散热。同时，加大建筑凹槽的宽度，在室外机与建筑外墙之间预留足够的空间，且室外机两侧的挡板可局部设置为格栅，保证进风口进风顺畅（图6-44*b*）。当空调室外机采用的是顶出风的方式时，应根据实际情况，避免在其上下方布置挡板（图6-45*a*），也应该将其局部或全部布置为格栅，协助通风（图6-45*b*）。

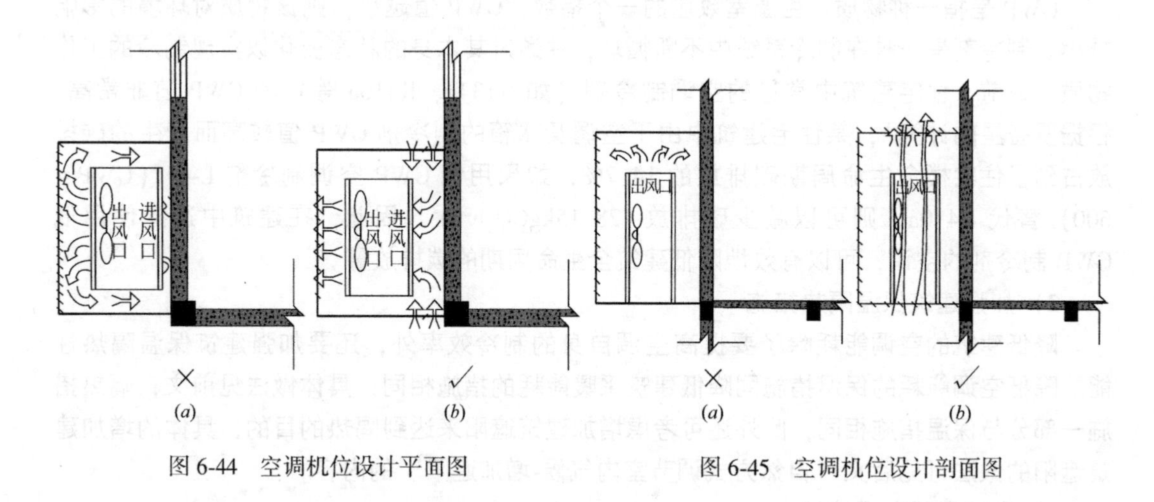

图6-44　空调机位设计平面图　　　图6-45　空调机位设计剖面图

总之，在设计建筑凹槽及格栅时，应在保证立面造型的同时，加强空调外机的通风换热，将格栅做稀，预留足够的室外机与墙面的距离，外格栅采用钢格栅代替钢筋混凝土格栅，尽量避免太阳直晒，从而减少建筑空调能耗碳排放。

4. 自然方式调节室内气候

通过自然方式调节室内气候，可减少空调、采暖使用时间，在相同物理条件下，即室内温度、湿度相同情况下，也可增加人体舒适感。一般建筑设计中主要通过遮阳、通风、自然降温等方式调节室内气候。

1）增加遮阳

增加遮阳可有效地阻挡太阳光直射，降低室内热量，减少夏季空调使用能耗。遮阳主要有构件遮阳和植物遮阳两种方式。

（1）构件遮阳

构件遮阳包含两种方式：建筑形体与构件自遮阳、可人工调节的遮阳设施。

①建筑形体与构件自遮阳

建筑形体与构件自遮阳即利用建筑形体或构件的变化形成对建筑自身的遮挡，使建筑的局部墙体、屋顶或窗置于阴影区中。

理查德·迈耶的千禧教堂就是建筑自身遮阳的典型案例。教堂南部运用弧形墙面叠置的手法，不仅赋予建筑独特的造型，而且巧妙地解决了遮阳、采光和结构等功能要求（图6-46）。三片白色弧墙可抵挡地中海强烈的阳光直射（图6-47），使建筑大部分处于阴影之中，起到了很好的遮阳效果，减少空调设备的使用，节约能源。

图 6-46　千禧教堂

（资料来源：http：//www. zuowen2. info/xzz/image/1242963862/、https：//baijiahao. baidu. com/s？ id=1579943011924600784）

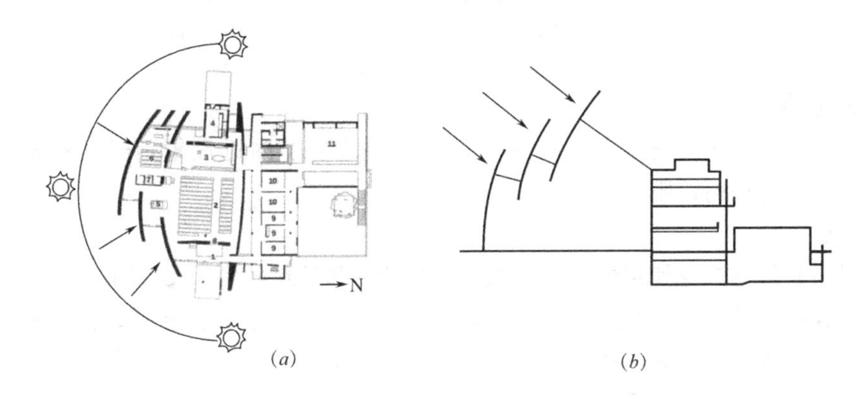

图 6-47　千禧教堂遮阳分析

（a）弧墙阻挡自东南向西南方向的太阳直射；（b）南-北向剖面图显示弧形墙面对南向阳光的遮挡

杨经文自宅（图 6-48，又名双顶屋）位于赤道附近，白天通常阳光普照，太阳辐射严重。建筑采用双屋顶的设计手法，即除了正常的屋顶外，还有一层由混凝土遮阳板构成的“屋顶”。白色伞状的混凝土遮阳板从南到北覆盖整个建筑，从图 6-49（*a*）中可以看出，其上的格片被做成多个角度，根据不同季节和时间，对进入的光量进行选择性的“过滤”。如图 6-49（*b*）所示，夏季白天格片与太阳光线呈一定角度，阻挡强光直射，夜晚打开的格片可很好地散热。

图 6-48　杨经文自宅

（资料来源：https：//wenku. baidu. com/view/36b9364c01f69e31433294f9. html）

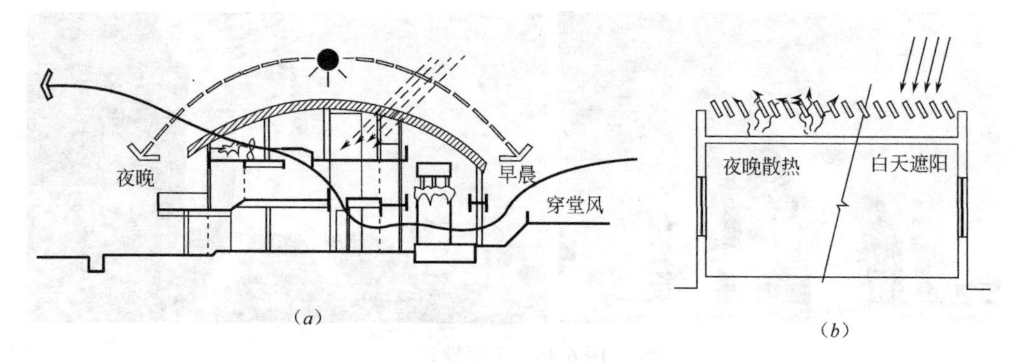

图 6-49　杨经文自宅遮阳分析

(a) 杨经文自宅生态分析；(b) 杨经文自宅遮阳示意

(资料来源：https：//wenku. baidu. com/view/36b9364c01f69e31433294f9. html)

②可人工调节的遮阳设施

可人工调节的遮阳设施主要是在采光口的内侧或外侧附近设置百叶、帘幕、格栅挡板、遮阳篷等设施进行遮阳。

a. 百叶遮阳

百叶是一种能够广泛使用的遮阳方式，它的优点是能够根据需要调节角度，综合满足遮阳和采光通风的要求。百叶遮阳有外遮阳和内遮阳两种形式。百叶外遮阳一般安装在玻璃幕墙外侧，可直接阻挡直射的太阳光，保持室内温度恒定。百叶内遮阳有升降式百叶帘和百叶护窗等形式。百叶帘既可以升降，也可以调节角度，在遮阳和采光、通风之间达到平衡，因而在办公楼及民用住宅上应用较为广泛。

清华大学超低能耗示范楼（图 6-50）在东立面和南立面玻璃幕墙外侧设置水平或垂直遮阳百叶，每个叶片均设置单独的自控系统，分别根据采光、视野、能量收集、太阳能集热的不同区域功能要求进行控制调节。图 6-50（b）、图 6-50（c）即反映了百叶遮阳工况，根据不同季节太阳光线调整角度，实现冬季最大限度地利用太阳辐射，夏季遮挡太阳辐射，同时满足室内自然采光的最佳设计。

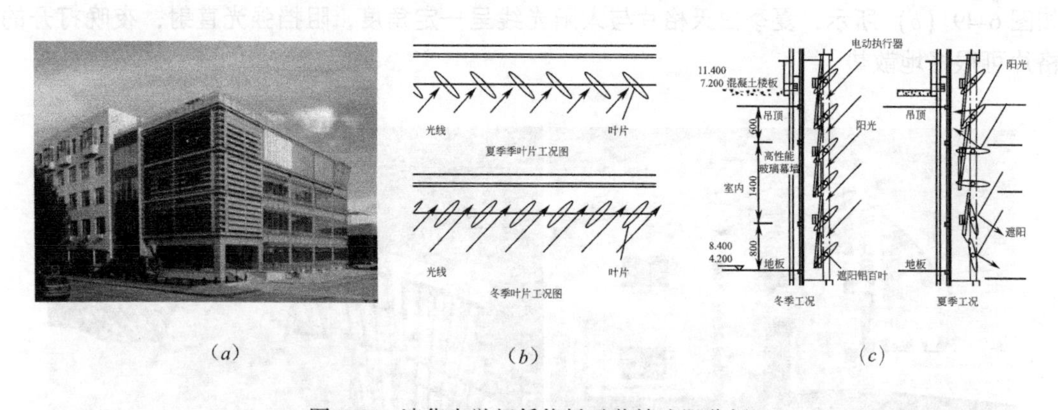

图 6-50　清华大学超低能耗示范楼遮阳分析

(a) 清华大学超低能耗示范楼；(b) 垂直遮阳工况；(c) 水平遮阳工况

(资料来源：《清华大学超低能耗示范楼建筑幕墙技术》)

福斯特的柏林国会大厦的球形中庭室内安装一面可随日光照射方向变化而自动调整方位的遮阳百叶板（图6-51），以遮挡夏季的直射阳光，而将柔和的漫反射光线引向室内。

b. 帘幕遮阳

安装在玻璃建筑内部或者外部的帘幕不仅能够有效遮阳，而且开启方便，使用自如，折叠之后基本不占空间。柏林GSW大厦建筑在双层玻璃幕墙之间加上彩色帘幕，不仅起到很好的遮阳效果，而且塑造了色彩绚烂的表面效果（图6-52）。

图6-51　福斯特的柏林国会大厦

（资料来源：https：//www. gaopinimages. com/imagesflow/133200411359）

图6-52　柏林GSW大厦遮阳帘幕

（资料来源：http：//www. bml365. com/show/study/detail/76）

c. 格栅挡板遮阳

格栅式挡板通常是由混凝土薄板形成的格栅式挡板构件，兼有水平遮阳和垂直遮阳的优点。夏世昌教授的中山医学院生理生化楼南立面便是这一类遮阳的典型代表。设计师从广州的太阳方位角和高度角出发，在南向窗口设置了大量的遮阳格栅板构件，同时为了降低钢筋混凝土遮阳板的负面影响，设计时将遮阳板与建筑脱开，留下了一定距离的槽位，以改善室内的通风情况（图6-53）。

d. 遮阳篷

遮阳篷具有全面的外遮阳功能，阻挡紫外线的热辐射，降低室内温度，减少空调负荷，具有节能效果。其在遮挡强烈太阳光直射的同时，能够使光线以漫射光的形式反射入室内，使室内光线明亮而不眩目（图6-54）。

（2）植物遮阳

植物遮阳就是利用植物来遮挡过强的光照，同时植物还能吸收二氧化碳排放氧气，自身的蒸发作用也对建筑有一定的冷却效果，不仅有利于建筑节能，还能净化空气。相比于普通屋顶，绿化屋顶可降低室内气温约1℃，降低室外气温约1.7℃，增加室内湿度2%~4%。

日本难波公园（图6-55）位于大阪闹市商业区，由30层的超高层塔楼和8层的商业裙房组成。裙房上设计屋顶公园，公园面积8000m^2，其中绿地面积3300m^2。公园内种植2.5m以上的树木35种，420余棵，灌木、花草200余种①，有效地改善了自身环境。图6-55（*b*）

---

① 李岳岩，周若祁. 日本的屋顶绿化设计与技术［J］. 建筑学报，2006（2）：37-39.

中为2004年8月2日14时该建筑周边的温度测量结果（该市当日最高气温31.1℃），可以看出，难波公园商业设施屋顶绿化部分和非绿化部分（表面为混凝土）的表面温度分别为29.2℃和45.6℃，而周围沥青路面的温度更是高达52.6℃，屋顶绿化对建筑物的降温效果可见一斑①。

图6-53 中山医学院生理生化楼南立面
（资料来源:《夏昌世作品的遮阳技术分析》）

图6-54 建筑遮阳蓬
（资料来源：http：//jiancai. huangye88. com/xinxi/75027063. html）

(*a*)

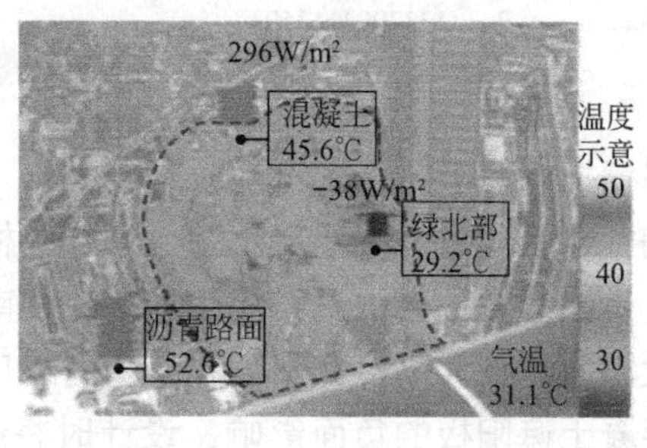

(*b*)

图6-55 日本难波公园
（资料来源：http：//www. photophoto. cn/pic/11754658. html）

米兰的垂直森林住宅楼（图6-56）由两座塔楼组成，从下至上建造了相互错落的混凝土阳台，每个阳台上都种满了树木，一共包含480株大乔木、250株小乔木、5000棵灌木和11000棵地被植物②。垂直森林的森林幕墙可以减缓城市的热岛效应，有效调节室内微气候，在不使用空调或散热器的情况下，其建筑的室内外温差保持在2℃，从而节约能源③。

2）加强通风

自然通风是改善室内热环境，提升人体舒适感和空气品质的重要手段，在设计中不仅要从室内，而且应该从整体环境进行考虑，对场地及室内风环境进行合理组织。

---

① 杨维菊. 绿色建筑设计与技术［M］. 东南大学出版社：南京，2011：659-659.
② 龙灏，桑雨岑. 从“垂直森林”出发——高层建筑生态化趋势的新探索［J］. 城市建筑，2016（13）：25-28.
③ 斯坦法诺·博埃里，胥一波. 生态多样性 米兰垂直森林双塔［J］. 时代建筑，2015（1）：126-133.

图 6-56　米兰垂直森林

（资料来源：http：//www. archicake. com. tw/ad/article. php？ art_ no=738&ap=a）

（1）建筑群体布局与场地风环境

①建筑群体布局的一般原则

建筑群体布局对场地风环境是否合理有着决定性的影响。一般建筑群的平面布局有并列式、周边式、自由式三种，并列式又可分为并列式、斜列式和错列式（图 6-57）。周边式较封闭，不利于气流的流通。自由式多在受地形限制时使用。

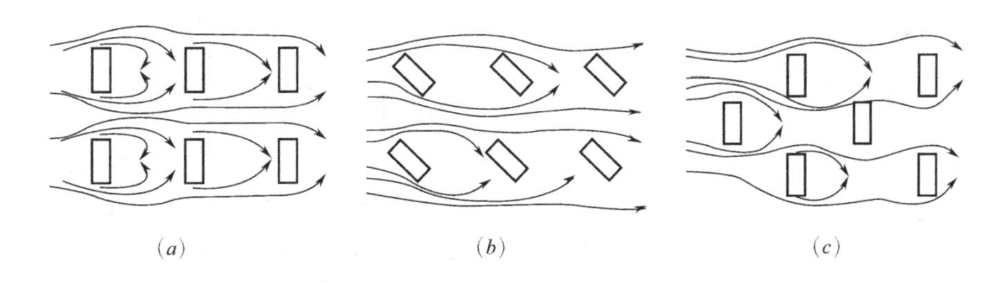

图 6-57　不同并列式布局方式对场地风环境的影响

（a）并列式，有利于冬季避风；（b）斜列式，有利于冬季避风与加强自然采光；（c）错列式，有利于夏季通风

（资料来源：《建筑设计资料集》，第三版，第 1 分册）

为了促进通风，建筑群布局应尽量采取并列式和自由式，而并列式中又以斜列式和错列式最佳。因为建筑错列布置，可间接加大建筑间距，而建筑间距越大，前后排建筑之间风速衰减较小，越利于通风。同时，建筑群中的建筑物不宜完全朝向夏季主导风向，以利于建筑自然通风，如图 6-58 所示。

②不同气候区的建筑群布局方式

不同气候区的场地风环境组织也有所不同。对于寒冷地区，建筑应错位排列，避免主要街道形成贯通的通风通道，西向街道之间的间距必须有足够的建筑间距，以争取足够的

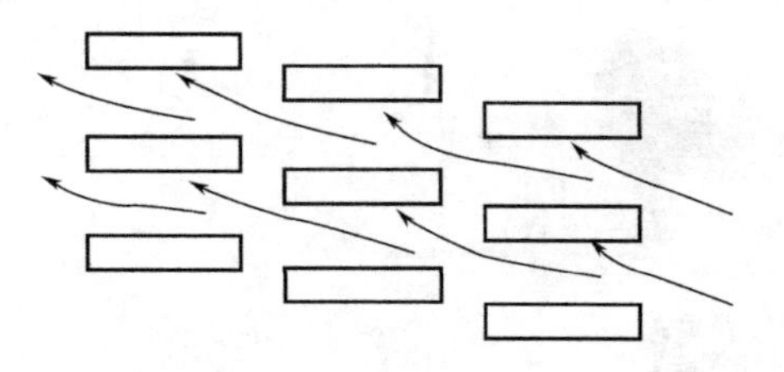

便于建筑群内空气流通，使越流的气流路线长于实际间距，对高而长的建筑群是有利的。

(*a*)

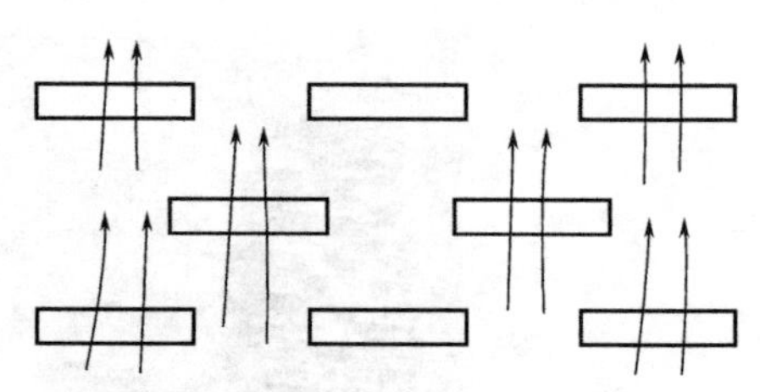

建筑群内建筑的朝向若均朝向夏季主导风向时，将其错开排列，相当于增大了建筑间距，可以削弱风速的衰减。

(*b*)

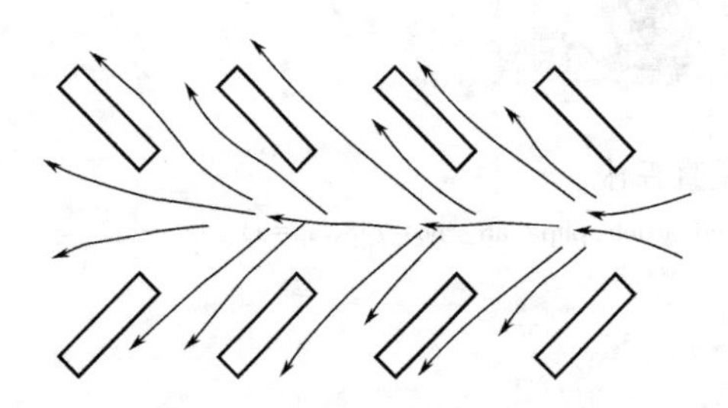

建筑斜向布置，使风的进口小、出口大。形成导流，可以加大空气流速。如建筑物的窗口再组织好导流，则有利于自然通风。

(*c*)

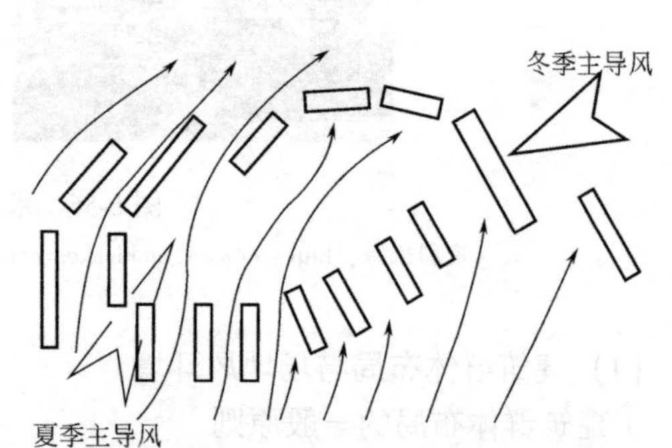

冬季比较冷的地区，需综合考虑冬夏两季的舒适性，既要保证夏季良好的通风，又要在冬季阻挡寒风侵入建筑群。

(*d*)

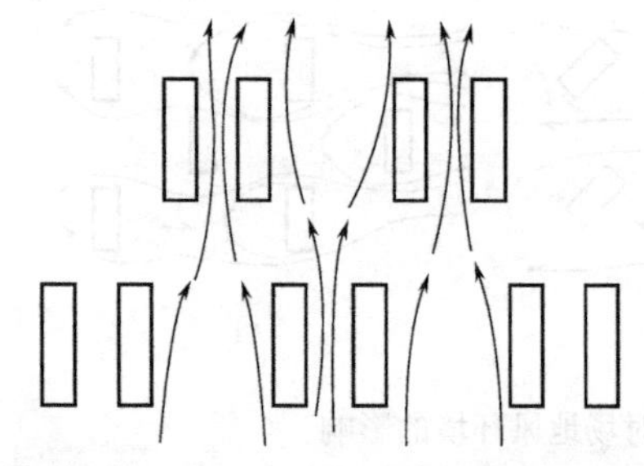

建筑物平行于夏季主导风向时，建筑间距排成宽窄不同且相互错开，形成进风口大、出风口小，可加大空气流速。

(*e*)

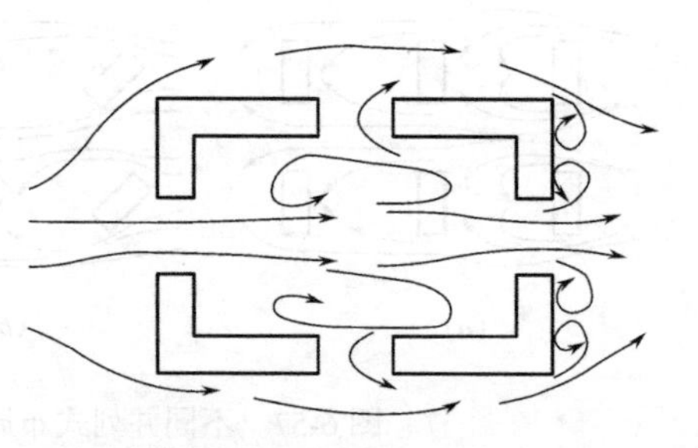

封闭式的建筑布局，风的出口小，流速减弱，院内形成较大涡流，使建筑周边形成大量的负压区，不利于自然通风。

(*f*)

图 6-58　不同建筑群体布局对场地风环境的影响

(*a*) 并列式布置；前后错开；(*b*) 错列式布置；左右错开；(*c*) 斜列式布置；
(*d*) 自由式布置；(*e*) 并列式布置；建筑间距宽窄不同；(*f*) 围合式布置
（资料来源：《建筑设计资料集》，第三版，第 1 分册）

日照时间。对于温和地区，建筑朝向应同时考虑冬季争取日照和夏季自然通风，因此最佳朝向为南偏东 30°范围内，并且与夏季主导风向的夹角在 30°以内。对于干热地区，建筑应与正南向有一定的夹角，使建筑在夏季可以通过自身的阴影相互遮挡，布局紧密。对于湿热地区，建筑布局应开敞，重点考虑面向夏季主导风向。而对于极端干热和湿热地区，其处理的特征则更为明显。

综上所述，表 6-17 根据各个气候区的主要气候特征给出了优先考虑因素和第二考虑因素，并给出了不同的建筑和街道布局下的应对策略，相应的图示形式将这些策略直观地表达了出来。据此可以给各个气候区域的建筑群体设计及环境配置提供合理的参考依据。

针对气候区的主要气候特征及建筑和街道布局的应对策略　　表 6-17

气候特征	优先考虑	其次考虑	应对对策	示意图
寒冷	防风	争取日照	■朝向主导风向的街道不要设计成连续的导风通道； ■街区方向最好保持东西南北正交走向； ■东西向街道要宽阔，利于争取太阳辐射	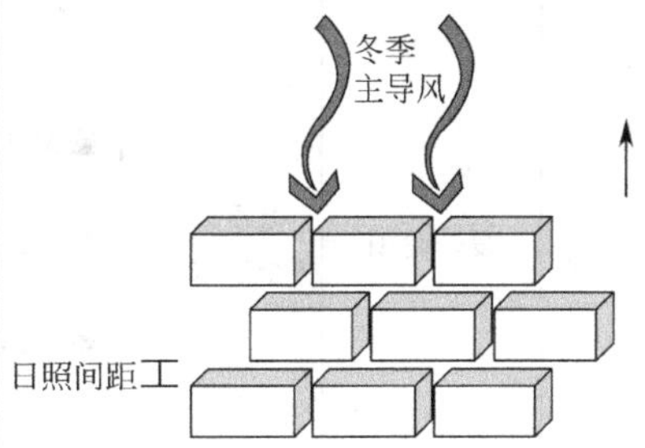 冬季主导风；日照间距
温寒	冬季争取日照 夏季通风	冬季防风	■建筑群朝向可与正南向夹角在30°范围内； ■与夏季主导风向夹角在30°范围内； ■东西向街道稍宽，争取太阳辐射； ■延长建筑的东西轴向	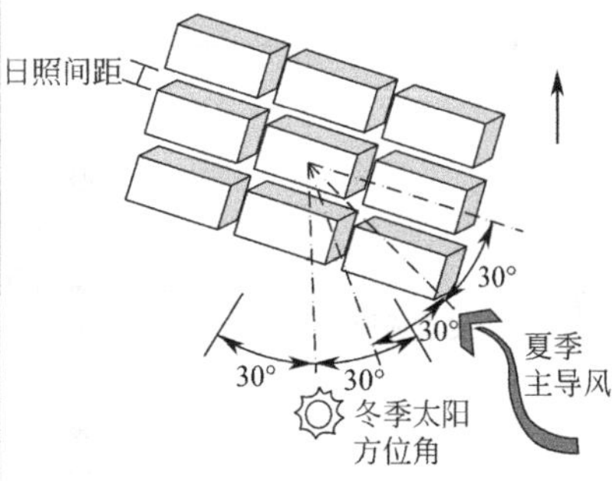 日照间距；30°；30°；30°；30°；夏季主导风；冬季太阳方位角
干热	遮阳	夜间通风	■建筑与正南向有一定的夹角 ■建筑南北向拉长，街道南北向布置	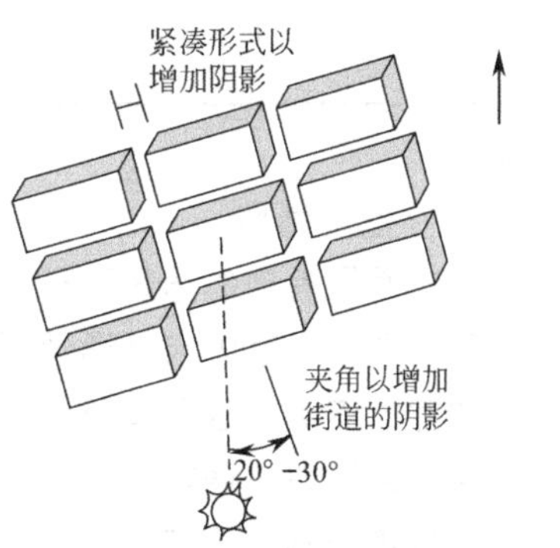 紧凑形式以增加阴影；夹角以增加街道的阴影；20°–30°

续表

气候特征	优先考虑	其次考虑	应对对策	示意图
湿热	通风遮阳		■建筑间距大； ■街道和主导风呈 20°~30°夹角	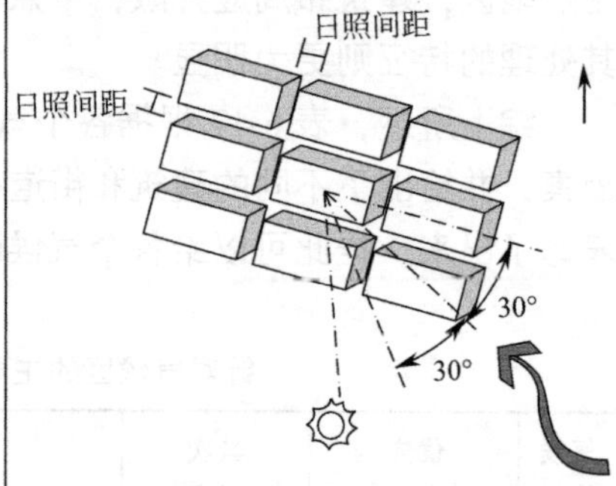 日照间距 日照间距 30° 30°
夏季干热	夏季遮阳	夏季通风 冬季争取日照	■南北向街道狭窄，便于遮挡阳光； ■可以和南向有一个夹角，增加街道的遮阴； ■东西向街道变宽，争取日照	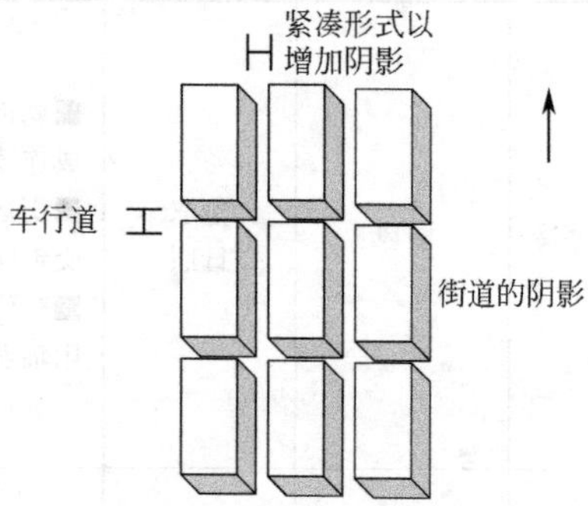 紧凑形式以增加阴影 车行道 街道的阴影
夏季湿热	夏季通风	夏季遮阳 冬季争取日照	■建筑群和主导风向的夹角控制在 30°范围内； ■调节街道走向，遮挡更多的夏季阳光； ■街道设计应利于夏季的导风； ■如果需要，增加建筑的东西轴向长度，争取日照	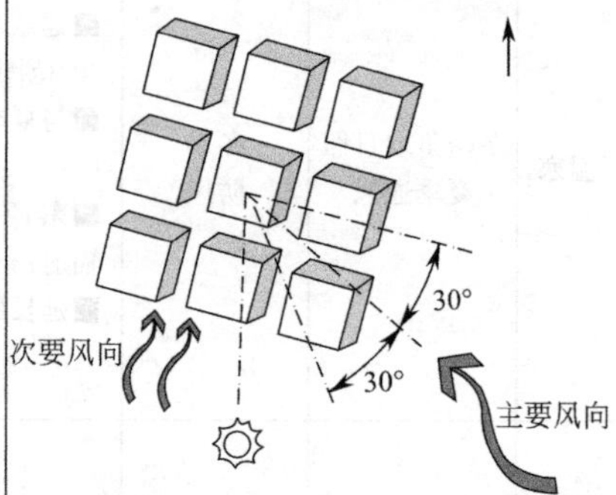 30° 次要风向 30° 主要风向

(2) 室内通风

室内通风有自然通风和机械通风两种方式，建筑中应尽可能采用自然通风，以减少能耗、节约资源。室内自然通风是指通过合理的建筑布局及建筑内部空间组织，促进建筑室内外的空气流动，达到建筑空间通风换气的目的。

自然通风方式通常有风压通风、热压通风两种方式。风压通风由大气的压力差形成，气流由建筑正压区开口流入，由负压区开口排出，形成风压作用下的自然通风（图 6-59*a*）。热压通风是指利用建筑不同高度的开口附近的空气温度差形成热力差，促进空气流动，即我们常说的“烟囱效应”（图 6-59*b*）。

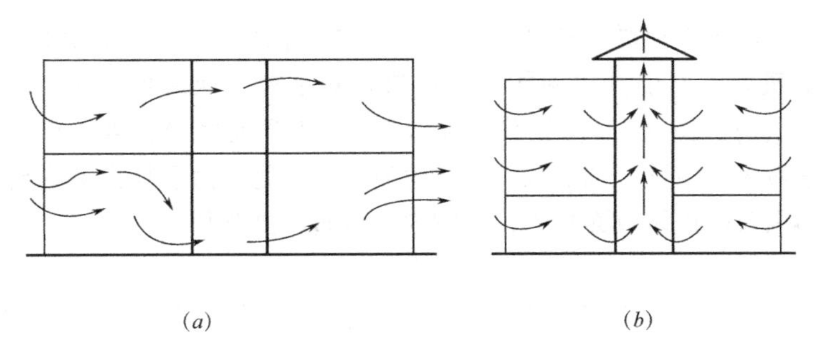

(*a*)　　(*b*)

图 6-59　自然通风原理

(*a*) 风压通风；(*b*) 热压通风

(资料来源：《建筑设计资料集》，第三版，第 1 分册)

房间开口的位置和面积对室内风流线组织产生很大的影响。图 6-60 所示为房间平面上，不同洞口位置与风流线的关系。图 6-60（*a*）、图 6-60（*b*）为开口在中央和偏一边时的气流情况，显然洞口偏向一边时，风可吹到的面积增大。图 6-60（*c*）为设导板的情况，可合理进行室内风环境组织。

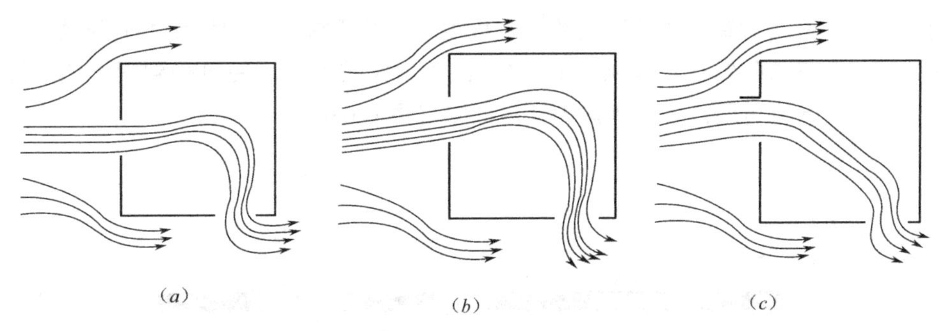

(*a*)　　(*b*)　　(*c*)

图 6-60　平面方向开口位置与风流线关系

(资料来源：《建筑物理》，第四版)

在建筑剖面上，开口高低与风流线亦有密切关系（图 6-61）。图 6-61（*a*）、图 6-61（*b*）为进风口中心在房屋中线以上的单层房屋剖面示意图，图 6-61（*a*）房间内只有上部有风，图 6-61（*b*）为顶上屋檐出挑，可对风流线起到一定的控制作用。图 6-61（*c*）、图 6-61（*d*）为进风口中心在房屋中线以下的单层房屋剖面示意图，图 6-61（*d*）为增设百叶调节风向。可见，剖面方向上，洞口尽量高低错开布置，以利于通风。

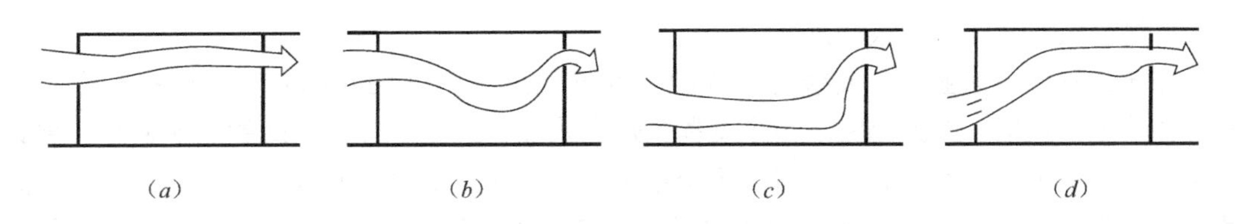

(*a*)　　(*b*)　　(*c*)　　(*d*)

图 6-61　剖面方向开口高低与风流线关系

(资料来源：《建筑物理》，第四版)

建筑物的开口面积是指对外敞开部分面积，对一个房间来说，只有门窗是开口部分。开口大，则风流量大；缩小开口面积，流速虽相对增加，但流场缩小（图 6-62*a*、图 6-62*b*）。而图 6-62（*c*）、图 6-62（*d*）说明流入与流出空气量相当，当入口大于出口时，在出口处空气流速最大，相反，则在入口处流速最大。因此，为了加大室内自然通风，应加大开口面积，出风口比进风口面积大，对室内自然通风更有利。

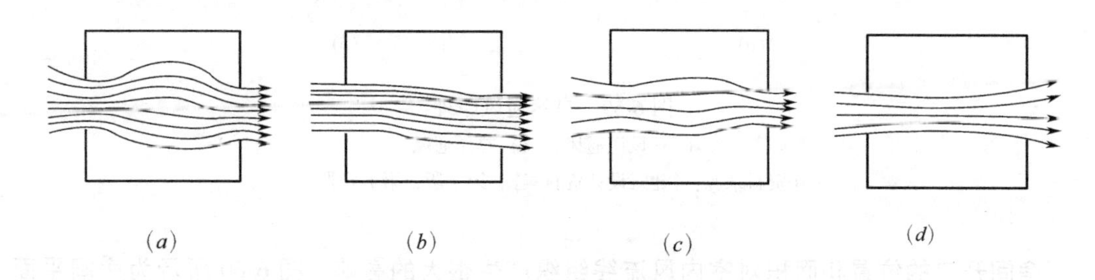

图 6-62　开口面积与风组织关系
（资料来源：《建筑物理》，第四版）

①门窗装置和通风构造

门窗的装置方法对室内自然通风的影响也很大，装置得宜，则能增加通风效果。一般建筑设计中，窗扇常向外开启呈 90°角，当风向入射角较大时，使风受到很大的阻挡（图 6-63*a*），如增大开启角度，可改善室内通风效果（图 6-63*b*）。

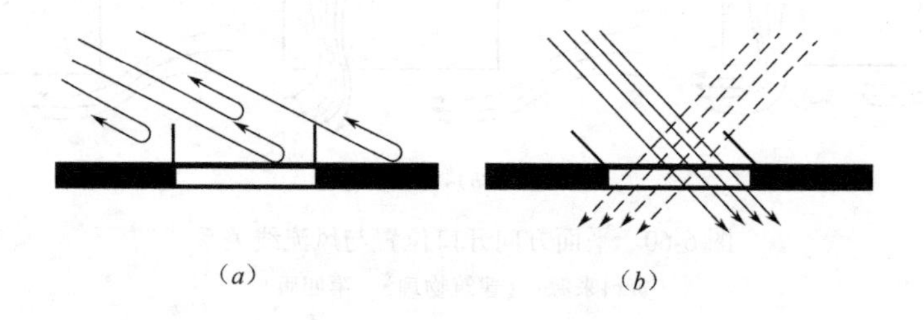

图 6-63　窗扇导风作用
（资料来源：《建筑物理》，第四版）

在建筑设计中，建筑单体还可采取增设导风板，使窗口风压增大，引导气流方向进入室内，让室内的空气流通，带走室内的热量，利于降温。

②案例分析

a. 德国法兰克福商业银行大楼

德国法兰克福商业银行大楼（图 6-64）为三角形平面（图 6-65*a*），内部有一个三角形通高中庭，如同一个大烟囱。为了发挥其烟囱效应，组织好办公空间的自然通风，建筑在平面外围的办公空间中分别设置了多个空中花园。这些空中花园分布在不同标高上，成为“烟囱”的进、出风口，有效地组织了办公空间的自然通风，图 6-65（*b*）显示出了建筑室内的通风流线组织，该楼的自然通风量可达 60%。

图 6-64　德国法兰克福商业银行大楼

（资料来源：https：//bbs. zhulong. com/101010_ group_ 201803/detail10005527/）

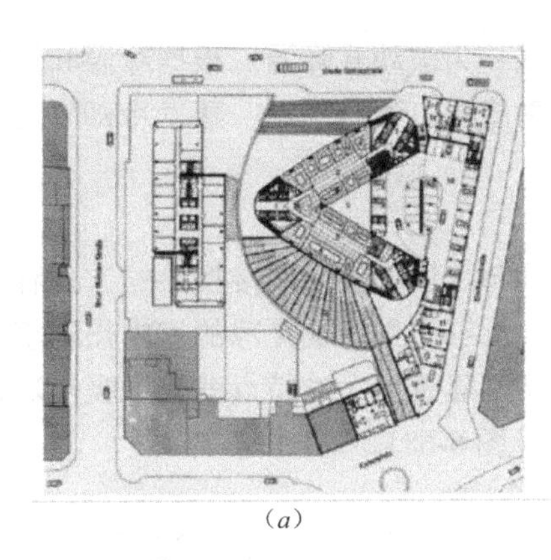

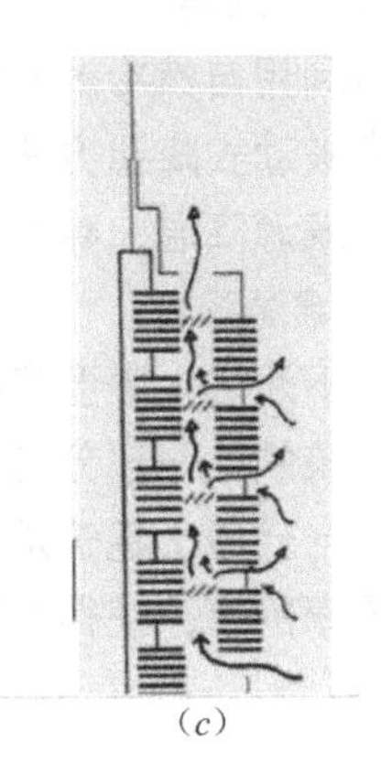

（a）　（b）　（c）

图 6-65　法兰克福商业银行大楼通风组织

（a）建筑平面；（b）建筑立面；（c）建筑通风组织

（资料来源：https：//bbs. zhulong. com/101010_ group_ 201803/detail10005527/）

b. 日本冈山县立图书馆阅览室

日本冈山县立图书馆阅览室采用了“下送风上回风”方式，将空调的送风口设在书架的踢脚处（图 6-66*a*）。图 6-66（*b*）显示的是夏季某日该阅览室不同水平标高下的空间温度变化情况，因此对于阅览者而言，适当提高送风温度也可获得与传统“上送风”方式相同的制冷效果。图 6-67 为日本冈山县立图书馆阅览室空调系统，室外的风经过喷泉式冷却由下部洞口进入室内，经热压的作用从上部洞口排出，达到通风换气的目的。

（a）

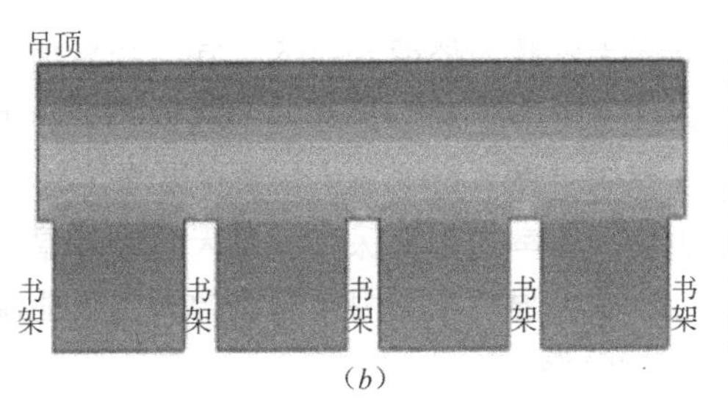

（b）

图 6-66　日本冈山县立图书馆阅览室

（资料来源：《绿色建筑设计与技术》）

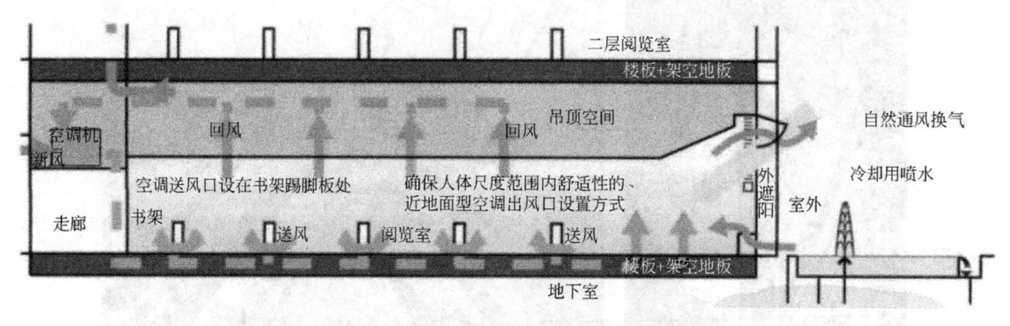

图 6-67　日本冈山县立图书空调系统
（资料来源：《绿色建筑设计与技术》）

3）被动式降温

通常将利用自然冷源对建筑空间降温的方式称为被动式降温。根据冷源和散热方式的不同有六类被动式降温方法，分别是：天空辐射降温、通风降温、蒸发冷却降温、地下水源降温、土壤源降温、除湿降温等。

（1）土壤源降温

利用地下浅层土壤温度较恒定，使建筑空间与土壤直接或间接换热的方式称为土壤源降温。将建筑的某一部分与土壤直接接触换热，能够产生冬暖夏凉的室内热环境，传统的窑洞建筑和当代覆土建筑是这类建筑的代表。窑洞建筑最大的特点就是冬暖夏凉，其顶部覆盖一层厚厚的土，使得其既能保温也能隔热（图 6-68）。

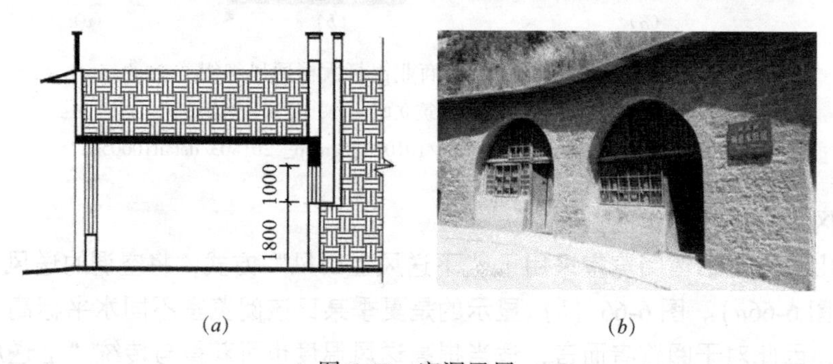

(*a*)　(*b*)

图 6-68　窑洞民居
（*a*）剖面图；（*b*）立面图
（资料来源：https：//graph. baidu. com/thumb/3166848202，3914874133. jpg）

首尔梨花女子大学教学楼埋入地下，其上的屋顶成为校园中心的公共绿地，缓缓抬升的绿地中央一条坡道逐渐下沉，其两侧是建筑六层的主体空间，阳光和新鲜空气通过通高的玻璃幕墙进入室内（图 6-69）。因土壤的热惰性差，建筑内温度变化随外界气温波动较小，建筑埋于土中利于室内冬天保温、夏天隔热降温。同时，建筑的绿植屋顶能有效地缓解城市热岛效应，最大限度地利用自然能源和再生能源（图 6-70）。

（2）地下水源降温

由于地下水温度常年较为稳定，分别在冬夏两季高出和低于对应地面空气温度，因此可通过钻井直接抽取地下水的方法来进行温度调节。目前，这一“自然空调”技术在许多

图 6-69　首尔梨花女子大学教学楼设计

（资料来源：https：//www. gooood. cn/ewha-university-building-by-dominique-perrault-architect. htm）

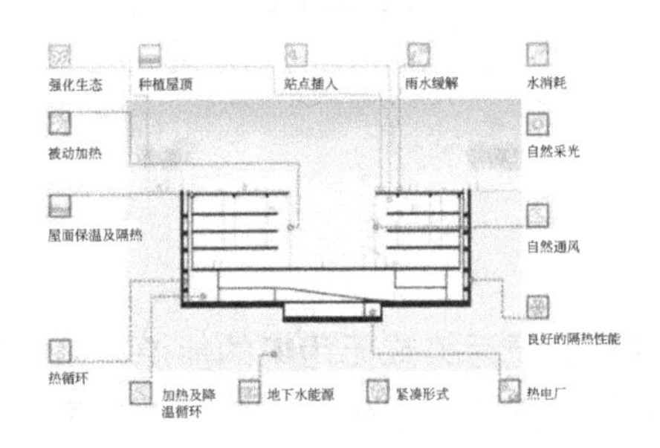

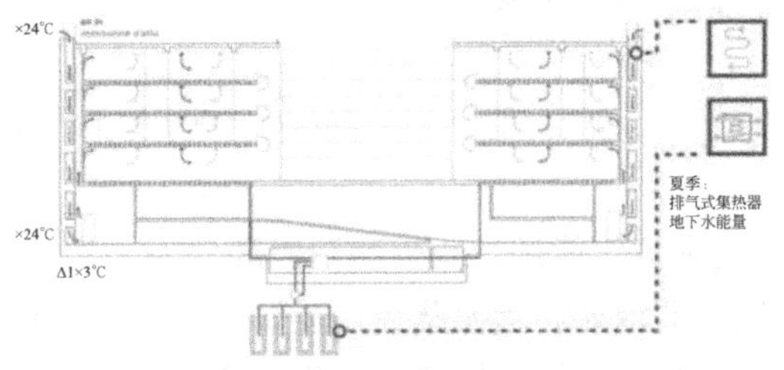

图 6-70　首尔梨花女子大学教学楼设计策略

（资料来源：https：//www. gooood. cn/ewha-university-building-by-dominique-perrault-architect. htm）

领域已被采用。诺曼·福斯特事务所设计的伦敦市政厅（图 6-71）也采用了地下水空调，通过蓄水池收集地下渗水供大楼使用，建筑物不需要附加冷热源，大大地降低了建筑物使用阶段消耗①。

（3）蒸发冷却降温

水的蒸发是一个非常有效的降温方式，因为水的蒸发需要的热量非常大，当气压 100kPa，温度为 25℃ 时，水温升高 1℃ 需要的热量约为 4. 18MJ/kg，而蒸发潜热则高达 2257MJ/kg②。利用水的蒸发冷却原理制造的蒸发冷却空调从 20 世纪中叶开始在气候干热地区得到广泛的应用。

5. 能源选择

建筑在能源转换及利用过程中主要为电能（图 6-72），电能属于二次能源，在一次能源转换

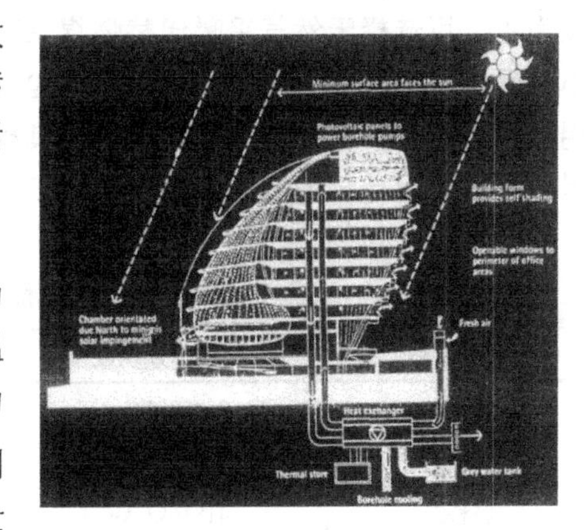

图 6-71　伦敦市政厅

（资料来源：http：//baike. soso. com/p/20100406/20100406095144-2065447480. jpg）

① 鲁英男，陈慧，鲁英灿，编著. 高技术生态建筑［M］. 天津：天津大学出版社，2002.

② ASHRAE. ASHRAE Handbook-Fundamentals［M］. ASHRAE，2005.

或加工过程中，会有一定的能量损失，且由于目前电能生产对于煤、石油等仍有较大的依赖性，而煤、石油等都是高碳排能源，导致建筑在使用阶段碳排放量较高，因此建议在建筑的能源选择方面从以下两点考虑，减少使用阶段的碳排放。

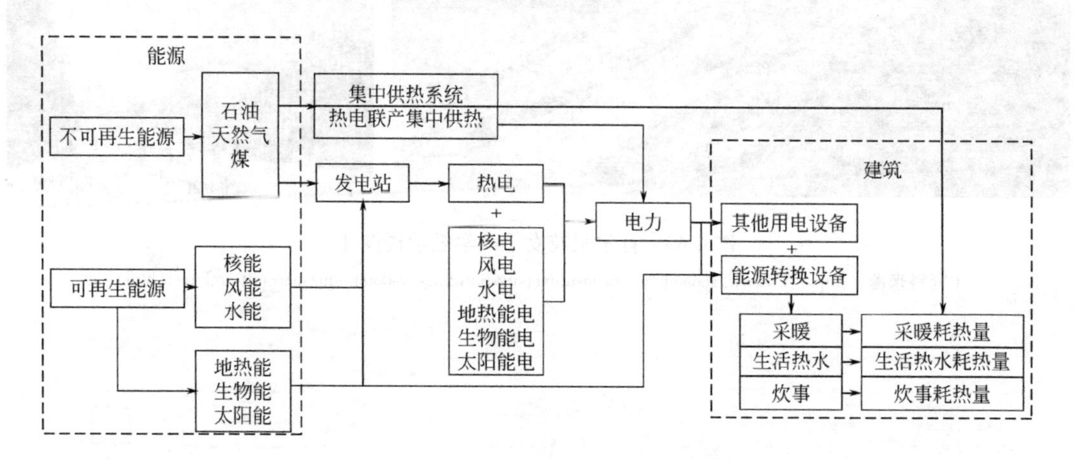

图 6-72　建筑能源转换及利用过程

1）选择清洁能源，减少化石能源使用

广义的清洁能源指在源头、运输及消费过程中对环境低污染或无污染的能源。狭义的清洁能源是指太阳能、地热能、生物质能等可再生能源。建筑在全生命周期尤其是使用阶段，合理选择清洁能源，减少化石能源的使用，能有效降低碳排放量。

我国地域辽阔、具有多种气候区且能源结构多元，在不同地区应充分考虑当地的能源状况和气候条件，有选择、有侧重地使用清洁能源。目前，我国部分地区冬季采暖仍以燃煤为主，可选择天然气采暖代替燃煤采暖，天然气燃烧后产生二氧化碳和水，对环境污染小，而煤炭燃烧后会产生硫化物、粉尘等污染物，对环境污染较大。一些偏远农村地区使用柴薪进行炊事，可推广普及电能及其相关电气设备的使用，避免柴薪燃烧产生的碳排放量。同时，可选择的清洁能源还有太阳能、地热能和生物质能等（表 6-18）。

不同能源燃烧碳排放系数　　**表 6-18**

能源名称	平均低位发热量①	碳排放系数②	单位热值含碳量(吨碳/TJ)
原煤	20908kJ/kg	1.9003kgCO_2/kg	26.37
原油	41816kJ/kg	3.0202kgCO_2/kg	20.1
燃料油	41816kJ/kg	3.1705kgCO_2/kg	21.1
汽油	43070kJ/kg	2.9251kgCO_2/kg	18.9
煤油	43070kJ/kg	3.0179kgCO_2/kg	19.5
液化石油气	50179kJ/kg	3.1013kgCO_2/kg	17.2
油田天然气	38931kJ/m^3	2.1622kgCO_2/m^3	15.3

① 低位发热量等于 29307kJ 的燃料，称为 1 千克标准煤（1kgce）。
② 《省级温室气体清单编制指南》（发改办气候［2011］1041 号）。

2）利用余热等废弃能源

在工业生产过程中（例如热电厂、核电厂等）会有大量的余热产生。余热根据温度的高低可分为600℃以上的高温余热，220～600℃的中温余热，220℃以下的低温余热。余热虽然来源广泛、温度范围宽、存在形式多样，但是由于生产过程的波动，产量并不稳定。

余热利用技术依据余热的传递和转换方式，可分为余热热交换技术、余热热功转换技术和余热制冷制热技术。①

北京大兴国际机场应用了烟气余热利用技术（图6-73）。在整个采暖季（按照123天计算），5台锅炉配套的5套深度余热回收装置可回收烟气余热量为22.31万GJ，年节省燃气量634.63万Nm^3。②

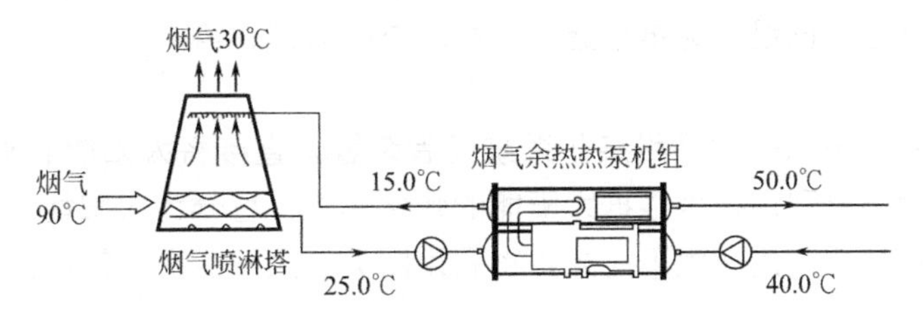

图6-73　烟气余热利用流程图

（资料来源：《北京新机场地源热泵系统建设实践》）

6. 能源回收

能源回收就是指将无法直接利用的废弃能源通过附加设备储存起来再利用的一种方式。尽管流入建筑物的能源有多种，但经过不同途径的能量转换后，最终都将以废气、废水、围护结构散热等形式排出。现阶段建筑能源回收主要指建筑排热回收，即空调能源回收以及热泵能源回收技术，利用回收的冷（热）能进行新风预处理及生活用水的加热。

1）空调能源回收

在空调系统中采用排风热回收装置可以回收和利用蕴含在排风中的冷（热）能量，对新风进行预处理，从而减少处理新风产生的能耗。利用空调系统排风能量预处理新风，新风量按30%计算，可使空调系统节能7%以上。随着冷（热）气流温差的增大和新风比的增大，节能效果更加显著。

试验表明，冷（热）气流温差只要超过3℃即可回收能量。据此，我国上海、南京等长江中下游地区夏季空调“冷”回收的时间可达1500h以上，按气象参数计算，3年内可回收设备初投资费用③。

空调能源回收的效率在公共建筑中更加明显。对于公共建筑而言，排气所带走的能量约占总负荷的30%～40%，能源回收潜力大。研究表明，当热回收装置的热回收效率达到70%时，可以有效地降低40%～50%的供暖能耗④。

2）热泵能源回收

热泵能源回收目前主要采用热交换器方式，夏季通过制冷机的冷凝热加热卫生热水；

① 连红奎，李艳，束光阳子，等. 我国工业余热回收利用技术综述［J］. 节能技术，2011，29（2）：123-128.

② 康春华. 北京新机场地源热泵系统建设实践［J］. 民航学报，2019，3（4）：13-15.

③ 刘凤田，黄祥奎. 空调用分体热虹吸热管冷热回收装置的试验研究［J］. 暖通空调，1994（4）：25-27.

④ 江亿. 我国建筑能耗状况及有效的节能途径［J］. 暖通空调，2005，35（5）：30-40.

而在冬季，主要是通过生活污水废热进行热交换。

中科院广州能源所开发的高温地源热泵，运行最高输出温度达到了75℃。该系统除提供冬季采暖、夏季制冷外，全年每天可提供60℃的热水，该技术比电能采暖降低70%能耗，比天然气采暖节省运行费50%，夏季比普通中央空调节电20%以上，烧水比常规方法节能80%以上①。

6.2.2 “开源”——建筑产能

建筑产能是指建筑在全生命周期中通过某些设备将部分可再生能源收集、转换或储存供人类使用，主要包括太阳能、地热能和生物质能，其次是风能、水能和潮汐能等。可再生能源与建筑的结合，已经成为推动建筑节能减排的必然趋势。

1. 太阳能

当代太阳能利用技术是指采用某些系统或者装置，直接将太阳能收集、转换或储存，以供人类使用。太阳能利用技术根据太阳能的转化形式，可分为太阳能光热利用、太阳能光电利用、太阳能光化利用和太阳能光生物利用四类。太阳能在建筑中的利用主要是光热利用和光电利用。

太阳能建筑是指通过被动、主动方式充分利用太阳能的房屋。太阳能建筑技术通过与建筑围护系统、建筑功能系统等有机集成，使建筑能够充分收集、转化、储存和利用太阳能，为建筑提供部分或全部运行能源，达到降低建筑使用能耗、营造健康室内环境的目的。太阳能建筑技术按太阳能的利用方式可分为被动式太阳能建筑技术与主动式太阳能建筑技术。其运行特点及原理见表6-19。

被动式太阳能建筑技术的基本集热方式及特征 表6-19

分类	太阳能利用途径	建筑表现形式	系统运行特点	原理与效果
被动式太阳能建筑技术	通过场地利用、规划设计、形体优化、空间分区、围护结构设计和建筑构造措施等直接利用太阳能	直接受益窗、附加阳光间、蓄热屋顶、集热蓄热墙、天井、中庭、通风烟囱、建筑遮阳、架空地面和屋面、墙体或屋面绿化等	采用直接利用方式运行，系统不易精准控制	通过直接收集或遮挡太阳能、蓄热或蓄冷、自然通风等达到建筑冬暖夏凉的效果
主动式太阳能建筑技术	通过光热构件和光伏构件等收集设备将太阳能转化为热能和电能	太阳能集热器、光伏组件、光热光伏一体化构件等，可应用于屋面、墙面、阳台等部位	采用间接利用方式运行，通过转化装置将太阳能转化为电能、热能等，可灵活精准控制	通过转换装置及系统生产出热水、热空气和电能等建筑能源，用于建筑供暖、制冷和电能供给

（资料来源：《建筑设计资料集》，第三版，第八分册）

1）被动式太阳能建筑

被动式太阳能建筑通过建筑朝向的合理选择和周围环境的合理布置，内部空间和外部形体的巧妙处理，以及建筑材料和结构、构造的恰当选择，使其在冬季能集取、蓄存并分配太阳能，为室内供暖；同时，在夏季通过采取遮阳等措施遮蔽太阳辐射，及时地散逸室

① 佚名.广州能源所地源热泵技术应用取得突破［J］.能源工程，2002（3）：41.

内热量，降低室内温湿度。

被动式太阳能建筑设计应遵循因地制宜的原则，结合所在地区的气候特征、资源条件、技术水平、经济条件和建筑的使用功能等要素，选择适宜的被动式太阳能技术。被动式太阳能建筑技术的基本集热方式见表 6-20。

被动式太阳能建筑技术基本集热方式 **表 6-20**

集热方式		剖面简图	集热及热利用过程
直接受益式		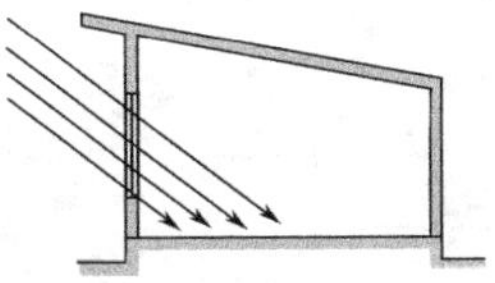	1. 北半球阳光透过南窗玻璃直接进入供暖房间，使温度上升。 2. 射入室内的阳光被室内地板、墙壁、家具等吸收后转变为热能，给房间供暖。 3. 夜晚降温时，储存在地板、墙和家具内的热量开始向外释放，使室温维持在一定水平
集热墙式	集热蓄热墙	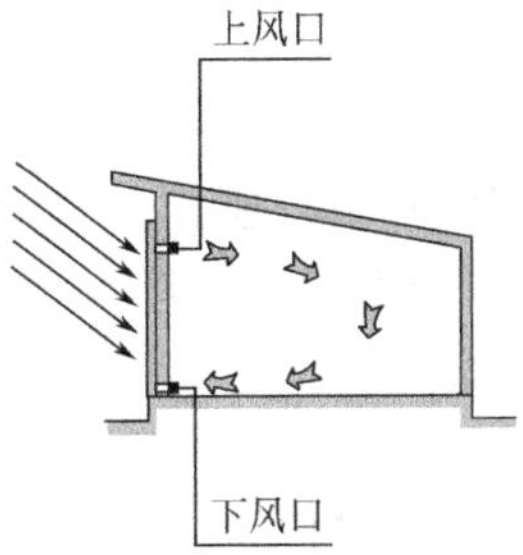 上风口 下风口	1. 阳光透过供暖房间集热墙的玻璃外罩照射在墙体吸热体表面，使其温度升高，进而加热墙体与玻璃罩间隙内的空气。 2. 供热方式：被加热的空气由于热压作用经上部风口进入室内使室温上升，室内冷空气通过下风口进入集热空腔；夜晚，蓄热墙体以对流和辐射的方式为室内供热
	普通蓄热墙		1. 阳光透过供暖房间集热墙的玻璃外罩照射吸热体表面，使其温度升高，进而加热墙体与玻璃罩间隙内的空气。 2. 供热方式：被加热的空气由于热压作用经上部风口进入室内使室温上升，室内冷空气由下部风口补充进入空腔继续被加热。 3. 集热墙吸热体后设隔热层，墙体不蓄热
附阳光间		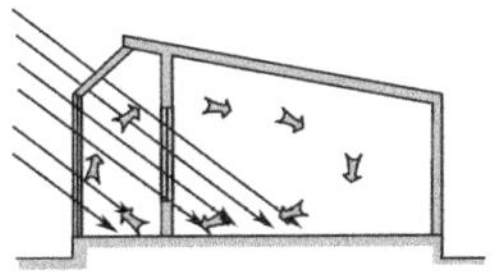	1. 在带南窗的供暖房间外用玻璃等透明材料围合成一定的空间。 2. 阳光透过大面积透光外罩加热阳光间空气，并射到地面、墙面上使其吸收和蓄存一部分热能；一部分阳光可直接射入供暖房间。 3. 供热方式：靠热压经上下风口与室内空气循环对流，使室温上升；受热墙体传热至内墙面，夜晚以辐射和对流方式向室内供热
对流环路式		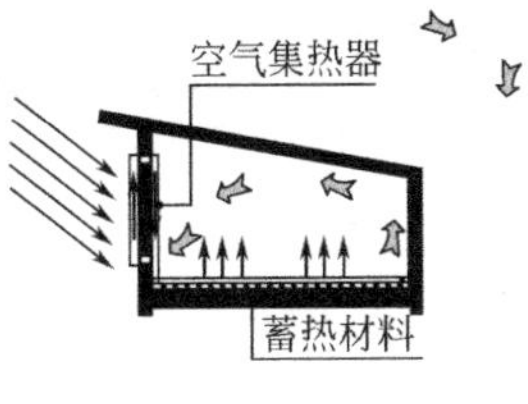 空气集热器 蓄热材料	1. 利用南向集热墙和蓄热材料，构成室内空气循环加热系统，弥补室内直接接收太阳能的不足。 2. 系统由太阳能集热墙、蓄热物质和通风道组成。 3. 空气集热器、风道与供暖房间的蓄热材料连通，集热器内被加热的空气，借助于温差产生的热压直接送入供暖房间，也可送入蓄热材料储存，在需要时向房间供热。 4. 对流环路中的南向集热墙构造与集热墙构造相同
蓄热屋顶池		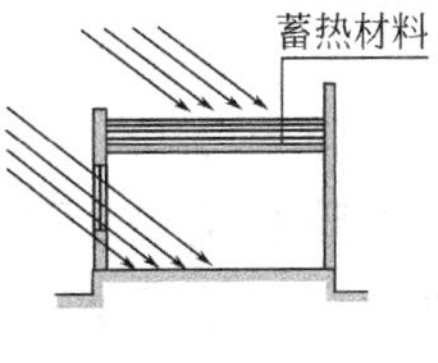 蓄热材料	1. 以导热好的材料做屋顶，承托屋顶吸热蓄热水袋或其他蓄热材料，上设活动保温盖板。 2. 在冬季，白天打开盖板使水袋吸收太阳热；夜晚关闭盖板使储存于水袋的热量向室内辐射，升高室内温度。 3. 在夏季，白天关闭盖板，低温的水袋吸收室内热量以降低室温；夜晚打开盖板，吸了热的水袋向凉爽的夜空释放热量，使水温下降

（资料来源：《建筑设计资料集》，第三版，第八分册）

目前，被动式太阳房建筑技术主要用来解决冬季采暖问题。我国青海省西宁市兔儿干村新型庄廓院，利用被动式阳光庭院打破了青海河湟地区漫长的寒冷季节及传统庄廓院落空间使用率低的现状，试图在极端天气下接收更多的阳光照射，同时打破季节差进行绿化种植，形成相对较好的小气候环境。设计采用轻钢结构上覆三层 PC 阳光板，在南北两侧开设高窗形成自然循环通风来应对极热天气（图 6-74）。

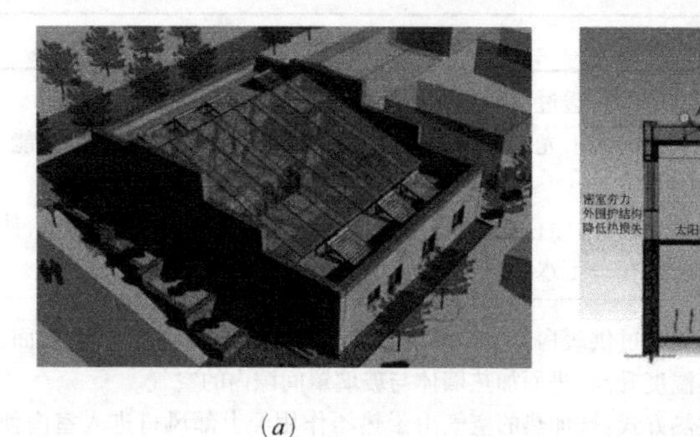

(a)

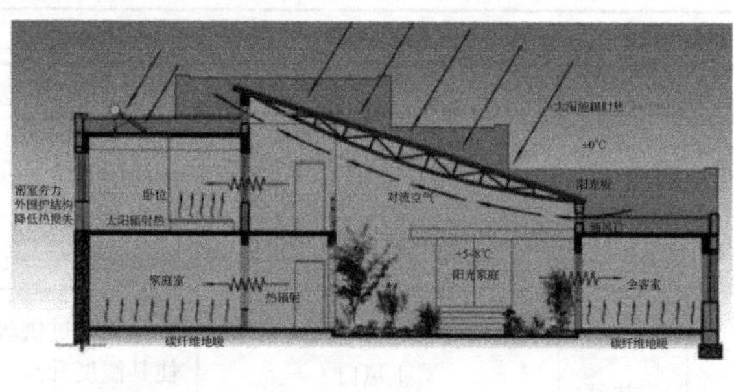

(b)

图 6-74　兔儿干村新型庄廓院鸟瞰图和工作原理图

（资料来源：http：//www. sohu. com/a/149957851_ 654278）

2）主动式太阳能建筑

主动式太阳能建筑采用太阳能收集、转化、储存和控制系统，为建筑提供部分或全部运行能源。主动式太阳能利用系统分为太阳能光热利用系统和太阳能光电利用系统（图 6-75）。设计中应根据不同建筑类型、使用需求和用户可支付能力，合理选择太阳能光热或太阳能光电系统等适宜技术。

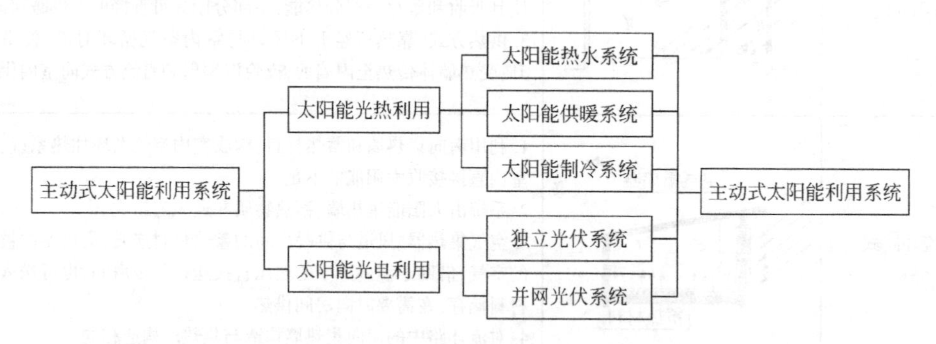

图 6-75　主动式太阳能利用系统

（资料来源：《建筑设计资料集》，第三版，第八分册）

（1）太阳能光热利用

太阳能光热利用系统包括太阳能热水系统、太阳能供暖系统和太阳能制冷系统。为了提高太阳能利用效率，还出现了以上几个系统的组合利用形式，例如太阳能热水+供暖系统、太阳能光电+热水系统等。

太阳能热水系统是利用太阳能集热器收集太阳辐射能把水加热的系统，是目前技术最成熟的太阳能系统。按供热水方式可分为：集中式供热水系统、集中—分散式供热水系统、分散式供热水系统（图6-76）。其中，集热器与水箱分离式系统与建筑结合度较高，适用于太阳能与建筑一体化设计。

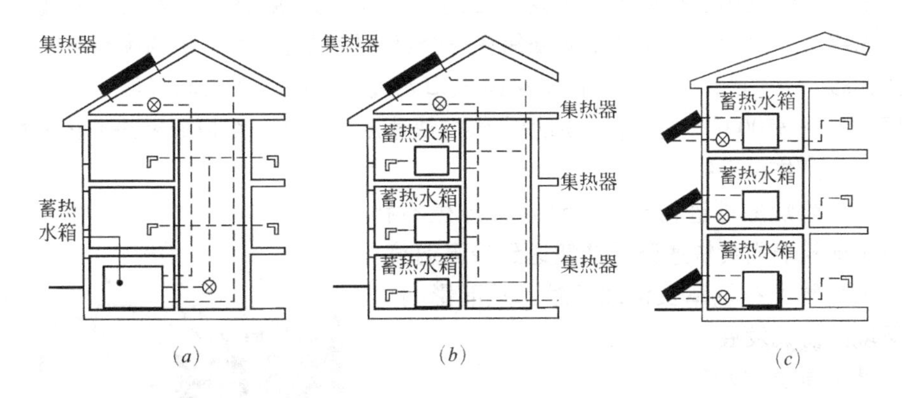

图6-76 太阳能热水系统

（a）集中式系统；（b）集中—分散式系统；（c）分散式系统

（资料来源：《建筑设计资料集》，第三版，第八分册）

太阳能供暖系统是利用集热器收集太阳辐射能，经蓄热输配后用于建筑供暖。太阳能制冷可以通过太阳能光电转换制冷或太阳能光热转换制冷实现。光热转换制冷是把太阳能转换为热能或机械能用于驱动制冷机制冷。太阳能制冷系统可分为吸收式、吸附式、除湿式、蒸汽压缩式和蒸汽喷射式制冷系统。

根据刘念雄的研究，如果采用太阳能与燃气锅炉复合供暖系统，在屋顶满铺太阳能集热器时，可实现减排约35%。

太阳灶也是太阳能的光热利用，其直接利用太阳辐射转换成供人们炊事使用的热能。太阳灶种类繁多，按其原理结构可分为闷晒式（箱式）、聚光式和热管式三种[①]（图6-77）。

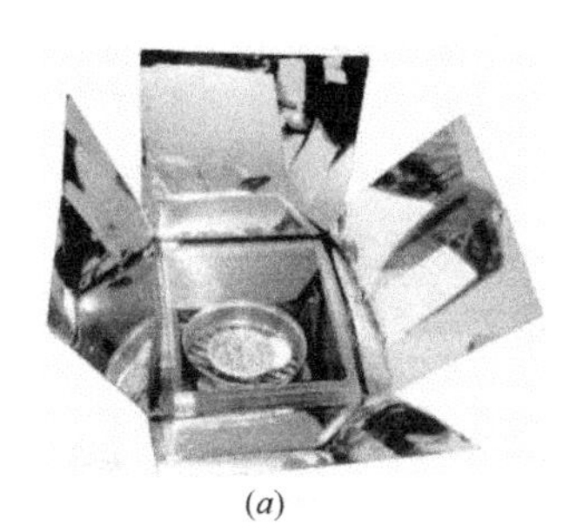

(a)

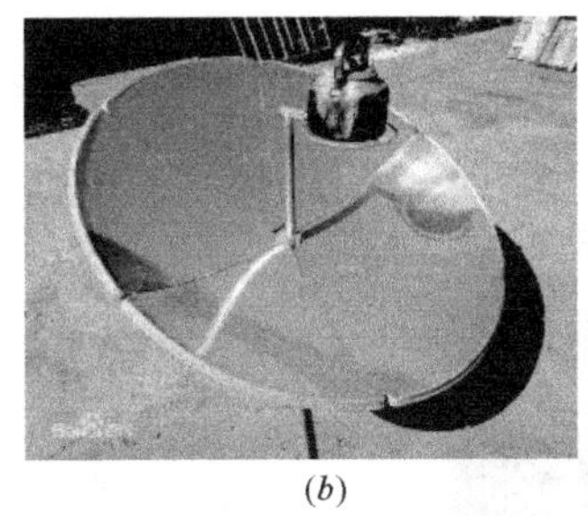

(b)

(c)

图6-77 各类太阳灶实景图

（a）闷晒式太阳灶；（b）聚光式太阳灶；（c）热管式太阳灶

（资料来源：https：//graph. baidu. com）

① 王晓萱，著. 新能源概述——风能与太阳能［M］. 西安：西安电子科技大学出版社，2015.

1962~1968 年，法国国家科学研究中心利用聚光式太阳灶原理，建造了当时世界上最大的太阳炉——奥代洛太阳炉（图 6-78）。它位于法国南部的比利牛斯东方省的丰罗默—奥代洛维阿大街，并在 1970 年正式投产。

奥代洛太阳炉是由装在周围山坡露台上的 63 块日光反射镜，将太阳的光线反射到一个大的凹面镜上，最后将大量的阳光聚焦在一个目标区域上。太阳炉的优点在于它获取能量的方式比较“自由”，主要通过镜子采集太阳光线，可以迅速提高温度，在短短几秒之内将温度提高到 3500℃。同时，太阳炉提供的快速温度变化，可以研究热冲击的影响，且研究过程不会产生污染物。

但应用太阳灶原理进行建筑设计也会产生不利影响，由于建筑表面会快速升温并能达到较高温度，会影响周围生物的存活率及活动习性，从而影响建筑周围环境的协调发展。

图 6-78　奥代洛太阳炉

（资料来源：http：//baijiahao. baidu. com/s? id=1579064344719208295&wfr=spider&for）

（2）太阳能光电利用

建筑中应用的光伏系统按是否接入公共电网分为独立光伏发电系统和并网光伏发电系统。独立光伏发电系统一般是由太阳能电池阵列、控制器、逆变器和储能装置等组成。并网光伏发电系统一般是由太阳能电池阵列、遥控器、逆变器储能装置、并网逆变器和连接装置等部分组成。

Snøhetta 在 2019 年的新作 Brattørkaia 能源大楼（图 6-79），位于北纬 63°的挪威特隆赫姆，这里季节差异性较大，是收集和储备太阳能的绝佳之地。建筑倾斜屋面以及立面上部覆盖有近 3000m^2 的太阳能板，能够最大化地吸收太阳能，每年产生大约 50 万 kWh 的清洁可再生能源。平均而言，这座能源大楼每天的供电量是其用电量的两倍多，并且它还将通过当地的微电网为其自身、邻近建筑、电动公交车、汽车和船只提供可再生能源，使建筑起到了城市小型发电站的作用①（图 6-79）。

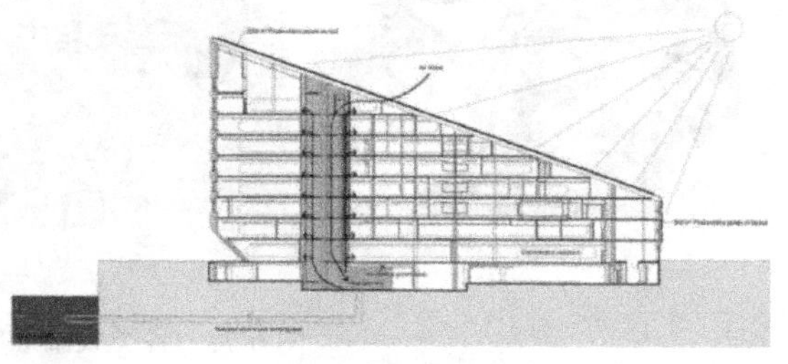

图 6-79　Brattørkaia 能源大楼外观及节能系统示意图

（资料来源：http：//www. citiais. com/zhmal/19093. jhtml）

① 谷德设计网 https：//www. gooood. cn/powerhouse-brattorkaia-by-snohetta. htm.

2. 地热能

地热资源是指地壳内可供开发利用的地热能、地热流体及其有用组分。地热资源按温度可分为高温、中温和低温三类。温度大于 150℃的地热以蒸汽形式存在，叫高温地热；90~150℃的地热以水和蒸汽的混合物等形式存在，叫中温地热；温度大于 25℃且小于 90℃的地热以温水（25~40℃）、温热水（40~60℃）、热水（60~90℃）等形式存在，叫低温地热。建筑中对地热能的利用主要有以下几种形式。

1）地源热泵技术

由于浅层地热能属于低品位能源，不能直接用于空调采暖，必须借助于热泵技术来提高其能源品位。地源热泵就是通过输入少量的高品位能源（如电能），使陆地浅层能源实现由低品位热能向高品位热能转移的装置。

敦煌莫高窟游客服务中心（图 6-80）根据当地不同季节的室外气候特点，采用人工冷热源与天然冷源相结合的供冷及供热方式。其人工冷热源主要为地源热泵，选用 2 台螺杆式地源热泵机组，冷水供回水温度 7℃/12℃，热水供回水温度 45℃/40℃，承担的供冷量为 216kW，供热量为 520kW。[①] 可大量减少能源燃烧产生的碳排放量。

图 6-80 敦煌莫高窟游客服务中心

（资料来源：http：//baijiahao. baidu. com/s？id=1640022568199435935、http：//blog. sina. com. cn/s/blog_ d17824640102uxsk. html）

上海自然历史博物馆（图 6-81）地源热泵系统利用地热能作为主要冷热源，调节建筑室内温度，该系统冬季制热可满足总负荷需求，夏季制冷可满足总负荷 60%的需求，以《公共建筑节能设计标准》GB 50189 为对比基准，本项目的地源热泵每年可节省 17. 7t 标准煤，减排约 195. 5t，年运行费用可节省 22. 3 万元[②]。

2）干热岩的利用

干热岩为新兴地热能源，是一种高温岩体，其温度一般大于 200℃，埋深数千米，可用于发电和供热等方面。

在干热岩发电概念提出四年后，美国在新墨西哥州启动了世界上第一个干热岩发电项目。之后，英国、日本、澳大利亚和法国等国家也相继投入了研发力量。位于法国东北部苏尔茨的地热田是欧洲近几年来基于增强型地热系统中比较成功的一个技术案例。它在 2013 年实现了稳定利用干热岩技术的地热发电目标，并且成功投入了商业化持续运行。它

---

① 王加. 地道通风在莫高窟游客服务中心空调系统中的应用［J］. 暖通空调，2011（10）.

② 汪铮. 与自然对话的建筑——上海自然博物馆绿色设计实践［J］. 生态城市与绿色建筑，2012.

的诞生使得干热岩从一个纯粹的科研项目变成了一个具有可行性的商业项目（图 6-82）。

图 6-81　上海自然历史博物馆
（资料来源：https：//www. gooood. cn/natural-history-museum. htm）

图 6-82　法国苏尔茨地热田
（资料来源：https：//www. sohu. com/a/120189181_ 170284）

3）地下季节性储能技术

由于地下土壤本身具有储能特性，而且温度全年相对稳定，地下空间（如建筑物底部）可以用来储能。通常的做法是在建筑物的底部设置一个大的水池，并装满诸如卵石等热容量较大的物质，这样夏季可将富余的热能储存于地下以备冬季采暖用，冬季亦可储存冷量以备夏季降温用①。

图 6-83　德国柏林国会大厦改建工程
（资料来源：http：//news. focus. cn/hz/2017-05-11/11525671. html）

地下季节性储能技术在德国柏林国会大厦的改建工程中得到了充分应用（图 6-83）。建筑师福斯特通过地下蓄水层循环利用热能，夏季将多余热量储存在地下蓄水层中，以备冬季使用；冬季将冷水输入蓄水层，以备夏季使用，形成两个季节的热量互补②。

3. 生物质能

生物质能是太阳能以化学能形式贮存在生物质中的能量形式，它直接或间接地来源于绿色植物的光合作用，可转化为常规的固态、液态和气态燃料，是一种可再生能源。生物质能的利用主要有直接燃烧、热化学转换和生物化学转换三种途径。生物质的生物化学转换包括生物质—沼气转换和生物质—乙醇转换等。沼气转化是有机物质在厌氧环境中，通过微生物发酵产生一种以甲烷为主要成分的可燃性混合气体即沼气。

沼气是我国农村发展的新能源之一，沼气的利用能够处理农村产生的污染物并以此为农民提供燃料。过去的农村主要建设小型的沼气池，只够供给农户自己使用。随着农村经济水平日渐提高，越来越多农民开始承办养殖场，大中型沼气池也开始在农村普及。但在实际的沼气应用过程中，仍存在出料难的问题，因此需逐步改善传统出料方式，保证农村

① 杨卫波，施明恒. 基于地热能利用的生态建筑能源技术［J］. 能源技术，2005（6）：251-256.
② 鲁英男，陈慧，鲁英灿，编著. 高技术生态建筑［M］. 天津：天津大学出版社，2002.

建设中沼气的良好发展。

北京市环境保护科学研究院设计的西杏园村示范工程项目，是生物质气化集中供热的典型案例。该工程全负荷运转后，每年所需生物质的量为1000t，所生产的生物质炭可以解决102户村民的取暖问题，可以减少燃煤600t/a；所生产的燃气除了解决本村150户村民的炊事用气外，还可以供3~5个村约350户村民的炊事用气，因此可有效减少建筑使用阶段的碳排放量，图6-84所示为其系统图。

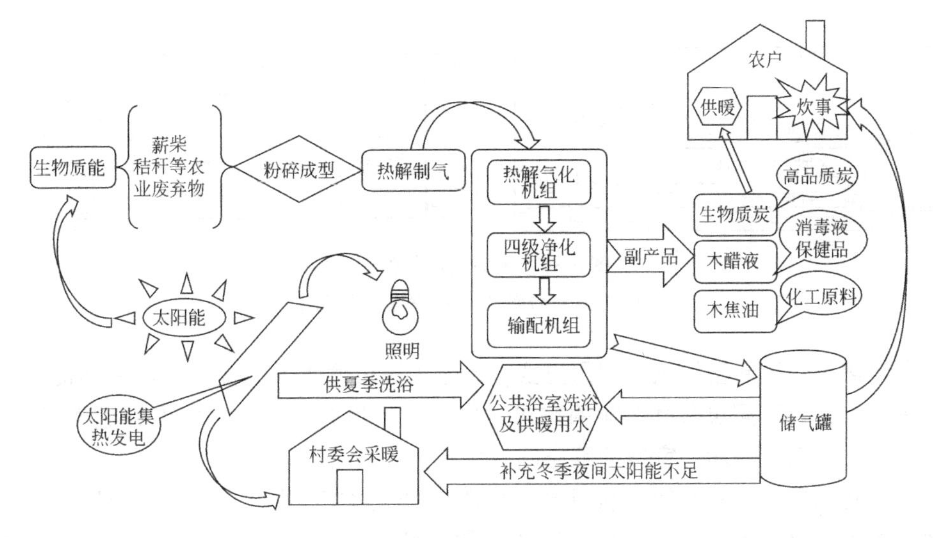

图6-84　西杏园项目工作系统图

（资料来源：《生物质能源技术与理论》）

由Bjarke Ingels Group（BIG）建筑事务所设计，位于丹麦首都哥本哈根的Copenhill垃圾焚烧发电厂，通过燃烧垃圾为周围6万个家庭提供清洁能源。[①] 同时，Copenhill具有一座高124m、直径25m的大烟囱，通过清洁技术，发电厂每产生250kg的二氧化碳，大烟囱就会喷出一个对空气无害的蒸汽环，可以让人们直观地看到二氧化碳的排放情况（图6-85）。

图6-85　Copenhill垃圾焚烧发电厂

（资料来源：http：//www. sohu. com/a/288387604_ 692611）

① https：//bbs. zhulong. com/101010_ group_ 678/detail41907364/？checkwx=1.

4. 风能

风能作为一种有发展潜力的新型能源，它的发展利用可以减少对传统化石能源的使用和依赖。

风能主要有风力提水、风帆助航、风力发电和风力致热等利用方式。风力发电越来越成为风能利用的主要形式，风力发电主要有三种方式：①独立运行方式；②微网运行方式；③并网运行方式。图 6-86 所示为风力发电供给图。

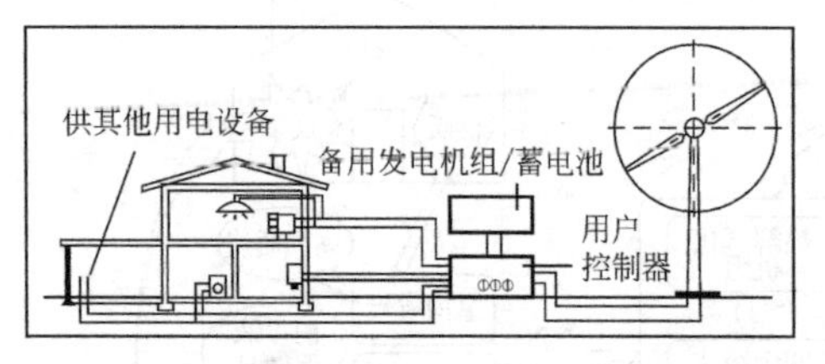

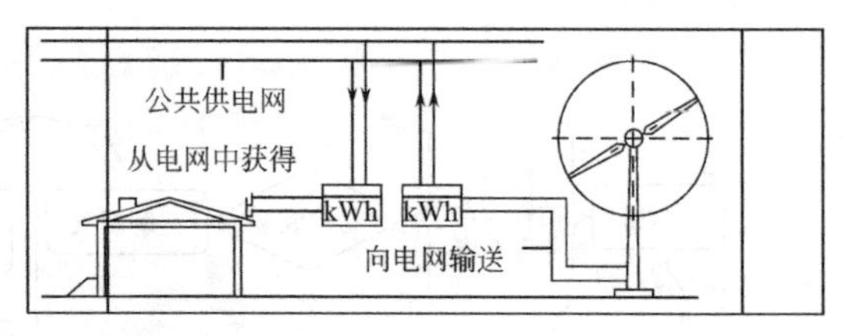

图 6-86　风力发电供给系统

（资料来源：《新能源概述：风能与太阳能》）

风力致热是一种新型的风能利用方式，随着人民生活水平的提高，家庭用能中热能的需要越来越大，为了解决家庭热能的需求，风力致热也有了较大的发展且进入实用阶段，可用于浴室、住房、花房、家禽房等空间的供热。

高层或超高层建筑对风能的利用更加充分。“珠江城”项目便充分展现出了高层建筑对于风能的利用（图 6-87）。大楼中部 24 层和上部 50 层设置了与高性能汽车引擎进风口外形相似的两个吸风口，并通过 4 组风涡轮发电系统进行风力发电。

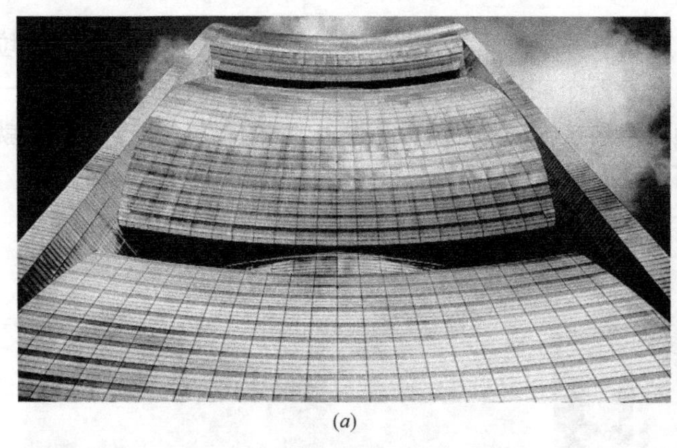

(*a*)

(*b*)

图 6-87　珠江城项目

（*a*）珠江城外立面图；（*b*）珠江城内部发电机组

（资料来源：http：//design. cila. cn/news33231. html、http：//baijiahao. baidu. com/s？ id＝1648908425947159936）

有研究表明①，如果将新建建筑与风力发电设备进行一体化设计建造，并在已有建筑物上安装风力发电设备，到 2020 年，每年仅建筑物上的风机就可以发电 1. 7～5. 0TWh。

① 艾志刚. 形式随风——高层建筑与风力发电一体化设计策略［J］. 建筑学报，2009（5）：74-76.

5. 其他能源

1）水能

水能开发利用的历史相当悠久。早在2000多年前，我国、埃及和印度已出现水车、水磨和水碓等设备用于农业生产。现代广泛采用的水力发电是人类对水能利用的高级阶段。

中国水能资源居世界第一位，水能资源理论蕴藏量有6.78亿kW，年发电量5.92万亿kWh，有美好的开发前景。例如，我国长江三峡工程是跨世纪的特大型水利、水电工程，具有防洪、发电、航运、供水及发展旅游的综合效益。三峡水电工程建成之后，华东电网与华中电网实行联合运行，有巨大的错峰效益。

但水能利用也会存在生态破坏、需筑坝移民、基础建设投资大、降水季节变化大的地区，少雨季节发电量少甚至停发电的问题。因此，在世界能源日益紧缺的大背景下，水电建设也应从全生命周期的角度充分考虑保护环境，实现可持续发展。

2）潮汐能

我国在20世纪50年代至70年代先后建造了近50座潮汐电站，至80年代中期长期运行发电的尚有8座，总装机容量6120kW。[①] 近期建设的大型潮汐电站有浙江江厦潮汐试验电站、白沙口潮汐电站和江苏浏河潮汐电站。

潮汐能发电的优点是对环境影响小，不排放废气、废渣、废水。潮汐发电的水库都是利用河口或海湾建成的，不占用耕地，同时潮汐能发电不受洪水、枯水期等水文因素影响，且堤坝较低，容易建造，投资也较少。

6.2.3 “延寿”——延长建筑使用周期

如同有机体一样，建筑也有寿命。在建筑全生命周期中，建筑建造是一项耗资、耗能、耗材巨大的工程，其建造过程及拆解过程不仅耗费大量人力、物力，还会产生大量的碳排放，造成环境污染。因此，延长建筑使用寿命，将建造及拆解阶段的碳排放均摊于全生命周期中，将会降低其年均碳排放强度，减轻环境压力。另一方面，随着建筑寿命周期的延续，附加在其上的文化、历史信息不断丰富，让建筑与城市更有文化魅力。

我国城市住宅的房屋产权为70年，建筑的一般设计使用年限为50年。据报道，我国建筑的平均寿命仅30年[②]。以本书第4章选取的对标建筑1号住宅楼为例，分别分析该建筑在20年、30年、50年、70年四个使用寿命下，全生命周期各阶段的单位建筑面积碳排放量及所占比例，见表6-21。

1号住宅楼不同使用年限下的生命周期各阶段单位面积碳排放量及构成比例　　表6-21

子阶段	20年		30年		50年		70年	
	碳排放量 $kgCO_2e/m^2$	百分比（%）	碳排放量 $kgCO_2e/m^2$	百分比（%）	碳排放量 $kgCO_2e/m^2$	百分比（%）	碳排放量 $kgCO_2e/m^2$	百分比（%）
物化阶段	392.59	30.08%	392.59	22.56%	392.59	15.41%	392.59	11.74%
使用维护阶段	801.79	61.42%	1236.83	71.07%	2043.56	80.23%	2840.42	84.94%

① https://baike.baidu.com/item/%E6%BD%AE%E6%B1%90%E8%83%BD%E5%88%A9%E7%94%A8/22841996?fr=aladdin.

② 华西都市报. 中国建筑平均寿命30年［EB/OL］. http://www.wccdaily.com.cn/epaper/hxdsb/html/2011-09/09/content_378447.htm.

续表

子阶段	20年		30年		50年		70年	
	碳排放量 $kgCO_2e/m^2$	百分比 (%)	碳排放量 $kgCO_2e/m^2$	百分比 (%)	碳排放量 $kgCO_2e/m^2$	百分比 (%)	碳排放量 $kgCO_2e/m^2$	百分比 (%)
拆除清理阶段	110.88	8.50%	110.88	6.37%	110.88	4.36%	110.88	3.32%
全生命周期碳排放量 ($kgCO_2e/m^2$)	1083.50		1518.54		2325.27		3122.13	
年均全生命周期碳排放量 [$(kgCO_2e/(m^2 \cdot a)$]	54.17		50.62		46.51		44.60	

由表6-21和图6-88可知，随着住宅使用寿命的增加，使用维护阶段的年均碳排放强度逐渐增加，但全生命周期的碳排放强度却逐渐减少。通过计算可得出，70年的年均碳排放强度相较于20年的年均碳排放强度，可减少近10$kgCO_2e/(m^2 \cdot a)$。假设1号住宅楼的使用寿命从30年增至70年，其年均碳排放强度将减少6.46$kgCO_2e/(m^2 \cdot a)$。

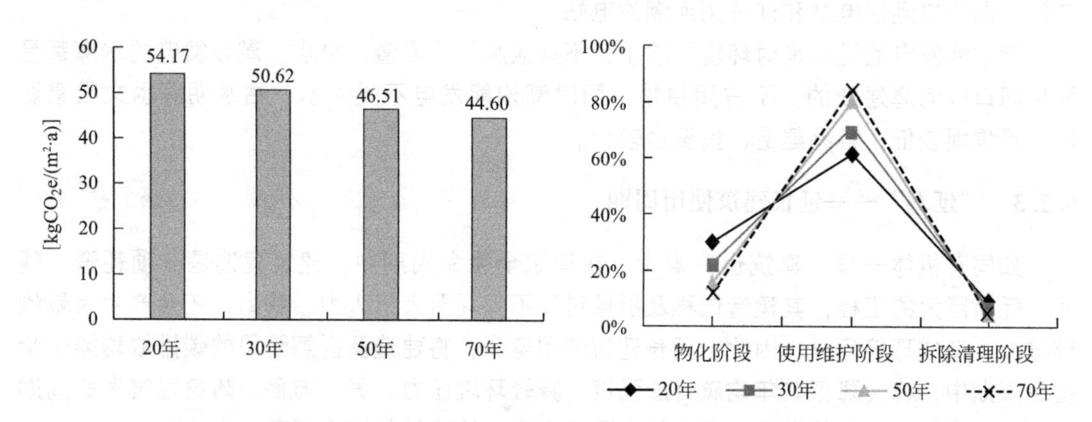

图6-88 不同使用年限下单位面积年碳排放变化率（左）及三个子阶段碳排放构成比例（右）

由以上分析可知，增加建筑的使用寿命能降低建筑的年均碳排放强度。因此，通过改造、加固等措施，延长建筑的使用寿命、改善建筑的使用功能、提高建筑的功能质量，是很有效的减碳措施。面对我国建筑当前寿命较短的问题，本节将针对性地提出相应策略。

1. 功能空间延寿

建筑功能空间的灵活性主要体现在平面布局、功能、空间的可变性，这一特性通常可用来评判建筑是否满足人长期使用的要求。随着经济的发展、人们需求的增加，部分既有建筑逐渐变得不适用，需进行改造或拆除。因此，提高建筑空间的灵活性，使其能够更好地应对不同的生活环境及使用需求，是建筑得以长寿的有效措施。

我国城市住宅建筑寿命一般只有30年左右，户型平面不合理、不科学，对使用寿命的影响是巨大的。许多超过120m^2的住宅只有两居室，有些300多平方米的别墅只有三居室，空间设计不合理，适用性较低。除此之外，空间布局不佳导致的通风、采光等物理性能差，不仅浪费能源，还会造成居住环境不健康、不舒适的后果。

相较很多别的国家和地区的住宅建筑可达百年以上，其功能空间的灵活设计值得借鉴。以苏黎世百年住宅为例，通过对苏黎世 6 个住区的户型与面积的统计（表 6-22），并与 2012 年整个住房市场的户型结构进行比较。可以看出，它与社会需求及城市家庭结构是基本一致的。这些住区中主要的户型以 3 室户为主，面积以 60、70m² 为主，占比达到 50%。2、3、4 室户型合计占比为 90%。户型的空间结构基本类似，封闭的短走廊连接各个房间，房间相对封闭与独立。卧室面积通常在 17m² 左右，平面较为方正。即便是在今天，这样的面积也是适合的。因此，其空间结构的合理性，是其一直沿用至今的原因之一。

苏黎世百年住区户型统计与分析 表 6-22

<table>
<tr><th>项目名称</th><th colspan="2">①Rebhugei</th><th colspan="2">②Zurlinden</th><th colspan="2">③Sihlfeld</th><th colspan="2">④Limmat I</th><th colspan="2">⑤Riedtli</th><th colspan="2">⑥Nordstrasse</th></tr>
<tr><th>住宅户型</th><th>数量</th><th>面积(m²)</th><th>数量</th><th>面积(m²)</th><th>数量</th><th>面积(m²)</th><th>数量</th><th>面积(m²)</th><th>数量</th><th>面积(m²)</th><th>数量</th><th>面积(m²)</th></tr>
<tr><td>1</td><td>12</td><td>33</td><td></td><td></td><td></td><td></td><td>12</td><td>33</td><td>1</td><td>37</td><td></td><td></td></tr>
<tr><td>1½</td><td></td><td></td><td></td><td></td><td>2</td><td>39~46</td><td></td><td></td><td></td><td></td><td></td><td></td></tr>
<tr><td>2</td><td>45</td><td>45~53</td><td>7</td><td>42~56</td><td>7</td><td>45</td><td rowspan="2">61</td><td rowspan="2">43~64</td><td rowspan="2">16</td><td rowspan="2">55~62</td><td>73</td><td>45~47</td></tr>
<tr><td>2½</td><td></td><td></td><td>5</td><td>52~58</td><td>5</td><td>58</td><td></td><td></td></tr>
<tr><td>3</td><td>15</td><td>64</td><td>123</td><td>60~80</td><td>47</td><td>62</td><td rowspan="2">137</td><td rowspan="2">54~76</td><td rowspan="2">116</td><td rowspan="2">58~97</td><td>73</td><td>58~63</td></tr>
<tr><td>3½</td><td></td><td></td><td>15</td><td>70~75</td><td>7</td><td>86</td><td></td><td></td></tr>
<tr><td>4</td><td></td><td></td><td>26</td><td>75~88</td><td>4</td><td>103</td><td>28</td><td>72~90</td><td rowspan="2">127</td><td rowspan="2">81~122</td><td></td><td></td></tr>
<tr><td>4½</td><td>57</td><td>98</td><td></td><td></td><td></td><td></td><td>15</td><td>86~88</td><td></td><td></td></tr>
<tr><td>5~5½</td><td></td><td></td><td>2</td><td>138</td><td></td><td></td><td></td><td></td><td>8</td><td>108~131</td><td></td><td></td></tr>
<tr><td>6~6½</td><td></td><td></td><td></td><td></td><td></td><td></td><td></td><td></td><td>10</td><td>126~130</td><td></td><td></td></tr>
<tr><td>合计</td><td>129</td><td>13208</td><td>178</td><td>8892</td><td>72</td><td>4046</td><td>253</td><td>10704</td><td>278</td><td>37408</td><td>146</td><td>11944</td></tr>
<tr><td>典型 3 室户型</td><td colspan="12"></td></tr>
</table>

（资料来源：《苏黎世百年住宅的温和改造策略研究》）

对于建筑师而言，其设计的建筑空间能随着功能的变化而灵活变化，便可在一定程度上延长建筑使用寿命。例如 20 世纪 60 年代，R·罗杰斯和 R·皮亚诺设计的蓬皮杜艺术中心（图 6-89），其设计时把建筑看作灵活的永远变动的框架，使内部空间可适应不同需求的活动。为了取得开放灵活的大众空间，将建筑交通和设备系统外置，从而达到每一层都是自由的空间布局，开敞空间由可移动的钢架楼板组织起来，室内无需设置柱子，建筑整体采用大跨度桁架结构。

对于建筑空间的探索还有日本建筑师筱原一男，其构建出一整套如何在当代社会条件下持续创作的空间构成方法。通过对于日本传统建筑样式的研究，从“样式”提取出日本特有的空间构成方法。筱原一男的主要研究对象为小住宅，提出了住宅的“四个样式”

(图 6-90)。他认为在所有建筑类型中，住宅是能将空间形式表现得最为纯粹的一种方式。

图 6-89 蓬皮杜艺术中心外观图

(资料来源：https：//bbs. co188. com/thread-9172970-1-1. html)

图 6-90 筱原一男住宅的“四个样式”

(资料来源：https：//www. douban. com/note/696025459/？ from=tag)

2. 建筑结构延寿

建筑得以长久，离不开其结构的稳定性，因地制宜地选择建筑结构及施工方式可在一定程度上延长建筑的使用寿命。建筑结构延寿可分为两部分内容，第一部分是加强自身主体结构的稳定性，第二部分是建筑结构构件的再利用。

一个建筑其结构自身的稳定性和安全性是基本保证，且应具有足够的防火、抗风及抗震等防灾功能，近年来，由于各种社会及经济因素，施工质量和建筑材料质量不合格，导致建筑的稳定性堪忧，因此加强建筑自身结构的稳定性是建筑结构得以长寿的首要任务。

如果把建筑物看成是一个产品，建筑构件就是指这个产品当中的零件。建筑的老化通常是从其构件开始的，如果定时定期地检修、更换建筑构件，便可在一定程度上延缓建筑老化。这也就要求建筑构件能够在之后的建造更新中使用简单固定件和耐用材料，并制定统一的构件尺寸及标准，从而方便地更换新构件。重复利用建筑构件是建筑材料再循环的一种途径，不但有利于可持续发展，而且可以简化建筑的维护、升级和翻新过程，从而大大降低建筑维护费用，更可以延长建筑寿命。①

3. 增加设施设备构件

在既有建筑中，我们可以通过增设建筑构件，增加建筑设备来提高建筑的舒适性及使用人员的生活品质，从而延长建筑使用寿命。

① 胡颖，邬荣亮. 延长我国建筑使用寿命的可持续发展设计［J］. 中华民居，2014（5）.

增加基础设施以达到适合现代人生活居住是目前最普遍的方法之一。以瑞士苏黎世为例，在早期建设的住宅中，为了维持较低的建筑成本和低廉的租金，住宅设计标准较低，特别在厨卫设施方面。例如，1919 年住宅配置浴室的比例仅占 18.3%，直至 20 世纪 30 年代后浴室的配置才成为住宅设计的基本标准①。20 世纪 30 年代之前建造的 8 个政府公租房住区中，除了为了富裕的工薪阶层群体和中产阶层而建的 Riedtli 住区每户配备独立浴室之外，其余的住区通常在地下室配置公共浴室。浴室入户成为公租房后期改造的重点。如 Nordstrasse 住区直至 2009~2012 年的改造中才完成了 100%住户的浴室安装。其次，进行整体橱柜安装与设备空间整合以满足现代化厨房电气设备发展的需求。

国内很多民居改造等都是保留原有建筑的框架及围护结构，增加门窗、卫生间等基础设施，加厚保温层，增设太阳能板等方式来适合现代人的居住方式，从而延长建筑的使用寿命。以洛南民居改造为例（图 6-91），除在原有建筑基础上，增设盥洗室、餐厅、卫生间、沼气池等基础设施以外，屋顶增加简易天窗，堂屋北侧外墙开设高窗。此外，针对当地砖木结构民居，在原墙体外外包夯土砖，双层保温墙体使得蓄热性大大提高，同时屋顶构造层增设保温层与太阳能光伏板。通过增加设备、构件这些方法使得原本不宜居住的老房子变得适应现代生活方式，从而延长其使用寿命，减少全生命周期的碳排放。

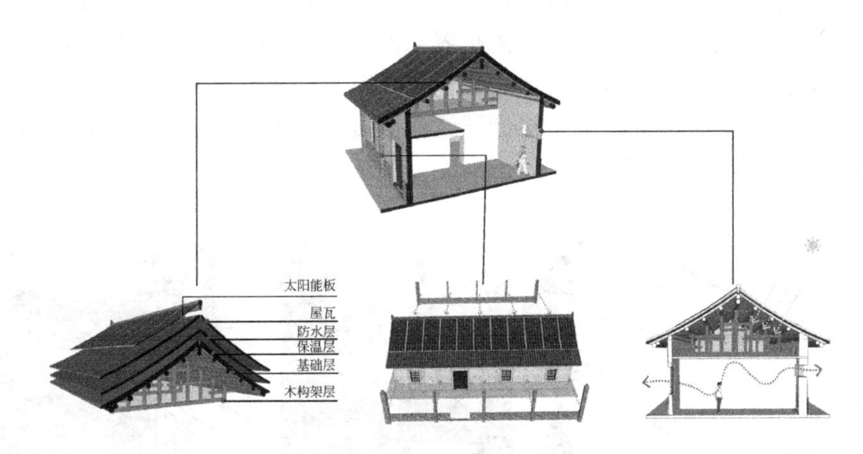

图 6-91　洛南民居构件加设示意图
（资料来源：《洛南县乡村民居调查研究报告》）

4. 利用既有建筑改造

对城市老旧建筑进行改造，延长其使用寿命，是减少建筑全生命周期碳排放的重要方式之一。

内蒙古工业大学建筑馆是由校园中一组废弃的生产铸造车间改造而成。在对厂房的改造中，保留建筑原有结构及外部造型，对内部空间进行重新划分，增设部分功能房间，例如门厅、连廊，将原本的单层空间分为 2~3 层（图 6-92）。通过利用原厂房空间高并且开放的特点，对旧设施设备进行整合处理，通过对厂房原有地道、烟囱和天窗的分析与联系，形成一

① Statistik Stadt Zürich Beigesteuert.

条自然的通风路径，以整体环境为出发点形成一套有目的性的被动式通风系统。①

图 6-92　内蒙古工业大学建筑馆改造前后对比图

（资料来源：http：//s3. sinaimg. cn/orignal/001SwEntgy6N48isKtQb2）

内蒙古工业大学建筑馆改造的过程中把拆下来的钢柱、吊车梁、旧钢板、旧门窗、红砖等旧材料，重新赋予了新的生命力和使用功能。将旧砖块砌成高、矮墙或者是铺设地面，起到围合、限定空间的作用，废旧的机器部件被拆下散落在院，作为景观小品。除了废旧建材的利用，建筑中还增设了许多设施，如在地下通道的进风口设置了水池，保证了进入室内空气的湿度。被保留下来的烟囱通过在侧面开启洞口，促进了封闭的物理实验室和报告厅的室内通风效果（图 6-93）。

图 6-93　建筑系馆增设部分实景图

（资料来源：https：//www. archdaily. cn/cn/873031/）

近年来，我国旧建筑改造的案例较多，再如上海当代艺术博物馆的改造。该博物馆位于上海市黄浦区花园港路与苗江路交叉口，东临黄浦江，北望南浦大桥。建筑原建于 1985 年，原发电厂内部由锅炉车间、煤粉车间、汽机车间组成，由北到南，平行排列，高度逐级升高。改造后的建筑不再以原有的四大体量进行功能划分，而是主要以分层方式进行垂直功能划分，包含了商业、展览、餐饮、科研等多项功能（图 6-94）。

① 徐丽超. 面向文教建筑的旧工业建筑适应性改造研究［D］. 邯郸：河北工程大学，2016.

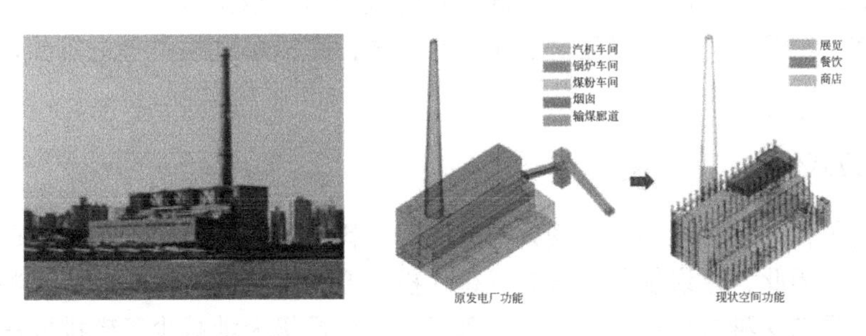

图 6-94　上海当代艺术博物馆改造前（左）和功能改造示意图（右）
（资料来源：https：//www. gooood. cn/power-station-of-art-shanghai-by-original-design-studio. htm）

上海当代艺术博物馆改造，在原有建筑基础上，尽可能保留了原有的结构、空间、外围护结构、废弃设备及周边场地设施，对功能空间进行重新划分，对立面造型进行改造，同时通过空间布局的重新设计改善建筑通风采光等物理环境。此外，考虑了多种可持续能源及清洁能源的使用，如太阳能、风能、江水源热能等。不仅节约了新建用地的使用成本，还增加了绿色节能措施，使得原本废旧的锅炉房得以重生，延长了使用寿命。

通过一系列的设计手法使得原本废弃的厂房得以利用，在尊重历史与可持续发展的理念指导下，将旧工业建筑进行改造并赋予新的使用功能。社会发展使得有些建筑不适应现有社会结构，不适用于现在的功能，而旧建筑的改造避免了废弃建筑的拆除。虽然建筑改造再施工依然会产生一定量的碳排放，但相较于直接拆除，延长其使用寿命所间接减少的碳排放量是巨大的。

6. 2. 4　小结

（1）使用阶段的碳排放主要为建筑的自身能耗，所以该阶段的整体策略即“节流”“开源”“延寿”。

（2）建筑“节流”分为六部分，其中采暖能耗主要通过加强保温和减少冷（热）桥；照明能耗减碳策略为增加自然照明及智能照明；空调能耗通过加强保温，选择合适的空调种类，合理布置空调外机以及按需使用空调设备来实现；通过自然方式如遮阳通风及热泵系统同样可以实现减碳；而选择清洁能源可以在源头上减少碳的排放。

（3）通过采用太阳能、地热能、生物质能、风能以及水能、潮汐能等绿色能源为建筑供能可实现“开源”的策略。

（4）延长使用寿命可以很大程度上减少建筑年均碳排放强度，对于减少建筑全生命周期碳排放有很大作用。

6. 3　拆解阶段减碳策略

根据第 5 章的分析，拆除清理阶段的碳排放主要有三部分：机械台班施工、废旧建材清运以及废旧建材回收利用。

其中，建材拆解及废旧建材运输约占建筑全生命周期碳排放的 1. 5%，而废旧建材的回收利用产生的碳减量可占建筑全生命周期碳排放的30%以上。

所以，在拆解阶段的减碳策略是优化拆除方式，在拆解过程中考虑拆除建材的灵活使用和回收利用。

6.3.1 拆除方式优化

在拆除阶段，通常拆毁的方式使大部分废旧材料破碎、混合，变为很难回收、只能填埋的建筑垃圾。因此，建议使用拆解方式替代拆除方式，尽可能以小型机械将构件从主体结构中分离。虽然这种方式在施工时间上延长了，但是极大地减少了碳排放量。

拆解步骤按照"由内至外，由上至下"的顺序进行，即"室内装饰材料—门窗、散热器、管线—屋顶防水、保温层—屋顶结构—隔墙与承重墙或柱—楼板，逐层向下直至基础"。在技术、设备层面上拆解与拆毁两种方式大致相同，但在废旧建材的循环利用率上，差别很大。

根据贡小雷的研究，拆毁方式下钢铁的回收利用率仅为70%，而水泥、碎石、砖瓦等材料的利用率差更低，拆毁方式使这些材料混合为渣土而无法回收，砖瓦的再利用率仅10%，远远低于拆解方式下的建材回收率。

6.3.2 建材回收及利用

建材的回收利用首先就是以废弃物为原料生产建材，各种建筑废弃材料的再利用率如表6-23所示。

部分主要建材的再利用　　表6-23

建材种类	再利用率(%)	建材种类	再利用率(%)	建材种类	再利用率(%)
钢材	95	门窗	80	废铁金属	90
钢	90	PVC管材	35	玻璃	80
混凝土	60	塑料	25	木材	65
碎石	60				

其中，钢材的回收可以节省大量物化阶段钢材锻造所产生的碳排放。废铁金属相对于铁矿石冶炼可节能60%，节水40%，减少废气排放86%，废水排放97%以及97%的废渣。

废旧混凝土的回收利用可节约大量原材料中的砂石骨料，减少废弃物堆放场地。将混凝土废弃物进行批量化处理，可重新投入建设中。回收的混凝土通过破碎、清洗和分级，按一定比例相互配合后可形成再生的骨料，部分或全部替代天然骨料，从而形成再生骨料混凝土①。在我国，生产再生砖、再生水泥等就是建筑垃圾资源性再加工利用的重要方法之一，也是目前我国建筑垃圾产业化利用最重要的组成部分。

然而，并不是所有建造材料都适合循环利用，事实上，在材料循环利用的过程中往往需要消耗大量能量。例如，铝材的生产是一个高能耗的过程，而其循环再利用可节省高达95%的能耗；与铝材相比玻璃的生产是廉价的，其循环再利用仅节省5%的能耗，相对而

① 肖建庄. 再生混凝土［M］. 北京：中国建筑工业出版社，2008.

言，铝材循环利用更有意义。

针对木材、砖石、屋瓦等传统旧建筑材料本身无法分解，因此此类材料可以从直接利用的角度考虑，即利用废旧木材、砖石、屋瓦本身所拥有的独特的古旧沧桑形态，在建筑结构及室内外装饰方面进行直接再利用。

以中国美术学院象山校区的校园建筑设计为例，设计师王澍将从华东各省的拆房现场收集而来的废旧木材、砖石、甚至是石板，用来重新构建新建建筑的外表皮，使得新建筑“隐没”在周边环境中（图6-95）。

图6-95　中国美术学院象山校区
（资料来源：http：//travel. qunar. com/p-pl5673248）

美国服装零售企业URBN总部园区占地9英亩（约3.6hm^2），是原美国海军船厂旧址历史核心区的一部分，对该项目进行设计时，最终制定出以“材料循环利用”为主旨的相关设计策略。选用项目场地上原有或经拆除的缝饰沥青、旧式混凝土、回收砖材、锈式金属、粗质地面铺装材料以及充足的拆卸剩余材料对这处高度工业化的景观区进行修复。不同于寻常标准拆卸工程中简单的拆除和拖运，该项目中制定了完备的废物再利用策略，大多数情况下被认为是废弃物的材料，在该项目中都得以充分回收利用（图6-96）。

图6-96　回收的锈蚀钢板围成植物种植槽
（资料来源：https：//www. gooood. cn/urbn-headquarters-by-dirt. htm）

6.3.3　设计初始考虑

在建筑全生命周期中，初期设计阶段对建材的回收利用起决定性作用，因此，建筑寿命结束时能否方便拆除，就要求设计师在设计阶段进行全局考虑，在此阶段的主要设计策略就是使用可重复利用和回收利用率高的建材。

1. 多次循环材料使用

纸作为一种木制产品，已应用于许多设计中。纸材的循环利用可节省35%的能耗。日本建筑师坂茂于1996年为神户大地震的难民设计了纸制木构房屋“纸屋（Paper Houses）”。该房屋的承重墙采用卡纸板管状物，以啤酒箱里填进沙袋作地板，顶上绑一块防雨布作屋顶，具有建造速度快、可循环使用及经济性等特征（图6-97）。这之后坂茂利用5个星期用58根纸管作主结构建出了一座教堂（图6-98）。

通过复杂精密的工程学研究，卡纸板管材的使用扩展至更为复杂的结构中，如火车站、教堂等空间。在2000年汉诺威博览会上坂茂与德国建筑师Frei Otto合作，用纸管构筑了一个巨大的网格薄壳结构的日本豪华帐篷。其中，网格用纸管交织而成，表面再覆以纸模。整个设计中所采用的钢材、木料、可循环的德国纸制管体材料，以及由大量砂砾所组成的地基均可进行循环利用（图6-99）。

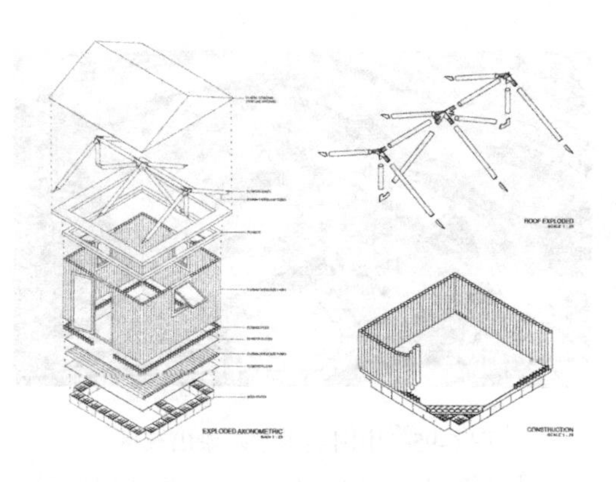

图 6-97　纸屋结构分析

（资料来源：http：//www. sohu. com/a/280249482_ 100160436）

图 6-98　震后教堂

（资料来源：http：//www. sohu. com/a/280249482_ 100160443）

图 6-99　汉诺威博览会上的日本豪华帐篷

（资料来源：http：//www. sohu. com/a/280249482_ 100160436）

2. 通用构件设计

传统设计上大多建材及其构件废弃后，几乎变成了难以处理的残留物，拆卸和回收利用都很困难。因此，要建立新型构件与再生循环相互兼容的新的建筑技术。

美国费城 KTA 事务所设计的火炬松别墅实现了一种预制住宅实验（图 6-100）。这座面积为 $2200ft^2$ 的住宅，其系统主要构成元素为：统一规格的地板及墙体“模块”；一个标准、可拆卸式铝结构；尺度相同的雪松板墙体材料；预制浴室及厨房模件。其中，铝材框架系统在现场仅用几天的时间就能建造完成，节省了施工费用，并通过计算机的 Revit 数字化模式，进行整个组装过程的控制。当建筑拆解后，框架经过简单测试满足结构需求，便可以再次在新建筑中使用。因此，通用构件的设计及反复利用可极大地减少拆解阶段的建筑碳排放。

图 6-100　火炬松别墅

（资料来源：http：//www.16399.net/bbs/PrintThread.aspx？PostID=5506）

6.4　实际案例分析

综合以上建筑全生命周期各阶段减碳策略，本节选取四个低碳建筑案例，估算其建筑全生命周期碳排放量，并将其与第 4 章中对标建筑的全生命周期碳排放进行对比，验证其低碳效果，最后分析案例建筑从设计构思到建造施工等各方面的低碳设计策略。

6.4.1　“Treet”木结构公寓

1. 案例概况

本项目位于挪威第二大城市卑尔根，于 2015 年完工，是当时世界上最高的木结构建筑。项目总建筑面积 7140m^2，总高度为 52.8m，共 14 层，共包含 64 个公寓单元。该建筑由 Artec Prosjekt 团队设计，大楼主体结构全部由胶合木建造，外围护结构主要为玻璃幕墙。

1）结构体系

“Treet”木结构公寓的承重结构主要由层板胶合木 Glulam（总用料 550m^3）组成。结构的竖向荷载由框架梁柱承受并传递，水平荷载主要由斜撑和木框架承受。为了防止建筑在强风中摇摆，提高防火性能和保证结构刚度，设计师将建筑的第五层、第十层设置为结构加强层，立面增加环带桁架（图 6-101）。除此之外，第五层及第十层的顶板和大楼的屋顶均采用了混凝土材料，建筑中的这些混凝土构件并不是结构体系的一部分，只是为了增加建筑自身重量，增加建筑的稳定性。

2）主要建材

（1）Glulam（集成材）

建筑采用 Glulam 胶合木作为承重结构的主要材料。Glulam 全称为 Glued Laminated Timber，又称为集成材，是通过胶合工艺将实木规格材胶合在一起形成的工程木材料。从物理力学性能来看，Glulam 在抗拉和抗压强度方面都优于实体木材，而且结构均匀，内应力小，还有较高的耐火性能。特别是结构用集成材，具有足够的强度和刚度（图 6-102）。

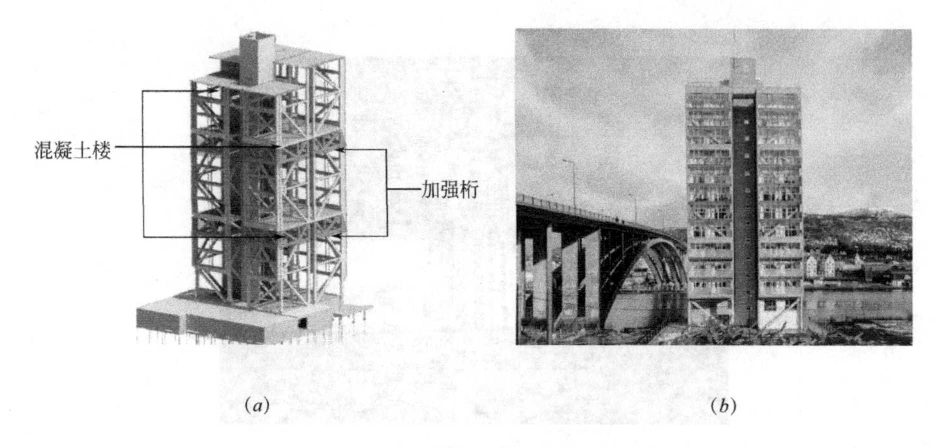

图 6-101　Treet 结构空间三维模型及效果图
（资料来源：www. treetsameie. no）

图 6-102　Glulam 集成材
（资料来源：https：//www. bmlink. com/tianhuaxincailiao/news/583263. html）

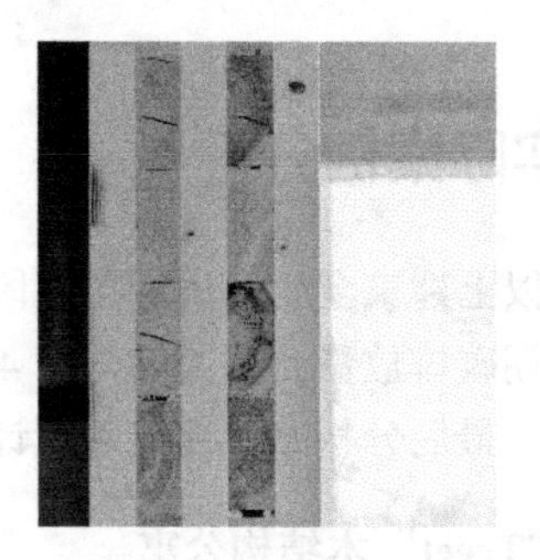

图 6-103　CLT 正交胶合木
（资料来源：https：//weibo. com/2085221961/GvWhHrVTU？type=comment#_ rnd1575861203892）

（2）CLT（正交胶合木）

该建筑采用正交胶合木（CLT）作为建筑内墙板和外墙板。CLT 全称为 Cross-Laminated Timber，是一种新型木建筑材料，由至少三层实心锯木或结构复合材，经正交（90°）叠放后，使用高强度材料胶合而成。CLT 具有刚度高、塑性强等优点，其材料强度与钢材相当，并且用 CLT 建成的木结构建筑物具有良好的抗震性能。“Treet” 木结构公寓中共使用了 385 m^3CLT，主要用于楼梯、电梯及一些内墙和阳台（图 6-103）。

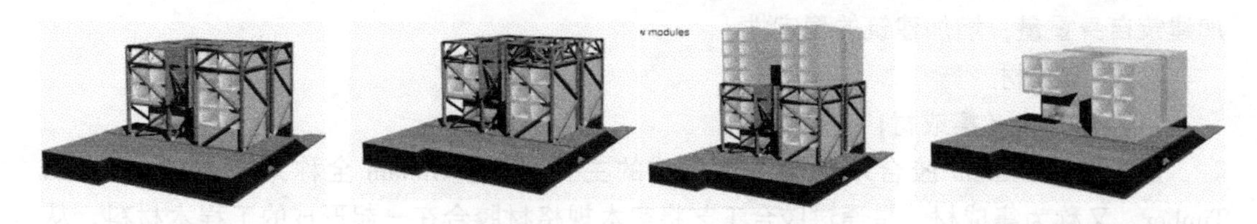

图 6-104　Treet 模块单元安装过程
（资料来源：www. treetsameie. no）

3）模块单元

“Treet”木结构公寓由预制的模块化公寓组成，工厂预制好的模块直接运输到工地上进行组装，每个模块都符合被动式房屋的标准。安装时，首先将四层模块叠加在一起，然后在四周安装支撑结构和加强层，加强层内是独立的预制模块，之后再叠加四层标准模块，这样重复至安装楼顶，安装过程如图 6-104 所示。

4）外围护结构

为了抵御卑尔根的恶劣天气，建筑南北两个侧面设有阳台和玻璃幕墙，另外两个侧面则添加了保温材料（总厚度为 430mm)，然后覆盖金属板，以降低外墙维护次数。这些做法都保护了建筑内部的木材不受天气条件的影响。

2. 碳排放量估算

1）物化阶段碳排放量

（1）建材生产阶段碳排放量

“Treet”木结构公寓使用的主要建筑材料有胶合木、混凝土、玻璃和钢板。其中，胶合木用量约为 935m^3；建筑基础部分混凝土用量约为 908. 91m^3，含钢量约为 39. 2t；部分楼层的顶部使用了混凝土，因此混凝土总用量约为 1152. 91m^3；南北立面玻璃的材料用量大约为 42. 2t；山墙面使用的金属钢板约为 213. 76t。由此估算出建材生产阶段的碳排量（表 6-24)。

“Treet”木结构公寓建材生产阶段碳排放量 **表 6-24**

主要建材种类	材料用量	材料用量单位	碳排放因子	碳排放因子单位	碳排放量($kgCO_2e$)
Glulam	550. 00	m^3	210. 0	$kgCO_2e/m^3$	115500. 0
CLT	385. 00	m^3	210. 0	$kgCO_2e/m^3$	80850. 0
木质公寓模块	728. 00	m^3	350. 0	$kgCO_2e/m^3$	254800. 0
平板玻璃	42. 20	t	1071. 0	$kgCO_2e/t$	45196. 2
混凝土	1152. 91	m^3	297. 0	$kgCO_2e/m^3$	342414. 3
钢筋	39. 20	t	2310. 0	$kgCO_2e/t$	90552. 0
钢板	213. 76	t	2200. 0	$kgCO_2e/t$	470272. 0
碳排放量合计：1399584. 5					

注：本表中 Glulam 和 CLT 的用量根据网站 www. treetsameie. no 资料得出。公寓木质单元模块的木材用量以及混凝土、平板玻璃和钢材用量均根据本研究团队的自建模型推算得出。表中木质单元模块所用木材种类并未查询到详细信息，根据团队的相关工程实践，暂定为刨花板，且用量为 728m^3。平板玻璃用量为 1688. 00m^2，10mm 厚的平板玻璃每平方米的重量为 25kg，计算得“Treet”木结构公寓平板玻璃的用量为 42. 2t。东西立面所用钢板体积约为 27. 23m^3，密度为 7. 85t/m^3，故钢板的用量为 213. 76t。建筑基础部分混凝土用量约为 908. 91m^3，含钢量按 0. 034t/m^3 计算，基础中钢筋用量为 39. 20t。

“Treet”木结构公寓建材生产阶段碳排放总量为 1399584. 5$kgCO_2e$，总建筑面积为 7140m^2，预计使用年限为 50 年，碳排放强度为 196. 02$kgCO_2e/m^2$，年均碳排放强度为 3. 92$kgCO_2e/m^2$。

（2）建材运输阶段碳排放量

“Treet”木结构公寓的单元模块由爱沙尼亚的一家工厂建造，然后运往卑尔根进行搭建。从爱沙尼亚到卑尔根约有 1473km 的路程，其中约四分之一即 368km 的路程为海运，剩余1105km的路程为公路运输。建筑中使用的其他建筑材料均由国内生产，但由于相关资料中并无详细生产地址，因此无法获得准确的运输距离，为了方便比较，本书暂取与对标建筑相同的运输距离30km进行估算。结合第3章中海运与公路运输的碳排放因子，估算“Treet”木结构公寓在建材运输阶段的碳排放量(表6-25)。

“Treet”木结构公寓建材运输阶段主要建材运输碳排放量 **表6-25**

主要建材种类	材料用量	运输方式	运输距离	碳排放因子	碳排放因子单位	碳排放量($kgCO_2e$)
木材	987.50t	海运	368km	0.779	$kgCO_2e/(10^2t\cdot km)$	2830.9
		公路运输	1105km	19.6	$kgCO_2e/(10^2t\cdot km)$	213872.8
混凝土	2767.00t	公路运输	30km	19.6	$kgCO_2e/(10^2t\cdot km)$	16269.96
钢材	285.56t	公路运输	30km	19.6	$kgCO_2e/(10^2t\cdot km)$	1679.09
平板玻璃	42.2t	公路运输	30km	19.6	$kgCO_2e/(10^2t\cdot km)$	248.14
碳排放量合计:234900.9						

注:“Treet”木结构公寓单元模块中胶合木用量为935m^3,平均密度为0.55t/m^3,换算为重量即514.3t,刨花板用量为728m^3,平均密度为0.65t/m^3,换算为重量即473.2t,因此运输建材的总重量为987.5t。

“Treet”木结构公寓建材运输阶段的碳排放总量为234900.9$kgCO_2e$，碳排放强度为32.9$kgCO_2e/m^2$，年均碳排放强度为0.66$kgCO_2e/m^2$。

(3) 施工阶段碳排放量

该建筑由承重结构和预制的模块化公寓单元组成，这种预制化、标准化的设计大大缩短了建筑的施工周期，使得开发商仅需3天便能建造四层楼。同时，根据本研究团队木结构建筑的搭建经验，推算“Treet”公寓主体建造及安装工程的施工周期约为6个月。住宅对标建筑的主体结构施工及安装工程施工周期为3年，施工阶段碳排放总量为252063.12$kgCO_2e$，碳排放强度为6.43$kgCO_2e/m^2$，年均碳排放强度为0.13$kgCO_2e/m^2$，在其全生命周期的碳排放量中占比较小，为0.29%。

住宅对标建筑施工周期约为“Treet”木结构公寓施工周期的6倍，本书中“Treet”木结构公寓施工阶段的碳排放强度暂按住宅对标建筑的1/6估算，即施工阶段碳排放强度为1.07$kgCO_2e/m^2$，年均碳排放强度为0.02$kgCO_2e/m^2$，碳排放总量为7639.8$kgCO_2e$。

(4) 物化阶段碳排放总量

“Treet”木结构公寓物化阶段的碳排放量为建材生产、运输和施工阶段的碳排放量总和(表6-26)。

“Treet”木结构公寓物化阶段碳排放量 **表6-26**

阶段	建材生产	建材运输	施工	物化阶段
碳排放总量($kgCO_2e$)	1399584.0	234900.9	7639.8	1642124.7
碳排放强度($kgCO_2e/m^2$)	196.02	32.9	1.07	229.99
年均碳排放强度[$kgCO_2e/(m^2\cdot a)$]	3.92	0.66	0.02	4.60

"Treet" 木结构公寓物化阶段的碳排放总量为 1642124.7kgCO_2e，碳排放强度为 229.99kgCO_2e/m^2，年均碳排放强度为 4.60kgCO_2e/m^2。

2）使用维护阶段碳排放量

（1）使用阶段碳排放量

相关资料[①]显示，"Treet" 木结构公寓的采暖能耗为 7.5kWh/（m^2·a），空调能耗为 4.8kWh/（m^2·a），照明能耗为 11.4kWh/（m^2·a）。由于资料中并未明确电梯运行能耗，因此本书对此部分能耗进行估算。"Treet" 木结构公寓中设置 1 部电梯，假设其与住宅对标建筑使用的电梯型号相同，额定功率 14kW，额定载重量为 1000kg，最大运行距离 52.8m，额定速度 1.75 m/s。根据公式（4-1）可以计算得到 "Treet" 木结构公寓全年电梯能耗约为 9992.9kWh，年均能耗强度为 1.4kWh/m^2。由此可估算出 "Treet" 木结构公寓使用阶段的碳排放量（表 6-27）。

"Treet" 木结构公寓使用阶段碳排放量 **表 6-27**

能耗项目	能耗量	单位	能源碳排放因子	碳排放因子单位	碳排放量
采暖	2677500	kWh	0.9578	kgCO_2e/kWh	2564509.5
空调	1713600	kWh	0.9578	kgCO_2e/kWh	1641286.1
照明	4069800	kWh	0.9578	kgCO_2e/kWh	3898054.4
电梯	499645	kWh	0.9578	kgCO_2e/kWh	478560.0
碳排放量合计:8582410.0					

"Treet" 木结构公寓使用阶段的碳排放总量为 8582410.0kgCO_2e，碳排放强度为 1202.0kgCO_2e/m^2，年均碳排放强度为 24.04kgCO_2e/m^2。

（2）设备生产及维护碳排放量

"Treet" 木结构公寓中的设备主要有电梯，电梯组成主要有框架部分钢铁型材、箱体部分钢铁型材、板材、五金件等。"Treet" 木结构公寓共设置 1 部电梯，根据本书第 3 章中主要建材碳排放因子及公式（3-6）对电梯生产维护的碳排放量进行计算（表 6-28）。

"Treet" 木结构公寓使用阶段设备生产碳排放量 **表 6-28**

材料种类	材料量(t)	碳排放因子(kgCO_2e/t)	碳排放(kgCO_2e)
钢材	1.300	2190	2847

为方便与住宅对标建筑进行对比，根据北京市颁布的《住宅电梯使用年限规定》电梯使用年限最长不超过 25 年，假设 "Treet" 木结构公寓的电梯在 50 年使用年限期间需更换 1 次，因此电梯生产及维护的碳排放总量为 5694kgCO_2e，碳排放强度为 0.8kgCO_2e/m^2，年均碳排放强度为 0.02kgCO_2e/m^2。

（3）使用维护阶段碳排放总量

使用维护阶段的碳排放量是设备生产、使用阶段和维护阶段碳排放量之和（表 6-29）。

---

① www.treetsameie.no.

"Treet"木结构公寓使用维护阶段碳排放量 **表 6-29**

阶段	采暖	空调	照明	电梯运行	设备生产及维护	使用维护阶段总量
碳排放总量($kgCO_2e$)	2564509.5	1641286.1	3898054.4	478560.0	5694.0	8588104.0
碳排放强度($kgCO_2e/m^2$)	359.2	229.9	545.9	67.0	0.8	1202.8
年均碳排放强度[$kgCO_2e/(m^2\cdot a)$]	7.18	4.60	10.92	1.34	0.02	24.06

"Treet"木结构公寓使用维护阶段的碳排放总量为 8588104.0$kgCO_2e$，碳排放强度为 1202.8$kgCO_2e/m^2$，年均碳排放强度为 24.06$kgCO_2e/m^2$。

3）拆解阶段碳排放量

（1）拆解施工碳排放量

"Treet"木结构公寓目前处于使用阶段，很难预测建筑拆解时的情况，根据相关文献，拆解施工阶段的碳排放量通常可以按建筑建造施工与安装过程碳排放量的 90% 计算[①]，"Treet"建造施工阶段的碳排放总量为 7639.8$kgCO_2e$，因此拆解施工碳排放量为 6875.82$kgCO_2e$，碳排放强度为 0.96$kgCO_2e/m^2$，年均碳排放强度为 0.019$kgCO_2e/m^2$。

（2）建材回收碳排放减量

由于"Treet"木结构公寓在初期进行构件标准化设计并且采用装配化的施工方式，所以在拆除时可将建筑进行拆解，从而提高建筑材料的回收利用率。此公寓承重结构中的胶合木、混凝土、木质公寓模块所用木材以及围护结构中的玻璃和钢材均可高效回收利用，根据各种建材用量可估算出因建材回收利用所产生的碳减量（表 6-30）。

"Treet"木结构公寓拆解后建材回收利用产生的碳排放减量 **表 6-30**

废旧建材种类	废旧建材产生量	回收利用率	建材回收量	回收后的材料用途	碳排放因子	碳排放减量($kgCO_2e$)
胶合木	935.0m^3	0.65[②]	607.8m^3	普通木材	139$kgCO_2e/m^3$	84484.2
木质公寓模块	728.0m^3	0.65205	473.2m^3	普通木材	139$kgCO_2e/m^3$	65774.8
混凝土	2767.0t	0.70[③]	410.0t	骨料砾石	6.43$kgCO_2e/t$	12454.3
玻璃	42.2t	0.80[④]	33.8t	玻璃原料	252.1$kgCO_2e/t$[⑤]	23179.6
钢	252.96t	0.90207	227.7t	粗钢	1942.5$kgCO_2e/t$[⑥]	442307.3
合计：628200.2						

注：由表 6-24 可知"Treet"约使用 1152.91m^3 预制混凝土材料，根据混凝土的平均密度 2400kg/m^3，可换算出使用混凝土为 2767.0t。

① 王松庆. 严寒地区居住建筑能耗的生命周期评价［D］. 哈尔滨：哈尔滨工业大学，2007.

② https://www.sohu.com/a/238526595_660993.

③ 朱海峰. 建筑废弃混凝土资源化利用现状与应用探讨[J]. 建设科技，2018(8)：141-142.

④ 贡小雷，张玉坤. 物尽其用——废旧建筑材料利用的低碳发展之路[J]. 天津大学学报(社会科学版)，2011(2)：138-144.

⑤ 王立坤，李超. 浮法玻璃企业 CO_2 排放量的测算与控制[J]. 中国建材，2014(7)：105-108.

⑥ 刘宏强，付建勋，刘思雨，谢欣悦，杨笑楹. 钢铁生产过程二氧化碳排放计算方法与实践[J]. 钢铁，2016，51(4)：74-82.

"Treet" 木结构公寓拆解阶段建材回收利用产生的碳减量总计为 628200.2$kgCO_2e$，碳减量强度为 88.0$kgCO_2e/m^2$，年均碳减量强度为 1.76$kgCO_2e/m^2$。

(3) 拆解阶段碳排放总量

拆解阶段碳排放总量为拆解施工过程的碳排放量与建材回收利用产生的碳排放减量之和（表 6-31）。

"Treet" 木结构公寓拆解阶段碳排放量　　表 6-31

阶段	拆解施工	建材回收利用	拆解阶段
碳排放总量($kgCO_2e$)	6875.82	-628200.2	-620560.40
碳排放强度($kgCO_2e/m^2$)	0.96	-88.0	-87.04
年均碳排放强度[$kgCO_2e/(m^2\cdot a)$]	0.019	-1.76	-1.74

"Treet" 木结构公寓拆解阶段的碳排放总量为-620560.40$kgCO_2e$，碳排放强度为-87.04$kgCO_2e/m^2$，年均碳排放强度为-1.74$kgCO_2e/m^2$。

4) "Treet" 木结构公寓全生命周期碳排放量

综合上述计算结果，"Treet" 木结构公寓全生命周期碳排放量如表 6-32 所示。

"Treet" 木结构公寓全生命周期碳排放量　　表 6-32

各子阶段	物化阶段	使用维护阶段	拆解阶段	全生命周期
碳排放总量($kgCO_2e$)	1642124.7	8588104.0	-620560.40	9609668.3
碳排放强度($kgCO_2e/m^2$)	229.99	1202.8	-87.04	1345.75
年均碳排放强度[$kgCO_2e/(m^2\cdot a)$]	4.60	24.06	-1.74	26.92
比例	15%	79%	6%	100%

所以，"Treet" 木结构公寓全生命周期的碳排放总量为 9609668.3$kgCO_2e$，碳排放强度为 1345.75$kgCO_2e/m^2$，年均碳排放强度为 26.92$kgCO_2e/m^2$。

3. "Treet" 木结构公寓与 2005 年住宅对标建筑碳排放量对比分析

本书在第 4 章中对西安市一栋 2005 年高层钢筋混凝土住宅进行了全生命周期碳排放计算，在此将 "Treet" 木结构公寓全生命周期及各子阶段碳排放量与其进行对比（表 6-33）。

"Treet" 木结构公寓与住宅对标建筑全生命周期碳排放量对比　　表 6-33

项目名称		1 号住宅楼($39173m^2$)寿命 50 年			Treet 公寓($7140m^2$)寿命 50 年		
对比项		总碳排放量($kgCO_2e$)	碳排放强度($kgCO_2e/m^2$)	年均碳排放强度[$kgCO_2e/(m^2\cdot a)$]	总碳排放量($kgCO_2e$)	碳排放强度($kgCO_2e/m^2$)	年均碳排放强度[$kgCO_2e/(m^2\cdot a)$]
物化阶段	生产阶段	14599104.32	372.68	7.45	1399584.00	196.02	3.92
	运输阶段	450267.19	11.49	0.23	234900.90	32.90	0.66
	施工阶段	252063.12	6.43	0.13	7639.80	1.07	0.02
	临时设施	35528.36	0.91	0.02	0.00	0.00	0.00
	物化阶段总体	15336962.99	391.52	7.83	1642124.70	229.99	4.60

续表

项目名称		1号住宅楼(39173m²)寿命50年			Treet公寓(7140m²)寿命50年		
对比项		总碳排放量($kgCO_2e$)	碳排放强度($kgCO_2e/m^2$)	年均碳排放强度[$kgCO_2e/(m^2\cdot a)$]	总碳排放量($kgCO_2e$)	碳排放强度($kgCO_2e/m^2$)	年均碳排放强度[$kgCO_2e/(m^2\cdot a)$]
使用阶段	设备生产及维护	606115.73	15.47	0.31	5694.00	0.80	0.02
	采暖	46282379.00	1181.49	23.63	2564509.50	359.18	7.18
	照明	18518871.00	472.75	9.45	3898054.40	545.95	10.92
	空调	8936274.00	228.12	4.56	1641286.10	229.87	4.60
	电梯	3770754.00	96.26	1.93	478560.00	67.03	1.34
	产能	0.00	0.00	0.00	0.00	0.00	0.00
	使用阶段总体	78114393.73	1994.09	39.88	8588104.00	1202.82	24.06
	使用阶段含产能	78114393.73	1994.09	39.88	8588104.00	1202.82	24.06
拆解阶段	拆解施工	866224.47	22.11	0.44	6875.82	0.96	0.02
	材料回收	-4303254.09	-109.85	-2.20	-628200.20	-87.98	-1.76
	拆解阶段总体	-3437029.62	-87.74	-1.75	-621324.38	-87.02	-1.74
总碳排放		94317581.19	2407.72	48.15	10237104.52	1433.77	28.68
总碳排放(含拆解及太阳能)		90014327.10	2297.87	45.96	9608904.32	1345.78	26.92

1）全生命周期年均碳排放强度对比

在建筑全生命周期中，与2005年住宅对标建筑相比，“Treet”木结构公寓的年均碳排放强度减少了43.0%，见表6-34及图6-105。

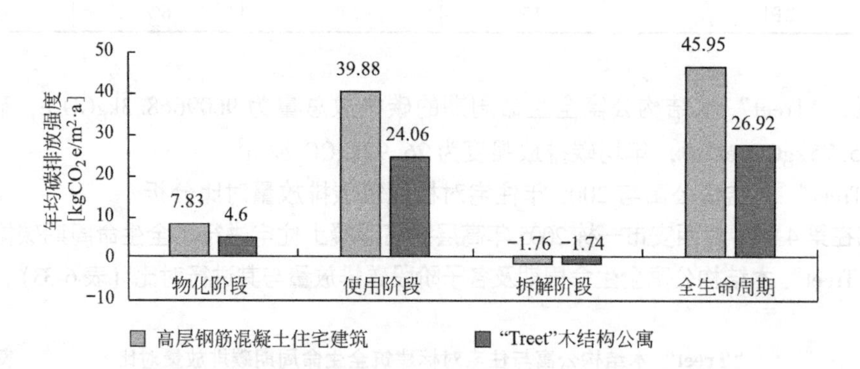

图6-105　“Treet”木结构公寓与住宅对标建筑全生命周期年均碳排放强度对比

“Treet”木结构公寓与住宅对标建筑全生命周期年均碳排放强度对比　表6-34

项目名称	年均碳排放强度[$kgCO_2e/(m^2\cdot a)$]			
	物化阶段	使用阶段	拆解阶段	全生命周期
高层钢筋混凝土住宅建筑	7.83	39.88	-1.76	45.96
“Treet”木结构公寓	4.60	24.06	-1.74	26.92

2）物化阶段年均碳排放强度对比

本书中物化阶段只从建材生产、建材运输与施工三方面进行对比，“Treet”木结构公寓物化阶段年均碳排放强度相比住宅对标建筑减少近 41.1%。见表 6-35 及图 6-106。

“Treet”木结构公寓与住宅对标建筑物化阶段年均碳排放强度对比　　表 6-35

项目名称	年均碳排放强度[$kgCO_2e/(m^2 \cdot a)$]			
	建材生产	建材运输	施工阶段	物化阶段
高层钢筋混凝土住宅建筑	7.45	0.23	0.13	7.81
“Treet”木结构公寓	3.92	0.66	0.02	4.60

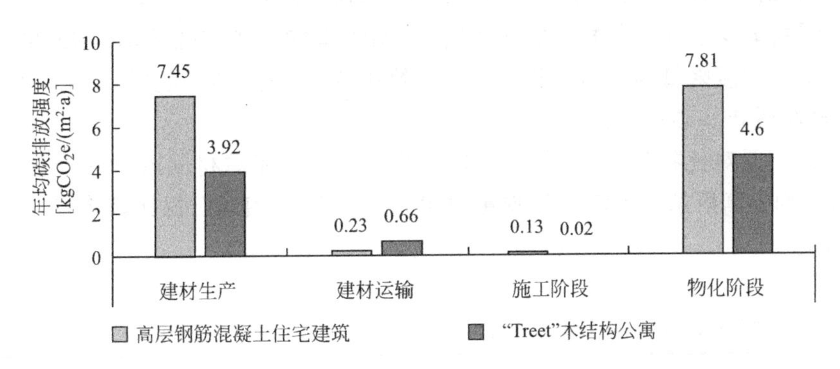

图 6-106　“Treet”木结构公寓与住宅对标建筑物化阶段年均碳排放强度对比

由上图可知，“Treet”木结构公寓相比住宅对标建筑，建材生产阶段年均碳排放强度降低 47.4%；建材运输阶段因为部分建材为国外生产再运输到搭建地点，所以年均碳排放强度降低是对标建筑的 2.9 倍；施工阶段降低 84.6%。

3）使用阶段年均碳排放强度对比

使用阶段主要对比采暖、空调、照明、电梯运行、设备生产及维护五方面的年均碳排放强度，“Treet”木结构公寓使用阶段年均碳排放强度相较于住宅对标建筑降低了 39.7%，如表 6-36 及图 6-107 所示。

“Treet”木结构公寓与住宅对标建筑使用阶段年均碳排放强度对比　　表 6-36

项目名称	年均碳排放强度[$kgCO_2e/(m^2 \cdot a)$]					
	采暖	空调	照明	电梯运行	设备生产及维护	使用阶段
高层钢筋混凝土住宅建筑	23.63	4.56	9.45	1.93	0.31	39.88
“Treet”木结构公寓	7.18	4.60	10.92	1.34	0.02	24.06

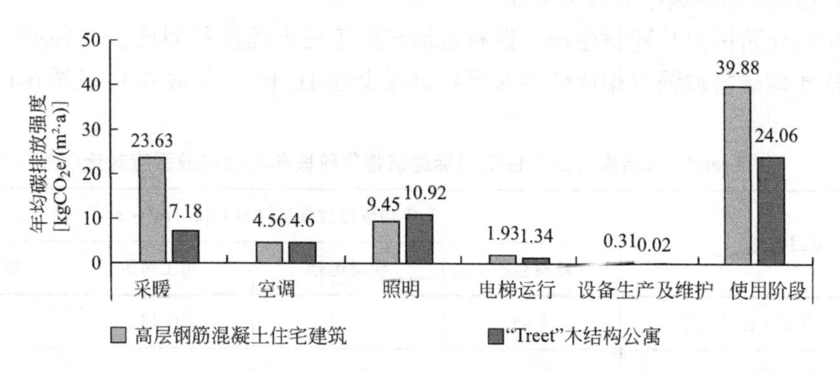

图 6-107　“Treet” 木结构公寓与住宅对标建筑使用阶段年均碳排放强度对比

由上图可知，“Treet” 木结构公寓相比住宅对标建筑，采暖的年均碳排放强度降低 69.6%，空调的年均碳排放强度增加 0.9%，照明的年均碳排放强度增加 15.6%，电梯运行的年均碳排放强度降低 30.6%，设备生产及维护的年均碳排放强度降低 93.5%。

4）拆解阶段年均碳排放强度对比

拆解阶段主要对比拆解施工过程的年均碳排放强度和建材回收利用产生的碳减量。“Treet” 木结构公寓拆解阶段年均碳减量强度与对标住宅相近，仅比其降低 1.1%。见表 6-37 和图 6-108。

“Treet” 木结构公寓与住宅对标建筑拆解阶段年均碳排放强度对比　　　　**表 6-37**

项目名称	年均碳排放强度[$kgCO_2e/(m^2 \cdot a)$]		
	拆解施工	建材回收产生的碳减量	拆解阶段
高层钢筋混凝土住宅建筑	0.44	-2.20	-1.76
“Treet”木结构公寓	0.02	-1.76	-1.74

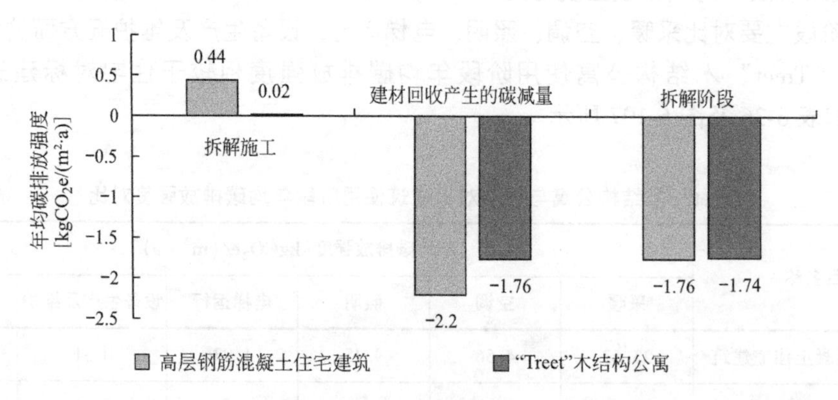

图 6-108　“Treet” 木结构公寓与住宅对标建筑拆解阶段年均碳排放强度对比

由上图可知，“Treet” 木结构公寓相比住宅对标建筑，拆解施工过程的年均碳排放强度降低 95.5%，建材回收利用产生的年均碳减量强度降低 20%。

4.“Treet”木结构公寓低碳设计策略总结

1）使用可再生材料

“Treet”木结构公寓建材以木材为主，从二氧化碳排放的角度来看，大量使用可再生材料有利于减少建材生产阶段的碳排放，使用木材代替不可再生建材是减少全球变暖的有效方法。从建筑全生命周期角度看，与钢筋混凝土剪力墙结构的住宅建筑相比，“Treet”木结构公寓在建材生产阶段及施工阶段能降低约 34.3%的碳排放量。且树木在生长过程中可吸收空气中大量的二氧化碳，具有很好的固碳作用。

2）构件预制化、标准化设计

“Treet”木结构公寓的装配化体现在两个方面：一是标准化的内嵌钢板螺栓节点（图 6-109）；二是预制化房屋单元（图 6-110）。

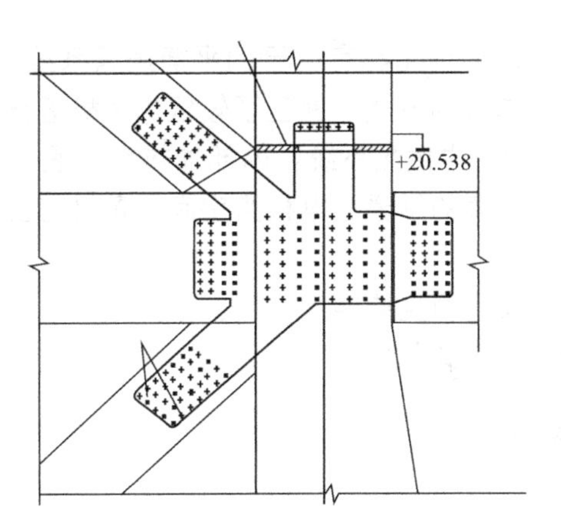

图 6-109　内嵌钢板螺栓节点

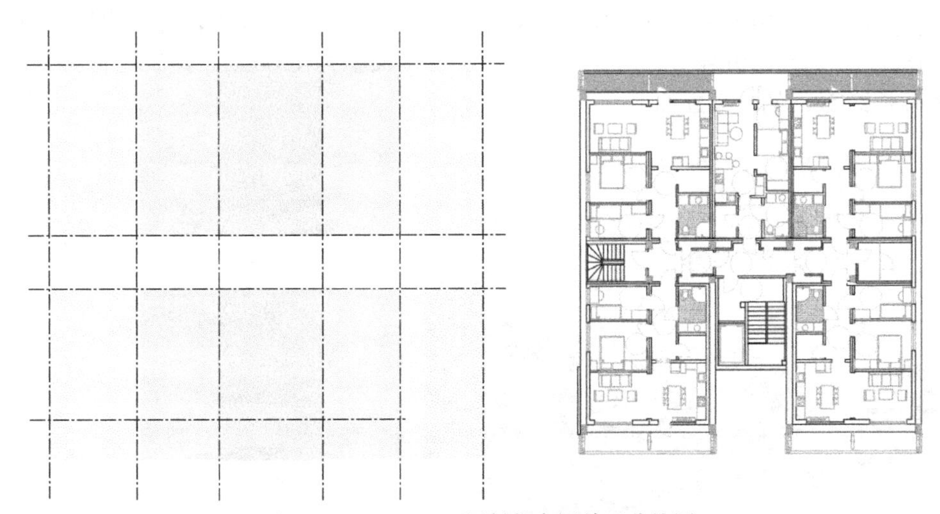

图 6-110　“Treet”预制化房屋单元分块图

（资料来源：www.treetsameie.no）

建筑中所有的胶合木构件都用内嵌钢板螺栓连接，上下木柱之间留有一点间隙，以满足安装调整的要求，间隙在节点安装完成后用高强膨胀丙烯酸砂浆填充。预制化房屋单元首先在爱沙尼亚的一家工厂建造，之后运往卑尔根，尽管初期成本略高于钢和混凝土结构，但建筑安装时间明显缩短，开发商仅需 3 天就能建造四层楼，整个“Treet”木结构公寓从建材生产到正式投入使用前，仅用一年建造完成，施工周期短。而我们选取的 2005 年钢筋混凝土高层住宅在投入使用前需要 3 年时间才能最终建成，施工周期长，施工机械种类多且能耗较大，在施工阶段产生的碳排放较多。

构件预制化、标准化不仅能减少施工阶段碳排放量，还因其易搭建、易拆除的特性，使得建筑材料的回收利用率提高，因此具有明显的减碳效果。

3）能源系统优化

“Treet”木结构公寓在能源系统节能方面主要使用了热回收通风系统、供热与生活热水 DHW 的集中供热系统。

热回收通风系统：每个住宅单元都有自己的平衡通风系统，热回收效率在 80% 以上，建筑采用导流通风和风机相结合的方式，保证了较低的风机运行能耗。

供热与生活热水 DHW 的集中供热系统：内部加热系统通过换热器连接到当地的集中供热系统，该系统通过每个公寓的供暖配电柜为房间供暖（必要时）和热饮用水，且每个公寓的能耗都是可测量的。

由于能源系统的优化以及可再生能源的使用，在采暖方面，“Treet”木结构公寓比对标住宅建筑减少了近 69.6% 的碳排放。

6.4.2 Tamedia 新办公楼

1. 案例概况

瑞士媒体公司 Tamedia 新办公楼（图 6-111）位于苏黎世市中心，由建筑师坂茂设计。该项目拆除原有老楼的一半，在其基础上新建，并在剩下一半老楼的上部进行加建（见图 6-111）。办公楼于 2013 年 7 月建成，总建筑面积 10120m²（新建部分：8602m²，扩建部分：1518m²），新建部分地上 7 层，地下 2 层，占地面积为 1000m²。建筑南面面向 Sihl 运河，具有长约 50m 的连续立面。

(a)

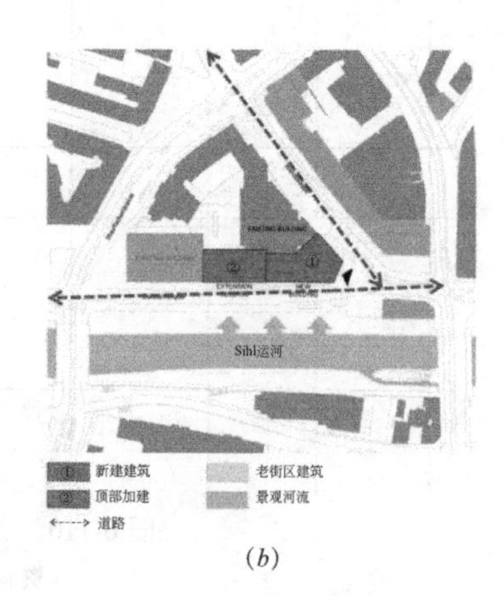

(b)

图 6-111 Tamedia 新办公楼

（资料来源：http：//www.ikuku.cn/project/ruishi-sulishi-tamedia-banmao、http：//www.budcs.com/cluster/788763.html）

Tamedia 新办公楼主体结构以云杉木制成的胶合木为主，连接构件主要由山毛榉胶合木制成。建筑外立面以玻璃幕墙为主，将内部的木结构体系完美地展现出来。屋顶采用铝制百叶，内部楼梯以钢材为主（图 6-112）。

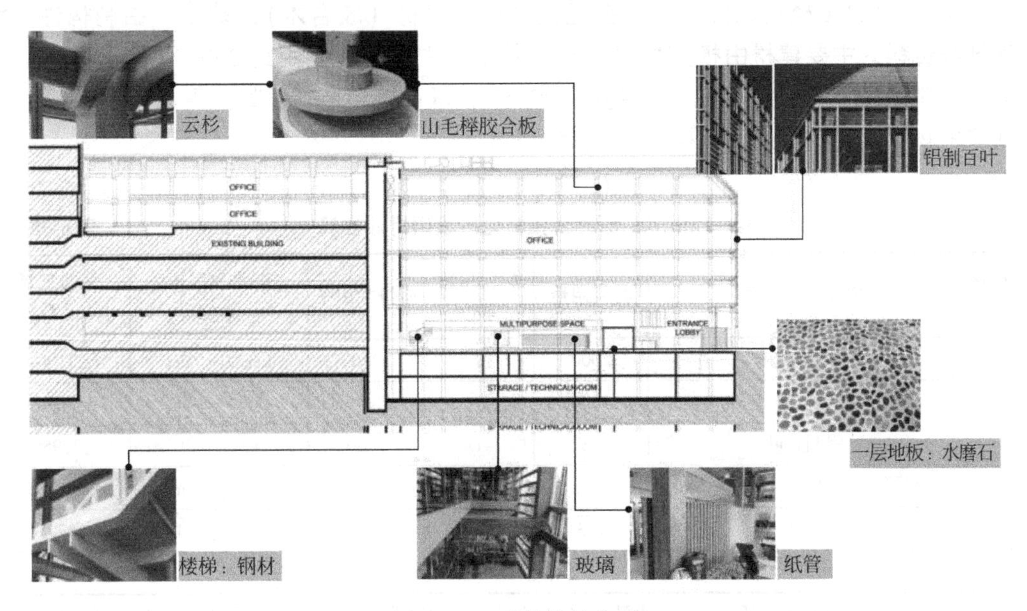

图 6-112　建筑材料分析

Tamedia 新办公楼结构体系主要分为四个部分：主体部分，翼部分，承重墙部分及加建部分（图 6-113）。除电梯间等承重墙部分采用混凝土外，其余全部采用木结构装配体系，主结构木框架单元主要通过山毛榉胶合木制成的接头连接（图 6-114）。

图 6-113　从左到右依次主体部分结构、翼部分结构、承重墙部分、加建部分

（资料来源：http：//www. budcs. com/cluster/788763. html）

图 6-114　接头连接图

（资料来源：http：//www. budcs. com/cluster/788763. html）

2. 碳排放量估算

1）物化阶段碳排放量

（1）建材生产阶段碳排放量

Tamedia 新办公楼建筑使用的主要建筑材料为木材（胶合木）、玻璃、铝制构件。因缺乏详细资料，主要建材由模型估算得出，其中，主体结构使用约 2000m^3 胶合木，立面玻璃的材料用量大约为 3696m^2，铝制百叶约 13t，承重墙和基础混凝土用量为 3028m^3，由此估算出物化阶段建材生产的碳排量（表 6-38）。

Tamedia 新办公楼物化阶段碳排放估算 **表 6-38**

项目名称	主要建材种类	材料用量	材料用量单位	碳排放因子	碳排放因子单位	碳排放量（$kgCO_2e$）
Tamedia 新办公楼	木材（胶合木）	2000	m^3	210	$kgCO_2e/m^3$	231000
	低辐射玻璃（Low-E 玻璃）	3696	m^2	2840	$kgCO_2e/t$	363686.4
	铝制百叶	13	t	2150	$kgCO_2e/t$	27950
	混凝土（承重墙、基础部分）	3028	m^3	297	$kgCO_2e/m^3$	899316
	钢筋	103	t	2310	$kgCO_2e/t$	237930
合计：1759882.4$kgCO_2e$						

注：胶合木密度为 0.55t/m^3，所以胶合木用量为 1100t；每平方米玻璃重量一般为 25kg，所以玻璃用量为 92.4t。

经计算得出，Tamedia 新办公楼建材生产阶段的碳排放量为 1759882.4$kgCO_2e$。

（2）建材运输阶段碳排放量

Tamedia 新办公楼位于苏黎世市中心，主要建材均可在当地获取，运输距离取 30km，运输方式为公路（柴油），此种运输方式的碳排放因子为 19.6 $kgCO_2e/(10^2t \cdot km)$，经计算得出其建材运输阶段碳排放量如表 6-39 所示。

运输阶段碳排放量 **表 6-39**

建筑材料名称	单位	材料用量	运输距离（km）	二氧化碳排放量（$kgCO_2e$）
木材（胶合木）	m^3	2000	30	6468
低辐射玻璃（Low-E 玻璃）	m^2	3696	30	543.31
铝制百叶	t	13	30	76.44
混凝土	m^3	3028	30	42731.14
钢筋	t	103	30	605.64
碳排放量合计：50424.53$kgCO_2e$				

经计算得出，Tamedia 新办公楼在建材运输阶段的碳排放量为 50424.53$kgCO_2e$。

（3）施工阶段碳排放量

Tamedia 新办公楼是在老建筑基础上加建而成，且由于其主体结构为木结构，为装配化施工，施工周期短，速度快，所以本计算中，Tamedia 新办公楼在施工阶段的碳排放量取第 4 章对标办公建筑施工阶段碳排放量的 1/3，得到施工阶段的碳排放量为 96750.5kgCO_2e。

综上，Tamedia 新办公楼物化阶段的碳排放总量为 1907057.43kgCO_2e，建筑总面积为 10120m^2，使用寿命按 50 年计算，物化阶段的碳排放强度约为 188.44kgCO_2e/m^2，年均碳排强度为 3.77kgCO_2e/m^2。

2）使用维护阶段

（1）建筑使用阶段碳排放量计算

①建筑采暖与空调的能耗

该建筑的采暖制冷均采用地源热泵，使用了可再生的地下能源①，应当将地源热泵运行消耗的电能所引起的碳排放纳入计算之中。由于缺乏该建筑地源热泵实时运行检测能耗数据，此处以既有办公建筑地源热泵能耗为参照，估算出 Tamedia 办公建筑地源热泵系统采暖季逐日平均耗电能约为 0.15kWh/m^2，制冷季逐日平均耗电能约为 0.13kWh/$m^2$②。供暖计算期为 4 个月，制冷计算期为 2 个月。进而估算可得该办公建筑地源热泵系统一年采暖季消耗电能为 182160kWh、制冷季消耗电能为 78936kWh（表 6-40）。

Tamedia 办公楼单位面积空调采暖年耗电量 **表 6-40**

项目	年耗电量(kWh)	项目	年耗电量(kWh)
采暖	182160	制冷	78936
碳排放总量	261096		

②建筑照明的能耗

照明碳排放计算方法为：建筑照明能耗与电力碳排放因子的乘积。优先选择《公共建筑节能设计标准》GB 50189 中的规定值，即办公建筑照明密度 9W/m^2。如表 6-41 所示，根据计算结果，不考虑照明工具的能效变化。经计算，Tamedia 办公楼的年照明能耗为 216998.2kWh。

Tamedia 办公楼照明年耗电量 **表 6-41**

房间类型	建筑面积(m^2)	照明密度(W/m^2)	照明时间(h/a)	照明能耗(kWh)
办公室	5506.5	9	3528	174842.4
门厅	318.5	9	7020	20122.83
多功能厅	299.75	9	3600	9711.9
会议室	81.75	9	5040	3708.18

① Tamedia Office Building by Arcspace [DB/OL]. https://arcspace.com/feature/tamedia-office-building/.

② 尹海培，付杰，王中原. 基于数据监测系统的办公建筑地源热泵系统运行能耗相关因素分析 [J]. 墙材革新与建筑节能，2018 (6)：47-51.

续表

房间类型	建筑面积 (m^2)	照明密度 (W/m^2)	照明时间 (h/a)	照明能耗 (kWh)
走廊	2003.62	9	180	3245.864
楼梯	205.5	9	180	332.91
卫生间	282.5	9	1980	5034.15
合计				216998.2

③电梯的能耗

Tamedia 办公楼共 3 部电梯，假设选用三菱 ELENESSA-21-C0 电梯，电梯的主要参数如下：载重量为 1600kg，速度 1.6m/s，提升高度 19.5m，且为无障碍电梯。根据公式（4-1）可以计算得到办公楼全年电梯能耗约为 8810.91kWh（表 6-42）。

办公楼电梯年耗电量　表 6-42

项目	年耗电量(kWh)
电梯	8810.91

④使用阶段能耗总量

根据以上数据，可求得 Tamedia 办公楼使用阶段年耗电量为 486905.1 kWh，具体见表 6-43。

Tamedia 办公楼使用阶段年耗电量　表 6-43

项目	年耗电量(kWh)	项目	年耗电量(kWh)
采暖	182160	照明	216998.2
空调	78936	电梯	8810.91
总计	486905.11		

（2）设备生产及维护的碳排放量

由于本案例使用地源热泵系统，设备生产只考虑电梯生产的能耗。

电梯设备材料组成主要分为框架部分钢铁型材、箱体部分钢铁型材、板材、五金件等。Tamedia 办公楼共 3 部电梯，额定载重量为 1000kg。根据本书第 3 章中表 3-2 的主要建材碳排放因子结合第 3 章中公式（3-6）对电梯设备碳排放进行计算。计算得电梯设备生产碳排放量为 8262kgCO_2e/a，具体见表 6-44。

Tamedia 办公楼电梯设备生产碳排放量　表 6-44

材料种类	材料量(kg)	碳排放(kgCO_2e/a)
钢材	3900	8262.2

电梯在 50 年使用年限期间需更换 1 次，因此电梯设备生产年碳排放强度为 0.03kgCO_2e/m^2。

(3) 建筑使用维护阶段碳排放总量

以该建筑设计使用年限为 50 年计算，可得建筑使用阶段年碳排放强度为 46.11kgCO_2e/m^2，见表 6-45。

使用阶段碳排放总量　　表 6-45

子阶段	项目	年耗电量 (kWh)	碳排放总量 (kgCO_2e)	年均碳排放强度 [kgCO_2e/(m^2·a)]
使用阶段	设备生产	—	16524.4	0.03
	使用阶段	486905.11	23317885.5	46.09
合计			23334409.9	46.12

3) 拆解阶段碳排放量

(1) 拆解施工阶段碳排放量

Tamedia 新办公楼建造施工阶段的碳排放总量为 96750.5kgCO_2e，拆解施工阶段碳排放量为建造阶段的 90%，因此拆解施工阶段的碳排放总量为 87075.5kgCO_2e，碳排放强度为 8.6kgCO_2e/m^2，年均碳排放强度为 0.17kgCO_2e/m^2。

(2) 建材回收碳排放减量

在拆解阶段，Tamedia 新办公楼使用的大量木材和玻璃可得到高效回收利用，并且根据各建材用量及其回收利用率，可估算出因建材的回收利用产生的碳减量，如表 6-46 所示。

Tamedia 新办公楼建材回收阶段碳排放减量　　表 6-46

废旧建材种类	废旧建材产生量	回收利用率	建材回收量	回收后的材料种类	碳排放因子	碳排放减量 (kgCO_2e)
结构木材	2000m^3	0.65①	1300m^3	普通木材	139kgCO_2e/m^3	180700.0
低辐射玻璃	92.4t	0.80②	73.92t	玻璃原料	668.5kgCO_2e/t	49415.5
混凝土	7267.2t	0.70③	5087.04t	骨料砾石	6.43kgCO_2e/t	32709.7
钢材	103t	0.902	92.7t	粗钢	1942.5kgCO_2e/t④	180069.75
碳排放量合计:442894.95						

注:表中混凝土用量体积为 3028m^3,平均密度为 2400kg/m^3,换算得出重量为 7267.2t。

Tamedia 新办公楼拆解阶段建材回收产生的碳减量总计为 442894.95kgCO_2e，总建筑面积为 10120m^2，碳减量强度为 43.8kgCO_2e/m^2，预计使用寿命为 50 年，年均碳减量强度为 0.88kgCO_2e/m^2。

① https://www.sohu.com/a/238526595_660993.

② 贡小雷，张玉坤. 物尽其用——废旧建筑材料利用的低碳发展之路[J]. 天津大学学报(社会科学版)，2011(2):138-144.

③ 朱海峰. 建筑废弃混凝土资源化利用现状与应用探讨[J]. 建设科技，2018(8):141-142.

④ 刘宏强,付建勋,刘思雨,谢欣悦,杨笑楹. 钢铁生产过程二氧化碳排放计算方法与实践[J]. 钢铁,2016,51(4):74-82.

（3）拆解阶段碳排放总量

拆解阶段碳排放总量为拆解施工过程的碳排放量与建材回收产生的碳排放减量之和，见表 6-47。

Tamedia 新办公楼拆解阶段碳排放量　　表 6-47

阶段	拆解施工	建材回收利用	拆解阶段
碳排放总量($kgCO_2e$)	87075.5	-442894.95	-355819.45
碳排放强度($kgCO_2e/m^2$)	8.6	-43.8	-35.2
年均碳排放强度[$kgCO_2e/(m^2 \cdot a)$]	0.17	-0.88	-0.71

Tamedia 新办公楼拆解阶段碳排放总量为 -355819.45$kgCO_2e$，碳排放强度为 -35.2$kgCO_2e/m^2$，年均碳排放强度为 -0.71$kgCO_2e/m^2$。

4）Tamedia 新办公楼全生命周期碳排放量

综合上述计算结果，可估算出 Tamedia 新办公楼全生命周期碳排放量，见表 6-48。

Tamedia 新办公楼全生命周期碳排放量　　表 6-48

各子阶段	物化阶段	使用阶段	拆解阶段	全生命周期
碳排放总量($kgCO_2e$)	1907057.43	23334409.9	-355819.45	24885647.88
碳排放强度($kgCO_2e/m^2$)	188.44	2305.77	-35.2	2459.01
年均碳排放强度[$kgCO_2e/(m^2 \cdot a)$]	3.77	46.12	-0.70	49.18
比例	7.4%	91.2%	1.4%	100%

所以，Tamedia 新办公楼全生命周期的碳排放总量为 24885647.88$kgCO_2e$，碳排放强度为 2459.01$kgCO_2e/m^2$，年均碳排放强度为 49.15$kgCO_2e/m^2$。

3. Tamedia 新办公楼与对标办公建筑碳排放量对比分析

本书在第 4 章中对一栋 2005 年的多层钢筋混凝土框架结构办公楼进行了全生命周期碳排放计算，在第 6 章对绿色建筑案例“Tamedia” 办公楼进行了全生命周期碳排放计算，在此将 Tamedia 新办公楼全生命周期碳排放量与对标办公楼进行对比（表 6-49）。

Tamedia 新办公楼与对标办公建筑全生命周期碳排放量对比　　表 6-49

全生命周期各阶段		二号综合办公楼($11351m^2$)寿命 50 年			Tamedia 办公楼($10120m^2$)寿命 50 年		
		总碳排放量($kgCO_2e$)	碳排放强度($kgCO_2e/m^2$)	年均碳排放强度[$kgCO_2e/(m^2 \cdot a)$]	总碳排放量($kgCO_2e$)	碳排放强度($kgCO_2e/m^2$)	年均碳排放强度[$kgCO_2e/(m^2 \cdot a)$]
物化阶段	生产阶段	6169506.68	543.52	10.87	1759882.40	173.90	3.48
	运输阶段	75680.63	6.67	0.13	50424.53	4.98	0.10
	施工阶段	291900.30	25.72	0.51	96750.50	9.56	0.19
	临时设施	43969.74	3.87	0.08	0.00	0.00	0.00
	该阶段总碳排	6581057.35	579.78	11.60	1907057.43	188.44	3.77

续表

全生命周期各阶段		二号综合办公楼（11351m²）寿命 50 年			Tamedia 办公楼（10120m²）寿命 50 年		
		总碳排放量（$kgCO_2e$）	碳排放强度（$kgCO_2e/m^2$）	年均碳排放强度［$kgCO_2e/(m^2\cdot a)$］	总碳排放量（$kgCO_2e$）	碳排放强度（$kgCO_2e/m^2$）	年均碳排放强度［$kgCO_2e/(m^2\cdot a)$］
使用阶段	设备及维护	114958.05	10.13	0.20	16524.40	1.63	0.03
	采暖	28544950.00	2514.75	50.30	8723642.40	862.02	17.24
	照明	12237539.05	1078.10	21.56	10392043.80	1026.88	20.54
	空调	6423550.00	565.90	11.32	3780245.04	373.54	7.47
	电梯	281303.00	24.78	0.50	421954.48	41.70	0.83
	产能	—	—	—	—	—	—
	该阶段总碳排	47602300.10	4193.67	83.87	23334410.12	2305.77	46.12
拆解阶段	拆解施工	100463.45	8.85	0.18	87075.50	8.60	0.17
	材料回收	-3092057.80	-272.40	-5.45	-442894.95	-43.76	-0.88
	该阶段总碳排	-2991594.35	-263.55	-5.27	-355819.45	-35.16	-0.70
总碳排放		54283820.90	4782.29	95.65	25328543.05	2502.82	50.06
总碳排放（含拆解及太阳能）		51191763.10	4509.89	90.20	24885648.10	2459.06	49.18

1）全生命周期碳排放强度对比分析

在建筑全生命周期中，与对标办公建筑相比，Tamedia 新办公楼的年均碳排放强度减少了 45.48%（表 6-50、图 6-115）。

办公建筑与 Tamedia 新办公楼全生命周期碳排放强度对比　　表 6-50

项目名称	年碳排放强度［$kgCO_2e/(m^2\cdot a)$］			
	物化阶段	使用阶段	拆解阶段	全生命周期
对标办公建筑	11.60	83.87	-5.27	90.20
Tamedia 新办公楼	3.77	46.12	-0.70	49.18

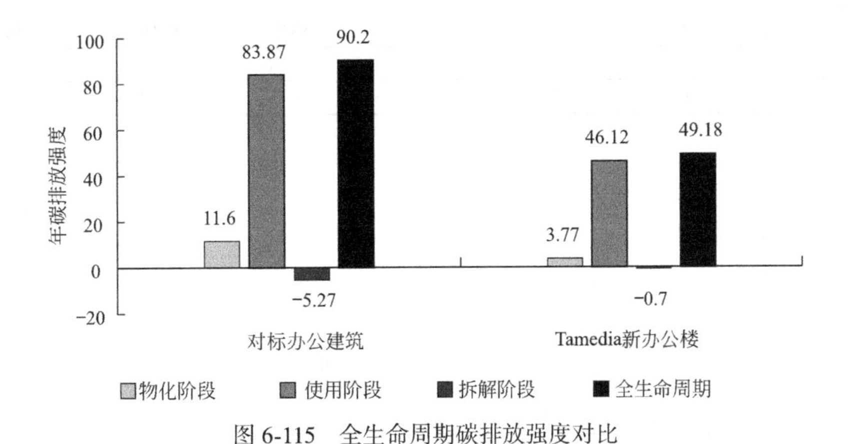

图 6-115　全生命周期碳排放强度对比

2）物化阶段碳排放强度对比分析

Tamedia 新办公楼物化阶段年均碳排放强度相对对标办公建筑减少近 67.67%（表 6-51、

图 6-116)。

对标办公建筑与 Tamedia 新办公楼物化阶段碳排放强度对比　　表 6-51

项目名称	年碳排放强度[$kgCO_2e/(m^2 \cdot a)$]			
	建材生产阶段	运输阶段	施工阶段	物化阶段
对标办公建筑	10.87	0.13	0.51	11.60
Tamedia 新办公楼	3.48	0.10	0.19	3.77

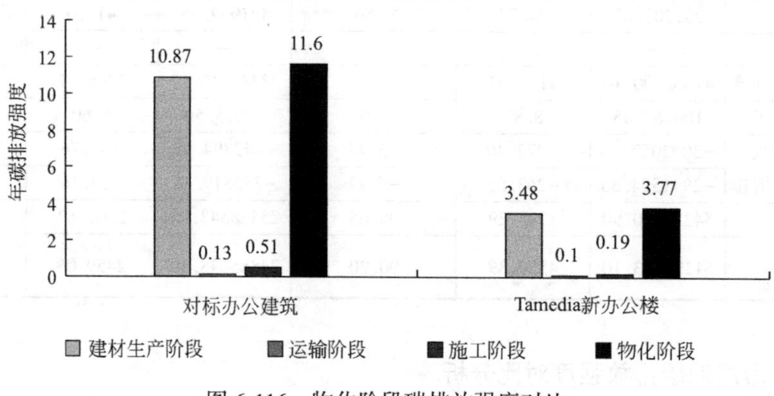

图 6-116　物化阶段碳排放强度对比

3）使用阶段碳排放强度对比分析

Tamedia 新办公楼与对标办公建筑使用维护阶段的碳排放在各自全生命周期碳排放中占比均为最大。但 Tamedia 新办公楼使用阶段碳排放总量相较于办公建筑减少了 47.7%(表 6-52、图 6-117)。

对标办公建筑与 Tamedia 新办公楼使用维护阶段碳排放强度对比　　表 6-52

项目名称	年碳排放强度[$kgCO_2e/(m^2 \cdot a)$]					
	设备生产	采暖	空调	照明	电梯	使用阶段总量
对标办公建筑	0.20	50.30	11.32	21.56	0.50	88.33
Tamedia 新办公楼	0.03	17.24	7.47	20.54	0.83	46.12

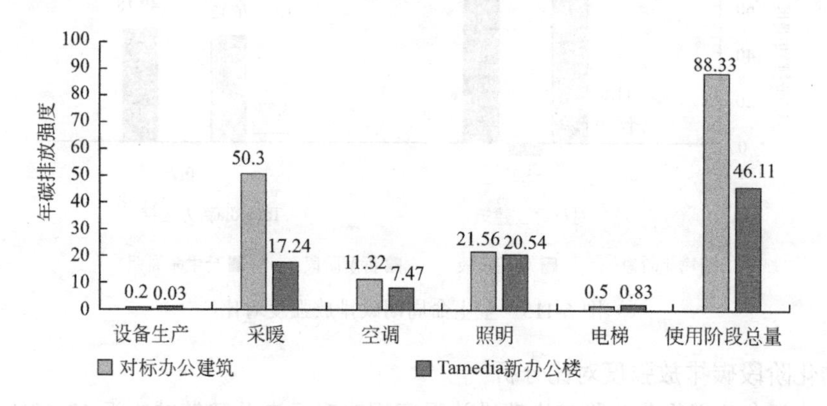

图 6-117　使用维护阶段碳排放强度对比

由图 6-117 可知，Tamedia 新办公楼的采暖年碳排放强度与对标办公建筑相比降低了 65.72%，空调年碳排放强度与对标办公建筑相比降低了 34.01%，照明的年均碳排放强度减少了 4.82%，电梯运行的年均碳排放强度增加了 66%，设备生产及维护的年均碳排放强度降低了 85%。

4）拆解阶段碳排放减量对比分析

Tamedia 新办公楼拆解阶段的碳减量比对标办公建筑小 86.52%，主要原因为 Tamedia 新办公楼使用的主要建筑材料种类和数量少，但从全生命周期来看，Tamedia 新办公楼的年碳排放强度远低于对标办公建筑（表 6-53、图 6-118）。

对标办公建筑与 Tamedia 新办公楼拆解阶段碳排放强度对比 **表 6-53**

项目名称	年均碳排放强度[$kgCO_2e/(m^2 \cdot a)$]		
	拆解施工	建材回收产生的碳减量	拆解阶段
对标办公建筑	0.18	-5.45	-5.27
Tamedia 新办公楼	0.17	-0.88	-0.71

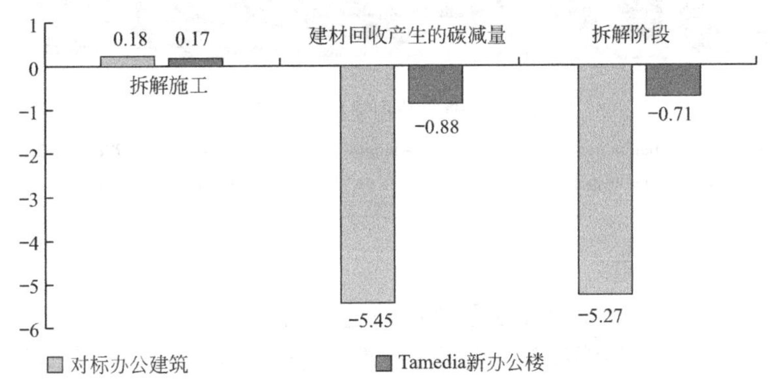

图 6-118 拆解阶段碳排放量对比

4. Tamedia 新办公楼低碳设计策略总结

1）使用当地出产的可再生材料

从建筑结构来看，Tamedia 新办公楼的特别之处就在于其全木的结构体系（图 6-119）。整栋楼，包括柱子、横梁，甚至楔子都是以实心原木为材，避免了胶水和连接硬件的使用，大大降低了建材生产的碳排放与永久建筑垃圾的产生。同时，木材又具有很好的固碳作用，一立方米的结构木材可存储 0.9t 二氧化碳。因此，建筑师应谋求与周边环境及特定地域相适应的产品及结构体系，尽量使用可再生或当地生产的材料，不仅可以减少建材生产的碳排放，也可以减少建材运输产生的碳排放。

图 6-119 Tamedia 新办公建筑主体结构

（资料来源：http://www.ikuku.cn/project/ruishi-sulishi-tamedia-banmao/13957174432510-ruishi-sulishi-amedia-banmao）

2）加强构件预制化、标准化设计

从建筑建造阶段碳排放构成来看，施工过程机械消耗量大，产生的碳排放量最高，因此可以通过提高建筑构件产业化、标准化、预制化程度，合理简化施工过程的方式降低碳排放。

在 Tamedia 新办公建筑的设计中，坂茂和瑞士工程师共同合作，利用精湛的木工工艺完成了这个榫卯框架结构。首先，将建筑的托梁和横梁使用数控铣削机床进行加工，减少了传统机械的使用。建造时，工人再将预制好的构件按照图纸组装起来，构件间采用榫卯结构连接，大大降低了施工机械产生的碳排放（图 6-120）。这样的预制构件，易搭建、易拆除且可重复利用，对建筑物化阶段、拆除阶段都具有明显的减碳效果。

图 6-120　榫卯结构连接及现场施工

（资料来源：http：//image. baidu. com/search/index？tn=baiduimage&ps=1&ct=201326592&lm=-1&cl=2&nc=1&ie=utf-8&word=Tamedia%E6%96%B0%E5%8A%9E%E5%85%AC%E6%A5%BC）

3）可再生能源的利用

使用阶段的碳排放占比最大是由于现阶段建筑的冷却加热系统依赖于化石能源的使用，因此将可再生清洁型能源高效、合理地应用到建筑设计领域，能够从根本上提高整体建筑节能减排设计水平。

Tamedia 新办公楼的设备系统在节能方面达到了很高的标准。其加热和冷却系统采用地下水，杜绝使用化石燃料。而且，在研究寒冷地区获得绿色标识的办公建筑的节能设计策略中发现，这些绿色建筑节能手段主要表现为使用阶段对可再生能源的利用，但在普通办公建筑中几乎不存在可再生能源的应用。

4）充分利用自然采光，减少照明碳排放

照明碳排放是使用阶段不可忽视的环节。随着城市的发展与人们生活品质的提升，办公室采光要求高，在传统办公室运行过程中，灯具开启时间长，照明密度高，导致办公建筑照明能耗占比在 20%~40%，会产生大量的碳排放。尽可能地利用自然光线，将有效减少照明灯具的使用，从而降低碳排放。

Tamedia 办公建筑表皮完全使用玻璃面板，内部也运用透明玻璃隔间设计，增加了透光率，在与钢筋混凝土结构办公建筑相同的工况下，该建筑照明的碳排放当量减少了 5%。此外，玻璃的透明感也平衡了木头稍显沉重的氛围，提升了空间的舒适感（图 6-121）。

5）室内外设置缓冲区调节小气候

办公建筑的保温隔热性能是影响空调能耗、使用阶段碳排放的关键因素，是重要的减碳环节。苏黎世属于温带海洋性气候，四季较为分明，春夏两季的最高气温一般都不超过

25℃，秋冬两季则以阴雨天居多，且气温较低。建筑运行阶段能源构成与我国寒冷地区类似，主要由冬季采暖、夏季制冷、照明构成。

图 6-121　Tamedia 办公楼室内空间
（资料来源：http：//www. ikuku. cn/project/ruishi-sulishi-tamedia-banmao）

Tamedia 办公建筑在建筑保温隔热方面巧妙利用了贯穿整个东立面的缓冲空间（图 6-122），它在整个能源消耗策略中发挥着“保温幕墙”的作用，可将通过室内的空气加热或冷却，减少外墙、外窗的热损失。

同时，玻璃围绕的外墙立面采用方便开合伸缩的活动式玻璃窗系统，可以使这个缓冲空间转变为“室外阳台”，具有良好的通风效果。由此可见，从建筑全生命周期角度来看，真正的低碳设计是环环相扣，各阶段互相影响，这就要求设计师在设计初期全面考虑各个设计环节对环境的影响。

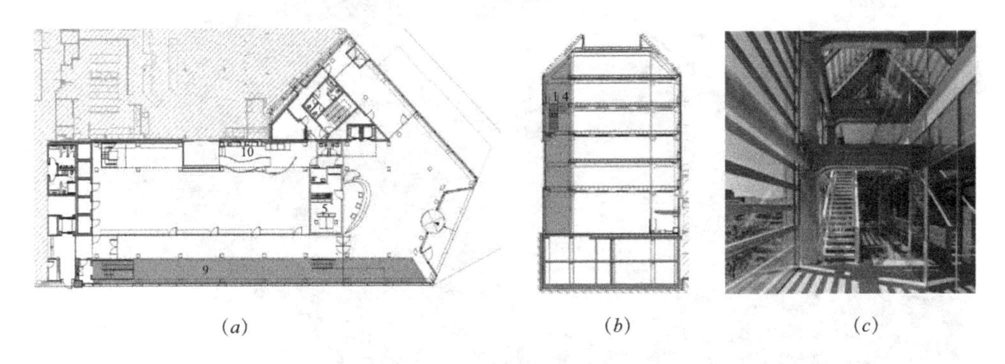

（a）　（b）　（c）

图 6-122　缓冲空间图示及建成效果图
（资料来源：作者改绘 &http：//www. ikuku. cn/project/ruishi-sulishi-tamedia-banmao）

6. 4. 3　“栖居 2. 0”住宅建筑设计

1. 案例概况

“栖居 2. 0”是 2018 中国国际太阳能十项全能竞赛（简称 SDC）的参赛作品，位于山东省德州市。SDC 竞赛以各个大学为代表队，要求各队的参赛建筑日常使用能耗完全由太阳能等可再生能源提供，参赛建筑以永久使用为目标，要求在 20 天内完成搭建，供单一家庭的日常生活使用。

“栖居 2. 0”主要针对人群为典型的中国传统三代居家庭。设计考虑全年不同季节的使用，考虑在中国北方地区全年零能耗运行，并通过设计的手段尽量降低建筑全生命周期的碳排放。该项目建筑面积 184. 97m^2，建筑为 2 层，主要功能包括客厅、餐厅、主卧、老人房、儿童房、书房和设备室等（图 6-123）。

2. “栖居 2. 0”低碳设计策略总结

“栖居 2. 0”在平面布局、结构体系和能源使用等方面均进行了低碳设计，其主要使用的低碳设计策略如图 6-124 所示。

图 6-123 “栖居 2.0”建成效果图

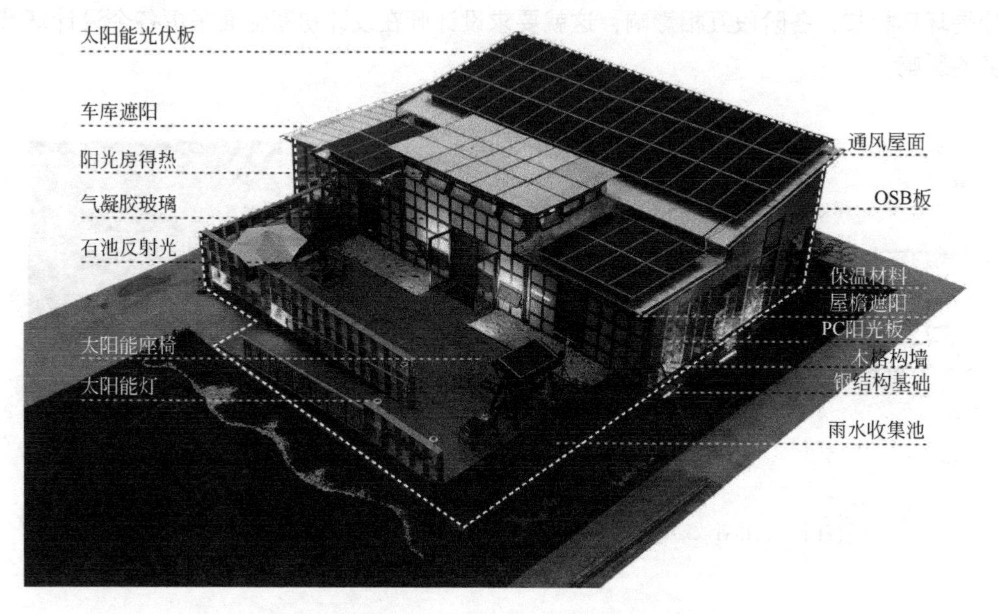

图 6-124 “栖居 2.0”低碳设计策略

1）空间布局

“栖居 2.0”总平面中将主入口设置在基地的西南角，次入口设置在基地的东南角，通过人行步道将主次入口连接。竞赛期间，参观人流从主入口通过坡道进入到建筑前面的休息平台，休息平台设计形式提炼自北方传统住宅的院落空间，是“栖居 2.0”的人流缓冲空间。建筑平面设计结合了中国北方气候特点进行布局，将起居室、卧室等主要房间置于南侧，可以更好地获取阳光和日照；将厨房、卫生间及设备用房设置在建筑北侧，可以减少冬季冷空气的侵袭。同时，起居室、卧室围绕入口阳光房布置，阳光房成为室内气候过渡空间（图 6-125、图 6-126）。

2）结构体系

“栖居 2.0”根据我国北方地区地域特色，选取 OSB 板为主体建造材料。建筑主体结构采用格构墙装配式体系进行建造和安装。格构墙体系是榫卯技术的当代创新，采用 OSB

板拼接而成，其可以在工厂预制加工，从而减少现场施工时间，提高装配速度。由于该竞赛要求在20天内完成全部搭建，采取此结构形式，甚至可以不使用大型建筑机械进行施工。在实际建造过程中，“栖居2.0”主要由西安建筑科技大学赛队的本科生和研究生亲自上手搭建，一周内便建成建筑的主体结构，因此在此阶段可以大幅度降低建筑物化阶段的碳排放（图6-127）。

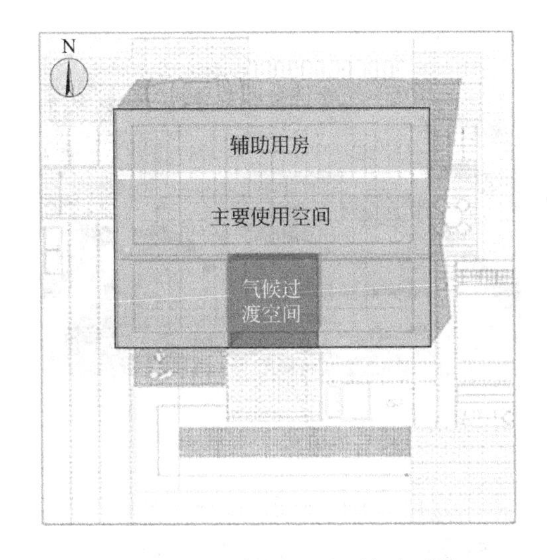

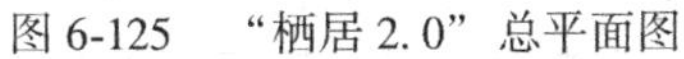
图6-125　“栖居2.0”总平面图

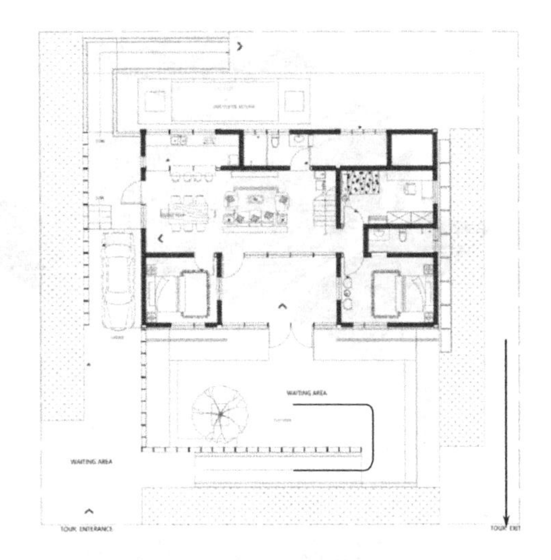
图6-126　一层平面图

此外，建筑主体结构之间的连接构件形式简单，采用可拼接的方式，运用“宜家家具”的设计理念，使得使用者在工厂预加工主体结构后，自己就可以“DIY”建造房屋，简单便捷。

(a)　(b)　(c)

图6-127　“栖居2.0”结构体系设计与现场施工

3）建筑能源使用策略

（1）建筑“开源”

在“栖居2.0”的建筑设计过程中充分考虑了对于太阳能的利用，通过主动、被动结合的方式，可以有效增加建筑自身产能的同时减少建筑在使用阶段的碳排放，从而实现减少建筑全生命周期碳排放的目标。

①主动式太阳能利用

“栖居 2.0”利用太阳能光伏板取代了屋顶面层，形成光伏建筑一体化（图 6-128）。建筑屋顶面层总共铺设 59 块太阳能光伏板，在竞赛测试期间（8 月 3 日至 8 月 17 日）的总发电量为 1219.29kWh，单位光伏板面积产生的电能为 10.65kWh/m^2，日均发电量为 87.09kWh，日最大发电量为 112.70kWh。

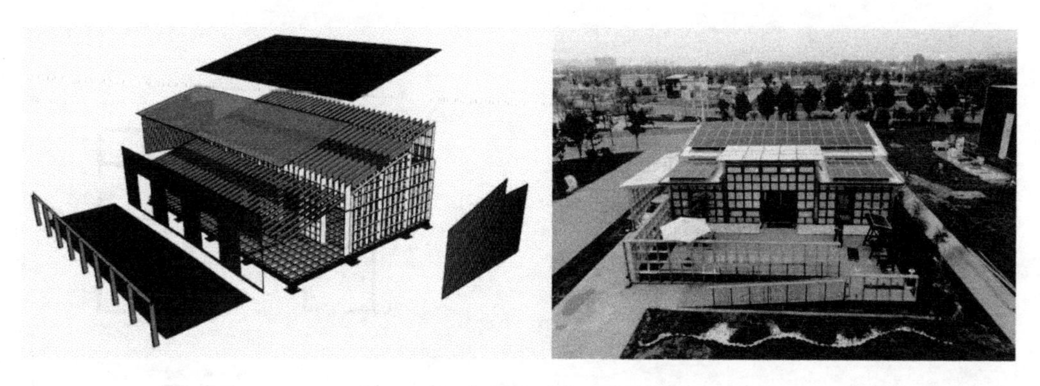

图 6-128　太阳能光伏发电系统

②被动式太阳能利用

北方冬季寒冷漫长，利用阳光房被动式获能，白天在日照充足的情况下温暖的阳光房通过大面积玻璃得热，可以为其周围主次卧室以及起居室提供热量，夜晚阳光房可以作为气候过渡空间，阻隔室外冷空气侵袭（图 6-129）。建筑中两间卧室将南侧作为主要采光面，在冬季可以利用太阳能得热，增加室内温度，从而减少采暖设备的使用，降低建筑运行能耗（图 6-130）。

图 6-129　冬季热交换图

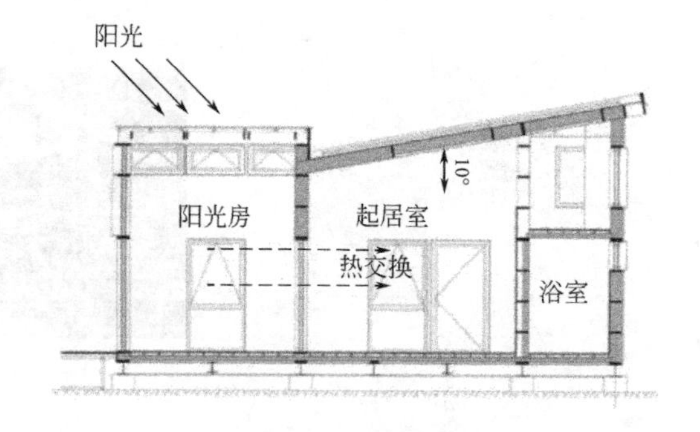

图 6-130　南侧阳光房

（2）建筑“节流”

在进行建筑设计时，从建筑保温、采光、通风和遮阳等方面提出低碳设计策略，从而减少建筑在运行阶段的碳排放，降低建筑全生命周期的碳排放。

①建筑保温

a. 气凝胶玻璃

现有玻璃主要通过增加玻璃层数、涂低辐射涂层、填充惰性气体等技术来达到节能效果，这会使玻璃重量增加，而采光能力下降，安全性和室内光环境较差，玻璃使用寿命较短。在此项目中建筑南立面与西立面大量使用了气凝胶玻璃，利用气凝胶玻璃可通过调控气凝胶层厚度获得需要的传热系数 K 值的优点，调节玻璃传热系数，使得建筑在获得充足的采光的同时达到很好的保温隔热效果。为了验证气凝胶玻璃的保温隔热性能，西安建筑科技大学团队对其实际使用过程中的内外温度差值进行了统计。

从图 6-131、图 6-132 中可以看出，气凝胶玻璃中心点内外温度变化幅度较小，内外温度差值最大值为 2.8℃，最小值为 0.2℃。而透明玻璃内外温度变化幅度较大，内外温度差值最大值为 11 ℃，最小值为 0.6 ℃。由此可以看出，气凝胶玻璃较常规玻璃具有更好的隔热效果。从中还可看出，气凝胶玻璃内表面温度与室内空气温度曲线走势相一致。

b. 保温层

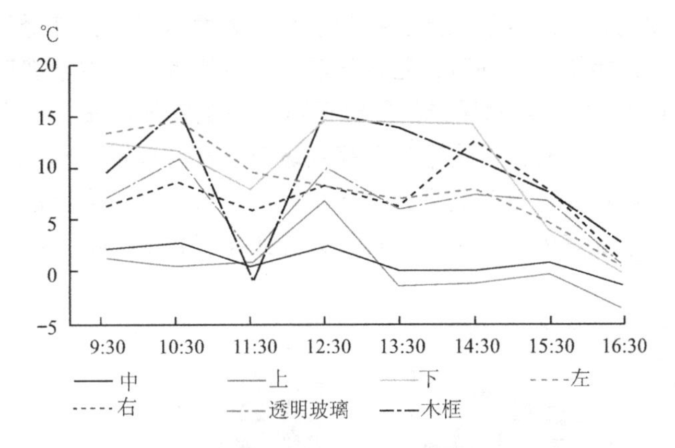

图 6-131　玻璃内外表面温度差值变化

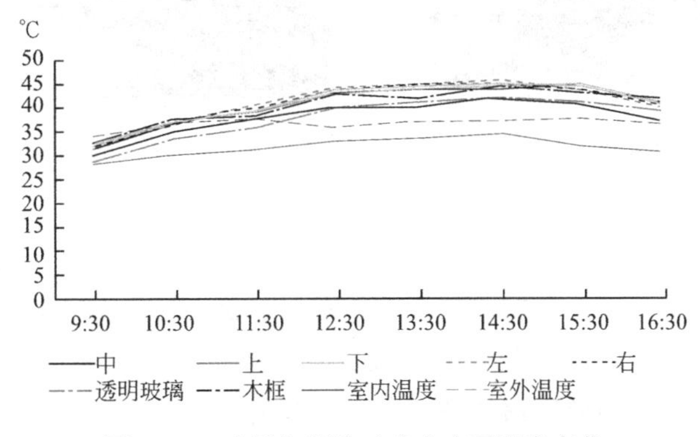

图 6-132　主卧气凝胶玻璃内表面温度变化

在建筑建造过程中，在格构墙体、地板单元盒与梁构件内腔中加入双层岩棉，形成保温层（图 6-133）。

图 6-133　单元盒中加入岩棉

②建筑采光

建筑设计时考虑充分利用自然采光，在建筑南侧大面积开窗，将透光而不透视的气凝胶玻璃与铝塑共挤门窗相结合。同时，普通景观窗采用四玻三腔中空玻璃，使得玻璃 K 值可以达到 1.0，在满足良好的自然采光的同时还可以隔绝室外热量，从而减少夏季空调能耗。根据本书 6.2.1 中的分析，选用透光率高的玻璃以及合理设计窗地比，从而实现室内照度最大化。同时，利用在建筑南侧平台主入口两侧设置石池，内铺的白色鹅卵石将光反射到建筑南立面上，增加室内自然采光，提升采光效率（图 6-134、图 6-135）。

图 6-134　建筑南立面

图 6-135　室内自然采光效果

③建筑通风

南向玻璃保证自然采光，所有房间合理开窗。夏季，阳光房上部窗户打开，通过热压的作用形成通风，将阳光房内炎热的空气带走；春秋季，通过空气对流的作用，在阳光房、起居室、二层书房之间形成自然通风（图 6-136）。

④建筑遮阳

a. 车库遮阳棚

建筑西侧的车库部分增设遮阳构架，顶部铺设阳光板，起到良好的防西晒作用（图 6-137）。

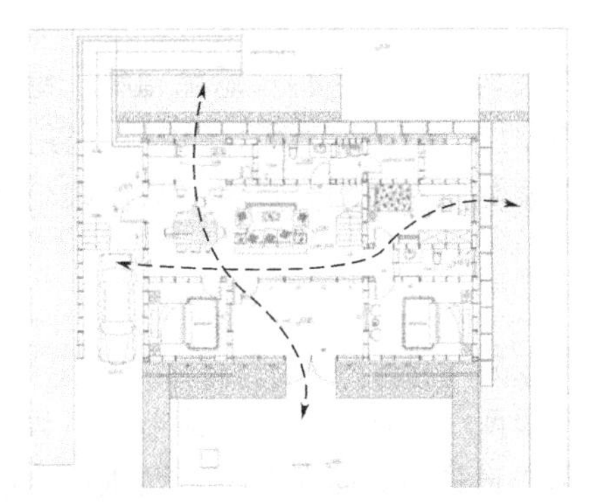

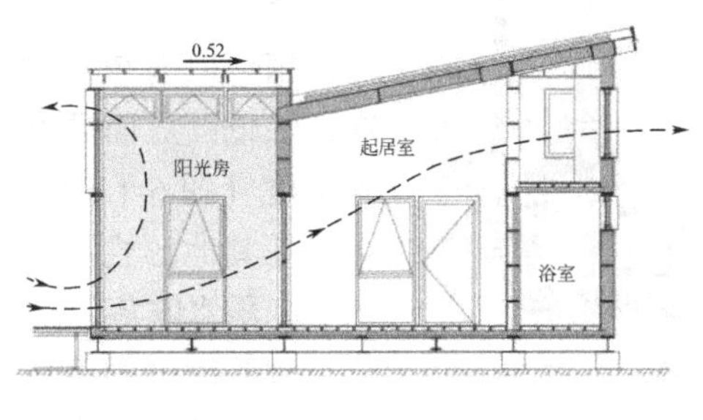

图 6-136　通风示意图

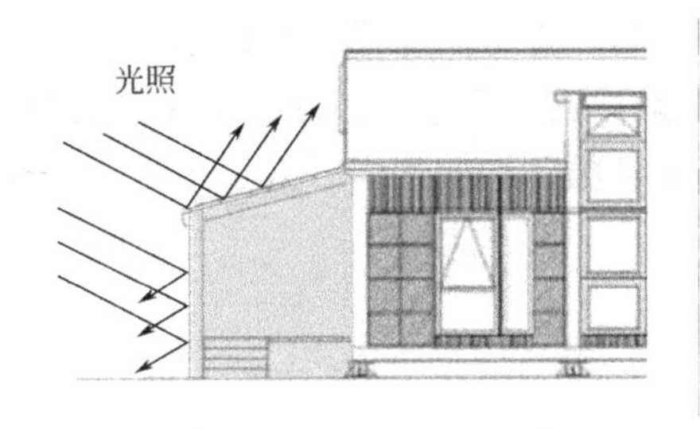

图 6-137　车库遮阳棚

b. 南向挑檐遮阳

建筑南侧卧室及阳光房屋檐出挑，根据不同季节太阳高度角不同，冬季太阳高度角较低，可保证室内阳光直射；夏季太阳高度角较高，出挑的屋檐可形成阴影面，起到良好的遮阳效果，从而降低夏季空调能耗（图 6-138）。

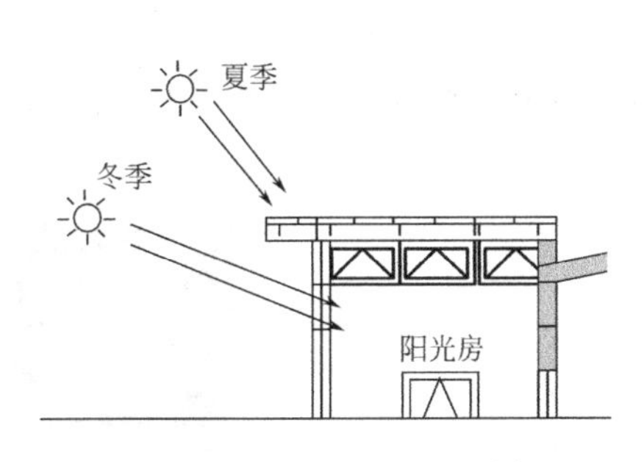

图 6-138　南侧遮阳

c. 光伏屋面遮阳

该项目利用太阳能光伏板取代屋顶面层，光伏板下方架空，与屋面之间制造气流通道，减少来自光伏板自身高温度对于屋面的影响，同时起到屋面遮阳的效果。

图 6-139　绿化遮阳

d. 垂直绿化遮阳

建筑西侧，次入口处格构墙空隙中种植绿色植物，绿色植物的种植可以有效减少西晒对于建筑西立面的影响，利用植被缓冲，降低西立面温度，以及减少室内阳光直射，从而降低夏季室内温度（图 6-139）。

⑤其他形式

a. 雨水收集

建筑南侧的平台上设置两个水池，在起到调节微气候环境的同时作为雨水收集池使用，建筑南立面两侧设置两根雨水收集链条，屋面雨水通过链条流入水池中，从而达到雨水收集的目的。

b. 人工湿地

建筑北侧设计建造人工湿地，人工湿地是由人工建造和控制运行的，将污水、污泥有控制地投配到经人工建造的湿地上，污水与污泥在沿一定方向流动的过程中，主要利用土壤、人工介质、植物、微生物的物理、化学、生物三重协同作用，对污水、污泥进行处理的一种技术。其作用机理包括吸附、滞留、过滤、氧化还原、沉淀、微生物分解、转化、植物遮蔽、残留物积累、蒸腾水分和养分吸收及各类动物的作用。人工湿地是一个综合的生态系统。

4）绿色建材的使用

（1）气凝胶玻璃

该项目南侧与西侧的窗户使用了透光而不透视的气凝胶玻璃（图 6-140），气凝胶玻璃较普通玻璃有以下优点：

①热稳定性和耐热冲击能力超过石英玻璃，即使在 1300℃高温状态下将它放入水中，也不会破裂；

②密度很小，仅为 0.07~0.25g/cm^3，是普通玻璃的几十分之一；

③具有比矿物棉更好的隔热保暖性能；

④不燃烧，是良好的防火材料；

⑤具有良好的隔声性能，比一般金属和玻璃高 4 倍以上；

⑥能够满足大型超高型采光建筑要求，具有良好的隔热、隔声、抗紫外线功能。

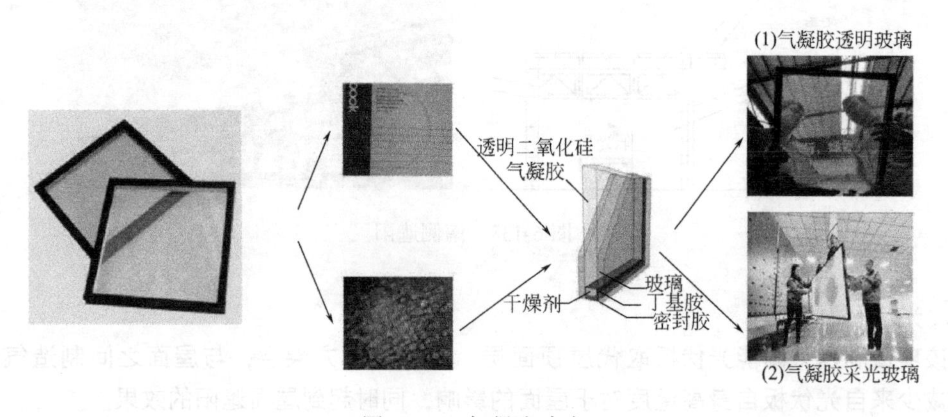

图 6-140　气凝胶玻璃

(2) 定向结构刨花板

该项目主要建材为定向结构刨花板（即 OSB 板）(图 6-141)。OSB 板是以小径材、间伐材、木芯为原料，通过专用设备加工成长长的刨片，经脱油、干燥、施胶、定向铺装、热压成型等工艺制成的一种定向结构板材。其甲醛释放量几乎为零，可以与天然木材相比，是真正的绿色环保建材。并且，木材是树木的主要产物，树木本身可以将空气中的二氧化碳吸收并加以固定，因此建筑大面积使用木材是一种更加环保、高效的节能方式。OSB 板相比于胶合板、中密度纤维板等板种，稳定性好，材质均匀，握螺钉力较高，且纵向抗弯强度比横向大得多，可以作结构材，并可用作受力构件。另外，它可以像木材一样进行锯、砂、刨、钻、钉、锉等加工，较为方便（图 6-142)。

图 6-141　欧松木板

图 6-142　现场施工照片

(3) 太阳能光伏板

该项目使用了 59 块太阳能光伏板，太阳能光伏发电系统是利用太阳电池半导体材料的光伏效应，将太阳光辐射能直接转换为电能的一种新型发电系统，有独立运行和并网运行两种方式。独立运行的光伏发电系统需要有蓄电池作为储能装置，主要用于无电网的边远地区和人口分散地区，整个系统造价很高；在有公共电网的地区，光伏发电系统与电网连接并网运行，省去蓄电池，不仅可以大幅度降低造价，而且具有更高的发电效率和更好的环保性能。

(4) 轻质钢材

建筑底部钢梁及平台下部钢框架采用轻质钢材，耐久性好，可循环利用率高，绿色环保。

5) 预制装配快速建造系统

为了实现更加快速地建造，“栖居 2.0”把整体建筑拆解为基础墙体单元、地板单元、屋顶单元、楼梯单元、室外结构单元等各种构件，每一种单元构件可以单独制作，最后整体拼装完成。预制装配的方式不仅可以缩短施工时间，还可以提高施工效率。同时，这样的建造方式还增强了建筑的可推广性，使得更多人群可以根据各自的需求建造房屋（图 6-143、图 6-144)。

图 6-143　基础单元制作过程

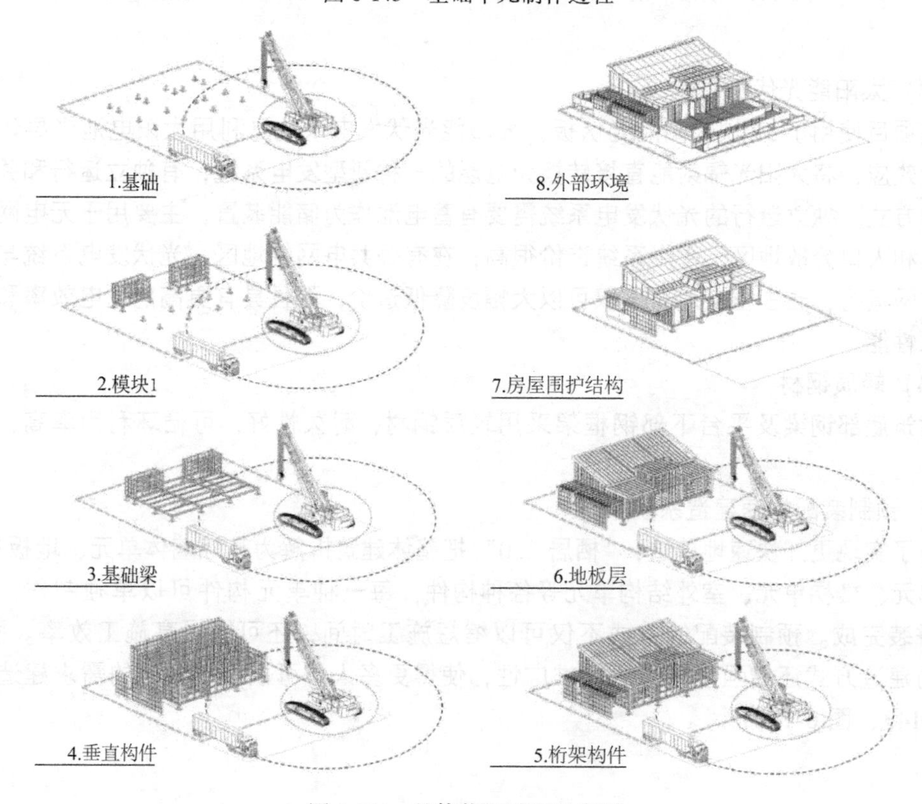

图 6-144　整体装配过程示意图

6）采用智能家居系统

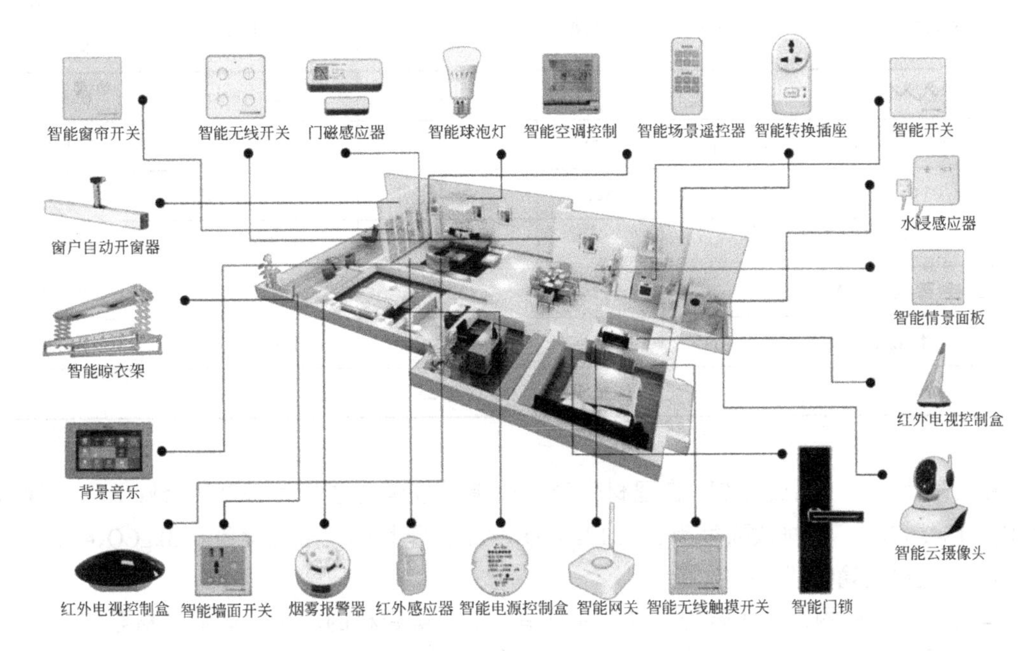

图 6-145 智能家居控制

（资料来源：www. daxue. tuxi. com. cn）

全屋采用智能家居系统达到室内灯光可控，温度、湿度可控以及窗帘开启可控等多方面调节（图 6-145）。

3. 碳排放量估算

1）物化阶段碳排放量

（1）建材生产阶段碳排放量

建材生产阶段是建筑全生命周期碳排放计算的初始阶段，对“栖居 2.0”主要使用的建材（钢材、OSB 板、玻璃棉、双面铝箔、门窗、铜芯导线电缆、防水卷材、混凝土、PVC 管材、太阳能光伏板、气凝胶玻璃、阳光板、木龙骨）进行统计，经计算得出主要建材生产阶段的碳排放量，如表 6-54 所示。

建材生产阶段的二氧化碳排放量 **表 6-54**

建筑材料名称	单位	材料量	碳排放因子	碳排放因子单位	碳排放量（$kgCO_2e$）
钢材	t	5	2190	$kgCO_2e/t$	10950
OSB 板（定向结构刨花板）	m^3	30	350	$kgCO_2e/m^3$	10500
保温材料（岩棉）	m^3	21	1010	$kgCO_2e/m^3$	21210
门窗	m^2	32	46.3	$kgCO_2e/m^2$	1481.6
混凝土	t	9	297	$kgCO_2e/m^3$	1113.75

续表

建筑材料名称	单位	材料量	碳排放因子	碳排放因子单位	碳排放量($kgCO_2e$)
铜芯导线电缆	kg	70	9.41	$kgCO_2e/kg$	658.7
防水卷材(SBS)	m^2	109	2.38	$kgCO_2e/m^2$	259.42
PVC 管材	kg	321	9.74	$kgCO_2e/kg$	3126.54
气凝胶玻璃	m^3	32	29.31	$kgCO_2e/m^3$	937.92
阳光板(聚碳酸酯板材)	m^3	12	232.61	$kgCO_2e/m^3$	2791.32
木龙骨	m^3	6	878	$kgCO_2e/m^3$	5268
碳排放量合计:58297.25					

由上表得出,“栖居 2.0”在建材生产阶段碳排放量的总和为 58297.25$kgCO_2e$。建筑面积为 184.97m^2,碳排放强度为 315.17$kgCO_2e/m^2$,年均碳排放强度为 6.3$kgCO_2e/m^2$。

(2)建材运输阶段碳排放量

建材运输过程的二氧化碳排放量与建筑消耗的各类建材的质量、运输建材至施工现场选择的交通工具种类以及对应的具体运输距离有关,“栖居 2.0”主要建材均可在陕西省西安市内的建材市场购买得到,运输距离取 30km,运输方式为公路(柴油),此种运输方式的碳排放因子为 19.6 $kgCO_2e/(10^2t \cdot km)$,所以,估算其建材运输阶段碳排放量见表 6-55。

“栖居 2.0”建材运输阶段碳排放量 **表 6-55**

建筑材料名称	材料量	单位	运输距离(km)	运输碳排放因子[$kgCO_2e/(10^2t \cdot km)$]	碳排放量($kgCO_2e$)
钢材	25.00	t	30	19.6	4527.6
OSB 板(定向刨花板)	30.00	m^3	30	19.6	3532
门窗	32.18	m^3	30	19.6	15735
混凝土	9.00	t	30	19.6	52.92
碳排放量合计:705.01					

注:OSB 板密度为 0.65t/m^3,铝材密度为 2.7t/m^3。

由上表得出,“栖居 2.0”建材运输过程碳排放总量为 705.01$kgCO_2e$,碳排放强度为 3.8$kgCO_2e/m^2$,年均碳排放强度为 0.08$kgCO_2e/m^2$。

(3)施工阶段碳排放量

“栖居 2.0”因其结构体系的特殊性,施工过程所用的机械不是很多(电焊机、3t 叉车、25t 起重机),大部分施工作业可以由经过短期培训的在校大学生手工完成,经计算得出施工机械碳排放量如表 6-56 所示。

"栖居 2.0"施工阶段碳排放量　　表 6-56

施工机械种类	台班数	碳排放因子($kgCO_2e$/台班)	碳排放量($kgCO_2e$)
电焊机	2.5	20.9	52.25
3t 叉车	9.0	69.9	629.1
25t 起重机	16.0	133.0	2128.0
碳排放量合计:2809.35			

由上表得出,"栖居 2.0"在施工过程中碳排放量为 2809.35$kgCO_2e$,碳排放强度为 15.2$kgCO_2e/m^2$,年均碳排放强度为 0.3$kgCO_2e/m^2$。

(4) 物化阶段碳排放总量

物化阶段的碳排放总量为建材生产阶段、建材运输阶段以及施工阶段的碳排放量总和,见表 6-57。

"栖居 2.0"物化阶段碳排放总量　　表 6-57

阶段	建材生产	建材运输	施工阶段	物化阶段
碳排放量总量($kgCO_2e$)	58297.25	705.01	2809.35	61811.61
碳排放强度($kgCO_2e/m^2$)	315.17	3.8	15.2	334.17
年均碳排放强度[$kgCO_2e/(m^2 \cdot a)$]	6.30	0.08	0.3	6.68

综上,"栖居 2.0"物化阶段的碳排放总量为 61811.61$kgCO_2e$,碳排放强度为 334.17$kgCO_2e/m^2$,年均碳排放强度为 6.68$kgCO_2e/m^2$。

2) 使用维护阶段碳排放量

(1) 建筑使用阶段碳排放量计算

①太阳能光伏板发电量

"栖居 2.0"屋顶铺设太阳能光伏板,年耗电量应该减去光伏板的年发电量。

$$P_3=(Q_e+Q_f-Q_s)\,i\acute{A}n \tag{6-1}$$

式中 Q_e——使用阶段建筑因制冷、采暖等活动消耗的年耗电量;

Q_f——化石能源的年消耗量;

Q_s——太阳能光伏板的年发电量;

n——主要能源碳排放因子。

"栖居 2.0"屋顶共设有 3 处太阳能光伏板,共计 59 块,每块规格为 1960mm×990mm。通过实测运行,可得到 8 月份的日均发电量为 87.09kWh。经相关资料查阅,8 月份太阳能光伏板发电量约为全年发电量的 18%~20%,据此估算,"栖居 2.0"全年发电量约为 14515kWh。

②建筑采暖与空调的能耗

通过创建"栖居 2.0"的三维模型,在能耗模拟软件 DeST-h 中模拟该住宅的全年采暖空调能耗。该住宅楼冬季采暖与夏季制冷均采用分体式空调,分体空调为能效等级的 2

级，能效比 3.4。其中，冬季采暖时间自 11 月 15 日开始至次年 3 月 15 日结束，夏季空调开启时间为 6 月 15 日至 8 月 31 日。山东省德州市属于华北区域，电力碳排放因子为 1.246kgCO_2e/kWh。能耗分析结果如表 6-58 所示。

基于 DeST-h 软件计算的建筑年采暖、制冷能耗 表 6-58

月份	采暖能耗(kWh)	制冷能耗(kWh)	合计(kWh)
1 月	1276	0	1276
2 月	1005.6	0	1005.6
3 月	610	0	610
4 月	0	0	0
5 月	0	0	0
6 月	0	221.9	221.9
7 月	0	520.5	520.5
8 月	0	380.7	380.7
9 月	0	0	0
10 月	0	0	0
11 月	738.2	0	738.2
12 月	1169	0	1169
全年总能耗	4798.8	1123.1	5921.9

经软件模拟可得“栖居 2.0”全年采暖能耗为 4798.9kWh，制冷能耗为 1123.1kWh。

③建筑照明的能耗

本研究照明密度及时间根据《建筑碳排放计算标准》GB/T 51366—2019 表 B.0 取值。经计算“栖居 2.0”住宅照明年均能耗为 1425.51kWh（表 6-59）。

栖居照明年均能耗 表 6-59

房间类型	建筑面积(m^2)	照明密度(W/m^2)	照明时间(h/a)	照明能耗(kWh)
卧室面积	52.38	6	1620	509.13
厨房	9.39	6	1152	64.90
卫生间	9.33	6	1980	110.84
餐厅	17.2	6	900	92.88
起居室	27.91	6	1980	331.57
设备用房	6.02	6	0	0
书房	20.08	6	1620	195.18
阳光房	22.41	6	900	121.01
全年能耗总计：1425.51				

④使用阶段能耗总量

综合以上数据，根据公式（6-1）可得出使用阶段实际用电能耗为-7167.59 kWh（表 6-60）。

栖居使用阶段年均耗电量 **表 6-60**

项目	年均耗电量(kWh)
采暖	4798.8
空调	1123.1
照明	1425.51
太阳能光伏板产能	-14515
总计	-7167.59

（2）设备生产维护的碳排放

“栖居 2.0”住宅中不设置电梯，因此设备生产的碳排放包括空调及太阳能光伏板生产所产生的碳排放量。

①空调生产及维护的碳排放量

“栖居 2.0”中共有 5 个独立空调，空调选用小 1 匹定频壁挂式，空调室外机净质量 28kg，室内机净质量 10.5kg，总重为 38.5kg。根据本书第 3 章中表 3-2 的主要建材碳排放因子结合第 3 章中公式（3-6）对空调设备碳排放进行计算。计算得空调设备生产碳排放量为 631.31kgCO_2e，具体见表 6-61。

“栖居 2.0”空调设备生产碳排放量 **表 6-61**

材料种类	材料量(kg)	碳排放量(kgCO_2e)
钢材	154	338.8
铜材	28.88	271.76
铝材	9.65	20.75
总计	192.53	631.31

根据《家用电器安全使用年限细则》，空调电器安全使用年限为 8~10 年，因此在该工程设计使用年限内需更换空调 2 次，则空调设备生产总碳排放量为 3787.63kgCO_2e，年碳排放强度为 0.41kgCO_2e/m^2。

②太阳能光伏板生产及维护的碳排放量

“栖居 2.0”中共有 59 块 1190mm×960mm 的太阳能板，总面积 67.4m^2，装机量 14.7kW。据此可算出太阳能光伏板的生产碳排放量为 11319kgCO_2e（表 6-62）。

太阳能光伏板生产碳排放量 **表 6-62**

建筑材料名称	单位	材料量	碳排放因子($kgCO_2e/Wp$)	碳排放量($kgCO_2e$)
太阳能光伏板	kWp	14.7	0.77	11319

《中国光伏产业清洁生产研究报告》中指出，太阳能光伏板安全使用年限为 25 年，因此在该工程设计使用年限内需更换 1 次，则太阳能光伏板生产维护总碳排放量为 $22638kgCO_2e$，年碳排放强度为 $2.46kgCO_2e/m^2$。

（3）建筑使用维护阶段碳排放总量

使用阶段采暖与空调制冷的能源消耗均为电力，山东省德州市属于华北区域，电力碳排放因子为 1.246kg/kWh。设计使用年限为 50 年，根据本书第 3 章公式（3-14），计算可得建筑使用阶段碳排放量为 0，见表 6-63。

使用阶段碳排放总量（50 年） **表 6-63**

子阶段	项目	年耗电量(kWh)	碳排放总量($kgCO_2e$)	年均碳排放强度[$kgCO_2e/(m^2 \cdot a)$]
使用维护	设备生产及维护	—	26425.63	2.87
	使用阶段	-7167.59	-446541	-48.28
合计			-420115.37	-45.42

3）拆解阶段碳排放量

（1）拆解施工阶段碳排放量

“栖居 2.0”建造施工阶段的碳排放总量为 $2809.35kgCO_2e$，拆解施工阶段碳排放量为建造阶段的 90%，因此拆解施工阶段的碳排放总量为 $2528.42kgCO_2e$，碳排放强度为 $13.67kgCO_2e/m^2$，年均碳排放强度为 $0.27kgCO_2e/m^2$。

（2）建材回收碳排放减量

“栖居 2.0”可回收建材主要包括钢材、OSB 板、门窗、铜芯导线电缆、气凝胶玻璃，根据各建材用量及其回收利用率，可估算出因建材回收利用产生的碳减量，如表 6-64 所示。

“栖居 2.0”拆解阶段碳排放减量 **表 6-64**

废旧建材种类	废旧建材产生量	回收利用率	建材回收量	回收后材料种类	碳排放因子	碳排放减量($kgCO_2e$)
钢	5t	0.90①	4.5t	原料	$1942.5kgCO_2e/t$	8741.3
OSB 板	$30m^3$	0.65	$19.5m^3$	普通木材	$139kgCO_2e/m^3$	2710.5
木龙骨	$6m^3$	0.65	$3.9m^3$	普通木材	$139kgCO_2e/m^3$	542.1

① 贡小雷，张玉坤. 物尽其用——废旧建筑材料利用的低碳发展之路[J]. 天津大学学报（社会科学版），2011（2）：138-144.

续表

废旧建材种类	废旧建材产生量	回收利用率	建材回收量	回收后材料种类	碳排放因子	碳排放减量($kgCO_2e$)
混凝土	9t	0.70①	6.3t	骨料砾石	6.43$kgCO_2e/t$	40.5
门窗	32m^2	0.80216	25.6m^2	门窗	10.9$kgCO_2e/m^2$	279.0
铜芯导线电缆	70kg	0.9②	63kg	粗铜	7.92$kgCO_2e/kg$	499.0
气凝胶玻璃	32m^3	0.8	25.6m^3	玻璃原料	6.9$kgCO_2e/m^3$	176.6
合计:12989.0						

“栖居 2.0”拆解阶段建材回收产生的碳减量总计为 12989.0$kgCO_2e$，碳减量强度为70.2$kgCO_2e/m^2$，预计建筑使用年限为 50 年，年均碳减量强度为 1.4$kgCO_2e/m^2$。

(3) 拆解阶段碳排放总量

拆解阶段碳排放总量为拆解施工过程的碳排放量与建材回收产生的碳排放减量之和，见表 6-65。

“栖居 2.0”拆解阶段碳排放量　　表 6-65

阶段	拆解施工	建材回收利用	拆解阶段
碳排放总量($kgCO_2e$)	2528.42	-12989.0	-10460.58
碳排放强度($kgCO_2e/m^2$)	13.67	-70.2	-56.53
年均碳排放强度[$kgCO_2e/(m^2 \cdot a)$]	0.27	-1.4	-1.13

“栖居 2.0”拆解阶段碳排放总量为-10460.58$kgCO_2e$，碳排放强度为-56.53$kgCO_2e/m^2$，年均碳排放强度为-1.13$kgCO_2e/m^2$。

4)“栖居 2.0”全生命周期碳排放量

综合上述计算结果，可估算出“栖居 2.0”全生命周期碳排放量，见表 6-66。

“栖居 2.0”全生命周期碳排放量　　表 6-66

各子阶段	物化阶段	使用阶段	拆解阶段	全生命周期
碳排放总量($kgCO_2e$)	61811.61	-420109.00	-10460.58	-368757.97
碳排放强度 $kgCO_2e/m^2$	334.17	-2271.23	-56.53	-1993.59
年均碳排放强度[$kgCO_2e/(m^2 \cdot a)$]	6.68	-45.42	-1.13	-39.87
比例	13%	85%	2%	100%

所以，“栖居 2.0”全生命周期的碳排放总量为-368757.97$kgCO_2e$，碳排放强度为-1993.59$kgCO_2e/m^2$，年均碳排放强度为-39.87$kgCO_2e/m^2$。

① 朱海峰. 建筑废弃混凝土资源化利用现状与应用探讨[J]. 建设科技，2018(8):141-142.

② 罗智星. 建筑生命周期二氧化碳排放计算方法与减排策略研究[D]. 西安:西安建筑科技大学，2016.

4.“栖居 2.0”与 2005 年住宅对标建筑、“Treet”木结构公寓碳排放量对比分析

本书通过前面章节，已对西安市一栋高层钢筋混凝土住宅和“Treet”木结构公寓进行了全生命周期碳排放计算，在此将“栖居 2.0”与前两者进行全生命周期各个阶段碳排放量的对比，见表 6-67。

“栖居 2.0”与两栋住宅建筑全生命周期碳排放量对比 **表 6-67**

项目名称		1 号住宅楼($39173m^2$),50 年			Treet 公寓($7140m^2$),50 年			栖居 2.0($184.97m^2$),50 年		
对比项		总碳排放量($kgCO_2e$)	碳排放强度($kgCO_2e/m^2$)	年均碳排放强度[$kgCO_2e/(m^2\cdot a)$]	总碳排放量($kgCO_2e$)	碳排放强度($kgCO_2e/m^2$)	年均碳排放强度[$kgCO_2e/(m^2\cdot a)$]	总碳排放量($kgCO_2e$)	碳排放强度($kgCO_2e/m^2$)	年均碳排放强度[$kgCO_2c/(m^2\cdot a)$]
物化阶段	生产阶段	14599104.32	372.68	7.45	1399584.00	196.02	3.92	58297.25	315.17	6.30
	运输阶段	450267.19	11.49	0.23	234900.90	32.90	0.66	705.01	3.81	0.08
	施工阶段	252063.12	6.43	0.13	7639.80	1.07	0.02	2809.35	15.19	0.30
	临时设施	35528.36	0.91	0.02	0.00	0.00	0.00	0.00	0.00	0.00
	物化阶段总体	15336962.99	391.52	7.83	1642124.70	229.99	4.60	61811.61	334.17	6.68
使用阶段	设备生产维护	606115.73	15.47	0.31	5694.00	0.80	0.02	26425.63	142.86	2.86
	采暖	46282379.00	1181.49	23.63	2564509.50	359.18	7.18	298971.47	1616.32	32.33
	照明	18518871.00	472.75	9.45	3898054.40	545.95	10.92	88809.27	480.13	9.60
	空调	8936274.00	228.12	4.56	1641286.10	229.87	4.60	69969.13	378.27	7.57
	电梯	3770754.00	96.26	1.93	478560.00	67.03	1.34	0.00	0.00	0.00
	产能	0.00	0.00	0.00	0.00	0.00	0.00	-904284.50	-4888.82	-97.78
	使用阶段总体	78114393.73	1994.09	39.88	8588104.00	1202.82	24.06	484175.50	2617.59	52.35
	使用阶段含产能	78114393.73	1994.09	39.88	8588104.00	1202.82	24.06	-420109.00	-2271.23	-45.42
拆解阶段	拆解施工	866224.47	22.11	0.44	6875.82	0.96	0.02	2528.42	13.67	0.27
	材料回收	-4303254.09	-109.85	-2.20	-628200.20	-87.98	-1.76	-12989.00	-70.22	-1.40
	拆解阶段总体	-3437029.62	-87.74	-1.76	-621324.38	-87.02	-1.74	-10460.58	-56.55	-1.13
总碳排放		94317581.19	2407.72	48.15	10237104.52	1433.77	28.68	548515.53	2965.43	59.31
总碳排放(含拆解及太阳能)		90014327.10	2297.87	45.96	9608904.32	1345.78	26.92	-368757.97	-1993.61	-39.87

1）全生命周期年均碳排放强度对比

在建筑全生命周期中，“栖居 2.0”的年均碳排放强度相比住宅对标建筑和“Treet”木结构公寓呈现负值，即能产生一定的碳减量，原因在于“栖居 2.0”使用太阳能光伏板具有产能作用，见表 6-68 及图 6-146。

“栖居 2.0”与两栋住宅建筑全生命周期年均碳排放强度对比　　表 6-68

项目名称	年均碳排放强度[$kgCO_2e/(m^2 \cdot a)$]			
	物化阶段	使用阶段	拆解阶段	全生命周期
“栖居 2.0”	6.68	-45.42	-1.13	-39.87
高层钢筋混凝土住宅建筑	7.83	39.88	-1.76	45.96
“Treet”木结构公寓	4.60	24.06	-1.74	26.92

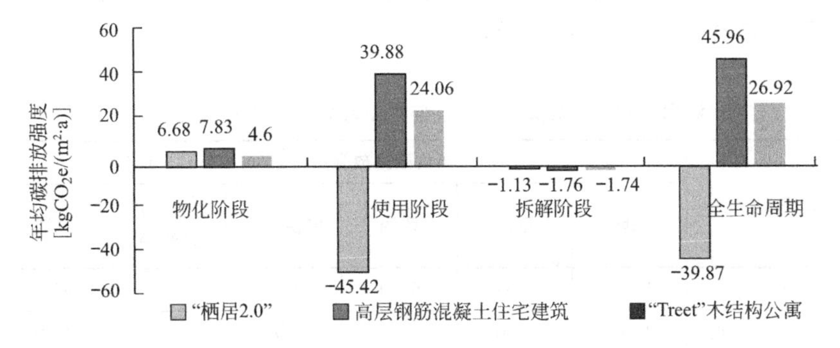

图 6-146　“栖居 2.0”与两栋住宅建筑全生命周期年均碳排放强度对比

2）物化阶段年均碳排放强度对比

“栖居 2.0”物化阶段年均碳排放强度相比住宅对标建筑减少了 14.5%，相比“Treet”木结构公寓增加了 45.2%，见表 6-69 及图 6-147。

“栖居 2.0”与两栋住宅建筑物化阶段年均碳排放强度对比　　表 6-69

项目名称	年均碳排放强度[$kgCO_2e/(m^2 \cdot a)$]			
	建材生产	建材运输	施工阶段	物化阶段
“栖居 2.0”	6.30	0.08	0.30	6.68
高层钢筋混凝土住宅建筑	7.45	0.23	0.13	7.81
“Treet”木结构公寓	3.92	0.66	0.02	4.60

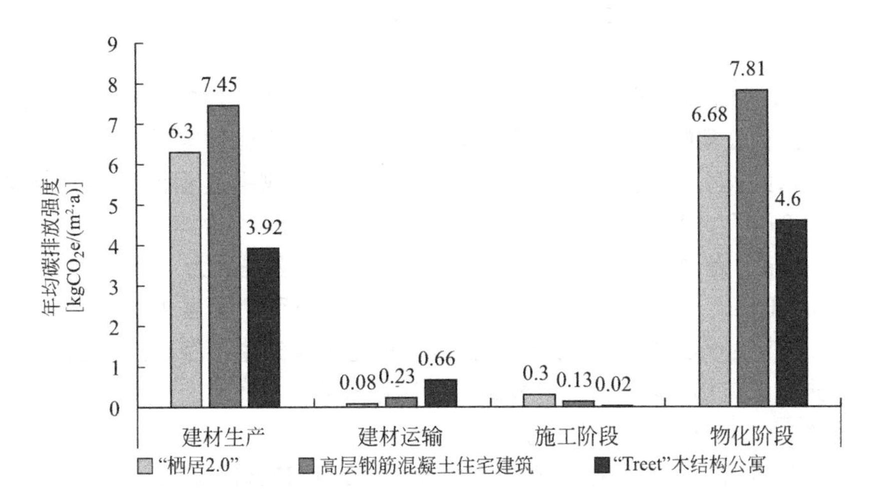

图 6-147　“栖居 2.0”与两栋住宅建筑物化阶段年均碳排放强度对比

由上图可知，“栖居 2.0”建材生产阶段年均碳排放强度比住宅对标建筑降低 15.4%，比“Treet”木结构公寓增加 60.7%；建材运输阶段年均碳排放强度比住宅对标建筑降低 65.2%，比“Treet”木结构公寓降低 87.9%；施工阶段年均碳排放强度是住宅对标建筑的 2.3 倍，是“Treet”木结构公寓的近 15 倍。

3）使用阶段年均碳排放强度对比

使用阶段主要对比采暖、空调、照明、电梯运行、设备生产及维护、产能六方面的年均碳排放强度，如表 6-70 及图 6-148 所示。

“栖居 2.0”与两栋住宅建筑使用阶段年均碳排放强度对比　　表 6-70

项目名称	年均碳排放强度[$kgCO_2e/(m^2 \cdot a)$]						
	采暖	空调	照明	电梯运行	设备生产及维护	产能	使用阶段
“栖居 2.0”	32.33	7.57	9.60	0.00	2.86	-97.78	-45.42
高层钢筋混凝土住宅建筑	23.63	4.56	9.45	1.93	0.31	0.00	39.88
“Treet”木结构公寓	7.18	4.60	10.92	1.34	0.02	0.00	24.06

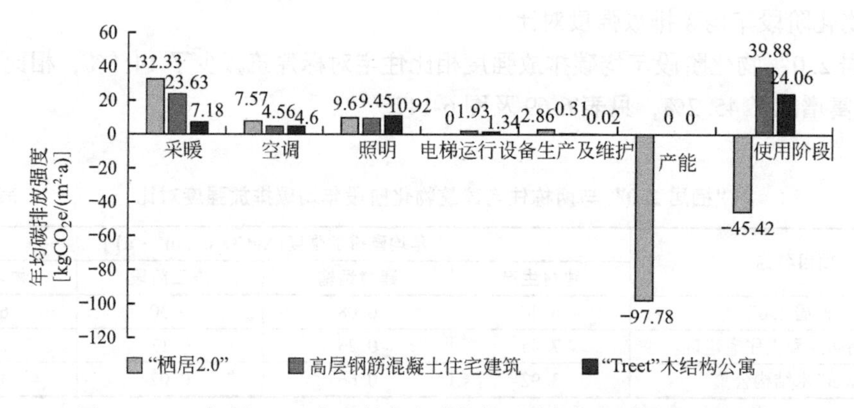

图 6-148　“栖居 2.0”与两栋住宅建筑使用阶段年均碳排放强度对比

由上图可知，“栖居 2.0”建筑采暖的年均碳排放强度相比住宅对标建筑增加 36.8%，是“Treet”木结构公寓的 4.5 倍；空调的年均碳排放强度相比住宅对标建筑增加 66.0%，相比“Treet”木结构公寓增加 64.6%；照明的年均碳排放强度相比住宅对标建筑增加 1.6%，相比“Treet”木结构公寓降低 12.1%；设备生产及维护的年均碳排放强度是住宅对标建筑的 9.2 倍，是“Treet”木结构公寓的 143 倍，主要是因为“栖居 2.0”使用空调设备较多，而“Treet”木结构公寓中未设置空调；产能方面“栖居 2.0”使用太阳能光伏板发电，因此会产生一定的碳减量，而在其他两栋住宅建筑中不存在产能引起的碳减量；“栖居 2.0”未设置电梯，因此也无电梯运行的碳排放量。

4）拆解阶段年均碳排放强度对比

“栖居 2.0”拆解阶段年均碳排放强度相比住宅对标建筑降低 35.8%，相比“Treet”木结构公寓降低 35.1%，见表 6-71 和图 6-149。由图可知，“栖居 2.0”拆解施工过程的年均碳排放强度相比住宅对标建筑降低38.6%，是“Treet”木结构公寓的13.5倍；建材回收利用产生的年均碳排放强度相比住宅对标建筑降低36.4%，相比“Treet”木结构公寓降低20.5%。

“栖居2.0”与两栋住宅建筑拆解阶段年均碳排放强度对比 **表6-71**

项目名称	年均碳排放强度[$kgCO_2e/(m^2 \cdot a)$]		
	拆解施工	建材回收利用	拆解阶段
“栖居2.0”	0.27	-1.40	-1.13
高层钢筋混凝土住宅建筑	0.44	-2.20	-1.76
“Treet”木结构公寓	0.02	-1.76	-1.74

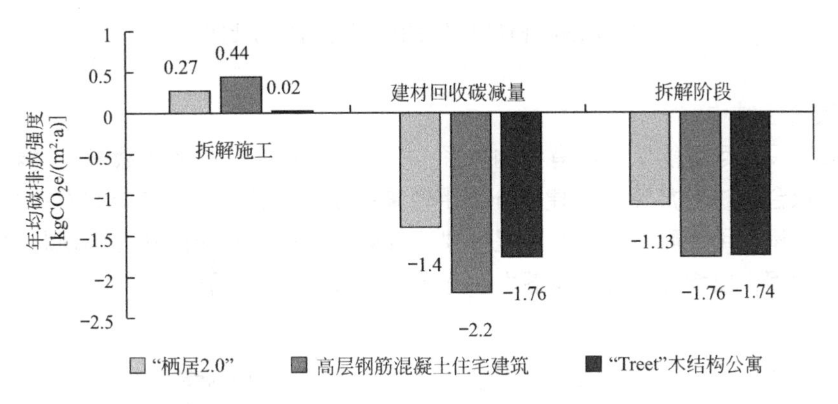

图6-149 “栖居2.0”与两栋住宅建筑拆解阶段年均碳排放强度对比

6.4.4 西建大热力中心改造

1. 案例概况

建于2003年的西建大热力中心位于西建大雁塔校区操场东侧，2005年西安市实行强制集中供暖整改后停止使用，目前除一层部分房间改作环境学院实验室外，其他部分均已废弃。废弃后的热力中心供热设备已完全拆除，仅留主体钢结构框架及建筑、设备基础，目前主体结构稳定，基础良好，仅建筑构件有个别锈蚀，现状面积约1650m²。2017年，学校决定利用废旧热力中心的基础和结构框架，将其改造为绿色建筑研究中心，使其成为建筑学院集教学、展示、设计创作、学术会议、实验研究与公共交流的场所，改造后建筑面积6997.6m²，如图6-150所示。

1）结构体系

（1）原有结构

由于基地地下有地下人防工程，因此热力中心的所有空间均建于地上，在地面上建有大规模的设备基础承台，承台为钢筋混凝土结构，有很强的承载能力。承台东侧及南侧为钢框架结构的控制室和输煤廊道，承1台西侧为砖混结构的风机房和烟道，北侧为钢筋混凝土结构的烟囱。锅炉承台和钢结构风机房之间结构相互独立，建筑各部分层数与层高都不完全相同，但又有一定的相关性。

图 6-150　西建大热力中心改造前后对比图

（2）改造后结构

结构改造设计尽可能保留原有结构体系，充分利用原有结构的承载能力（特别是钢筋混凝土设备承台）进行加建。加建部分采用轻量高效的钢结构体系与轻型围护结构控制加建荷载，并尽量采用装配式的设计，提升建造效率。根据功能使用和结构现状对原有结构进行了局部加固，以增强结构的承载力和稳定性，如图 6-151 所示。

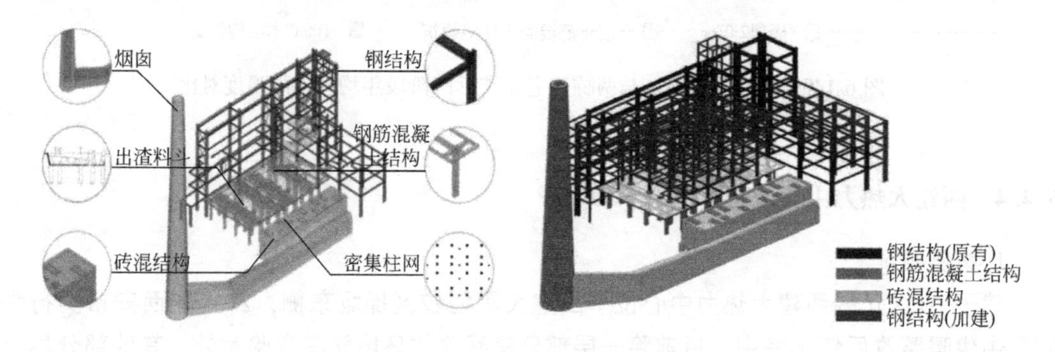

图 6-151　改造前后结构分析

2）外围护设计

改造后的绿色建筑研究中心，不仅是办公教学研究场所，本身也是一个巨大的试验装置。新的外墙体系采用了木格构体系，其外围护表皮可以快速拆装替换，在满足保温、隔热、采光等围护功能的同时，承担实体试验的功能，可以方便地对格构中的填充体进行替换，进行不同外墙构造的对比试验。并且，在外墙性能老化时，或进行绿色建筑相关试验时，利于拆卸替换。

（1）东侧和北侧木格构墙

建筑的木格构外墙根据不同的朝向和使用要求分别采取了不同的构造方式。东侧和北侧木格构墙强调保温隔热性能，因此中间采用 200mm 厚的岩棉板，外围护层采用阳光板（即聚碳酸酯板）。

(2) 西侧木格构墙

由于空间限制和使用的要求，绿色建筑研究中心的西侧必须有大面积的采光面，并且建筑西侧紧邻操场，无任何遮挡，西晒严重，因此西侧墙面既要透光，又要有良好的保温隔热性能。设计中采用了气凝胶玻璃作为外围护层，保证热工性能的同时又有良好的采光，如图 6-152 所示。

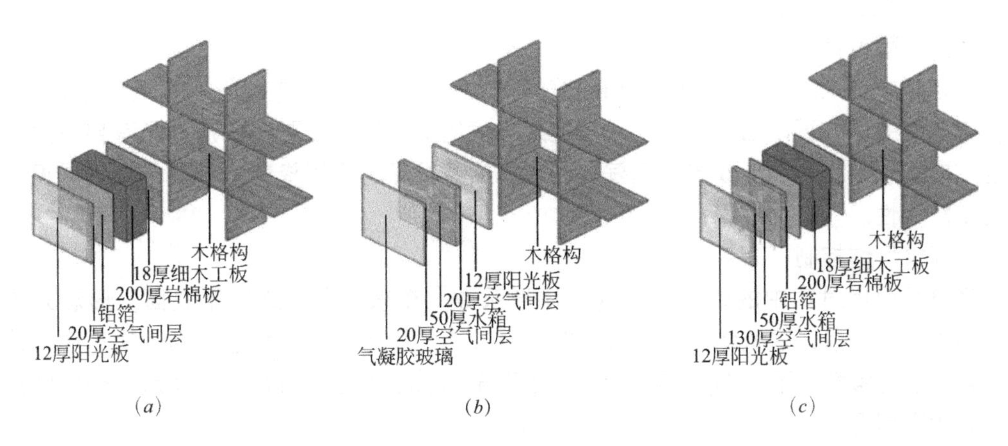

图 6-152 木格构墙构造层次示意

(*a*) 东、北侧木格构墙；(*b*) 西侧木格构墙；(*c*) 南侧木格构墙

(3) 南侧特朗勃木格构墙

南侧利用充分的被动式太阳能系统，采用特朗勃墙体系。利用水作为集热蓄热材料形成蓄热墙体，外围护层采用阳光板，蓄热墙体与阳光板之间有 130mm 厚的空气间层，共同构成特朗勃墙体系，在漫长的冬季能获得更多的热能。

(4) 屋顶

建筑屋顶利用太阳能光伏板设置屋顶架空屋面，夏季作为通风间层可以带走屋顶多余的热量，冬季作为保温间层为屋顶提供了保温。同时，屋顶的太阳能光伏板可以产生额外的电能，可提供绿色建筑研究中心的部分电能消耗。此外，还在屋顶布置了种植屋面，土壤具有良好的保温隔热性能，结合屋面植物与高性能的 EPS 板，保证了屋面的绿色设计。

2. 西建大废旧热力中心改造低碳设计策略总结

1) 利用废弃建筑及设备结构

绿色建筑研究中心的结构利用了原有的废弃建筑及设备结构，一方面可以减少建筑物化阶段的建材用量，降低建筑物化阶段的碳排放；另一方面避免了因拆除废弃结构而产生的碳排，对于降低建筑全生命周期碳排放有很大的作用。

2) 绿色建材的使用

西建大废旧热力中心绿色改造项目选取了大量的绿色建筑材料，如钢、铝等可循环使用的材料及木材等可再生材料。这些绿色建材的使用不仅提高了建筑各方面的性能，而且对于降低建筑的碳排放也起到了很大的作用。

3) 装配式设计

建筑采用装配化、易替换的墙体构造措施，可以在后期运营过程中方便地进行替换。

此外，建筑室外平台与半室外步梯也采用了装配式垂直绿化，种植模块可由工厂预制。运用装配式设计施工方案，提高结构构件和建筑部件的预制化、工厂化程度，具有施工操作简单、施工周期短的特点，并且易于回收与循环使用，减少施工过程中的资源、能源消耗和环境影响。

4）建筑节能设计

（1）建筑空间设计

①内庭院设计

在建筑中引入内庭院，有效增加建筑的采光面，充分利用自然光，减少人工照明。同时，内庭院的引入可以增大建筑空间与室外环境的交界面，让更多的房间具有自然通风的可能。内庭院收集雨水形成水景庭院，利用水的蒸发降温作用降低室外夏季环境温度，增加建筑舒适性。

②建筑形体控制

建筑采用相对集中的体形，控制其体形系数。在东、南、北三个立面，形态力求简洁，通过这些手段，建筑体形系数被控制在 0.252。西侧建筑立面通过形体错动形成建筑自遮阳，以此缓解西晒，图 6-153 所示为夏至日 13 点、15 点、17 点、19 点 4 个时间点的自遮阳阴影情况。

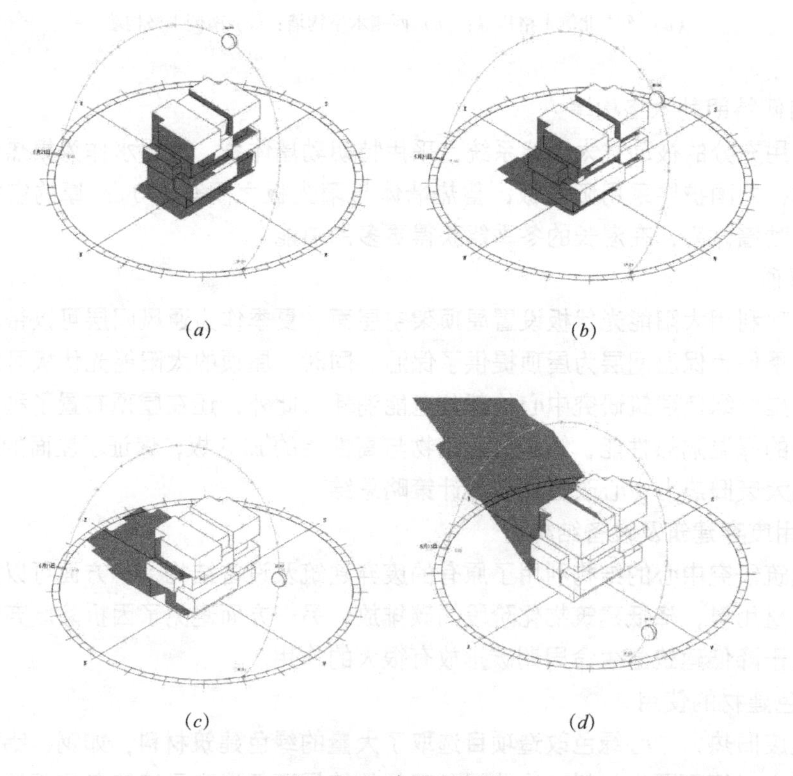

图 6-153　建筑自遮阳

(*a*) 13 点的阴影；(*b*) 15 点的阴影；(*c*) 17 点的阴影；(*d*) 19 点的阴影

(2) 通风

①建筑空间布局

西安地区四季分明，加强建筑的通风可以显著提升建筑春秋季的空间环境舒适度，减少空调运行时间。在设计过程中，通过空间布局，加入内庭院和建筑开口等，尽量争取自然通风。

②引入地道风

绿色建筑研究中心场地东侧有一段废置的人防工程，并有小型通风口，设计时利用这条人防工程地道引入地道风，结合新风系统，夏季可辅助空调系统加强通风降温，冬季可起到新风预热作用，有明显的节能效果，如图 6-154 所示。

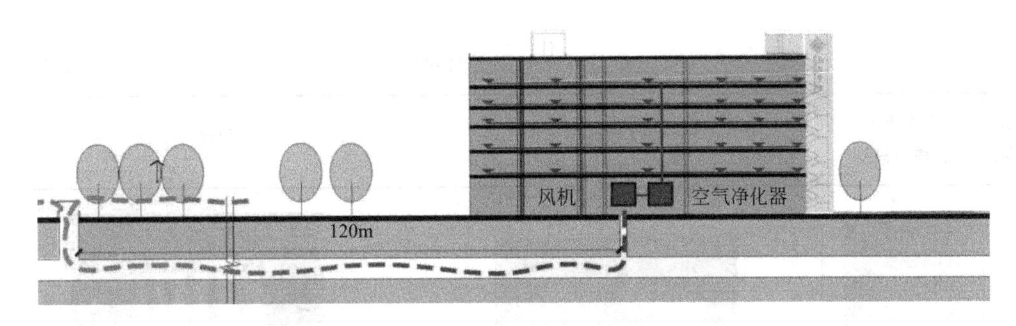

图 6-154　地道风新风系统工作过程示意

③垂直风道

在设计中局部利用垂直风井（如楼梯间及部分休息厅），加强竖向通风。并且巧妙地利用废弃烟囱产生的拔风效应，加强与其相连空间（展厅、展廊、会议室）的通风效果。

(3) 遮阳

①建筑自遮阳

因为建筑西立面面向操场，无任何遮挡，西晒严重，因此建筑西侧通过形体错动的基本操作手法，形成建筑自遮阳，缓解西晒情况。

②绿化遮阳

垂直绿化：建筑西立面的室外平台通过布置种植箱与栽种攀缘植物，形成绿化遮阳，为建筑抵挡多余的热量。屋顶花园：建筑部分屋顶采用种植屋面，形成屋顶花园，可以有效降低屋面温度，起到隔热遮阳的作用。

③构件遮阳

建筑屋面利用太阳能光伏板进行遮阳，光伏板与屋面之间的通风间层也起到了一定的保温隔热作用。南向特朗勃墙外侧设有光伏板水平遮阳，通过计算，光伏板的宽度设置为900mm，在夏季时可形成大面积的阴影，对特朗勃墙进行遮阳，同时不影响室内采光（图6-155）。表 6-72 所示为光伏水平遮阳板的遮阳效果对比，用 Ecotect 软件模拟其在夏季上午 10 时至下午 14 时的热辐射累积值，并用 Radiance 软件模拟其在晴天条件下对于房间的遮阳效果。通过对比可以看出，光伏水平遮阳的效果明显。

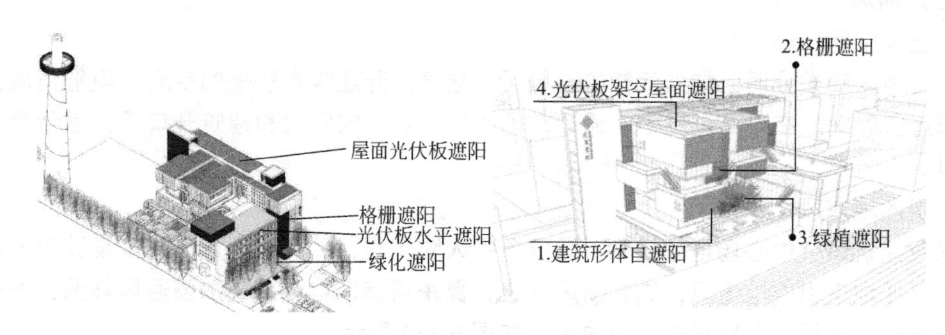

图 6-155 遮阳策略解析

光伏水平遮阳效果对比 **表 6-72**

有无遮阳	工作平面热辐射模拟	立面热辐射模拟	空间采光模拟
有遮阳	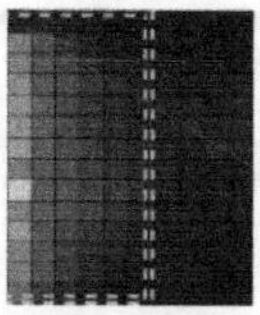		
无遮阳	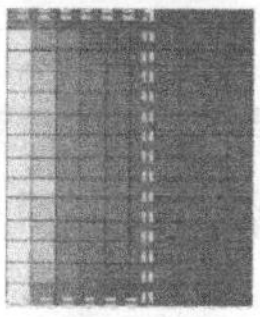	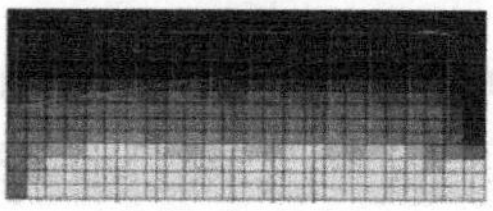	

(4) 能源利用

废旧热力中心改造设计项目中运用了多项可再生能源技术，如利用太阳能、地热能、风能等。

地热能：①地源热泵系统：绿色建筑研究中心在场地南侧的停车场区域下方设置地源热泵系统。根据建筑体量与建筑性质，结合场地实际可用打井范围，最终设计了 20 口地源热泵井，以满足建筑的使用需求。②地道风：设计时利用人防工程地道引入地道风，结合新风系统，夏季可以对室内空气起冷却作用，冬季起预热作用，可有效改善室内热环境。

太阳能：①主动式太阳能系统：建筑屋顶设置的太阳能光伏板及南立面的水平光伏遮阳板，在遮阳节能的同时有效收集利用了可再生能源，可为建筑提供部分电能。②被动式太阳能系统：建筑南侧墙体采用的特朗勃墙利用墙体构造设计，结合蓄热墙体进行被动式太阳能利用，冬季进行被动式太阳能采暖，夏季加强室内的隔热通风。同时，建筑中还使用了太阳能光导系统，增加建筑采光。此外，远期还考虑在烟囱周围设置被动式太阳能系统，进一步加强利用可再生能源（图 6-156）。

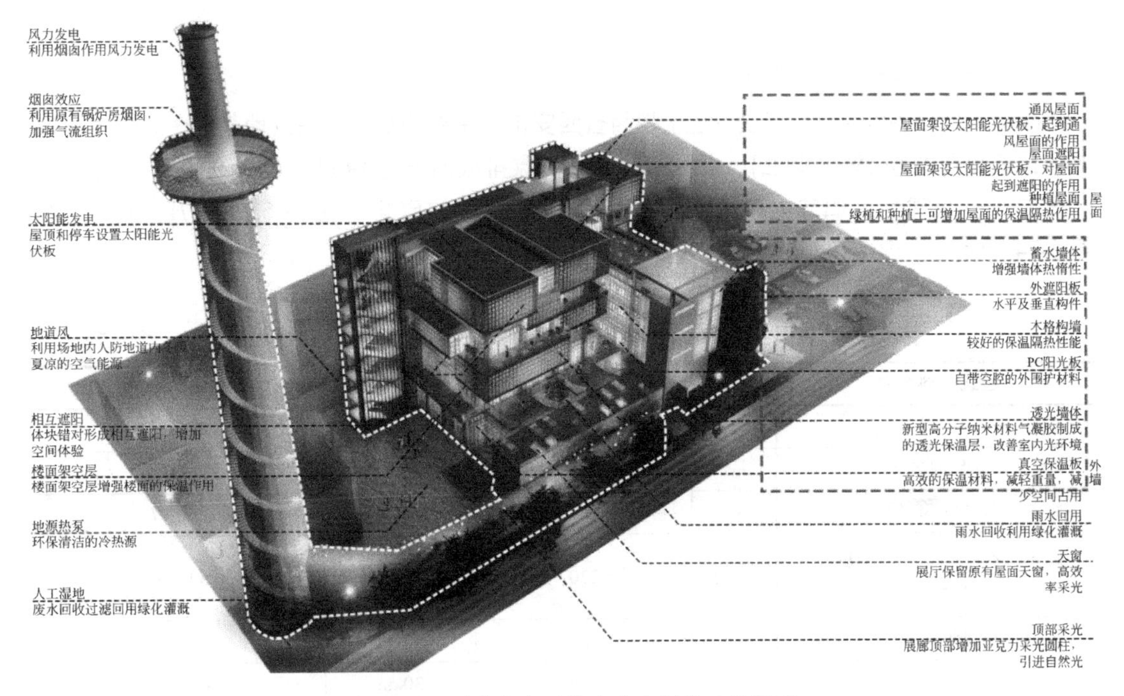

图 6-156　西建大废旧热力中心绿色改造策略

3. 全生命周期碳排放量估算

1）物化阶段碳排放量

（1）建材生产阶段碳排放量

西建大废旧热力中心改造项目中使用的主要建筑材料碳排放量如表 6-73 所示。计算得出，西建大热力中心在建材生产阶段的碳排放量为 2072436. 258kgCO_2e。

西建大废旧热力中心改造项目建材生产阶段主要建筑材料碳排放量　　表 6-73

项目名称	主要建材种类	材料用量	材料用量单位	碳排放因子	碳排放因子单位	碳排放量（kgCO_2e）
西建大废旧热力中心改造	钢材	620	t	2190	kgCO_2e/t	1357800
	商品混凝土	1180	m^3	297	kgCO_2e /m^3	350460
	木材（OSB 板）	35	m^3	350	kgCO_2e /m^3	12250
	砌体材料	220	千块	349	kgCO_2e/千块标准砖	76780
	建筑陶瓷	980	m^2	19. 5	kgCO_2e /m^2	19110
	铝合金门窗	399	m^2	46. 3	kgCO_2e /m^2	18574. 7
	保温材料（100mm 厚岩棉保温板）	1608	m^2	1010	kgCO_2e /m^3	162408
	防水材料（SBS 卷材）	3448	m^2	2. 38	kgCO_2e /m^2	8206. 24
	气凝胶玻璃	17. 8	m^3	29. 31	kgCO_2e /m^3	521. 718
	Low-E 中空玻璃（幕墙）	838	m^2	2840	kgCO_2e /t	59498
	平板玻璃	255	m^2	1071	kgCO_2e /t	6827. 6
碳排放量合计：2072436. 258						

（2）建材运输阶段碳排放量

西建大废旧热力中心改造项目位于陕西省西安市，主要建材均可在当地获取，运输距离取30km，运输方式为公路（柴油），此种运输方式的碳排放因子为19.6kgCO_2e/（10^2t·km），经计算得出，西建大废旧热力中心改造项目在运输阶段的碳排放量为53259.7kgCO_2e，如表6-74所示。

西建大废旧热力中心改造项目运输阶段主要建筑材料碳排放量　　表6-74

建筑材料名称	单位	材料用量	运输距离	碳排放量(kgCO_2e)
钢材	t	620	30km	3645.6
商品混凝土	m^3	1180	30km	16652.16
木材(OSB板)	m^3	35	30km	133.77
砌体材料(承重黏土多孔砖，240mm×115mm×90mm)	千块	220	30km	32133
建筑陶瓷	m^2	980	30km	138.29
铝合金门窗	m^2	399	30km	443.42
保温材料(100mm厚岩棉保温板)	m^2	1608	30km	113.46
碳排放量合计:53259.7				

注:10mm厚的瓷砖每平方米重量为30kg,岩棉板密度为120kg/m^3,承重黏土多孔砖密度为1000kg/m^3。

（3）施工阶段碳排放量

西建大废旧热力中心在老建筑基础上的改造设计，施工周期为1年，其在施工阶段的碳排放量取第4章对标办公建筑施工阶段碳排放量的1/3，得到施工阶段的碳排放量为96750.5kgCO_2e。

综上，西建大废旧热力中心建筑改造设计中物化阶段碳排放总量为2222446.458kgCO_2e，项目总面积为6997.6m^2，使用寿命按50年计算，物化阶段的碳排强度约为317.60kgCO_2e/m^2，年碳排强度为6.35kgCO_2e/m^2。

2）使用维护阶段

（1）建筑使用阶段碳排放量计算

绿色实验中心采用太阳能光伏板发电，年耗电量应该减去光伏板的年发电量。

$$P_3=(Q_e+Q_f-Q_s)iÁ_n \tag{6-2}$$

式中　P_3——建筑使用阶段碳排放量；

Q_e——使用阶段建筑因制冷、采暖等活动消耗的年耗电量（kWh）；

Q_f——照明及电梯等设备的年耗电量（kWh）；

Q_s——太阳能光伏板的年发电量（kWh）；

n——电力碳排放因子。

①太阳能光伏板发电量

绿色实验中心办公楼共设有4处太阳能光伏板，面积共1438.45m^2，采用与“栖居

2.0”住宅同型号的太阳能光伏板。通过实测运行，可得到8月份的日均发电量为0.77kWh/m^2。经相关资料查阅，8月份太阳能光伏板发电量约为全年发电量的18%~20%，据此估算，绿色实验中心办公楼每年可通过太阳能光伏板收集并转化成184601.08kWh的电能。

②建筑采暖与空调能耗

该办公楼采用地源热泵，地源热泵运行消耗的电能所引起的碳排放应当纳入计算。由于缺乏该建筑地源热泵实时运行检测能耗数据，此处以既有办公建筑地源热泵能耗为参照，以办公建筑地源热泵系统采暖季逐日平均耗电能约为0.15kWh/m^2，制冷季逐日平均耗电能约为0.13kWh/m^{2}①计算。供暖计算期为11月15日至次年3月15日，制冷计算期为6月28日至9月28日。进而估算可得该办公建筑地源热泵系统一年采暖季消耗电能分别为125892kWh，制冷季消耗电能为81869.58kWh（表6-75），因此空调采暖年均消耗电能为207761.58kWh。

绿色实验中心办公楼空调采暖年均能耗　　表6-75

项目	年均能耗(kWh)
采暖	125892
制冷	81869.58
碳排放总量	207761.58

③建筑照明能耗

办公建筑照明密度选择《公共建筑节能设计标准》GB 50189中的规定值，即9W/m^2。如表6-76所示，不考虑照明工具的能效变化。经计算，绿色实验中心办公楼的照明年均能耗为152214.3kWh。

绿色实验中心办公楼照明年均能耗　　表6-76

房间类型	建筑面积(m^2)	照明密度(W/m^2)	照明时间(h/a)	照明能耗(kWh)
工作室	3735.56	9	3528	118611.5
门厅	63	9	7020	3980.34
展厅	477.52	9	3600	15471.65
健身房	115.25	9	3600	3734.1
复印室	25.36	9	3528	805.23
会议室	54.03	9	5040	2450.8
走廊	1700	9	180	2754
楼梯	311.16	9	180	504.08
卫生间	219	9	1980	3902.58
合计				152214.3

④电梯运行能耗

根据《电梯技术条件》GB/T 10058—2009提供的电梯能耗预测模型，电梯能耗可以

① 尹海培，付杰，王中原.基于数据监测系统的办公建筑地源热泵系统运行能耗相关因素分析［J］.墙材革新与建筑节能，2018（6）：47-51.

根据公式 4-1 计算。

绿色实验中心办公楼共 2 部电梯，假设选用三菱 ELENESSA-21-C0 电梯，电梯的主要参数如下：载重量为 1600kg，速度 1. 6m/s，提升高度 23. 95m，且为无障碍电梯。根据公式（4-1）可以计算得到办公楼全年电梯运行能耗约为 5873. 94kWh。

⑤使用阶段能耗

根据以上数据，可求得绿色实验中心办公楼使用阶段能耗为 181248. 7 kWh（表 6-77）。

绿色实验中心使用阶段年均能耗　　表 6-77

项目	使用阶段能耗(kWh)
采暖	125892
空调	81869. 58
照明	152214. 3
电梯	5873. 94
太阳能光伏板发电量	−184601. 08
总计	181248. 7

（2）设备生产的能耗

由于本案例采用地源热泵，因此设备生产维护碳排放只考虑太阳能光伏板及电梯生产的能耗。

①电梯生产及维护碳排放

电梯设备材料组成主要分为框架部分钢铁型材、箱体部分钢铁型材、板材、五金件等。绿色实验中心办公楼共 2 部电梯，额定载重量为 1000kg。根据本书第 3 章中表 3-2 的主要建材碳排放因子结合第 3 章中公式（3-6）对电梯设备碳排放进行计算，具体见表 6-78。

绿色实验中心办公楼电梯设备生产碳排放量　　表 6-78

材料种类	材料量(kg)	碳排放量($kgCO_2e$)
钢材	2600	5508. 13

电梯在 50 年使用年限期间需更换 1 次，因此电梯设备生产碳排放总量为 11016. 26$kgCO_2e$，年碳排放强度为 0. 03$kgCO_2e/m^2$。

②太阳能光伏板生产及维护碳排放量

绿色实验中心办公楼共设有 4 处太阳能光伏板，面积共 1438. 45m^2，装机量 313. 7kW。据此可算出太阳能光伏板的生产碳排放量为 241549$kgCO_2e$（表 6-79）。

太阳能光伏板生产碳排放量　　表 6-79

建筑材料名称	单位	材料量	碳排放因子	碳排放因子单位	碳排放量($kgCO_2e$)
太阳能光伏板	kWp	313. 7	0. 77	$kgCO_2e/Wp$	241549

《中国光伏产业清洁生产研究报告》指出，太阳能光伏板安全使用年限为25年，因此在该工程设计使用年限内需更换1次，则太阳能光伏板生产维护总碳排放量为483098$kgCO_2e$，年碳排放强度为1.38$kgCO_2e/m^2$。

(3) 建筑使用维护阶段碳排放总量

该建筑设计使用年限50年，西北电网的电力碳排放因子为0.9578$kgCO_2e/kWh$，根据本书第3章公式（3-14）可得建筑使用维护阶段年碳排放强度为26.22$kgCO_2e/m^2$（表6-80）。

使用阶段碳排放总量 **表6-80**

子阶段	项目	年耗电量(kWh)	碳排放总量($kgCO_2e$)	单位面积年碳排放量[$kgCO_2e/(m^2 \cdot a)$]
使用阶段	设备生产	—	494105.26	1.41
	使用阶段	181248.7	8680000.24	24.81
合计			10478480.64	26.22

3) 拆解阶段碳排放减量

(1) 拆解施工阶段碳排放量

热力中心建造施工阶段的碳排放总量为96750.5$kgCO_2e$，拆解施工碳排放量为建造阶段的90%，因此拆解施工阶段的碳排放总量为87075.5$kgCO_2e$，碳排放强度为12.4$kgCO_2e/m^2$，年均碳排放强度为0.25$kgCO_2e/m^2$。

(2) 建材回收碳排放减量

热力中心可回收建材主要包括钢材、混凝土、OSB板、砖、门窗、木门和玻璃，根据各材料用量以及回收利用率，估算建筑拆解阶段的碳排放减量，如表6-81所示。

废旧热力中心拆解阶段碳排放减量 **表6-81**

废旧建材种类	废旧建材产生量	回收利用率	建材回收量	回收后材料种类	碳排放因子	碳排放减量($kgCO_2e$)
钢	620.0t	0.90①	558t	原料	1942.5$kgCO_2e/t$	1083915.0
混凝土	2832.0t	0.70②	1982.4t	骨料	6.43$kgCO_2e/t$	12746.8
OSB板	35.0m^3	0.65③	22.75m^3	普通木材	139$kgCO_2e/m^3$	3162.3
砌体材料	644.5t	0.70220	451.15t	骨料砾石	6.43$kgCO_2e/t$	2900.9
铝合金门窗	399.0m^2	0.80220	319.2m^2	门窗	10.9$kgCO_2e/m^2$	3479.3
玻璃	28t	0.80216	22.4t	玻璃原料	252.1$kgCO_2e/t$	5647.0
碳排放减量合计:1111851.3						

热力中心拆解阶段建材回收碳减量总计1111851.3$kgCO_2e$，碳减量强度为158.9$kgCO_2e/m^2$，

① 贡小雷，张玉坤. 物尽其用——废旧建筑材料利用的低碳发展之路[J]. 天津大学学报(社会科学版)，2011(2):138-144.

② 朱海峰. 建筑废弃混凝土资源化利用现状与应用探讨[J]. 建设科技，2018(8):141-142.

③ https://www.sohu.com/a/238526595_660993.

年均碳减量强度为 3.2$kgCO_2e/m^2$。

(3) 拆解阶段碳排放总量

拆解阶段碳排放总量为拆解施工过程的碳排放量与建材回收产生的碳排放减量之和（表 6-82）。

热力中心拆解阶段碳排放量 **表 6-82**

阶段	拆解施工	建材回收利用	拆解阶段
碳排放总量($kgCO_2e$)	87075.5	-1111851.3	-1024775.80
碳排放强度($kgCO_2e/m^2$)	12.4	-158.9	-146.45
年均碳排放强度[$kgCO_2e/(m^2 \cdot a)$]	0.25	-3.2	-2.93

热力中心拆解阶段碳排放总量为-1024775.8$kgCO_2e$，碳排放强度为-146.45$kgCO_2e/m^2$，年均碳排放强度为-2.93$kgCO_2e/m^2$。

4）绿色实验中心办公楼改造后全生命周期碳排放量

综合上述计算结果，按照陕西省电力碳排放因子 0.9578 $kgCO_2e/kWh$，可估算出绿色实验中心办公楼全生命周期碳排放量（表 6-83）。

绿色实验中心办公楼全生命周期碳排放量 **表 6-83**

各子阶段	物化阶段	使用阶段	拆解阶段	全生命周期
碳排放总量($kgCO_2e$)	2222446.46	9174116.42	-1024775.8	10371787.08
碳排放强度($kgCO_2e/m^2$)	317.6	1311.04	-146.45	1482.19
年碳排放强度[$kgCO_2e/(m^2 \cdot a)$]	6.35	26.22	-2.93	29.64

所以，绿色实验中心办公楼全生命周期碳排放总量为 10371787.08 $kgCO_2e$，碳排放强度为 1482.19 $kgCO_2e/m^2$，年碳排放强度为 29.64 $kgCO_2e/m^2$。

4. 绿色实验中心办公楼与 2005 年办公对标建筑碳排放量对比分析

本书在第 4 章中对一栋 2005 年的多层钢筋混凝土框架结构办公楼进行了全生命周期碳排放计算，在第 6 章对绿色建筑案例"Tamedia"办公楼进行了全生命周期碳排放计算，在此将绿色实验中心办公楼全生命周期碳排放量与两栋办公楼进行对比（表 6-84）。

绿色实验中心办公楼与两栋办公建筑全生命周期碳排放量对比 **表 6-84**

		二号综合办公楼($11351m^2$)寿命 50 年			Tamedia 办公楼($10120m^2$)寿命 50 年			热力中心($6997.6m^2$)寿命 50 年		
		总碳排放量($kgCO_2e$)	碳排放强度($kgCO_2e/m^2$)	年均碳排放强度[$kgCO_2e/(m^2 \cdot a)$]	总碳排放量($kgCO_2e$)	碳排放强度($kgCO_2e/m^2$)	年均碳排放强度[$kgCO_2e/(m^2 \cdot a)$]	总碳排放量($kgCO_2e$)	碳排放强度($kgCO_2e/m^2$)	年均碳排放强度[$kgCO_2e/(m^2 \cdot a)$]
物化阶段	生产阶段	6169506.68	543.52	10.87	1759882.40	173.90	3.48	2072436.26	296.16	5.92
	运输阶段	75680.63	6.67	0.13	50424.53	4.98	0.10	53259.70	7.61	0.15
	施工阶段	291900.30	25.72	0.51	96750.50	9.56	0.19	96750.50	13.83	0.28

续表

		二号综合办公楼(11351m^2)寿命50年			Tamedia办公楼(10120m^2)寿命50年			热力中心(6997.6m^2)寿命50年		
		总碳排放量(kgCO_2e)	碳排放强度(kgCO_2e/m^2)	年均碳排放强度[kgCO_2e/(m^2·a)]	总碳排放量(kgCO_2e)	碳排放强度(kgCO_2e/m^2)	年均碳排放强度[kgCO_2e/(m^2·a)]	总碳排放量(kgCO_2e)	碳排放强度(kgCO_2e/m^2)	年均碳排放强度[kgCO_2e/(m^2·a)]
物化阶段	临时设施	43969.74	3.87	0.08	0.00	0.00	0.00	0.00	0.00	0.00
	该阶段总碳排	6581057.35	579.78	11.60	1907057.43	188.44	3.77	2222446.46	317.60	6.35
使用阶段	设备及维护	114958.05	10.13	0.20	16524.40	1.63	0.03	494114.26	70.61	1.41
	采暖	28544950.00	2514.75	50.30	8723642.40	862.02	17.24	6028967.88	861.58	17.23
	照明	12237539.05	1078.10	21.56	10392043.80	1026.88	20.54	7289542.83	1041.72	20.83
	空调	6423550.00	565.90	11.32	3780245.04	373.54	7.47	3920734.19	560.30	11.21
	电梯	281303.00	24.78	0.50	421954.48	41.70	0.83	281302.99	40.20	0.80
	产能	0.00	0.00	0.00	0.00	0.00	0.00	-8840545.72	-1263.37	-25.27
	该阶段总碳排	47602300.10	4193.67	83.87	23334410.12	2305.77	46.12	18014662.14	2574.41	51.49
	阶段含产能总碳排	47602300.10	4193.67	83.87	23334410.12	2305.77	46.12	9174116.42	1311.04	26.22
拆解阶段	拆解施工	100463.45	8.85	0.18	87075.50	8.60	0.17	87075.50	12.44	0.25
	材料回收	-3092057.80	-272.40	-5.45	-442894.95	-43.76	-0.88	-1111851.30	-158.89	-3.18
	该阶段总碳排	-2991594.35	-263.55	-5.27	-355819.45	-35.16	-0.70	-1024775.80	-146.45	-2.93
总碳排放		54283820.90	4782.29	95.65	25328543.05	2502.82	50.06	20324184.10	2904.45	58.09
总碳排放(含拆解及太阳能)		51191763.10	4509.89	90.20	24885648.10	2459.06	49.18	10371787.08	1482.19	29.64

1）全生命周期碳排放量对比分析

在建筑全生命周期中，与2005年对标办公建筑及Tamedia办公楼相比，绿色实验中心的年均碳排放强度减少了62.5%；比Tamedia办公楼减少了32.8%（表6-85、图6-157）。

对标办公建筑、Tamedia新办公楼与绿色实验中心全生命周期碳排放强度对比　　表6-85

项目名称	年均碳排放强度[kgCO_2e/(m^2·a)]			
	物化阶段	使用阶段	拆解阶段	全生命周期
对标办公建筑	11.60	83.87	-5.27	90.20
Tamedia新办公楼	5.10	46.11	-1.53	49.68
绿色实验中心办公建筑	6.35	26.22	-2.93	29.64

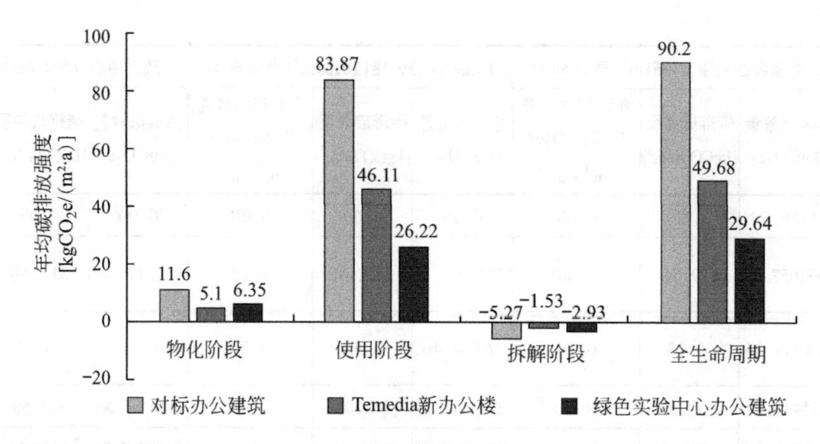

图 6-157　对标办公建筑、Tamedia 新办公楼与绿色实验中心办公建筑全生命周期年均排放强度对比

在建筑全生命周期中，绿色实验中心办公建筑的年碳排放强度相对对标办公建筑减少约67.2%，比 Tamedia 新办公楼增加了 40.4%。

2）物化阶段碳排放量对比分析

本书中物化阶段只从建材生产、建材运输与施工三方面进行对比，绿色实验中心办公建筑建材生产阶段年碳排放强度相对对标办公建筑减少近 44.2%；与 Tamedia 新办公楼相比，年碳排放强度增加了 24.5%（表 6-86、图 6-158）。

对标办公建筑、Tamedia 新办公楼与绿色实验中心办公建筑物化阶段年均碳排放强度对比　表 6-86

项目名称	年均碳排放强度[$kgCO_2e/(m^2\cdot a)$]			
	建材生产	建材运输	施工阶段	物化阶段
对标办公建筑	10.87	0.13	0.51	11.52
Tamedia 新办公楼	4.56	0.34	0.19	5.10
绿色实验中心办公建筑	5.92	0.15	0.28	6.35

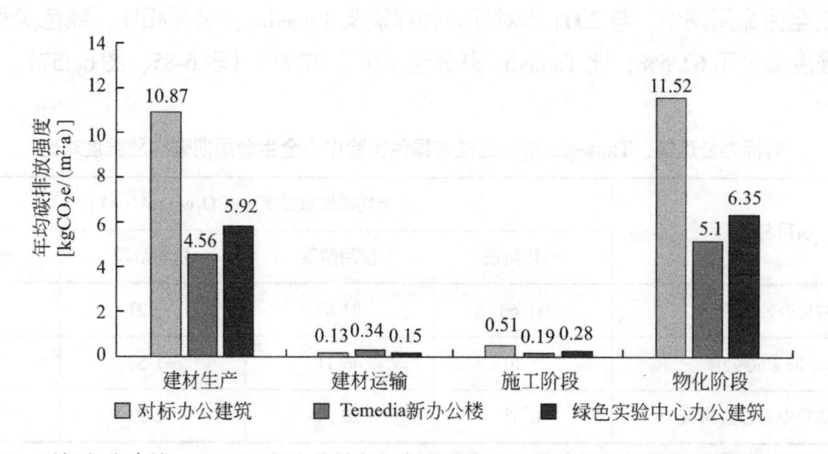

图 6-158　对标办公建筑、Tamedia 新办公楼与绿色实验中心办公建筑物化阶段年均碳排放强度对比

绿色实验中心办公建筑建材生产阶段年碳排放强度相对对标办公建筑减少近 45.3%；与 Tamedia 新办公楼相比，年碳排放强度增加了 24.5%。

由图 6-158 可知，绿色实验中心办公建筑相比对标办公建筑，建材生产阶段年均碳排放强度降低 45.6%；建材运输阶段降低 14%；施工阶段降低 45.1%。绿色实验中心办公建筑与 Tamedia 新办公楼相比，建材生产阶段年均碳排放强度增加了 29.8%；建材运输阶段降低 55.9%；施工阶段增加 47.4%。

3）使用阶段碳排放量对比分析

绿色实验中心、对标办公建筑及 Tamedia 新办公楼使用维护阶段的碳排放量在各自全生命周期碳排放量中占比均为最大。但绿色实验中心办公建筑使用阶段碳排放总量相较于对标办公建筑减少了 41.7%，比 Tamedia 新办公楼增加了 10%（表 6-87、图 6-159）。

绿色实验中心办公建筑与对标办公建筑及 Tamedia 新办公楼使用阶段年均碳排放强度对比 **表 6-87**

项目名称	年均碳排放强度[$kgCO_2e/(m^2 \cdot a)$]					
	采暖	空调	照明	电梯	产能	使用阶段总量
对标办公建筑	55.33	29.54	20.00	0.42	0	88.33
Tamedia 新办公楼	17.24	7.47	20.54	0.83	0	46.08
绿色实验中心办公建筑	17.23	11.21	20.83	0.80	25.27	26.22

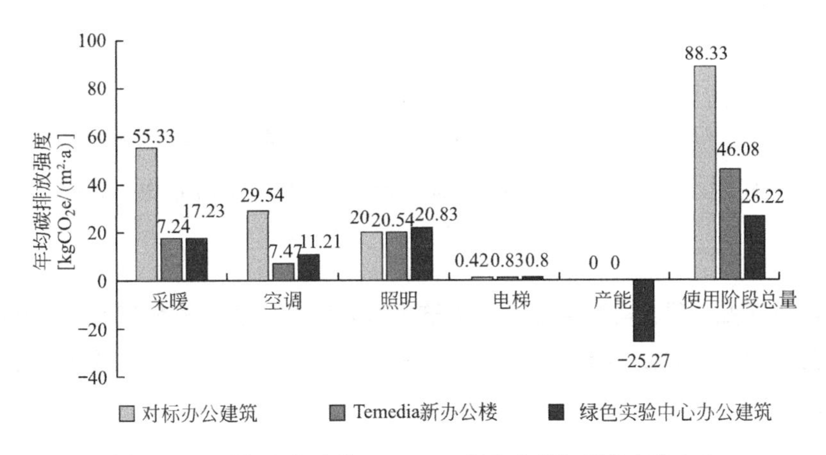

图 6-159 对标办公建筑、Tamedia 新办公楼与绿色实验中心办公建筑使用阶段年均碳排放强度对比

由图 6-159 可知，绿色实验中心办公建筑与 Tamedia 新办公楼的采暖年碳排放强度仅为 17.24$kgCO_2e/m^2$，与对标办公建筑相比降低了 68.9%，绿色实验中心办公建筑空调年碳排放强度为 14.94$kgCO_2e/m^2$，相较于 Tamedia 新办公楼增加了 50%，这是由于绿色实验中心办公建筑地理位置为中国寒冷地区，制冷季为四个月，而 Tamedia 新办公楼的制冷季为两个月；相较于对标办公建筑减少了 50%。绿色实验中心办公建筑与 Tamedia 新办公楼的加热和冷却系统均采用地源热泵系统，不使用化石燃料；在照明方面，三个建筑

的年碳排放强度相差很小。

4）拆解阶段碳排放减量对比分析

拆解阶段主要对比拆解施工过程的年均碳排放强度和建材回收利用产生的碳减量。绿色实验中心办公建筑拆解阶段总的碳排放减量约为对标办公建筑的1.4倍（表6-88、图6-160）。

绿色实验中心办公建筑与对标办公建筑、Tamedia 新办公楼拆解阶段年均碳排放强度对比 **表 6-88**

项目名称	年均碳排放强度[$kgCO_2e/(m^2 \cdot a)$]		
	拆解施工	建材回收产生的碳减量	拆解阶段
对标办公建筑	0.18	−5.45	−5.27
Tamedia 新办公楼	0.17	−0.88	−0.70
绿色实验中心办公建筑	0.25	−3.18	−2.93

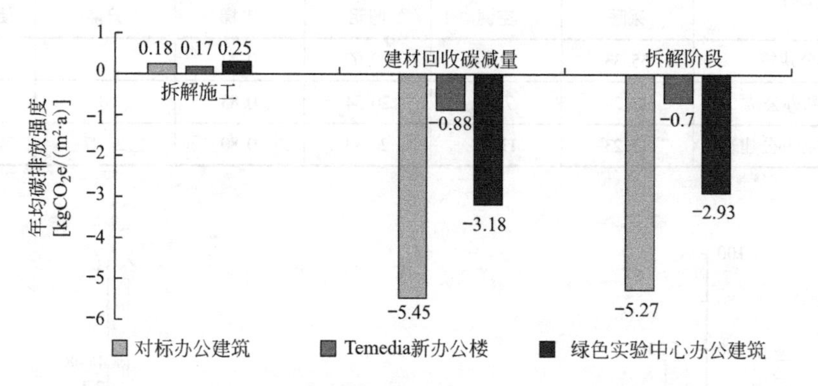

图 6-160 绿色实验中心办公建筑与对标办公建筑、Tamedia 新办公楼拆解阶段年均碳排放强度对比

由图 6-160 可知，绿色实验中心办公建筑拆解阶段的年碳排放强度为−2.93$kgCO_2e/m^2$，Tamedia 新办公楼拆解阶段的年碳排放强度为−0.70$kgCO_2e/m^2$，对标办公建筑拆解阶段的年碳排放强度为−5.27$kgCO_2e/m^2$。

第7章 总结与展望

Chapter 7

当今，积极应对全球气候变化已经成为国际政治、经济、环境和外交领域的热点问题。增强对气候变化的减缓能力是当前国际社会应对气候变化的重要手段之一，包括减少温室气体排放和增加温室气体的吸收两个方面。而其中建筑与工业、交通并列成为温室气体排放的三大重点领域。

其中，我国向《巴黎协定》缔约方秘书处提交的《强化应对气候变化行动——中国国家自主贡献》明确提出了中国的行动目标“2030 年单位国内生产总值二氧化碳排放比 2005 年下降 60%~65%”。

现如今对于碳足迹的研究侧重在使用阶段指标性节能，而未全面考虑全生命周期。全生命周期的碳排放可对建筑行业带来深远的影响，所以建筑行业应从设计阶段开始考虑建筑全生命周期碳排放。而当前建筑行业所面对的责任是：未来建筑设计应不仅考虑建筑舒适性，同时兼顾对于全球环境可持续发展作出的贡献。

7.1 研究总结

本书在以下几方面进行了梳理及研究。

(1) 建筑全生命周期构成及其碳排放计算方法梳理

本书通过研究建筑全生命周期的不同阶段，将建筑全生命周期简化为设计、物化、使用、拆解这四个阶段。设计阶段通过设计直接影响其余三个阶段的碳排放量多少，而物化、使用、拆解这三个阶段具体体现出建筑全生命周期的碳排放。

通过对比四种建筑全生命周期碳排放的计算方法：实测法、投入产出法、清单分析法以及排放系数法的不同特点，本书最终选用清单分析法以及碳排放系数法对所选取的对标建筑三个阶段（建筑物化、使用维护、拆解回收）的碳排放进行详细核算。其中，清单分析法得出的数据具有清晰、准确的特点，而碳排放系数法可以简化运算过程，易于测算。

(2) 对标建筑全生命周期碳排放计算及构成分析

2005 年国家城市商品住宅建设量最多的类型为高层（约为 57%）、混凝土结构（约为 60.68%）的住宅。所以本书选择一栋地上 32 层地下 1 层的钢筋混凝土剪力墙结构住宅楼以及地上 6 层地下 1 层的钢筋混凝土框架结构的办公楼进行建筑全生命周期碳排放计算。

通过清单分析法及碳排放系数法得出 2005 年对标建筑碳排放强度及年均碳排放强度

近似基准值，其中对标住宅楼的碳排放强度为 2297. 87kgCO_2e/m^2，年均碳排强度为 45. 96kgCO_2e/m^2。对标办公楼的碳排放强度为 4509. 89kgCO_2e/m^2，年均碳排放强度为 90. 2kgCO_2e/m^2。

对于两栋对标建筑进行粗略分析，得出在建筑全生命周期各阶段中，使用维护阶段碳排放占比最大，约为 81%；其次为物化阶段，占比约为 17. 5%；最后为拆除清理阶段，占比约为 1. 5%。

其中，在使用阶段，采暖和空调的碳排放可以占到该阶段整体碳排放的 80%以上；物化阶段，钢材、商品混凝土、以及水泥砂浆可以占到整个阶段碳排放的 75%以上。通过这些数据，可以在设计前期，快速估算出建筑全生命周期的碳排放量大致范围。

(3) 建筑全生命周期减碳策略分析

建筑全生命周期中的三个阶段按照碳排放量进行排序，分别从使用维护阶段、物化阶段以及拆解回收阶段提出相对应的减碳策略。

其中，占据主要能耗的使用维护阶段节碳方式可以通过“开源、节流、延寿”来实现，其中“开源”即增加建筑自身产能，使用太阳能、地热能、生物质能、风能等清洁能源；“节流”即减少使用阶段的各种能耗，包括采暖能耗、照明能耗、空调能耗以及使用自然方式调节室内气候从而减少建筑能耗；“延寿”即增加建筑使用时间，从而减少年均碳排放强度。

物化阶段减碳策略有三点：首选是通过建材的选择与使用，优选选用低碳建材；其次是通过优化施工流程，减少台班数量从而减少碳排放；最后是使用本土材料实现运输节碳。物化阶段碳排放的减少将会对建筑行业及施工方式带来巨大变化。大量利用可再生材料（钢木等）将会对生活带来本质性的变化。而现代建造方式转变为工业化的加工方式，可严格控制碳排放，快速现场施工可有效地减少台班等现场施工碳排放。

拆解阶段可以通过拆除方式优化、建材回收及利用以及设计初始考虑建筑循环从而达到节能的目标。

(4) 低碳建筑案例分析

通过选取的低碳建筑案例与 2005 年对标建筑进行对比，得出建筑行业的节碳 60%～65%的任务是完全有可能实现的。

7.2 研究局限与展望

本书试图从整体入手，通过 2005 年对标建筑与现有节能建筑进行建筑全生命周期不同阶段碳排放的研究，从而提出相对应的节碳措施。期望本文通过具体案例及实例分析研究加深建筑行业从业人员及相关单位对于建筑全生命周期碳排放的了解与认识。然而，本书仍存在局限性，在下述方面还需要继续深化：

(1) 由于资料数据原因，无法将所有的碳排放因子选择为 2005 年碳排因子，所以造成对标建筑的碳排放量有所差异。

(2) 计算边界的选择会导致碳排放量计算的最终差异，在未来标准制定和精确计算中应注意。

(3) 通过清单分析法计算建筑全生命周期有其局限性，必须在建筑设计全部完成才能得到建筑清单。而清单分析法数量巨大，计算繁琐，所以对于建筑师是极大的困扰，如何快速研判是未来的研究方向。

（4）寒冷地区的住宅及办公建筑的全生命周期碳排放研究不仅仅只对该地区具有意义，而且对各类气候类型区域的建筑全生命周期碳排放研究均具有一定的借鉴价值，在这方面可以开展更加丰富的研究。

（5）没有计算碳汇是本书的局限性，所以建筑物对环境产生的影响也会产生偏差，我们也希望未来的研究更加完全与完整。

希望通过本书，使建筑全生命周期碳足迹理念深入人心。

附　录

Appendix

附录1　办公建筑与住宅建筑全生命周期碳排放量对比

		1号住宅楼（39173m²)寿命50年			Treet公寓（7140m²)寿命50年			“栖居2.0”（184.97m²)寿命50年		
		总碳排放量(kgCO_2e)	碳排放强度(kgCO_2e/m²)	年均碳排放强度[kgCO_2e/(m²·a)]	总碳排放量(kgCO_2e)	碳排放强度(kgCO_2e/m²)	年均碳排放强度[kgCO_2e/(m²·a)]	总碳排放量(kgCO_2e)	碳排放强度(kgCO_2e/m²)	年均碳排放强度[kgCO_2e/(m²·a)]
物化阶段	生产阶段	14599104.32	372.68	7.45	1399548.50	196.02	3.92	58297.25	315.17	6.30
	运输阶段	450267.19	11.49	0.23	234900.90	32.90	0.66	705.01	3.81	0.08
	施工阶段	252063.12	6.43	0.13	7639.80	1.07	0.02	2809.35	15.19	0.30
	临时设施	35528.36	0.91	0.02	0.00	0.00	0.00	0.00	0.00	0.00
	物化阶段总碳排	15336962.99	391.52	7.83	1642125.20	229.99	4.60	61811.61	334.17	6.68
使用阶段	设备及维护	606115.73	15.47	0.31	5694.00	0.80	0.02	26425.63	142.86	2.86
	采暖	46282379.00	1181.49	23.63	2564509.50	359.18	7.18	298971.47	1616.32	32.33
	照明	18518871.00	472.75	9.45	3898054.40	545.95	10.92	88809.27	480.13	9.60
	空调	8936274.00	228.12	4.56	1641286.10	229.87	4.60	69969.13	378.27	7.57
	电梯	3770754.00	96.26	1.93	478560.00	67.03	1.34	0.00	0.00	0.00
	产能	0.00	0.00	0.00	0.00	0.00	0.00	−904284.50	−4888.82	−97.78
	使用阶段总碳排	78114393.73	1994.09	39.88	8588104.00	1202.82	24.06	484175.50	2617.59	52.35
	使用阶段含产能	78114393.73	1994.09	39.88	8588104.00	1202.82	24.06	−420109.00	−2271.23	−45.42
拆解阶段	拆解施工	866224.47	22.11	0.44	6875.82	0.96	0.02	2528.42	13.67	0.27
	材料回收	−4303254.09	−109.85	−2.02	−628200.20	−87.98	−1.76	−12989.00	−70.22	−1.40
	拆解阶段总碳排	−3437029.62	−87.74	−1.75	−621324.38	−87.02	−1.74	−10460.58	−56.55	−1.13
总碳排放		94317581.19	2407.72	48.15	10237105.02	1433.77	28.68	548515.53	2965.43	59.31
总碳排放（含拆解及太阳能）		90014327.10	2297.87	45.96	9608904.82	1345.78	26.92	−368757.97	−1993.61	−39.87

		二号综合办公楼（11351m²)寿命50年			Trmedia办公楼（10120m²)寿命50年			热力中心（6997.6m²)寿命50年		
		总碳排放量(kgCO_2e)	碳排放强度(kgCO_2e/m²)	年均碳排放强度[kgCO_2e/(m²·a)]	总碳排放量(kgCO_2e)	碳排放强度(kgCO_2e/m²)	年均碳排放强度[kgCO_2e/(m²·a)]	总碳排放量(kgCO_2e)	碳排放强度(kgCO_2e/m²)	年均碳排放强度[kgCO_2e/(m²·a)]
物化阶段	生产阶段	6169506.68	543.52	10.87	1759882.40	173.90	3.48	2072436.26	296.16	5.92
	运输阶段	75680.63	6.67	0.13	50424.53	4.98	0.10	53259.70	7.61	0.15
	施工阶段	291900.30	25.72	0.51	96750.50	9.56	0.19	96750.50	13.83	0.28
	临时设施	43969.74	3.87	0.08	0.00	0.00	0.00	0.00	0.00	0.00
	物化阶段总碳排	6581057.35	579.78	11.60	1907057.43	188.44	3.77	2222446.46	317.60	6.35
使用阶段	设备及维护	114958.05	10.13	0.20	16524.40	1.63	0.03	494114.26	70.61	1.41
	采暖	28544950.00	2514.75	50.30	8723642.40	862.02	17.24	6028967.88	861.58	17.23
	照明	12237539.05	1078.10	21.56	10392043.80	1026.88	20.54	7289542.83	1041.72	20.83
	空调	6423550.00	565.90	11.32	3780245.04	373.54	7.47	3920734.19	560.30	11.21
	电梯	281303.00	24.78	0.50	421954.48	41.70	0.83	281302.99	40.20	0.80
	产能	0.00	0.00	0.00	0.00	0.00	0.00	−8840545.72	−1263.37	−25.27
	使用阶段总碳排	47602300.10	4193.67	88.87	23334410.12	2305.77	46.12	18014662.14	2574.41	51.49
	使用阶段含产能总碳排	47602300.10	4193.67	88.87	23334410.12	2305.77	46.12	9174116.42	1311. 04	26.22
拆解阶段	拆解施工	100463.45	8.85	0.18	87075.50	8.60	0.17	87075.50	12.44	0.25
	材料回收	−3092057.80	−272.40	−5.45	−442894.95	−43.76	−0.88	−1111851.30	−158.89	−3.18
	拆解阶段总碳排	−2991594.35	−263.55	−5.27	−355819.45	−35.16	−0.70	−1024775.80	−146.45	−2.93
总碳排放		54283820.90	4782.29	95.65	25328543.05	2502.82	50.06	20324184.10	2904.45	58.09
总碳排放（含拆解及太阳能）		51191763.10	4509.89·	90.20	24885648.10	2459.06	49.18	10371787.08	1482.19	29.64

本书撰写人员名单：

总体框架、章节内容把握：李岳岩、陈静

第一章　研究背景：李岳岩、李建红、周涛、吴小龙

第二章　建筑全生命周期碳足迹及相关概念研究：陈静、王怡琼、景思远、贾一凡、马浩语、周涛

第三章　建筑全生命周期碳排放计算方法：陈静、陈雅兰、吴冠宇、李享、李金潞、景思远

第四章　对标建筑全生命周期碳排放计算：李岳岩、李金潞、马康维、张希、杨伟同、尤娟

第五章　建筑全生命周期碳排放构成分析：李岳岩、吴冠宇、张凯、李金潞、马康维、陈冰鑫、杨伟同

第六章　建筑全生命周期减碳策略：李岳岩、张凯、王瑶、陈冰鑫、张婧、尤娟、杨伟同、张希

第七章　总结与展望：李岳岩、张凯

李岳岩：西安建筑科技大学建筑学院 教授/西部绿色建筑国家重点实验室学术带头人

陈静：西安建筑科技大学建筑学院 教授

李建红：西安建筑科技大学建筑学院讲师/博士研究生

吴冠宇：西安建筑科技大学建筑学院讲师/博士研究生

陈雅兰：西安建筑科技大学建筑学院讲师

王怡琼：西安建筑科技大学建筑学院讲师

张凯：西安建筑科技大学建筑学院博士研究生

李享、李金潞、马康维、王瑶、张希、杨伟同、尤娟、张婧、陈冰鑫、马浩语、周涛、景思远：西安建筑科技大学建筑学院硕士研究生

后　记

建筑全生命周期碳足迹的研究是一项艰巨而繁重的工作，由于本人和研究团队主要研究方向在建筑设计及其理论方面，对于建筑技术方面的研究之前涉及有限，也给我们的研究和协作带来了很多意想不到的困难。幸而我的诸多同仁和朋友在此方面进行了大量深入的研究，并有丰硕成果。本书写作过程中，西部绿色建筑国家重点实验室、低碳城市·社区·建筑国际学术联盟给予了巨大的支持，西安建筑科技大学的同事杨柳、闫增峰、罗智星等老师给予了研究团队大量的指导和帮助，使得研究得以持续进行。在选取对标建筑并进行碳排放计算的过程中，中建西北建筑设计研究院和西安建筑科技大学建筑设计研究院给予了大力支持。两院提供了大量设计项目以供遴选，并提供了对标建筑的详细设计图纸、概预算和工程数据资料。概预算中的工程量数据大大简化了研究中工程量的计算过程和误差，对于采用清单分析法进行建筑物化过程的碳排放计算有了精准的数据保障。

由于建筑全生命周期碳足迹的研究尚处在起步阶段，本研究参考和借鉴了国内外诸多相关研究成果。在搜集和查阅资料过程中，我们发现不同资料所反映的同类数据有较大差异，对此我们结合本团队的研究在书中也进行了分析与解释，并进行了相对客观的数据呈现，我们在本书中力求全面呈现本团队的研究方法、过程及结果，以供其他研究者参考。鉴于本人研究水平所限，本书中若有不严谨和错漏之处恳请广大同仁不吝指正！

李岳岩

2020年仲夏于西安建筑科技大学